中华传世藏书

【图文珍藏版】

饮食文化典故

王书利⊙主编

第五册

线装书局

第五节 酒礼与酒俗

中国素有"礼仪之邦"的盛誉。自古以来，礼就成为对人们社会生活产生很大影响的总准则、总规范，并渗透到政治制度、伦理道德、婚丧嫁娶、风俗习惯等诸多方面。因此，酒行为自然也纳入了礼的轨道，受到礼的约束，并产生了酒礼。它是用以体现酒行为中的贵贱、尊卑、长幼乃至各种不同场合的礼仪规范的总合，一般要注意以下六忌：不适当地劝酒；"争强好胜"或"落井下石"；信口开河、口无遮拦；争论吵骂；当场呕吐或打瞌睡；久饮不休而忘了"适可而止"。且饮酒在古代就被纳入礼的轨道，"非酒无以成礼，非酒无以成欢"。翻开儒家三本经典《周礼》、《仪礼》、《礼记》没有一页不提到礼，几乎也没有一页不提到酒的：祭祀要用酒、饮宴要用酒、用什么酒、何时用酒、用多少酒、如何用酒，规定得清清楚楚，令我们感到惊讶。

总之，古今中外的酒礼不尽相同，但均应视为观念、行为和现象，其目的是为了收到良好的效果。为此，理应做到态度诚恳，既要尊重自己，更要尊重他人。

一、古代酒礼

（一）祭祀之礼

"国之大事，唯祀与戎"，这是历代统治者供认不讳的。戎，即兵戎，用于平服外患、镇压叛乱、维护统治秩序和社会安宁，被视为头等大事。且祭祀也为头等大事，让人不能不叹服统治者的聪明。说白了，戎是武的一手，是力；祀是文的一手，是礼。一文一武、一张一弛、交替使用、相得益彰，于是乎天下太平，统治者就可以高枕无忧了。

祭祀在古代中国有许多内容，天地鬼神、日月山川、列祖列宗，都要享受祭祀。各种祭祀有不同的名称，但有一点是共同的，即凡祭礼必有酒，酒在整个祭祀过程中扮演着主要角色。

统治者的祭祀活动离不开酒，下层百姓的祭祀活动也少不了酒。随着科学知识的普及、人们认识水平的提高、社会的进步，民间的祭祀活动已经少多了。但即使如此，我们还不时能看到民间的祭祀活动，且只要有祭祀，就仍然会见到酒，可见酒和祭祀已经分不开了。

1. 祭前备酒

"凡治人之道，莫急于礼。礼有五经，莫重于祭。"祭是五经之首，丝毫含糊不得，当然要郑重其事。古人祭前要做好多准备：首先祭祀的场所要打扫干净，家庙祠堂除了掸扫之外，如有破损还需修好；祭祀之人，事先要沐浴更衣，以示心诚；祭祀用具要洗涤、清理，不能缺损；祭祀用的三牲和酒是最重要的，不能怠慢；三牲必须活杀，死牲万万用不得，那是大逆不道的罪行。至于用酒，更有讲究，以周代为例。据《周礼》记载：掌管国家祭祀大典的官员称大宗伯，大宗伯手下有一大批官员作为助手，协助他掌管好祭祀大典，其中有专门管礼器的（司尊彝）、专门管几席的（司几筵）、专门管玉器等宝物的（天府）、专门管天子祭祀冕服的（司服）等等。各个环节可以说分工明确、职责分明。而专门负责酒供应的官员称酒正，隶属于天官，其责任是掌管有关酒的一切政令和作酒的材料。凡因公事所需的酒，由酒正发给造酒用料，供有关官员自行酿造。平时，天子设宴招待群臣，赐宴耆老、功臣、后裔……由酒正按规定准备，负责供应；逢到有祭祀，也由酒正负责备酒。因受技术条件限制，那时候酒的质量不如今天，都有渣滓。且按清浊程度将酒分为五等，称"五齐"，由浊至清依次为：泛齐、醴齐、盎齐、醍齐、沈齐。这五齐专供祭祀用。此外还有"三酒"之说：有事临时酿的酒为事酒，酿造时间较长的为昔酒，酿造时间比昔酒更长的，一般头年冬天酿造第二年夏天饮用的酒称清酒。这三酒主要是祭祀后供人饮用的。祭祀前，五齐、三酒都得准备好。"凡祭祀，以法共（供）五齐三酒，以实八尊"（《周礼·天官冢宰》），数量讲得十分清楚，要装满八个大樽。这还不算，还有更具体的规定：凡是祭上帝、先王的大祭祀，可以添酒三次；祭四望山川的中祭祀，可以添酒二次；祭风雨师的小祭祀，只可添酒一次。用酌盛酒于樽，都有规定数量。

2. 列酒和酹酒

祭天地山川一般都在户外，例如历代帝王都热衷的泰山封禅（封为祭天，禅为祭地），不辞辛苦，千里迢迢跑到泰山去举行是露天祭祀。而祭祖先一般都在室内，天子在太庙，百姓在家里（或称家庙）。野外祭祀，酒的陈列方法记载不详；室内祭祀，酒的陈列规定得极为明白："元酒在室，醴酢在户，粢醍在堂，澄酒在下。"（《礼记·礼运》）

元酒指水；醴、酢指五齐中的醴齐、盎齐；粢醍指五齐中的醍齐；澄酒指五齐中的沈齐。水透明无色、最清，所以在最上。醴酏、粢醍、澄酒颜色一样比一样浅，于是依次往下降。

所谓室、户、堂，和我国古代建筑特点有关。中国古代建筑，往往是堂室结构，坐北朝南，堂和室建在同一个堂基上。堂基的大小高低，取决于主人地位的尊卑，主人地位高，则堂基大台阶高，反之，则堂基小台阶低。堂和室的上方为同一个房顶覆盖，堂在前，室在后，堂室之间隔着一道墙。墙外属堂，墙内属室。这道墙靠西边有窗（牖），靠东边有门（户）。堂的东北西三面有墙，东墙叫东序，西墙叫西序，南边临院子敞开，式样仿佛今日的戏台。堂的中间一般有二个大明柱（楹），堂上不住人，是议事、行礼、交际的场所。寝室住人，庙室祭祖。但对一般下层人民来说，没那么多讲究，能有个遮风避雨的处所就不错了。

祭祀活动通常在室内进行。打开室门进去，迎面看到的是室的西墙，那是供祖先神位的地方，最尊贵，即"元酒在室"。理所当然，"澄酒在下"，则指的是堂之下，是最卑下的了。上下尊卑是礼教的核心，且在祭祀活动中表现得最明显。古人在室内座次以东向为上，其次才是南向、北向和西向。所以，室内神主牌位都是放在东向让人跪拜。万一有的人家世系绵长、人丁兴旺，神主牌位东向墙上置放不下，那也有办法，则分昭穆排放，始主仍在东向墙上不动，以下父、子（祖、父）递为昭穆，左为昭，右为穆，依次排列，也即第二、四、六代祖牌位在南向，第三、五、七代祖牌位在北向。祭祀时，子孙也按这种规定排列行礼，"祭有昭穆，昭穆者，所以别父子，远近，长幼，亲疏之序而无乱了。"（《礼记·祭统》）

祭祀时要献三次酒，称为三献，一边献一边口中还要祈祷，不可没有声音。第一次献泛齐，第二次献醴齐，第三次献盎齐。大夫和士不能像天子、诸侯那样奉神主，他们供奉的对象是尸。这尸不是尸体的尸，而是主的意思。祭祀祖先，不见亡亲形象，哀慕心情难以宣泄，于是就以兄弟中一人为尸主，用他来代替死者的形象，作为行祭施敬的目标，后世用画像代替了"尸"。祭祀者向"尸"行三献之礼，以示心诚。祭祀之礼的最后一道程序是醊酒。苏轼词有："一樽还酹江月"（《念奴娇·赤壁怀古》），因在长江上，当然只能酹江月。一般祭祀都要以酒酹地，祝祷之后必须以酒酹地，才意味着祭祀结束，与祭的人才能开始食飨，否则祭祀不能算结束。醊酒也有仪式，必须恭敬肃容，手擎杯盏，默念祷词，然后将酒左、中、右分倾三点，再将余酒洒一半圆，形成个三点一长钩的"心"字，表示心献之礼。

(二) 宴饮之礼

宴，在古籍中也同燕。而筵本意是指铺在地上的坐席，后来延伸为宴。所以，宴饮、燕饮、筵饮，在古人眼中是同一回事。

中国人好客，常设宴款待客人。设宴之风源远流长、绵延不断，上至天子诸侯，下至贩夫走卒、引车卖浆者，人人都设过宴、赴过宴。伴随宴饮活动，产生了许多相应的礼节。

入席，古人设宴对座次安排十分讲究，主人坐什么位子，客人坐什么位子，都有严格规定，乱坐就有喧宾夺主、以下犯上之嫌。《史记·项羽本纪》就记载了座次安排的尊卑观念。鸿门宴上，项羽、项伯东向坐，亚父（范增）南向坐，沛公北向坐，张良西向侍。项羽是主位，东向坐，而南面为上，坐的是亚父范增，显示项羽对范增的尊敬，张良地位最低，不能称坐而称侍，意思是与今天的侍从差不多。

宴饮必定论资排辈，以别尊卑长幼。南北方座次虽略有不同，但上座则完全相同。同样是上座，还有左右区别。以右为尊。如《史记·汉文帝纪》就有右贤左戚的记载：这里的右与左，古人韦昭的注释是右犹高，左犹下也。颜师古注：右亦上也。沿袭古制，今人也视右席为上席，无论北方南方，座次排列，其右面都是单数，而左面则是双数。但是左右之分只是相对而言，它还得服从上下之分。宴饮时，必须得上座者入席后，其余人方可入席就座，否则被人认为是失礼。时代发展到今天，建筑式样、家具式样都发生了很大变化，礼节也发生了变化，完全照搬古人宴饮礼仪既无必要，也很困难。于是，人们在日常生活中逐渐形成了变通的、新的宴饮座次礼仪。古人在堂上向南为尊，在室内以东为尊，说穿了就是面对门，视野不受阻为尊，今人沿袭了这个礼仪，以面对门为上座，不去管东南西北。万一面对门的座位不大宽敞，则以最宽敞、少受干扰的座位为尊，将贵宾安排在此座，以示对客人的尊敬。当然，客人入席在先的礼仪仍旧未变。

献报酬，入席后，主人得先给客人斟酒，以示礼貌。斟酒次序是先长后幼。俗话说：浅茶满酒，酒可以比茶斟多些，但也以八分不溢为敬。给客人一一斟完酒后，主人才给自己斟。有的主人不善饮，甚至滴酒不能沾，则可以请一位善饮的亲友代为陪饮，也可以以茶或其他饮料代酒，但无论是陪饮或代酒，主人均得主动向客人打招呼，征得客人同意，否则为失礼。

宴饮正式开始时，主人必定先恭敬肃立，擎起酒杯向客人敬酒，这叫作献，客人也必定站起来擎起酒杯表示回敬。主人口称：先干为敬，将杯中酒一口干掉，尔后将酒杯倒转以示一滴不剩的诚心待客，客人纷纷响应，也将各自的酒干掉。客人饮毕，需回敬主人，再给主人斟酒和给自己斟酒，此为报（也称酢）。然后为劝客人多饮，主人再先饮以倡之，称酬。此种礼仪，由来已久，至今仍在沿传。古人习惯席地而坐，今日所见桌椅，南宋时才广泛采用。南宋以前，因坐姿关系，宴饮干杯时宾主均不起立，各自举杯，邀齐同饮即算干杯。今人干杯，往往要碰杯，而且要碰出响声，逢到碰杯，主客都要站起来，面向对方正视，才算礼貌，否则为失礼。

（三）作客之礼

作客之礼有很多，《礼记》就有详细的规定。可依今天的眼光来看，它真是琐碎得厉害，要想全部做到实在太难而且没有必要，但剔除其不合理部分，合理部分还是应当继承的。事实上，我们今天生活中许多作客礼节也确实是从《礼记》等古籍书中传承下来的。

作客之礼依宴饮顺序大致有以下内客：

宴饮前，要精心做好准备，衣冠整洁，不要迟到，以免让主人和其他客人久等，即使因某种特殊原因而迟到，到达后也应该主动向主人和其他客人讲明，并致歉意，以此体现自己的诚意和修养。

落座时，应等主人招呼才落座，切忌大大咧咧目中无人，随意找个位置坐下，那是失礼的。碰杯时，客人的酒杯以略低于主人酒杯，小辈的酒杯低于长辈的酒杯，以此为敬。干杯时，必须起立正视对方，碰响杯子，并喝干自己杯中的酒，才能落座。有的人不胜酒力，遇到有人敬酒干杯不站起来，这是失礼的。即使不干，也得举杯起立答礼，表示感谢。

酒逢知己千杯少，酒宴上经常会看到这种亢奋热烈的场面，每到这时，客人须及时提醒自己掌握分寸。酒是特殊饮料，既有益于人，也有害于人，是有益还是有害全在于掌握之中。客人可以适当劝酒，不宜频频相劝，各人酒量不同，频频劝酒难免醉倒，不论是自己还是他人醉倒，都是失礼。有人以为酒宴上非得有人醉倒才够味，拼命劝酒，甚至掺假，以水代酒等来灌醉对方，这就带点恶作剧味道了。

宴饮时，要注意谦让，特别对老人、妇女、儿童，看他们喜欢吃什么，适当予以照顾。"凡尝远食，必须近食"，注意吃相，不能只顾自己不顾他人。

二、古代酒俗

在历史漫漫的发展长河中，人们为了生活和生产的需要，要互相交往。互相交往的结果，就是产生了一些约定俗成的礼节和风尚，这种礼节和风尚就是风俗。它虽然不是法律手段强制实施的，却有着巨大的约束力，和其他文化现象一样也打着统治阶级的烙印。以酒俗为例，就有着不少封建迷信的内容。

中国人喝酒已有几千年传统，喝酒的人上至帝王将相、达官巨贾，下至贩夫走卒、市井小民，社会层面如此广，喝酒的机会自然就多，婚丧嫁娶、饯行接风、造房上梁、喜得贵子等等，可以说中国人日常生活和社会活动都与酒结下了不解之缘，并形成丰富多彩的酒俗。

（一）婚嫁之俗

婚嫁是人生中的大事。"洞房花烛夜"是古代文人一生中的一大喜事，特别受重视。《仪礼》中就载有一卷《昏（婚）礼》，不厌其烦地规定繁琐而又庄重的程序，反映人们对婚嫁的重视。

古代婚俗大致要经过这么几个过程：（1）纳彩：男女两家先要经过媒人互通意向。（2）纳吉：如双方满意，就可以择日下定礼。（3）纳征：下定礼后，再过一段时间便可以送彩礼、嫁妆。（4）婚嫁：即两个家庭的联姻，双方家长主观愿望都是为子女好，所以一般男方下定后女方必有回定，男方下财礼，女方必有嫁奁。（5）请期：接下来就是确定娶亲日期。（6）亲迎：也称大礼，紧接着就是男方迎娶新娘，那是相当紧张热闹的。

最后，喜堂上的仪式完毕之后，众亲友及贺客纷纷入座尽兴喝喜酒，婚礼进入高潮。酒席上，众人必定要缠住两位新人喝交杯酒。交杯酒古称合卺，即用瓠（葫芦）分两半，当作酒杯，婚礼时用彩线连接卺的柄端，两人饮酒后合成一体，象征夫妇相亲相爱、风雨同舟。这个习俗到了宋代才改用两只杯子，但仍用红线连接，新夫妇各饮一杯，以示合欢。合卺也从此改称交杯酒了。新夫妇这天必定是既兴奋又羞涩，一切行动听凭亲友支配。有的地方对交杯酒的杯子处置非常有趣，要将杯子掷于床下，验其俯仰，如杯子一俯一仰，就意味着天覆地载、阴阳和谐，是大吉大利之兆，亲友们会热烈祝贺。但这一俯一仰不可能每次都有，后来干脆一俯一仰预先安于床下，取大吉大利之兆，亲友们当然照样祝贺，掀起婚礼的最后高潮。

（二）诞生酒俗

中国的家庭结构都是以血缘关系为纽带组成的，添丁进口意味着血缘关系得到继承，家族延续得到保证。所以婴儿还未降生，就会引起父母及整个家族的重视，忙于准备襁褓用品，乐孜孜地思考给婴儿取一个吉利的名字。婴儿一朝降生，接着就有相当隆重的祝愿仪式。婴儿诞生礼仪和其他礼仪不同之处在于持续时间相当长，从婴儿诞生一直到一周岁，其主要内容有满月、百日、周岁。满月酒，孩子满月当天，家里有祭祖祀神、摆酒请客，这酒宴就称满月酒。届时孩子母亲抱着孩子出来接受亲友的祝贺，家里要向邻里亲友赠送染成红色的红鸡蛋，孩子满月必须剃头。剃头也很有讲究，因婴儿囟门柔软，不能剃，只将周围剃净，为讨吉利，许多地方给剃头理发师另加犒赏。理完发后，在场亲友要轮流抱一抱婴儿，然后团团坐下喝满月酒。按常规，参与喝满月酒的长辈、亲友要给婴儿一些礼物，如衣物、鞋帽和吉祥物，依经济能力而定。吉祥物一般有金木鱼、银手镯、玉挂件、长命锁等。长命锁往往刻着状元及第（限男孩）、长命富贵、五子登科等祝愿辞句。周岁酒，婴儿长到一周岁时，俗称周晬，或抓周、得周，这一天照例得办酒庆贺。

《红楼梦》中就有一段描述贾宝玉周岁时"抓周"的风俗。"那周岁时，政老爷试他将来志向，便将世上所有东西，摆了无数叫他抓。谁知他一概不取，伸手只把些脂粉钗环抓来玩弄，那政老爷便不喜欢，说将来不过是酒色之徒，因此不甚爱惜。

（三）祝寿酒俗

逢十做寿办寿酒，这一习俗由来已久，特别是自六十以后，越往后，寿酒规模就越大。因为六十一转为甲子，人活到七八十，都是儿孙满堂、家成业就，经济上也已无忧虑，何况老人健康，也是做子孙的福，所以儿孙们也乐于搞得热闹丰盛。届时，寿堂上高挂寿星图，贴上祝寿对联，点燃寿烛，几案上放寿桃、寿糕、寿面，做寿老人换上新衣新鞋，端坐堂前，依次接受儿孙的跪拜。不仅如此，倘若是高寿老人，连街坊邻里、亲戚朋友都会来拜贺，希冀沾些喜气。拜寿完毕，摆开酒宴，大家畅饮，当然寿公公（婆婆）是一定端坐上席的。

（四）丧事酒俗

丧事又称"白喜事"，它是相对"红喜事（婚嫁）"而言的。能称上白喜事的丧事有个前提，即死者必须高寿而亡，一般讲在七十岁以上。如果中年丧夫（妻），老年失子，都属悲痛之事，那是不能称"白喜事"的。按旧时习俗，老人仙逝后，全家要操办一系列的事：洗尸、换衣、上供、报丧、守灵、吊唁、入殓、送葬。整个礼仪要持续好几天，不仅花费多，操办人也非常辛苦。说旧时丧葬礼俗劳民伤财，毫不过分。在治丧过程中，丧家必办酒席，这桌酒俗称"豆腐饭"，菜肴以素斋为主，赴席者还在丧事的悲痛中。所以，按例不能猜拳、行令及大声喧闹嬉戏，当然也不能劝酒。

在中国很多的民俗活动因受社会政治、经济、文化发展与变迁的影响，其内容、形式乃至活动情节均有变化，唯有民俗活动中使用酒这一现象则历经数代仍沿用不衰，同时也形成很特定的酒，如：

·生期酒。老人生日，子女必为其操办生期酒。届时，大摆酒宴，至爱亲朋，乡邻好友不请自来，携礼品以贺之。酒席间，要请民间艺人（花灯手）说唱表演。在贵州黔北地区，花灯手要分别装扮成铁拐李、吕洞宾、张果老、何仙姑八个仙人，依次演唱，边唱边向老寿星献上自制的长生拐、长生扇、长生经、长生酒、长生草等物，献物即毕，要恭敬献酒一杯，诸"仙人"与寿星同饮。

·会亲酒。即订婚仪式时要摆酒席。喝了"会亲酒"，表示婚事已成定局，婚姻契约已经生效，此后男女双方不得随意退婚、赖婚。

·交杯酒。是我国婚礼程序的一个传统仪节。"交杯"在古代又称为"合卺"（卺的意思是一个瓠分成两个瓢），《礼记·昏义》有"合卺而醋"，孔颖达解释道："一个瓠分成两个瓢谓之卺，婿之与妇各执一片以醋（即以酒漱口）"，合卺又引早有为结婚的意思。在唐代即有交杯酒这一名称，到了宋代在礼仪上，盛行用彩丝将两只酒杯相联，并绾成同心结之类的彩结，夫妻互饮一盏或夫妻传饮。至于婚礼上的"交臂酒"，则是为表示夫妻相爱，即在婚礼上夫妻各执一杯酒，手臂相交各饮一口。

·回门酒。即结婚的第三天，新婚夫妇要"回门"，回到娘家探望长辈，娘家要置宴款待。回门酒一般只设午餐一顿，酒后夫妻双双把家还。

·满月酒或百日酒。是中华各民族普遍的风俗之一，这是婚嫁酒仪式的自然衍生。生了孩子满月时或到百日时，需摆几桌酒席，邀请亲朋好友共贺，亲朋好友一般都要带礼物，也有送上红包的。

·梳头酒。某些地区时兴"吃梳头酒"，这是一种结婚的礼仪。新婚三日，女方家的亲戚来到男家，进上房见礼，然后在男方家事前搭好的彩棚内按长幼顺序就坐。男家端上果品款待，然后再上菜、敬酒。但是按俗礼要求，大家均不动筷，待新郎按桌磕头行礼后，放赏封散席。所以人们常把吃梳头酒称为"望宴席"。

·月米酒。妇女分娩前几天，要煮米酒1坛，一是为分娩女子催奶，一是款待客人。孩子满月，要办月米酒，少则三五桌，多则二三十桌，酒宴上烧酒管够，每人另有礼包1个，内装红蛋、泡粑等物。

·祭拜酒。涉及范围比较宽泛，一般来讲有两类：一是立房造屋、修桥铺路要行祭拜酒。凡破土动工，有犯山神地神之举，就要置办酒菜，在即将动工的地方祭拜山神和地神。鲁班是工匠的先师，为确保工程顺利，要祭拜鲁班。仪式要请有声望的工匠主持，备上酒菜纸钱，祭拜以求保佑。工程中，凡上梁、立门均有隆重仪式，其中酒为主体。二是逢年过节、遇灾有难时，要设祭拜酒。除夕夜，各家各户要准备丰盛酒菜，燃香点烛化纸钱，请祖宗亡灵回来饮酒过除夕。此间，家里所有人以长幼次序磕头，随及肃穆立候于桌边，三五分钟后，家长将所敬之酒并于一杯，洒于供桌前，祭拜才算结束。此时，全家才能起匀用餐。在民间，若有了灾难病痛，都认为是得罪了神灵祖先，就要举行一系列的娱神活动，乞求宽免。其形式仍是置办水酒菜肴，请先生（也有请花灯头目）到家里唱念一番，以酒菜敬献。祭拜酒因袭于远古对祖先诸神的崇拜祭奠。在传统意识中，认为万物皆有神，若有扰神之事不祭拜，就会不得清静（祭拜酒中的一些现象，因属糟粕一类，在民众中已逐渐消失）。

酒礼与酒德密切相关，酒礼要突出一个"敬"字，而失礼就有失德之嫌。古人提倡"洁樽肃客"、"三揖"、"三让"，座中应长幼有序、气氛和谐。下献酒于上称"寿"，向尊长、有德者及敬仰的同辈敬酒，并致尊敬、美好之辞，称为"奉觞上寿"。所以讲敬让、礼仪之饮才算得上有酒德。

酒德，即酒行为的过程中所要具备的道德，它与酒礼可谓互为表里、相得益彰。龚若栋先生认为："如果说礼是中国酒文化内核的话，那么酒德就是中国酒文化的外壳。"此话颇有见地。古人认为，酒德有凶和吉之分。周公《十三经注释》所反对的是酗酒的酒德，所提倡的是"毋彝酒"（《尚书·酒树》）的酒德。所谓"毋彝酒"，就是不要滥饮酒。那么怎样才算不滥饮呢？被后世尊为"圣人"的孔子说各人饮酒的多少没有什么具体的定量与标准的限制，以饮酒之后神志清晰、形体稳健、气血安宁、皆如其常为限度。"不及乱"即为孔子鉴往古、察当时、成来世提出的酒德标准，先秦时符坚的黄门侍郎赵整目睹符坚与大臣们泡在酒中，就写了一首劝诫的《酒德歌》，使之能迷途而返，接受了劝谏。

酒德对于塑造人们的文明礼貌之作用也同样地不可忽视。古人吴彬在《酒政》中提出饮酒要禁忌"华诞、连宵、苦劝、争执、避酒、恶谑、喷秽、佯醉"。

古今医学从保健的角度也极为提倡酒德。战国时期的名医扁鹊、唐朝"药王"孙思邈、明代大医药家李时珍都重视酒德。而且，现代医学也总结了不少科学饮酒的方法。

总而言之，我们不提倡封建社会属于糟粕的那种"敬老尊上"，但是正常的"敬老尊上"之礼仍是必要的。制止滥饮，提倡节饮，文明、科学饮酒，这才是中国酒文化所提倡的饮酒之德。

除此之外，酒德还反映在酒的酿造和经营相关的行为上。按现在的话来说，就是酒的酿造，要严格按工艺程序和质量标准去做，不能偷工减料、以次充好；酤酒必须货真价实、不缺斤少两。我国许多传统名酒之所以千百年盛誉不衰，一个根本的原因就是始终保持重质量、重信誉的高尚酒德。

中国酒史如此之长，且尚酒之风又如此普遍，但酗酒之害却并不算很严重，这一点与西方国家大不一样。其中很重要的原因之一就是：中国从周代就大力倡导"酒礼"与"酒德"，并设有酒官，把禁止滥饮、防止酒祸法律化，从而保证了中国酒文化始终沿着正确的方向发展。原因之二就是：中国历代的"禁酒"主要是从"节粮"这个角度提出来的，其出发点的定位是十分正确的。当年大禹"疏仪狄，绝旨酒"，正是出于这样的目的，以此避免天下因为缺粮而祸乱丛生、危及社稷。此后历史上有过很多次大规模的真正禁酒，如齐景公、汉文帝、汉景帝、曹操、刘备、西晋赵王、北魏文成帝、北齐武成帝、北周武帝、隋文帝、唐肃宗、元世祖、明太祖、清圣祖等时的禁酒，绝不仅仅因为酗酒造成社会问题，而主要是为了备战积聚粮草，或是天灾人祸、"年荒谷贵"使然。所以每次禁酒基本上都能令行禁止、收效显著。相比之下，西方社会的大规模禁酒运动只是从试图改善社会矛盾和保护人身健康的角度提出来的，所以屡禁不止。这说明：西方酒文化从概念上来说也缺乏中国酒文化所具备的博大精深的内涵和特征。

总之，喝酒的是非曲直，主要以量来定性。饮之适度是雅致；喝过了头乱了性则既糟蹋了酒又糟蹋了身体。因此，饮之有节是酒德的核心内容之一，凡饮酒者应自珍自爱，以理智管好自己，并上升至人格修养的高度。

综观中国酒文化的酒礼和酒德，固然有许多必须摒弃的东西，如尊卑等级观念、繁文缛节的酒仪，以及形形色色的封建迷信色彩等。但客观地剖析，酒礼和酒德仍有许多值得继承和发扬的精华，如尊敬父兄师长，行为要端庄，饮酒要有节制，酿酒、酤酒要讲质量、重信誉等等同样值得我们今人借鉴。

三、现代酒礼与酒俗

（一）安排酒会应注意的礼仪

酒会的可塑性很强，针对不同的家庭条件和经济状况，都可以选择一种合适的规格。根据主办者的意愿，酒会可以办得从简也可以办得讲究，这对于那些需多方操心、不无惊惶的女主人来说，颇有选择余地。一般来讲，即使是最小型的酒会，它的目标也是建立新的关系或更新同那些乐于时常见面的人的交情。换言之，酒会是一种有效的社交润滑剂。

酒会的一种功能便是提供异性交谊的机会，这是一种由来已久的传统。高度的流动性使酒会成为一种无与媲美的男女交际场所。如果这是酒会的一个目的，那就应该安排跳舞，并邀请许多单身男女。但若酒会是为欢迎某些老朋友的归来而举办，那么请来的客人就应该是同他们熟识的人，并要鼓励客人们相互交谈。这时，安排一个小型或中型的鸡尾酒会不失为明智的选择。酒会之后，还可以请贵宾和其他少数客人同主人共进晚宴。

很多女主人把酒会看作是一种对别人曾对自己的殷勤款待的绝好的回报机会。的确，如果你曾在别人家中受到设宴款待，那么你也应该请他们到自己家里来吃饭。也就是表明，你想继续这种友好的往来。然而，假若你只想感谢他们的盛情招待，而不准备发展这种关系的话，那就不妨邀请他们参加酒会。

酒会也是进一步发展友情的很好场所。女人往往怯于邀请一位不甚相识的人参加宴会。这也是情理之中的事情。几个小时的紧张应酬，尽管是令人愉快的，对任何朋友关系都是一种考验。那种不甚相识的特殊关系也许就因为不熟而经不起考验。但在酒会上却能一切顺利。相识——尽管可能会大吃一惊——但仍会愉快地接受邀请，而且还有一屋子的人帮助招待这些新相识的人，使女主人可以宽心。如果友谊的种子从中萌发，那么这一邀请肯定会得到回报，这就表明交际之门已经打开。而若事情的发展并非如此，那也不会有人对这么一次晚会而耿耿于怀。

易犯的错误。促使酒会成功的许多因素往往也会成为导致酒会失败的原因，记住这一点同明确酒会的目标同等重要。屋里过于拥挤会使谈话难以顺利地进行，对于那些岁数大的人，不喜欢一直站那么好几个小时。在一个大型酒会上，应约而来的客人倘若无人相识，他们会因为女主人顾不上招待他们而不悦。酒会的风格应该适合客人的特点：一位18岁的姑娘可能乐于挤进一大群殷勤的青年男子中，而她祖母的要求和期望就截然相反了。但是，一位考虑周到的女主人完全可以在同一个酒会上对这两种客人区别招待，使他们各得其所。

（二）不同酒会的准备

酒会可分为两个不同的类别：正餐之前的酒会（或称鸡尾酒会）和正餐之后的酒会。后一类可能还包括跳舞，有时还可能有夜餐，也可以是一项相当正式的活动。

鸡尾酒会，一般始于下午6时或6时半，进行两小时左右的那类聚会的名称。在这种酒会上，可以只提供一种雪利酒，或一种香槟酒，或红葡萄酒和白葡萄酒，以及一种混合葡萄酒或各种烈性酒和开胃酒。此外，至少还要有一种不含酒精的饮料。食品从简，而且要做得使人用手吃起来方便。鸡尾酒会的一个特点是通常有明确的时间限制。这要在请帖上写明；客人要是逗留，就与礼节有悖了。鸡尾酒会的人数安排，可从十几人至百余人不等。

正餐之后的酒会，通常在晚上9时开始，一般不规定客人告辞的时间。在请帖上，甚至在口头邀请中都不用"酒会"一词，通常只说"聚会"。在印制的请帖中，最常见的是用"家庭招待会"一词。如果还有跳舞，有时也要在请帖上注明。一般认为客人都已用过晚餐，因此很少需要供应食品，但若是较为大型或正式的酒会，就可能还有夜餐。

这种酒会通常都要播放音乐，而且常常腾出地方以供跳舞。如果是大型酒会，跳舞也是一项重要的内容——那就不妨租用一个唱片柜。

在饮料方面，除雪利酒可能没有之外，其他均与鸡尾酒会相同。

（三）赴酒会的礼仪

对于一个酒会，主人要尽量将各方面周全，同样作为赴酒会的客人也要注意相关方面的礼仪，给他人留下好的印象。"我可以带个朋友来吗?"一位客人会向女主人提出这样的问题，这是几乎所有聚会都难免遇到的事情。客人固然可以提出这样的要求，但女主人也有拒绝的自由。可实际上，很多女主人讲不出口。因此，客人婉转地要求多发一份请帖即可，只要确信这样做并无不便。通常，女主人都希望有尽量多的男宾光临，所以多带男宾来几乎总是受欢迎的。但是，一位男宾若想带一位女子参加聚会，那在提出要求之前应该慎重考虑一下：他可能因为是一个没有什么牵连的男子才受到邀请，主人会因为她的安排被打乱而感到不快。出于各种各样原因，一位女子在提出是否可带另一位女子赴会之前也应该认真考虑，因为女主人可能不想邀请与自己不相识的女人。

女主人可能出于个人理由而反对增加客人，于是客人应该完全放弃这种要求。事先未同女主人商量自带一个或几个朋友参加聚会，这是很不礼貌的行为，即使是在非常大型和非正式的聚会中也是如此。因此作为客人要十分注意这一点。

瓶酒会是一种大部分饮料由客人自带的一种"野鼠"的招待会形式。这种形式在学生和年轻人中特别流行。

参加瓶酒会，男宾必须携酒。如男女偕同赴会，则男宾所携之酒可代表他们两人。单独赴会的女宾在这一点上可灵活一些：如果带上一瓶酒，固然很受欢迎；如果不带，也不会将她拒之门外（有些妇女不好意思被人看见拎着个显出酒样的包）。但是，如果几个女子结伴同往，一定得带些酒。

到这种酒会上最常见的是葡萄酒。如果带的是烈性酒，特别是威士忌，就会被认为是一种特别的请客举动而受到欢迎。出于对所有参加者第二天的状况着想，应该避免用酒市场上的底脚酒；各种家酿的酒也不宜拿出来，不管酿制者对自己的手艺是如何地感到骄傲。啤酒，最好是大罐装的，很受欢迎。

到达酒会地点之后，每位客人应将带来的酒交给主人，或者放在充当酒吧的桌子上。如果客人把自己带来的酒留下自己受用，那实在是太有失礼节了。尽管瓶酒会是一种在某个方面共同合作的酒会，但仍应由发出邀请的一人或数人主办，主客之间的正常礼节仍应遵守。

（四）倒酒亦有道

在饮酒宴上，倒酒是要有一定礼仪的。过去均以斟八分不溢为敬，客人则要少饮，以免喝醉了对主人失礼；而主人则恰恰相反，往往是"劝君更进一杯酒"，尽量让客人多饮一些。而且，今人倒酒每每都倒满，如果主人不善饮，还都要请亲朋好友来坐陪，男客由男子陪，女客由女子陪。

具体来讲，在倒酒的程序、倒法及杯中的酒量方面，主要应该注意以下几点：

·倒酒程序：若是用软木塞封口的酒，在开瓶后，主人应先在自己的杯中倒一点点，品尝一下是否有坏软木味。如果口味欠纯正，应另换一瓶。如果是白酒，这个程序就可以省略了。倒酒时，应先首席客人后其他宾客。通常按逆时针方向，在每一个客人的右侧逐一倒酒，最后给自己倒酒。

·倒酒时注意将商标向着客人，不要把瓶口对着客人，如果倒汽酒可用右手持杯略斜，将酒沿杯壁缓缓倒入，以免酒中的二氧化碳迅速散逸。倒完一杯酒后，应将瓶口迅速转半圈，并向上倾斜，以免瓶口的酒滴至杯外。

·倒酒的量在中国习俗中有"茶七酒八"的说法，也是针对茶杯、酒杯中的茶或酒应倒至何等程度而言的。白兰地只需倒至三分之一杯或更少些；红葡萄酒倒至大半杯即可，例如评酒时有"大半试样"之说，是指倒酒至三分之二杯为宜。

（五）宴会祝酒的礼仪

一般说来，一个酒宴总有一个核心话题。这样，在饮第一杯酒以前，需要致祝酒词。

祝酒词要紧紧围绕酒宴的中心话题。假如老友聚会，可以说："此时此刻，我心里感激诸位光临。我极为留恋过去的时光，因为这里有着令我心醉的友情，但愿今后的岁月能一如既往。来吧，让我们举杯相碰，彼此赠送一个美好的祝愿。"祝酒词必须简短、凝练。有很多内涵。上述那几句很短的祝酒词会勾起彼此间温暖的回忆和向往，为后面的宴饮创造美好的气氛。

祝酒词还要带一点幽默的色彩，这样有利于彼此间的对话和交流。祝酒词应略加修饰，但不可过分矫揉造作，祝酒词可以事先有所准备，但最主要的还在于临场发挥。

（六）劝酒

中国人的好客在酒席上发挥得淋漓尽致，人与人的感情交流往往在敬酒时得到升华。中国人敬酒时，往往都想对方多喝点酒，以表示自己尽到了主人之谊，客人喝得越多，主人就越高兴，说明客人看得起自己，如果客人不喝酒，主人就会觉得有失面子。有人总结道，劝人饮酒有如下几种方式："文敬"、"武敬"、"罚敬"。这些做法有其淳朴民风遗存的一面，也有一定的负作用。

·"文敬"：是传统酒德的一种体现，也即有礼有节地劝客人饮酒。

酒席开始，主人往往在讲上几句话后，便开始了第一次敬酒。这时，宾主都要起立，主人先将杯中的酒一饮而尽，并将空酒杯口朝下，说明自己已经喝完，以示对客人的尊重。客人一般也要喝完。在席间，主人往往还分别到各桌去敬酒。

·"回敬"：这是客人向主人敬酒。

·"互敬"：这是客人与客人之间的"敬酒"，为了使对方多饮酒，敬酒者会找出种种必须喝酒理由，若被敬酒者无法找出反驳的理由，就得喝酒。在这种双方寻找论据的同时，人与人的感情交流得到升华。

·"代饮"：即不失风度，又不使宾主扫兴的躲避敬酒的方式。本人不会饮酒，或饮酒太多，但是主人或客人又非得敬上以表达敬意，这时就可请人代酒。代饮酒的人一般与他有特殊的关系。在婚礼上，男方和女方的伴郎和伴娘往往是代饮的首选人物，故酒量必须大。

为了劝酒，酒席上有许多趣话。如"感情深，一口闷；感情厚，喝个够；感情浅，舔一舔"。

·"罚酒"：这是中国人"敬酒"的一种独特方式。"罚酒"的理由也是五花八门。最为常见的可能是对酒席迟到者的"罚酒三杯"。有时也不免带点开玩笑的性质。

（七）酒会禁忌

·早到，即使提前一分钟也不好；于预定结束时间前 15 分钟才到，然后又待了一小时，明明主人已经累坏了，还硬拖着不走。

·用又冷又湿的右手和人握手（记得请用左手拿饮料）。

·右手拿过餐点，美奶滋还没抹干净，就和人握手（请用左手拿餐点，要不然，吃完就应立刻用餐巾把手仔细擦干净）。

·和别人说话时东张西望，好像生怕错过哪个更重要的人物，这是非常不礼貌的。但是在鸡尾酒会上，这种错误却很常见。

·硬拉着主人讨论严肃话题，说个没完。要知道，主人还有更重要的事做，没工夫和你扯整晚！

·抢着和贵宾谈话，不让别人有搭讪的机会。

·把烟灰弹到地毯上，或拿杯子当烟灰缸，用完就不管了。

·霸占餐点桌，以致别的客人没机会接近食物。

四、少数民族饮酒的礼俗

在人类社会中，任何一种饮食方式都会受到社会结构和文化特征的影响，从而形成饮食规则和食物习俗。在众多的食物中，酒的饮用规则和饮用习俗又是最为复杂、最具文化特色的，少数民族饮酒的礼俗更是新奇。

（一）独特的饮酒方式

1. 羌族

羌族居住在我国四川茂汶羌族自治县。遇有喜庆日子或招待宾客时，他们会抬出一个大坛子，放在地面。人们围坐在坛子周围，每人手握一根竹管或芦管，斜插入坛中，一边谈笑一边从坛子里吮酒汁。由于管长达数尺，人们围坐的圈子较大，所以五六个人甚至七八个人可以同时吸吮，气氛十分热烈。有时饮一会儿酒，又起身跳一会锅庄舞，再继续饮酒，这种饮酒被称作饮咂酒，贵州苗族也喜欢饮咂酒。

2. 彝族

彝族人有饮"转转酒"和"杆杆酒"的习俗。转转酒就是饮酒时不分场合地点，也不分生人、熟人，席地而坐，围成一个一个圆圈，端着酒杯，依次轮饮。关于转转酒的来历，有这样一个传说：在一座大山里住着汉、藏、彝三个汉子，他们和睦相处，结拜为兄弟，汉族为大哥，藏族为二哥，彝族为老三，每年过节都团聚在一起。有一年三弟彝族开荒收获了许多荞子，磨荞面后煮了很多，请二位兄长前来进食，第一天没有吃完，第二天泛出了浓烈的酒香，舀进碗后，三兄弟你推我让，谁也舍不得喝，从早转到晚，没有喝完。后来有神灵告知，只要辛勤劳动，喝完后就会有新的。于是三人就转着喝开了，一直喝得酩酊大醉。后来相沿成俗，流传至今。

杆杆酒即每年逢喜庆节日，彝家的姑娘、妇女就抱着一坛酒，插上几支锦竹管或麦管，在家门口的路边上，劝过往行人喝上几口才让他们继续赶路，喝过的人越多，这家主人就越光彩。

3. 壮族

壮族有一种特殊的饮酒方式叫"打甏"。据《岭外代答》载：邕州钦州壮族村寨，用小甏干酝成浓糟，贮存起来。客人来了，先在地上铺一张席子，把小甏放在宾主之间，旁边放一盂干净水，开甏后，酌水入甏，插一根竹管，宾主轮流用竹管吸饮，先宾后主。竹管中有一个像小银鱼一样的开掓，能开能合，吸得过急或过缓，小银鱼都会关闭。这种风俗就叫打甏。打甏讲究礼仪，要先由主妇致欢迎词，然后将竹管庄重地递给客人，男女同饮一甏，水尽管加。

4. 布依族

布依族人爱饮米酒，饮酒时有这样几个特别：一是用坛子装酒，将葫芦（地方土语叫革当）伸进坛里汲取；饮酒不用酒杯，而多用碗。二是对饮时要行令猜拳以助兴。三是要唱酒歌，酒歌内容无所不包，诸如开天辟地，日月星辰，民族历史，山川草木，你唱一首，我答一曲，答不了的罚酒。唱完，敬每个客人喝一口酒，人们举起斟满米酒的碗来唱歌答谢。

5. 高山族

台湾高山族饮酒讲究"聚饮"或"会饮"。高山族人很少个人闭门独酌，常常是聚众豪饮，通宵达旦，不醉不休。《重修凤山县志》说：聚饮以木碗盛酒，土官先酌，次及副土官、公廨，众番相继而饮。一年之中，新屋落成，捕鹿归来，男女结婚，新年节日之际，都要聚饮一番。饮宴时必令酒多，不拘肴核。男女杂坐欢呼；其最相亲爱者，并肩并唇，取酒从上泻下，双入于口，倾流满地，以为快乐。若汉人闯入，便拉同饮，不醉不止（见《番社采风图考》）。酒酣之后，又群起歌舞，极尽欢乐。黄叔璥《番俗六考》云："饮酒不醉，兴酣则起而歌而舞，舞无绵绣被体，或着短衣，或祖胸背，跳跃盘旋，如儿戏状；歌无常曲，见在景作曼声，一人歌，群拍手而和。"高山族这种聚饮方式的形成与高山族历史上长期处在原始公有制社会阶段的历史状况有关。

6. 藏族

到藏族家做客喝青稞酒时，讲究"三口一杯"。即客人接过酒杯（碗）后，先喝一口，主人斟满，再喝一口，主人又斟满，喝第三口时应干杯。若客人确实不能饮酒，则可按藏族习惯以右手无名指蘸酒向右上方弹酒 3 次，表示敬天地神灵、父母长辈、兄弟朋友，主人不再勉强。通常在"三口一杯"之后，客人即可随意饮用。待客人起身告辞时，得最后干一杯，方合乎礼节。

有关少数民族有饮酒方式还有下面二种比较常见，也很有趣。

·火塘酒

火塘酒，即在火塘边饮酒及其相关的规程。

火塘是少数民族生活的重要组成部分。火塘边，展示了生育婚丧的生命历程；火塘边，演绎着人间的悲欢离合；火塘边，记录着家庭的喜怒哀乐。在漫长的社会历史进程中，火塘与少数民族的社会生活、民族文化形成了密切的内在联系，孕育出了独特的火塘文化。在少数民族地区，居家饮酒几乎都离不开火塘，火塘文化和酒文化在少数民族文化中是两种相伴共生的重要文化质点，展示出浓郁的地域文化特色和迷人的民族文化光彩。

火塘多设在堂屋中。堂屋是会客、祭祀的地方。面对门的后墙前放置供桌，桌上供奉祖宗神主、牌位等。火塘位置在供桌正前方或屋门两侧。在火塘边饮酒絮语，也就有在列祖列宗前饮酒的意味。与豪气万丈或欢快活泼的少数民族酒文化主流相比，火塘酒在整个饮酒礼仪上则显得庄重拘谨得多，整体气氛表现出更多的理性成分。

火塘酒的拘谨与严肃首先表现在饮酒人的座次排列。在传统的彝族社会中，火塘"上方"指背墙面门的位置，这个位置离供桌最近，是家庭中男性长者的专座；纳西族摩梭人则正好相反，火塘上方是当家妇女的当然座位。火塘饮酒排座次，表面上是一种生活习俗，其深层揭示的是各民族的伦理道德观念、社会结构、人际关系等，也反映了各民族间的社会、文化差异。

火塘酒的拘谨与严整还表现在饮酒礼节上。在父权制度牢固确立的民族中，居家围坐火塘饮酒，斟酒人一般是家庭的长子，第一杯酒要敬给男性长者，次则女性长者，平辈者依年龄长幼顺序斟满。若有宾客临门，第一次斟酒要由男性长者亲自执壶，为宾客斟满后，再移交酒壶给长子，由其依次斟满。饮酒时，要先敬客人或长辈后才能饮用。火塘酒讲究温馨和睦的氛围，先举杯者，眼望尊长，再环视众人，说一声："来，喝吧！"既是敬意，也是邀请，饮用时碰杯而不干杯，饮多饮少，随意而定。

火塘酒的拘谨和严整还表现在饮酒时的语言行为上。火塘边饮酒，祖宗在堂，老幼环坐，因此不得秽语亵行，不得随意喧哗。火塘酒的话题多由宾客或长者提出，晚辈后生尤其是青年妇女不能随意插话打岔。讨论的内容，从农事安排到生活总结，无所不包。酒意阑珊，老人开始用本民族语言吟唱古老的歌谣，向后辈讲述本民族所经历的艰苦磨难和先祖们创业的艰辛曲折，歌颂本民族的英雄人物，传播本民族文化的优良传统。此时，温暖的火塘边、酒壶中，流淌着一个民族古老的历史，酒碗中蕴涵着一个民族的传统文化，美酒的波光中闪动着一个家庭的温馨与幸福。

饮火塘酒，在有的民族中，是一种团结人群、凝聚人心的重要手段。傈僳族、怒族、独龙族的火塘酒，除严禁在火塘边污言秽语外，较少受繁文缛节的限制，更多地是追求一种宽松舒畅、热烈欢快的生活氛围。

· 咂酒

咂酒（又写作"砸酒"）古称"打甏"。它不是酒，而是一种饮酒习俗，也就是借助竹管、藤管、芦苇秆等管状物把酒从容器中吸入杯、碗中饮用或直接吸入口中。因选用吸管的不同，咂酒又称竹管酒、藤管酒等。其流行于四川、云南、贵州、广西等地的彝、白、苗、傈僳、普米、佤、哈尼、纳西、傣、壮、侗等民族之中。以咂酒法饮用的酒都是水酒。咂酒有冷咂、热咂之分。咂即搬出酒坛，将吸管插入坛底吸饮；热咂酒是把水酒放在锅里加热或者直接把酒坛架在火上，边加热边饮用。咂酒是一插到底，一边饮用，一边加入冷开水，使坛内或锅内的酒液保持在相同的水平，直到酒味全都丧失。

这种饮酒方法，在西南各民族中曾长期盛行，是待客的最高礼节。明代旅行家徐霞客游历滇中，在洱海边的铁甲场村民家晚餐时，这种独具特色的饮酒方式令徐霞客大开眼界。

佳节良宵，在宽阔的场坝上置盛满水酒的桶或大罐，其间插入竹管若干根，人们环绕着酒坛轻歌曼舞，渴了，凑近酒坛对着竹管喝一口，清清喉咙再唱；累了，凑近酒桶吸一气，振振精神又跳。气氛极为欢快热烈。贵客临场则欢迎加入歌舞，一曲舞罢，众人簇拥宾客到酒坛前，主持者执管相邀，客人插管，众人才插管入坛，同饮共欢。

以竹、藤、芦苇等直接吸饮的咂酒法，缺乏卫生保障，有碍健康。一些民族已逐渐弃置不用，而有的民族至今仍完整地保留着这一饮酒方法，有的则采取折衷的方式，将酒"咂"出，盛入杯、碗中再饮用。如普米族、侗族等群众就是用竹管将酒吸出盛在葫芦、碗里，再分配饮用。

（二）待客酒俗

热情好客是我国各少数民族的普遍风尚。酒被许多民族普遍视为珍贵圣洁之物，许多民族好以酒飨客，以表达自己真诚的心意。

1. 蒙古族

蒙古族对于来访客人，无论生、熟都热情地以酒相待。首先是立即斟上奶酒，其次还要举行酒宴款待。酒宴中，主人之妻"无不同席"，以表示对客人接待隆重，又说明没把客人当外人。席间，如客人杯中少留酒滴，主人则不高兴，如客人喝尽杯中酒，主人才高兴。饮酒时，主客经常换尝杯中酒，需要客人尝一口，主人只用一只手举杯；若主人双手举杯，则表示主客必须互换酒杯，客人必须饮尽主人所赠的杯中酒，不饮尽，则不高兴，也不再斟。而一旦见到客人醉中喧闹失礼、或吐或卧，主人才格外高兴，并说：客醉，则与我心无异也！（宋孟珙《蒙鞑备录》）。遇贵客临门，蒙古族人有一种名为德吉拉的礼节。过程为：主人拿一瓶酒，瓶口抹有酥油，先由主座客人用右手食指蘸一点瓶口上的酥油在额头上抹一抹，然后依次轮抹，当每个客人抹过后，主人才拿杯子斟酒敬客。

2. 藏族

在客人临门时，先要敬上一碗青稞酒，表示主人好客之心如酒力一般热烈，友情如酒味一样浓厚悠长。有时也以喝咂酒的方式招待客人。其饮法是，先烧开一大锅水，放在火塘边温着，然后将一坛酿好的青稞酒插入两支或数支竹管，放在火塘边的客位上。客齐后，主人先请最年长的客人坐于酒坛边，诵经并以指泼点酒洒向四方后，即开始饮。饮时请另一位或几位年长客人与先前长者那样对坐，各吸一根竹管，第一轮酒毕，又以长先幼后的顺序换上另一轮客人。云南傣族人请客饮酒时，贵客必须坐上座。饮酒前，要请客人先吃点饭，以免客人空肚喝酒不尽兴即醉倒。主人向客人敬酒时，一人大呼一声，众人和之，如此者三（明钱古训、李思聪《百夷传》），土司头人宴请重要客人，俗例由寨中年轻姑娘敬酒，她们用银盘托着酒壶，依次向客人敬酒。如果谁敬而不饮，她们就会抱其头而灌饮。如果想让她们手下留情的话，就必须准备好银元，在来敬酒时，放上一枚银币，请其代饮。阿佤人在客人来临时，会感到格外荣幸，认为朋友的到来，带来了兴隆和吉祥，因此搬出酒坛，以迎宾之礼待之。首先，主人敬酒时，先要自己饮一口，以打消客人的戒意，然后依次递给客人饮。而客人一定要把所敬之酒喝干，否则主人会认为客人瞧不起他。客人要离去，主人又要以送亲之礼向客人敬酒，主人用葫芦盛满水酒喝过一口后，双手放到客人嘴边，直到对方喝光，主人方歇手。这样做的意思是，客人离去后，不论走到哪儿也不要忘记朋友。

3. 黎族

黎族将远道而来的客人待为上宾。若是男客，先酒后饭；若是女宾，则先饭后酒。饮酒分三段进行：第一段是相互敬酒，属一般的感情交流；第二段是开怀畅饮；第三段是主客对歌饮酒，感情融洽。主人向客人敬酒时，先双手捧起酒碗向众人致敬，并一饮而尽，将空碗给大家看，以表示自己的诚意；接着向客人敬酒，客人干杯后，主人马上来一块肉送到客人嘴里，客人不应拒绝，只能笑纳才合礼数。

4. 景颇族

景颇族十分讲究喝酒礼节。熟人相遇，互相敬酒，不是接过酒就喝，而是先倒回给对方的酒筒里一点才喝，这样做表示互相尊重。几人同到景颇人家作客，主人一般不一一给客人敬酒，而是把酒筒交给中年长者，表示把心交给了他，让他代表主人的心意给大家敬酒。敬酒者要根据酒的数量和人数平均分配酒。包括主人在内，然后才能自己喝，最后酒筒里还要留点酒，表示酒筒里的酒永远喝不完。大家共喝一杯酒时，每人饮过，都用手揩一下自己喝过的地方再传给别人，这样做是景颇族的习惯礼节。

5. 壮族

壮族敬客人酒的风俗是饮交杯酒。交杯酒并不用杯，而是用白瓷汤匙，两人从酒碗中各舀一匙，相互交饮，然后用充满敬意的目光相对而视，主人这时会唱起敬酒歌：锡壶装酒白连连，酒到面前你莫嫌。我有真心敬贵客，敬你好比敬神仙。锡壶装酒白瓷杯，酒到面前你莫推，酒虽不好人情酿，你是神仙饮半杯。动听的敬酒歌比杯里的美酒还醉人。

6. 布依族

布依族讲究主客对唱酒歌。主人唱谦让之词，客人唱答谢之意，一人唱一首，唱完大家各饮一口酒，要是谁不会唱，就罚喝三口。布依族的迎客酒也饶有风趣。客人临家，主人在大门口摆上桌子，放上酒壶和碗，碗里斟上酒，双手端起，唱起《迎客歌》。客人若是能歌者，就以歌作答。如此对答几个回合的不分胜负者，客人就要喝一口。进到屋内，若客人不会唱歌，主人唱一首，客人喝一口，直喝到七八口才罢休。进屋后，主人要请善歌的姑娘向客人边敬酒，边唱《敬酒歌》。若客人能歌，就要以歌对唱，要是不会唱酒歌，姑娘唱一首，就被罚喝一口。

7. 佤族

云南佤族有以泡酒待客的习俗。泡酒是用小红米饭加酒曲发酵后酿成的一种水酒。味甜，度数低，男女老幼都爱喝。客人临门，佤族同胞总是先用泡酒招待。主人从竹箩内将已发酵好的小红米饭倒入长约60厘米、直径10厘米的竹筒内，然后灌入山泉水，再用一根细竹管插入竹筒底部。利用虹吸法将水酒从筒底吸出，盛进竹杯内。饮用时，主人先喝一口，用右掌擦擦竹杯口，再双手递给客人，表示酒没毒，请放心喝。这时客人要伸右手，手心向上去接酒杯，以示谢意。客人喝一口后，也擦一下杯口给别人喝，一人一口往下传，不得独饮。不管人多人少都是用一只杯子轮流饮用，边饮边聊，边往竹筒内倒泉水。客人在酒席上要注意不能用手摸头和耳朵，因为这是求爱的表示。

（三）婚姻酒俗

婚姻是人生的大喜事，大喜事必要伴以佳酿美酒，这是我国许多民族共有的习俗。许多民族，从恋爱、订婚、结婚、回娘家及生儿添女，都要以酒称贺，无酒不成礼仪，无酒难结姻缘。

1. 羌族

居住在四川阿坝州羌族同胞的习俗是：男方请红爷（媒人）去女家说亲，若女家同意，即向男家提出需办多少酒席，费用由男家承担，表示订婚初步成功，这叫吃开口酒。

云南拉祜族订婚要举行火笼酒的订婚仪式。即男方去女方求亲时，请一媒人陪同，带一把捆好的烟草、一壶3公斤左右的米酒。到女方家后，女家父母请来亲戚围坐于火塘四周。这时媒人说明来意，并把烟草递给老人，如父母同意这门亲事，双手接过烟草，并叫女儿拿出碗来。如女儿也同意，就拿来碗在每人面前放一个，媒人就把烟草分给每人，给每人倒碗米酒，大家边喝酒边闲谈。如果女方不同意这门亲事，既不会接受烟草，也不会拿碗倒酒。

2. 纳西族

云南丽江纳西族，在订亲过程中，颇有以酒联姻的意思。订亲，纳西语叫日蚌，意为送酒。男孩长至五六岁时，父母便到寺庙里烧香求签排八字，给他物色媳妇。相中女孩后，父母便托媒人带一壶酒给女家为儿子说亲，如女方父母同意，待女孩十岁左右即择日举行订婚礼。订婚时，男家须向女方送酒一坛及白米、红糖、茶叶等，其中糖、茶、酒是不可缺少的礼物，称小酒。小酒后，任何一方觉得不合适，都可悔婚。退婚时，女方须把所收礼物如数退还男家。若男家悔约，通知女家即可。小酒后隔上一年半载，男家再得给女家送第二次礼，叫做过大酒，也称小过门或请媳妇。除备有过小酒的礼物还，还要赠送土布一匹、衣服两件、手镯一对、猪肉三十斤及现金等，披红挂彩，由媒人和男家亲友将聘礼送到女家。女家以酒席相待，客人要称赞男家送的酒好，向结亲两家祝贺。女方要送一壶酒和两盒红糖为回礼。送大酒后第二天，男家要将女方的回礼喜酒、喜糖供祭祖先，祈其认可，并由男家的至亲去女家会亲，从此两户人家开始互访以亲家相待，订亲男女须视为夫妻。

3. 朝鲜族

朝鲜族订婚，把酒看得比财帛重要。赫哲族求婚时，由男方邀请亲友长辈，带上栓有红布的两瓶酒和鲤鱼，到女家求婚。取得女家同意后，第二天，女婿要来拜见未来的岳父母，敬酒、磕头，送给岳父马和貂皮，还要送上一坛酒、一口猪作为聘姑娘时招待亲友用。鄂温克族订婚过程是：先由媒人带一瓶酒到女方家，说明来意，然后拿出酒来给女方父亲敬酒。女方父亲喝酒，亲事就算成了，反之就没有订成。常有的情形是，女方父母开始时假装不喝酒，激媒人多费口舌，把男方的品德、长相等述说一番，觉得满意后方才喝。喝酒时还要把女方家庭内的人都请来参加。

与鄂温克族相似的鄂伦春族在求婚时，同样由男方请媒人到家边喝酒边提亲。然后男方托媒人送两瓶聘酒给女家。如订婚成功，认亲和过彩礼时，男方必须带上酒、野猪送给女家作为聘礼。由此可见，大多数少数民族眼里，酒是联络感情的媒介，是尊贵隆重的象征。

4. 鄂伦春族

鄂伦春族人在岳父参加完婚礼返家时，走到房门口，新郎须敬酒相送，岳父上马时，新郎同样得敬酒相送。女方送亲人员，可藏酒杯而走，而男方敬酒人员，需将酒杯追抢回来。西北鄂尔多斯蒙古族婚礼上，新郎要拿着酒壶，新娘手捧放着一对银杯的盘子，双双向众宾客敬酒，宾客则必须喝完所敬的酒，并说些祝贺赞美之词。锡伯族的新郎、新娘在向长辈宾客敬酒后，彼此还要互敬，以示感情融洽。

5. 侗族

贵州侗族婚礼一般设三天酒席，并且名目各异。第二天为正席酒。饮酒中讲究酒令和礼词。酒过半酣，宾主要进行打马游街、解粮讨赏的礼节。由一个充当解粮官的，手托茶盘，内放扣肉一碗，酒四盅，另一人持酒壶为副手，双双前来解粮酬敬皇客（送亲客），双方在一场你盘我诘的辞令战中敬酒与回赐，异常热闹激烈。

6. 土家族

湖南湘西土家族婚礼上有"喝上马酒"的习俗。婚娶中女家堂兄弟路上护送新娘至男家后，男家须在堂屋中摆酒宴招待。充当舅老爷的堂兄弟坐在祖先神龛下特设的正中席位，俗称坐上马位，陪客坐于左右边位。桌上酒菜须按礼规摆成马蹄形，若摆错了位置，舅老爷借故不饮，或只喝头尾两杯，那么其他客人的酒席一概开饮不成。

7. 独龙族

云南独龙族晚上举行结婚仪式，先由双方父母教育一对新人婚后要互相关心，和睦相处，然后双方父母递给新人一碗米酒，新郎新娘同时双手接过，当众向父母表示愿意听从老人教诲，永不分离。接着捧起酒碗，同饮而尽，这叫喝同心酒。

8. 瑶族

广西瑶族婚礼上有喝连心酒的习俗。婚礼之夜，男家欢宴宾客，其中首席用五张桌子连成一席，由新郎、新娘、媒人、双方父母等就座。新郎新娘给每位宾客斟满酒后，再将杯中酒倒回酒壶混合一起，再斟到每人的杯中。然后，新郎新娘向席中每位长辈、亲友敬酒，每敬人一杯，自己便陪饮一杯，散宴后，其他酒席才开始。

9. 黎族

海南岛的黎族有婚礼尾酒之俗，亦称收席酒。新郎家设此酒宴，一方面答谢那些婚礼期间予以资助或帮助煮饭做菜的亲友；一方面为了聆听亲友们的教诲。亲友们边喝边唱，嘱咐新婚夫妇要互相照顾，生儿育女，发展家业，因亲友不断登门祝贺，往往酒宴要延长到三天三夜，或更长时间。

10. 门巴族

西藏门巴族在迎亲时，新郎要带几竹筒酒，请新娘途中喝三次。竹筒酒碗边抹上酥油表示吉利。婚宴上新娘舅舅面对酒肉不吃不喝，先挑毛病，说一句就用拳头击一下桌子，新郎家赶紧献上哈达，添酒更菜，直到舅舅满意，众宾客才开怀痛饮，以此考验男方的诚意。席间新娘轮流给每个客人敬酒。众人还要求新郎新娘互赠一碗酒对饮，比比谁喝得快，据说，谁先喝完这碗酒，谁今后在家中的权力就大。

11. 白族

云南白族的婚礼酒俗也别具特色。当新郎新娘扶进洞房，一对中年夫妇端着一壶有辣椒面的喜酒，首先进洞房给新人喝，新人喝过后，再给院子里所有在场的人一小杯辣椒酒。辣字在白族话中与亲字发音一样，喝了这酒，表示祝愿新郎新娘亲密无间。吃晚饭时，几十人围成一大桌开始闹席，新郎新娘要给在座的每个人斟酒鞠躬。等闹完了，桌上的酒杯都不见了。这时新郎新娘恳求众人将杯子还给他们。众人一齐发问：你们用它做什么？新郎新娘便羞红了脸回答：明年，我们用来喂娃娃。在笑声中，人们把杯子还给新人。

（四）祭祀、丧葬酒俗

1. 蒙古族

蒙古族历史上存在过原始宗教信仰，相信天地万物均有神灵，对这些神灵，人们要表示虔诚的敬意。凡饮酒，先酹之，以祭天地。蒙古族有祭敖包、祭尚西的原始宗教祭祀活动。尚西在蒙古语里是独棵大树或神树的意思。在祭尚西仪式上，要将树杆、树枝用鲜艳的花布条打扮起来，人们集于树下，由珊蛮巫师诵经祈祷。还有一人扮尚西老人，坐于神树下，由一名代表全体信男信女的主祭人向他敬酒，进献奶食品。敬酒是表示对氏族神灵的礼敬。

2. 仡佬族

居住于贵州、广西、云南的仡佬族，往往是把敬拜自然神灵和祭祀活动合而为一。农历三月三祭神树，也是仡佬人悼念祖先的一种仪式。祭祀时，在神树前要摆放十个碗、六双筷和一碗五谷掺合煮的饭，一个专用牛角酒杯；一盘猪和鸡头尾、内脏合拼合成的供菜。仪式开始后，点香烛、焚纸钱、放鞭炮，主祭老人用一小木杓挨次往十个碗中斟酒，并口念祭词，祝愿老祖保佑全寨人畜平安、五谷丰登，祭祖毕，人们就饮酒吃饭。

3. 哈尼族

云南哈尼族，每年七八月稻谷泛黄时就要举行一次盛大的喝新谷酒的仪式，哈尼称"车收阿巴多"。这个仪式要选一个吉祥的日子。这天，各家割回一把将成熟的颗粒多的谷把，倒挂在堂屋后山墙小篾笆沿边，再将下上面的百十颗谷粒，放进酒瓶里泡酒，然后备一桌美味佳肴，请长者来家喝新谷酒。席上，主人倒出泡有新谷的米酒，唱起祝酒歌。唱罢，主客共饮新谷酒，连婴孩也要在嘴边沾一点酒汁。

4. 苗族

苗族人家听到丧信，同寨的人一般都要赠送丧家几斤酒，以及大米香烛等物。如与丧家是亲戚，亲戚要送一两坛酒，女婿则要送二十来斤白酒、猪一头，丧家要杀牲设酒宴款待吊者。红河地区的哈尼族闻知丧讯，即携带猪、鸡、米、酒来祭。元江一带哈尼族，吊者击锣鼓、摇铃，头插鸡尾跳舞，名曰洗鬼，忽泣忽饮。云南怒江地区的怒族，村中有人病亡，吹竹号数次报丧，各户闻之携酒来吊，巫师灌酒于死者嘴里，众人各饮一杯，称离别酒。

5. 布依族

贵州布依族整个丧葬过程都少不了酒。亲友接到报丧信，便要备办酒礼等物去祭奠，亲友吊丧完毕，丧家要加祭，哭诵祭文。加祭时，须备酒礼、猪头等。加祭后，半夜十二时起，请魔公为死者开路，超度死者上天。魔公念着开路经，后辈女婿要给他上酒，魔公喝够了，就把酒赏给丧家女婿，表示上方把粮赏给女婿了。开路到天亮出殡时刻，孝子要提一壶酒，斟在碗里，请静忙抬灵柩的众寨邻每人喝一口，才抬起灵柩出发。待死者安葬下土后，送葬人返回丧家，孝子则还要留在墓地，摆一桌事先准备好的刀头酒礼敬给死者吃，孝子要陪死者喝酒吃饭。葬后第三天，女婿及丈母娘还要携带酒礼来为死者复三。

6. 布朗族

云南双江地区布朗族，在把死者送至墓地后，同时要在棺木的四角放四对蜡烛点燃，随棺木一同埋入墓穴，同时在死者的头部埋入一壶酒、一杯茶，意思是让死者吃饱酒食后顺着火光照亮的路去和祖先团聚。

7. 普米族

普米族的丧葬仪式中有"给羊子"的习俗。即请巫师为死者指点祖先的名字，交代归宗线路，并用一只白羊为死者引路。在这个仪式中，须在羊耳上撒酒和糌粑，如果羊子摇头，表示死者欢喜，全家吉利，死者家属就要跪在地上向羊子磕头，请羊子喝酒，再由巫师把羊子杀死，用羊心祭祀，并为死者念《开路经》。

8. 高山族

台湾高山族世有用酒来奠祭亡灵的传统，以此来表达生者对死者的哀思。高山族人认为酒是一种能够动天地、感鬼神的美好之物，因此他们往往借美酒来向神灵祈求和表达他们的愿望。插秧播种前，要"酹酒祝空中，占鸟音吉，然后男女偕往种插。收成时各家皆自釂牲酒以祭神"。他们不仅用酒祈求祖先神灵保佑丰收平安，而且还念念不忘虔请过世的人来饮酒。每逢村里有人死亡，则"结彩于门，不用棺木，所存器皿、衣服与生人计分匀受；死者所应得同埋于院中。三日后，会集亲党，死者取出，设坐，各灌以酒，重为抚摩，然后埋葬"。他们给死者灌酒，显然是希望死者能饮上最后一口酒。陈梦林《诸罗县志》亦载曰：人死，结彩于门，鸣钟异尸，诸亲属之门，各酹酒其口，抚摩再三，志永诀也。向死者"酹酒其口"不仅反映了高山族人传统的丧葬仪礼，而且也反映了高山族人对酒的特殊情感和知识。

9. 鄂伦春族

鄂伦春族普遍信仰萨满教，信奉自然界中的各种神灵。山神白那查是鄂伦春猎人最崇拜的神灵之一。猎人在山上狩猎期间，每逢饮酒吃饭，都要先用手指蘸酒向上弹三下，或将酒碗高举过顶绕几圈，口中念念有词，祷告白那查多赏猎物，然后才能饮酒吃饭。

10. 彝族

彝族人死后，亲友无论远近，都要牵牛羊带酒肉等祭品吊祭死者。入门时，丧家须给酒，让其举杯痛饮，愈饮愈哭，愈哭愈饮，哭到无泪时则作歌历数死者功德。彝族认为人死后灵魂不死，故火化后需对灵魂进行招亡，先用木杆、羊毛、草扎一五寸许人形，以此代表死者灵魂，由毕摩对其诵经念咒，家人凡吃肉吃酒，先在此偶像前进行祭奠。

第六节　酒的养生与饮用

一、各类酒的营养价值

白酒由于含醇量高，人体摄入量受到一定的限制，因而其营养价值有限。但是其成分很复杂，例如茅台酒，经检验，其中含有香味素就多达 70 余种。这些物质中有不少是人体健康所必需的，其营养价值仅次于黄酒。适量饮白酒，有振奋精神、增进食欲、舒筋活血、祛湿御寒等作用。凡嗜爱白酒者，颇注重其风味。

黄酒有"国酒"之称，已有 5000 多年历史，是我国特有的、最古老的酒种。它属于低酒精度的酿造酒，几乎全部保留了发酵时产生的糖分、氨基酸、维生素和有机酸等有益成分，易被人体消化吸收，素有"液体蛋糕"的美称；还含有糖分、糊精、有机酸、氨基酸和各种维生素等，具有很高的营养价值。特别是所含多种多量的氨基酸，是其他酒所不能比拟的。如加饭黄酒含有 17 种氨基酸，其中有 7 种是人体必需而体内不能合成的氨基酸。黄酒的发热量也较高，超过啤酒和葡萄酒。而且，由于黄酒是以大米和黍米为原料，经过长时间的糖化、发酵，原料中的淀粉和蛋白质被酶分解成为低分子的糖类，易被人体消化吸收。因此，人们把黄酒列为营养饮料酒。

果酒都含有营养物质。以葡萄酒为例，葡萄酒除含有维生素 B_1、B_2、C、糖分和 10 多种氨基酸等营养成分外，还含有抗恶性贫血的维生素 B_{12}，一般每升含 15 微克左右，能直接被人体吸收。现已查明：葡萄酒中大约含有 250 种成分，其营养价值得到了充分肯定。喝葡萄酒有开胃、健身的作用，适量饮用，可以滋补人体、助消化、利尿和防治心血管病。

啤酒是营养性饮料，素有"液体面包"的美称，可生津解渴、消除疲劳、振奋精神、增强食欲、健胃利尿和促进血液循环。所以啤酒是医疗性饮料，能防治神经炎、脚气病、口角炎、舌炎、皮肤炎、软化血管、降低血脂、促进红细胞增长、阻止肝细胞脂肪化以及对肺、淋巴等部位结核有治疗作用等。啤酒也是抗癌性饮料，经动物试验、临床实践和科研证明，可以防治肠癌、食道癌、胃癌和血癌。一瓶啤酒含有 30 克糊精、糖分及多种维生素和矿物质，经人体消化后，能产生相当于 5—6 个鸡蛋、1 斤瘦肉所产生的热量。因此，一般说啤酒是一种优良的饮料。

至于药酒中的各种补酒，由于分别含有人参、鹿茸、枸杞、当归、蛤蚧等补药，对人体的补益作用就更大了。

二、酒对人体健康的作用

（一）概述

1. 适量饮酒能提高智商：据日本爱知县国家生命科学协会研究发现，少量饮酒者比绝对不喝酒的人智商更高。研究发现适当饮酒的男性每日饮少于 540 毫升的日本清酒或葡萄酒，平均智商比不饮酒的男性高 3. 3% 。女性饮酒者智商比女性禁酒者智商高 2. 5% 。经研究发现，饮酒能提高智商有两个原因：一是酒中的多酚，有抗氧化作用及防止脑功能衰退、促进脑智力的作用。二是饮酒时的饮食。饮日本清酒时吃更多的生鱼片，因为鱼中含有与大脑发展相关的脂肪酸；饮葡萄酒时吃奶酪，奶酪中含对大脑有益物质。

2. 适量饮酒可助消化：饮酒能够增进食欲，增加营养。

3. 适量饮酒能预防心血管疾病，减轻心脏负担。适量饮酒还可增加高密脂蛋白，降低冠心病的发生率。

4. 适量饮酒可调节人身体正常的生理代谢，加速内部的血液循环。

5. 适量饮酒能使人延年益寿、愉悦身心。

（二）葡萄酒对人体健康有什么作用

由于葡萄酒中存在各种有机、无机物质以及葡萄酒那独特的美妙口味，所以在适量饮用的条件下还能防止各种疾病、增强人体健康。

1. 强身的作用

葡萄酒和大多数食物不一样，不经过预先消化就可以被人体吸收，在合理饮用范围内，葡萄酒能直接对周围神经系统发生作用，给人以舒适、欣快的感觉。这种精神平衡状态，使我们的思维更为敏锐、判断更为精确。因此，对于那些由于焦虑而受神经官能症折磨的人，饮用少量的葡萄酒即可平息焦虑的心情，又可避免服用有副作用的镇静剂。

此外，我国古代医学家很早就认识到了葡萄酒有滋补、强身的作用，并有"葡萄益气调中、耐饥强志"和"暖腰肾、驻颜色、耐寒"等记述。

2. 助消化作用

在胃中，60—100 克葡萄酒可以使正常胃液的产量提高 120 毫升（包括 1 克游离盐酸）。葡萄酒有利于蛋白质的同化。红葡萄酒中的丹宁，可以增加肠道肌肉系统中的平滑肌纤维的收缩性。因此，葡萄酒可以调整结肠的功能，对结肠炎有一定的疗效。

甜白葡萄酒中还含有山梨酸甲，这有助于胆汁和胰腺的分泌。因此，葡萄酒可以帮助消化、防治便秘。

3. 利尿作用

一些白葡萄酒的酒石酸钾和硫酸钾含量较高，可以利尿、防治水肿。

4. 杀菌作用

很早以前，人们就认识到葡萄酒具有杀菌作用。例如，防治感冒或流感的传统方法之一就是喝一杯热葡萄酒。葡萄酒的杀菌作用，可能主要是由于它含有多酚类物质。

5. 防治心血管病的作用

葡萄酒能提高血液中高密度脂蛋白的浓度。而高浓度脂蛋白可以将血液中的胆固醇运入肝内并在那里进行胆固醇—胆酸转化，防止胆固醇沉积于血管内膜，从而防治动脉硬化。葡萄酒中的原花色素对心血管病的防治起着重要作用。在动脉管壁中，原花色素能够稳定构成各种膜的胶原纤维，能抑制住氨酸脱羧酶，避免产生过多的能降低管壁透性的组胺，防止动脉硬化。

三、科学、正确与健康饮酒

（一）如何适度饮酒

除了热量外，含酒精饮料的营养成分极低，过度饮用则有害身体。过度饮酒会影响人的判断力，让人失去自主性并造成许多严重的健康问题。

女性每天一杯，男性每天两杯的酒量，就会增加撞车和其他伤害，如高血压、中风、暴力以及某些癌症的风险。甚至每天一杯酒都会提高罹患乳癌的概率。

怀孕期间饮酒则容易引发生产方面的缺陷。饮酒过量还会造成社会与心理问题、肝脏硬化、胰脏发炎以及脑部与心脏的伤害。由于酒精含有热量可能取代许多有营养的食品，因此饮酒过量还会造成营养不良。成年人喝酒都应该有所节制，并用餐点减缓酒精的吸收。

适度的定义是女性每天不超过一杯，男性每天不超过两杯。这项限制也是以两性体重与代谢的差异为基础的。

一杯的计算方式 12 盎司的一般啤酒（150 卡）、5 盎司佐餐酒（100 卡）、1.5 盎司的 40%（80 proof）蒸馏性酒（100 卡）提示：即使适度的酒量也会产生多余的热量。

适度饮酒可降低罹患心血管疾病的概率，尤其是 45 岁以上的女性以及 55 岁以上的男性。当然，还有其他因素也可降低心脏疾病的风险，包括健康的饮食，体能活动，避免吸烟并维持健康的体重。

适度饮酒对青年人即使有帮助效果也不大。太年轻就开始喝酒会增加酗酒的概率。某些研究显示较年长的人对酒精所产生的作用会更为敏感。

如果你想饮酒，务必谨慎且适量维持女性每天一杯，男性每天两杯的摄取量，并在用餐时饮用，借以减缓酒精的吸收。开车时或开车前应避免饮酒，否则会为自己与他人带来危险。

而有些人是根本不该喝酒的，如无法自我节制的儿童、青年人，特别是戒过酒的人、喝酒闹过事的人、家族中有饮酒问题的人，以及可能或已经怀孕的女性。对于女性怀孕期间任何阶段的安全酒精摄取量都尚未建立，包括最初的几周。许多生产方面的缺陷，包括致命的酒精症状，都是因为怀孕母亲的严重饮酒习惯所造成的。其他还有一些酒精造成的致命影响，在很低的饮酒量下都会发生。

任何人如果马上要开车、操作机器或参与需要注意力的活动，不适宜饮酒。因为仅仅一杯酒，便会在大部分人的血液中停留 2—3 小时。

任何人只要正在服药或吃了非处方药物，都会与酒精产生作用。酒精会改变许多药物的效力与毒性，某些药物还会增加血液中酒精的水平。如果你正在服药，请向医护人员请教饮酒上该注意的事项，尤其是老年人更应如此。

到底何种程度的酒量才能称之为适度呢？在现实生活中，我们会经常看到许多人对此问题的回答都是非常简单的。但是实际上，这一问题的答案并不是简单的依靠数学公式就能计算出来的。另外，因为对饮酒的看法不同，对这一问题的回答也是众说纷纭。在欧洲从事有关饮酒问题研究的学者中，有人认为适量饮酒能够给人们带来健康的福音，也有人认为酒是社会的罪恶之源。很明显，他们在适度饮酒量的看法上存在着很大的差距。另外，在社会论理学家、宗教人士及女权主义者当中，对饮酒所带来的社会问题也是看法不一。

在饮酒与保健问题研究得到发展的今天，饮酒者在界定自己的适度酒量时，最好首先注意以下三点：

1. 饮酒者的年龄

相对于18—30岁、30—65岁和65岁以上不同年龄层的人而言，有关对适度饮酒量的界定是不一样的。饮酒者应首先考虑到自己的年龄，年轻人在酒量的调节上伸缩性较强，可以不拘于以前有关饮酒的旧习。但对于老年人而言，一定要根据自己的实际情况对酒量进行调节。

2. 饮酒者应从医学角度把自己的酒量控制在能够发挥其保健功效的范围内

对于30—65岁的健康男子而言，为了自己的健康着想，就应该把饮酒量控制在每日30—50克，这是最为适宜的。在德国和意大利等国的研究中，饮酒作为保健良药发挥其功效的酒量，即减少总死亡率的酒量上限虽然被界定为80克，但在世界其他各国的大部分研究中，每日适度饮酒量则被界定在30—50克。在有规律地饮酒的同时，把每日饮酒量控制在这一范围内是最为理想的。

如果每日饮酒量超过30—50克时，饮酒者也应该至少把酒量控制在不会对自己身体造成伤害的范围内。在法国和意大利，每日饮酒量在108—128克时，饮酒者的总死亡率是与禁酒者相持平的。虽然如此，在其他国家的大多数研究中还是把这一范围的酒量界定在了60—80克。从医学角度来看，这一范围内的酒量是不会有害于人体健康的，特别是对肝脏也不会造成任何损伤。

读者朋友们或许认为这一酒量已经算是很多了，但是我们在这里所指的是一天里所饮用的全部酒量。不管在一天的饮酒过程中连续去第二次还是第三次，总之一天里的饮酒总量是与饮酒次数无关的。这样看来，其一天的酒量应该不算太多。

3. 饮酒者为消除压力与疲劳，在饮酒时也应注意对酒量的把握

酒能醉人，这是因为酒在进入人体后，会引起脑部细胞膜的变化，同时还会引起轻微的酒精麻痹。在这种状态下，人们往往会感觉自己好像是从理性的压抑中解脱出来一样，稍不留神就会造成饮酒量的增多，如果持续下去的话，最终导致人们的理性防线全面崩溃而丑态百出。但是对人体的脑细胞而言，饮酒却能起到镇静剂和催眠药的作用。

生活在现代的人每天都要面临很大的压力。比如趴在电脑前不分昼夜地工作、公路上持续几小时长途驾驶、上级对下级的过高要求都会给人们带来生活和工作上的压力与疲劳，而要想改变这种给人带来过多压力的社会环境是很难的。所以寻求消除压力的方法则是现代人开启成功大门的一把钥匙。

男人往往会通过饮酒和运动的方式，而女人则会通过与朋友聊天、看电视、吃东西等方式来缓解、消除所面临的过多压力。不管怎样，下班后选择以饮酒方式来缓解压力的人却是越来越多。

饮酒确实能够消除压力，使人们的身心得以放松并从内心的苦闷中解脱出来，可以说是解除压力与疲劳的灵丹妙药。因此对于现代人特别是站在柜台上的售货员而言，每日30—50克的饮酒量会舒缓他们的紧张与疲劳，使他们的身心得以放松从而为他们忙碌的一天画上一个圆满的句号。

压力是导致动脉硬化产生的重要原因。除此之外，它还会引起胃溃疡、十二指肠溃疡以及大脑皮质坏死等症状。当饮酒者略感醉意时，大脑皮质会处于轻微的麻痹状态，在这种状态下，人们精神上的压力不仅会得到缓解，而且还会促进人睡眠，使之恢复充沛的活力。

但是现在重要的是有关饮酒量的问题。所谓上述的"饮酒至略感醉意的状态"，是饮酒者在现实生活中相当难以把握的。很多饮酒者在酒气略微上升后，就往往不能控制酒量，最终饮酒过量。过量的饮酒同样也会给人带来精神和身体上的压力。许多饮酒者本来希望能够通过饮酒来缓解自身的压力，结果却往往事与愿违，不仅没有带来好的结果，反而给自己增加了更多的痛苦。这正像一句谚语所说的"打虎不成，反被虎咬"。所以，在饮酒时，一定要合理把握自己的饮酒状况，避免过量饮酒。

（二）如何合理且适量地饮用葡萄酒

尽管葡萄酒对健康有着重要的作用，但这并不是鼓励人们不分场合、不加限制地喝葡萄酒，在一些特殊场合，饮酒是不合理，甚至是不合法的。比如：酒后开车是违法的，孕妇也没有必要冒险喝酒。而在更多的场合，则是个适量饮用和正确饮用的问题。

葡萄酒的饮用量。这首先是与人们的经济收入和生活习惯有关。一些人显然比另一些人能更经常、更多地饮用葡萄酒而得到保健作用；而有一些人则由于不善饮，很少甚至不能享受到饮用葡萄酒所带来的健康和乐趣。对善饮者，男子最好每天饮用1—4杯葡萄酒，女子最好每天饮1—2杯葡萄酒，这些饮用者的心脏病死亡率约为不饮酒者的30%。而每天饮红葡萄酒3—4杯的老人，患痴呆症和早衰性痴呆症的概率只为不饮酒者的25%。

（三）饮酒与菜肴

1. 饮酒前摄取一定量的肉类食品可以使饮酒者不会较早感觉到醉意

空腹饮酒是很容易引起饮酒者喝醉酒的，这是因为进入体内的酒精会马上被胃肠吸收，从而导致血液中酒精浓度在短时间内迅速升高。但是在饮酒之前或饮酒的过程中，如果能够先享用下酒菜或进餐的话，所摄取的酒精和食物就会在胃内混合，使胃肠对酒精的吸收速度减慢，血液中的酒精浓度就不会在短时间内迅速升高，饮酒者因此也不会过早感觉到醉意。在所有的下酒菜中，能够使上述效果体现最为明显的就是略微含有脂肪的肉类食品，因为它在胃肠内被消化、吸收的速度是极慢的。另外，在这方面牛奶也毫不逊色于肉类食品。饮酒之前倘若能喝上几杯牛奶的话，饮酒者在饮酒过程中同样也不会过早地感觉到醉意，这是因为牛奶中也含有丰富的蛋白质和脂肪。除此之外我们还要记住，在空腹饮用烈性酒譬如威士忌时，饮酒者往往不会马上感到醉意，这是因为烈性酒在被胃肠吸收之前往往会在胃内停留一段时间。

2. 下酒菜有益于防止胃壁的损伤

酒精对胃粘膜的侵蚀作用是由人体所摄取的酒精在经食道进入胃后的浓度所决定的。虽然其损伤程度会因人而异，但饮酒量越大，酒精对胃粘膜的损伤程度也就越严重。如果在饮酒的同时能够享用下酒菜或进餐的话，进入体内的酒精和食物会在胃内混合，从而减轻酒精对胃粘膜的直接性损伤，起到保护胃功能的作用。所以从保护胃的角度而言，饮酒者在饮酒时最好伴有下酒菜。

3. 饮酒而不进食会容易造成人体的营养失调

对于饮酒者而言，会经常发生营养失调的现象。进餐时人体所摄取的每克碳水化合物或蛋白质中含有 4 千卡的热量，而 1 克酒精中就含有 7 千卡的热量。所以每天只喝酒，也能够为人体提供充足的热量。那些每天大量饮酒的人，仅仅依靠所摄取的酒精就能够摄取 40%—60% 的人体所必需的热量。因此他们在酒桌上不怎么吃菜，也不爱吃饭。虽然这些人表面上看起来很正常，但实际上已经造成了人体内的营养失调。

一般说来，造成饮酒者营养失调的原因莫过于三点：首先是饮酒所带给人体的过多热量，其次是饮食生活的变化，再就是胃肠的吸收功能障碍。在大多数情况下，大量饮酒的人都不喜欢在酒桌上进食，所以才导致了营养失调现象的产生。患有营养失调的饮酒者，他们体内主要是缺少维生素和无机质（矿物质）营养素。

（1）缺乏维生素 B_1（赛阿命）

在患有营养失调的饮酒者当中，最常见的症状是缺乏维生素 B_1，特别是过量饮酒的人当中，这种现象尤为严重。

为什么会出现缺乏维生素 B_1 的症状呢？这是因为饮酒能够给饮酒者带来饮食上的变化，使饮酒者产生厌食情绪而导致所摄取的食物（包括含有维生素 B_1 的食品）减少。不仅如此，即使饮酒者摄取了少量的维生素 B_1，由于酒精的作用，也不会顺利地被胃肠所吸收。在肝脏因饮酒而受损的情况下，饮酒者的维生素缺乏症会更为严重。饮酒后经常产生腹泻的饮酒者，其维生素缺乏症也会进一步恶化。另外，维生素 B_1 在酒精被分解的过程中也会被大量消耗掉。

过量饮酒的人在维生素缺乏的情况下，会很容易导致心脏损伤或脑神经功能障碍等症状。所以妻子应经常为饮酒的丈夫在营养方面补充一下维生素 B_1 才是。

（2）缺乏核黄素（维生素 B_2）与叶酸（维生素 B 的一种）

过量饮酒者因饮食生活的变化而导致在摄取含有此类维生素的食物方面不仅摄取量减少了，而且还会由于酒精的分解作用而不被胃肠所吸收，所以导致营养失调。我们建议上述患者朋友应该多服用一些含有此类维生素的营养药物。

（3）缺乏无机质中的镁与铅

一般来说，在过量饮酒的情况下，饮酒者体内的像镁、铅等重要的无机质都会随人的小便而被大量排出体外，从而导致无机质的缺乏。在人体的所有无机质中，受饮酒影响最大的就是镁。在饮酒者当中，如果有人感觉手发抖或心情不安的话，在考虑原因时，应首先考虑是不是因缺少无机质中的镁。在前面我们已经讲到了，饮酒者容易缺少维生素 B_1。如果人体要想对维生素 B_1 进行补充的话，在新陈代谢的过程中，无机质中的镁会被大量消耗而导致人体内镁元素缺乏。所以在平时的饮食中不要忘记镁的补充。

铅是酒精在分解过程中所不可缺少的元素。饮酒不仅导致铅随人的小便被大量排出体外，而且在对酒精的分解过程中，特别是把酒精分解为乙醛时需要大量的铅，所以给人体进行铅的补充也是非常重要的。

（4）缺乏维生素 C、维生素 E 以及蛋白质和适量的脂肪

饮酒者应该均衡饮食而不应出现偏食的现象。特别是在饮酒的同时最好能够多吃一些含有高蛋白和脂肪的食物，因为饮酒者经常发生蛋白质缺乏的现象。另外，饮酒者还应该多补充一些人体所必需的维生素 C 和维生素 E，因为在饮酒者当中也经常会看到维生素 C 和维生素 E 不足的现象。特别是在摄取维生素 C 的同时饮酒的话，酒精会给胃肠对维生素 C 的吸收带来麻烦，所以应尽量避免在饮酒前后摄取维生素 C。还有制作鸡尾酒时，如果把含有维生素 C 的桔汁等和酒精浓度高的酒混合在一起时，桔汁中的维生素 C 会遭到破坏。这一点也应该引起注意。

（四）健康饮酒有讲究

1. 老人饮酒应注意什么

（1）以饮低浓度、高营养的酒类为适宜。

（2）少喝粗制滥造的劣性酒。

（3）掌握饮酒量，量力而行，以不超过50毫升为宜。

（4）别喝闷酒。

2. 新婚夫妇应忌酒

经科学研究发现，新郎、新娘若醉酒入房，酒精的影响将贻害下一代的健康。男性在同房前饮酒，可使精子发生异常，影响胎儿的正常形成和生长；女性在受孕前饮酒，会损伤受精卵，使染色体异常，引起自然流产、胎儿发育不良，以及婴孩智力障碍、反应迟钝、性格异常等等被医学上称"胎儿酒精综合症"

3. 饮酒十八忌讳

（1）忌饮酒过量；（2）忌"一饮而尽"；（3）忌空腹饮酒；（4）忌喝冷酒；（5）忌饮掺混酒；（6）忌酒和汽水同饮；（7）忌酒后受凉；（8）忌酒后看电视；（9）忌酒后喷农药；（10）忌睡前饮酒；（11）忌酒后洗澡；（12）忌带病饮酒；（13）忌孕期饮酒；（14）忌美酒加咖啡；（15）忌啤酒冷冻喝；（16）忌上午饮酒；（17）忌饮雄黄酒；（18）忌酒后马上用药。

4. 低度酒不宜久存

久存低度酒会导致微生物繁殖。

5. 肝脏病人不宜饮酒

人体解毒的器官是肝脏，所以一旦患肝脏病，应该禁止喝酒。

四、酒的妙用

（一）酒与烹饪

·在烹制较肥腻的肉、鱼时，如先将它们放在加少许酒的水中煨制一会儿，然后再调味烹制，可使成菜肥而不腻。

·做葱花饼或甜饼时，在面粉中掺一些啤酒，饼做成后又香又脆，还有点肉香味。

·夏天做凉面条，若面条结成团，可以喷一些米酒在面条上，面条容易挑散。

· 在和蒸馒头的面时，在面粉中加些啤酒，蒸出来的馒头松软香甜可口。

· 夏季做各种凉拌菜时，加适量啤酒调拌，可提味增香。

· 咸鱼如果过咸，可将鱼洗净后放在米酒中，浸泡2—3小时，可减弱咸味。

· 在烹饪鱼虾肉时，用白酒或黄酒做调味品，使菜肴香气浓郁，可去掉鱼虾的腥臭味，使鱼虾肉禽的口味更鲜美。

· 炒鸡蛋时加一点米酒，可以使鸡蛋鲜嫩松软，且富有光泽。

· 如果在做菜时放多了醋，只要在菜中加一些米酒，就可以减轻酸味。

· 饭烧焦时，锅巴很难从锅底上揭下来。如果在锅巴上洒上米酒，再焖一会儿，就很容易揭起。

· 烤制小薄面饼时，在面粉中加一些啤酒，烤制出来的薄饼又香又脆。

· 陈米煮饭时，放米3杯、水2.5杯、啤酒0.5杯，煮出来的米饭既松软有光泽又爽口，同新米饭一样。

· 切下的火腿一时不吃时，在切口处涂上一些葡萄酒，然后包好放在冰箱里，可以保鲜不腐。

· 把苹果放在葡萄酒中，再加上些砂糖煮一下，可制作出风味极佳的"酒醉苹果"。

· 在烹调时，加一点儿葡萄酒，可以除去鱼肉的腥味。

· 用油煎鱼时，在锅内喷上小半杯红葡萄酒，可以防止鱼肉粘锅。

· 炒洋葱时，加少许葡萄酒，则不易炒焦。

· 当你用电冰箱制冰块时可先在水中掺些红葡萄酒，把这样的冰块放入冷面内食用，味道更好。

· 人们吃冷面时，往往要在加点卤汁后，倒上一小匙甜酒，此面的味道就格外鲜美可口；若不用普通甜酒，而用白葡萄酒，那味道将更加独特。

· 炒菜时加点葡萄酒，菜不会变馊。鸡、鸭肉上浇上葡萄酒，置于密闭的容器中再进行冷冻防止变色，味道鲜美。

· 炒鸡蛋时加点儿白酒，炒出的鸡蛋会更松软、芳香。

· 洗鱼时弄破了苦胆，若立即用白酒洗刷，就不会有苦腥味了。

· 在烹调脂肪较多的肉和鱼时，加一杯啤酒可去除油腻味。

· 在冰冻过的鱼身上遍洒米酒，鱼很快会解冻，且不会有异味。

（二）酒与医疗保健

1. 用酒煮一些食品，还可有药膳作用。举例如下：

（1）酒煮鸡肉：鸡肉60克、生姜6克、米酒1碗。煮热喝汤食肉，有温行气血、驱风散寒、增加营养的作用。（2）酒炖鱼头：大鱼头1个、生姜6克、米酒1碗。煮热喝汤，能祛头风、治头目眩晕。（3）酒煮鸡蛋：鸡蛋2只，生姜6克捣成茸与鸡蛋混合，用少量食油置铁锅上煎至微焦，入米酒1碗煮沸服用，能健脾醒胃、治疗虚寒性食欲不振。（4）黄酒红糖饮：黄酒500克煮沸后加红糖200克，继续煮2—3分钟，待凉，顿服或分2次服，治疗产后单纯性腹泻。

2. 酒与疾病

（1）适量饮用葡萄酒可减少心脏病猝发的危险性，也能调养心血管系统疾病。每次服酒量不宜过多，每次服用25—50克即可，每天服1—2次。

（2）白葡萄酒味甜略带酸味，饮后刺激胃液、胆汁分泌，善解油腻，对鱼肉等油腻饮食尤佳。

（3）葡萄酒除含有糖分、氨基酸外，还含有丰富的维生素 B_{12}、B_1、B_2 及维生素 C，故对贫血有一定疗效。

（4）葡萄酒还能治疗流行性感冒。服用方法，每次取红葡萄酒30—90克，稍加温服之。每天2—3次。

（5）夏季感冒，可用红葡萄酒1小杯加热，打入一个鸡蛋，搅拌一下停止加热，温后饮可防感冒。

（6）患有慢性胃炎的人，可用甘蔗汁和葡萄酒各1盅，混合后服用，每日早晚各一次，效果好。

（三）酒与美容

葡萄酒在健康市场和美容市场中也日益成为被重视的角色。红葡萄酒的美容功能源于酒中含有大量超强抗氧化剂，其中的 SOD 能中和身体所产生的自由基，保护细胞和器官免受氧化，令肌肤恢复美白光泽。红葡萄酒提炼的 SOD 活性特别高，其抗氧化功能比由葡萄直接提炼要高的多。

1. 葡萄酒与抗衰老

氧是人类生存所不能缺少的东西，但有时也会成为人类健康的大敌。人体每天都要经受来自外来和自身的有害物质的毁灭性攻击，这些有害物质中的大多数是自由基，而对人体最具破坏性的自由基则是活性氧基团。活性氧基团通常因贫血、应激、光、大气污染、药物、过饱、吸烟、放射线、过分激烈的运动等原因生成。目前人们的各种疾病约89%起因于活性氧基团。心脏病、脑溢血以及帕金森症、痛风、风湿病、白内障和其他视觉障碍、风湿性关节炎等老年人退化疾病，都是由于氧化损害的长期积累而导致的病症。

所幸的是：经过长期进化，人类体内具备了处理这些氧化损害的机制。但是，不借助于我们所吃的食物，我们就不能有效地防御自己。而老年人的退化，疾病的增加，表明了尽早连续、适度地从膳食中摄取抗氧化物的重要性。

自 Harman 于 1956 年和 Tappe 于 1968 年提出，抗氧化物可使人长寿以来，他们的推断已被不断证实，尤其是在 1989 年至 1993 年期间，发现抗氧化物在试管内、体外和体内具有保护许多系统免受自身和外来自由基攻击的功能。

研究人员发现，葡萄酒，尤其是干红葡萄酒中的花色素苷和丹宁等多酚类化合物具有活性氧消除功能。Maxwell 等人于 1994 年测试了红葡萄酒在人体血液中的抗氧化能力，发现喝下红葡萄酒后抗氧化活性就开始上升，90 分钟后达到最大，抗氧化活性平均上升 15%。日本的酒类技术中心与日研食品株式会社老化控制研究所于 1995 年、1996 年对 43 种进口和日本产的葡萄酒的活性氧消除功能进行了联合研究，取得了肯定的结果。

葡萄酒中许多成分能在人体内起到抗氧化物的作用。抗氧化物可以利用多种方式对活性氧基团产生作用。最简单的方式是清除活性物质。葡萄酒中的水杨酸、苯甲酸和它们的代谢物属于活性氧清除剂这一类抗氧化物。消除活性氧的另一种重要方式是由抗氧化剂向其提供一个氢离子，使其产生还原反应而将其除去。葡萄酒中的没食子酸、儿茶酚、槲皮酮、花青素、2，3—和 2，5—二羟基苯甲酸等，都能与活性氧基团起还原作用而将其除去。

2. 葡萄酒浴有益健康与美容

人们都知道，适当喝一点红葡萄酒对人的身体是有益的，可是红葡萄酒仅仅是供人们饮用的吗？当然不是，法国人如今又发现了葡萄酒的一种新的用途，那就是洗葡萄酒浴。在大木桶或是浴缸里倒入葡萄酒，然后把身体整个浸泡在里面，就像洗普通澡一样，浸泡一会儿后，用双手轻轻按摩全身，直到搓得身体微微发热。这时，你浑身都会有一种轻松舒服的感觉。据专家说：洗葡萄酒浴可以营养皮肤、强身健体。

最先想出葡萄酒浴的人是马蒂尔德·托马斯女士，她听法国波尔大学的科学家说，葡萄籽富含一种营养物质"多酚"，长期以来，人们一直相信维生素 E 和维生素 C 是抗衰老最有效的两种物质，可是葡萄籽中含有的多酚这种特殊的物质，其抗衰老的能力是维生素 E 的 50 倍，是维生素 C 的 25 倍。马蒂尔德和她的丈夫波特兰德开设了一个加工厂，产品包括皮肤清洁剂、沐浴液、护肤霜、生理调节剂（口服）和抗皱美容霜等。目前，马蒂尔德除了生产美容护肤品外还提供系列特色浴，主要包括下列几种：红葡萄酒浴、葡萄蜂蜜浴、墨尔乐浴、桶浴。以上这些都是"湿疗"，还有"干疗"，就是用葡萄籽榨的油、波尔多产的蜂蜜和天然植物精华掺和在一起，涂在身上和脸上，由皮肤美容专家进行两个多小时的按摩，有病治病、无病美容健身。这种"三合一"的产品能够疏通脉络、扩张血管及滋润皮肤，预防和消除雀斑和黄褐斑等，而且还能增强皮肤的抗病能力。据专家说：常用这种产品可以护肤美容、延缓衰老，使皮肤洁白、细腻、富有弹性。可以说，葡萄浑身都是宝，过去人们只是吃葡萄的果肉，把葡萄皮和籽都吐掉，酿酒也是这样，产生大量的葡萄皮和葡萄籽弃之不用，这实在是一种浪费，因为从某种意义上说，这些看起来没有用的东西价值反而更高，对人体的美容和保健都大有好处。

（四）酒的其他妙用

·夏季外出旅游时，预先在水壶中加一小匙葡萄酒，能避免水变味。

·天热洗澡时，水中加些葡萄酒，能加速血液循环、消除疲倦、清爽皮肤。

·有神经衰弱及失眠者，睡前适量饮用葡萄酒，能早入梦乡。

·酱油中加点白酒，可以防霉。

·食醋中加一点白酒和食盐，搅拌后密封。这样存放的食醋不仅能保持其原有的味道，还可增加香味，日久也不会变质。

·鲜姜浸于白酒中，能久存不坏。

·在准备贮藏的大米内，用一酒瓶装 50—100 毫升的白酒，瓶身埋入米中，瓶口略高出米面，将容器密封，可防止大米生虫。

·油炸花生米保脆：炸好的花生米盛盘后趁热洒上少许白酒，搅拌均匀，再撒上少许食盐，这样即使放上几天也酥脆如初。

·炒洋葱防焦：在炒洋葱时，只要加上一点白葡萄酒（4 个洋葱头加一小杯），就不会炒焦了。

酒的其他妙用还有很多很多，在这里我们就不再一一列举，总之它在我们生活中有许多神奇的作用。

第七节　名人饮酒典故

一、仪狄与酒

仪狄，夏朝人，相传是我国最早的酿酒人。《战国策·魏策》记载："昔者，帝女令仪狄作酒而美，进于禹。禹饮而甘之。曰：'后世必有以酒亡其国者。'遂疏仪狄而绝旨酒。"汉许慎在《说文解字·酒字条》中，也有同样的说法。意思是：过去，夏禹的女人叫仪狄去酿酒。仪狄经过一番努力后酿出味道很好的美酒，进献给夏禹，夏禹喝了，觉得确实好。可是他说："后世君王如喝了这种美酒，一定要亡国的。"从此就疏远了仪狄，而自己也和酒断绝了关系。仪狄奉旨造酒不仅没受到奖励，反而遭到了惩罚，岂不冤枉！

关于仪狄造酒的说法在《太平御览》中也说："仪狄始作酒醪，变五味。"醪，是一种浊酒，是用米经过发酵加工而成，和现在的不带糟的酒醪差不多。"变五味"，是指酒具有多种滋味。

二、杜康与酒

杜康，字仲宁，康家卫人，善造酒。在《中州杂俎》、《直隶汝州全志》里，都生动而具体地讲述了杜康造酒的过程。

据说：河南汝阳杜康村的酒泉沟有一棵老桑树，这便是杜康发明酒的地方。他小时候牧羊，每天日出就把羊赶往母羊坡放牧，晌午就到酒泉沟吃饭看书。酒泉沟古时称空桑涧，桑树丛生，有一股清泉穿林而过。泉边有棵老桑树，因年代久远，树身已空。杜康就在树下吃饭。他常缅怀祖先，饭难以下咽，就把剩饭扔进桑树洞里。乡亲们见杜康不思饮食，日渐消瘦，就给他送来曲粉充饥。无意中，他又将曲粉扔进了树洞。就这样，饭曲发酵变成了酒。杜康饮了此酒，才知酒能解忧助兴。于是他总结经验，从此以酿酒为业。

以后人们命名的除"杜康沟"、"杜康泉"、"杜康河"之外，还有"杜康墓"

和"杜康庙"。魏武帝曹操在《短歌行》中有"何以解忧、惟有杜康"的诗句，这些都充分说明了杜康是古代酿酒的专家。

三、白居易

白居易是位大酒徒。他一生不仅以狂饮著称，而且以善酿出名。他为官时，拿出相当一部分精力去研究酒的酿造。酒的好坏，重要的因素之一是看水质如何。但配方不同，亦可使"浊水"产生优质酒，白居易就是这样。在酿的过程中，他不是发号施令，而是亲自参加实践。

四、大禹绝旨酒疏仪狄

大禹是公元两千多年前传说中的尧、舜、禹时代的最后一个部落联盟领袖，受舜禅位，也是我国有史以来第一位公认的明君圣主。

据《战国策·魏策》载："昔者，帝女令仪狄作酒而美，进于禹。禹饮而甘之，曰'后世必有以酒而亡国者。'遂疏仪狄而绝旨酒。"

旨酒是指极为珍贵的酒品，大禹认为如此好的东西，意志薄弱的人必会沉湎于它的，所以向后世发出了警告。在古代的典籍中，记述的亡国之君多沉湎于酒色而不能自拔，这就是大禹预言的应验，也证明了古代酒对政治、军事的影响之大。

大禹曾下过戒酒之令，但他也曾在涂山（今安徽怀远境内）以酒宴会诸侯，共议朝政。

五、夏桀是第一位纵酒亡国的"酒天子"

大禹之子"启"建立了我国历史上第一个奴隶制国家。不幸得很，夏启大概可算是最早嗜酒无度的君主了。尽管他在贪饮时，表面上呈现出一派欢乐的景象，实际上却埋下了祸根。影响所及，夏代后来的君主太康、后羿、寒浞、桀等都竞相攀比。史书上说，桀用池子盛酒，酒槽堆积如山，并令人奏起"靡靡之乐"，自己则坐在用宝玉装修的楼台上，观看3000人俯身就酒池如牛饮水般地饮酒、取乐。如此昏聩之君，国家岂有不亡之理！夏桀被商汤打败，逃到南方，不久就死去。但桀只是因纵酒丧国的始作俑者，后世可不乏跟风者。当然，纵酒荒政只是他（她）们

六、殷纣王赴火自焚

纣王是商朝的最后一个统治者，也是后世史不绝书的荒淫暴虐之君。他拒谏言，一味听信妃子妲己的谗言，采用惨无人道的酷刑，将人捆在烧红的铜柱上活活烤死（炮烙），或将活人投入藏有毒蛇的坑内喂蛇（虿盆）。

他在摘星楼下挖了2个大池：右池装满醇酒，名曰"酒海"；左池以糟丘为山，插满树枝，并在其上面挂满肉片，名曰"肉林"。这就是史书上常提到的"酒池肉林"。他与裸体男女整日整夜地追逐嬉戏其间、喝酒吃肉，名曰"醉乐"。据说：他的酒池大到足以行舟的程度，还在商都朝歌（今河南淇县）以北至邯郸以南的路上，修建了不少行宫，专供其作"长夜之饮"。有一次，他竟连喝了七天七夜。荒唐到如此程度，真是连夏桀也"甘拜下风"了。当纣问他的儿子今天是何日时，所得到回答也只能是"国君而失日，其国危矣"。庶民对纣的积愤，可想而知了。

这时，处于西部的周部落却日益强盛起来。其国君周武王看到讨伐纣的时机已经成熟，就命令姜太公率5万兵马，渡过黄河，在盟津与八百诸侯会师，共同与纣亲自率领的70万商军在牧野大战。由于商军大多为奴隶和俘虏，他们平时对纣都有着刻骨的仇恨，故在周军的进攻下，反戈一击，使周军直捣朝歌。

纣王知道大势已去，就对太监朱升说："朕悔不听忠臣之言，误被谗奸所惑。今兵连祸结，莫可解救……朕思身为天子之尊，万一城破，为群小所获，辱莫甚焉。欲寻自尽，此身尚遗人间……不若自焚，反为干净……你可取柴薪堆积楼下，朕当与此楼同焚……"

纣王身穿衮服，佩满身珠玉，手执碧圭，端坐楼中，眼见烈焰骤起，遂叹曰"悔不听忠谏之言，今日自焚，死固不足惜，有何面目见先王于泉壤也！"

姜太公在声讨纣的十大罪状中，有三条为：沉湎酒色、自用酒池、酗酒肆乐。足见商之亡与纣"重酒色"关系之大。

七、周公与《酒诰》

周公是周武王的弟弟，他协助周武王灭商，建立了西周王朝。武王死后，因成王年幼，故由叔父周公摄政。周公是历史上有名的政治家，他鉴于夏、商灭亡的深刻教训，制定了《酒诰》等一些法律，并严格执行。

周公在《酒诰》中，有史以来第一次提出了饮酒要有所节制的主张。这也是一篇有名的政治宣言，规定各级官员只有在祭祀时才能饮酒，且不能喝醉；又告诫殷民，只有等到父母高兴时，才可以置备丰盛的膳食并饮酒；若有人平时聚众饮酒，则决不放纵，要全部抓起来送到周京，加以处死。总之，不能让人们酗乐于酒中。

应该说，《酒诰》不仅对于巩固西周的统治、刹住当时酗酒成风的现象具有重要的作用，而且有些内容对后代也具有可资借鉴的价值和意义。

八、周幽王设酒宴点烽火戏诸侯

自周公发布《酒诰》后，经成王、康王、昭王，只有 60 多年时间饮酒有度。到穆王时又酗酒无度起来，及至周幽王，已成了"朝亦醉，暮亦醉，日日恒常醉，政事日无次"嗜酒如命的昏君了。

有个名叫褒响的大夫向幽王进谏，幽王不但不采纳，反将其下狱。褒响之子洪德，为救父出狱，就在乡下用重金买了一个名叫褒姒的美女，进献于幽王。幽王龙颜大悦，将褒姒纳入后宫，并立即降旨释放褒响，复其官位。

后来，幽王借故废了王后、太子，立褒姒为后、褒姒之子伯服为太子。对此，文武百官虽怀不平，但只得缄口不言，而太史伯叔父叹曰："周亡可立而待矣！"

褒姒虽居正宫，但从未开颜一笑，一副"冷美人"的样子。幽王令乐工鸣钟击鼓、品竹弹丝、饮酒歌舞以博褒姒一笑，但毫不生效。幽王问曰："爱卿所好何事？"褒姒曰："妾无好也，曾记昔日手裂彩缯，其声爽然可听。"于是，幽王就令司库日进百匹彩缯，一面饮酒，一面叫宫女撕裂，但仍不见褒姒笑容。幽王还不死心，乃曰："朕必欲卿一开笑口。"并下令，不拘宫之内外，凡有能致褒姒一笑者，则赏赐千金。

虢石父乃献计："先王昔年因西戎强盛，恐彼入寇，乃于骊山之下，置烟墩二十余所，又置大鼓数十架，但有贼寇，放起狼烟，直冲霄汉，附近诸侯，发兵相救，又鸣起大鼓，催赶而来，今数年以来，天下太平，烽火皆息。吾君若要王后启齿，必须同游骊山，夜举烽烟，诸侯摇兵必至，至而无寇，王后必笑无疑矣。"对于如此"歪招"，昏君幽王听了却认为妙极了，大可一试。

于是，幽王同褒姒往骊山游玩，至晚设酒宴于骊宫，并吩咐人到城上点火。顿时火光冲天、鼓声如雷，各路诸侯领兵望烽直奔王城救难，等兵临城下，却听见楼阁有管乐之音，又听来使告知"幸无外寇，不劳跋涉"。诸侯面面相觑，只得悻悻而归。

褒姒一面饮美酒、吃美食，又凭栏眺望各路诸侯兵马匆匆而来、匆匆离去，并无一事，可能觉得这样太好玩了，终于忍不住嫣然露出了难得一见笑容。幽王见这套把戏果然有效，便高兴地说"爱卿一笑，百媚俱生，此虢石父之功也！"遂以千金赏之。这就是"千金买笑"、"一笑倾城"的故事。

幽王的这顿酒也可说是喝得尽兴了，但他如此拿社稷大业当儿戏的代价实在太重了，宝座再也坐不安稳了。这时西周已朝政混乱、人心涣散，加之连年灾荒，不到三年，申侯就联合犬戎等部，乘机兴兵进逼镐京。幽王急忙再次命人举烽为号。但诸侯们也学乖了，不但没有响应救援，反而纷纷举兵攻打王城，将幽王斩杀于骊山之下，结束了西周的统治。幽王真是自作自受，终于饮下了这杯自酿的苦酒，一切均在情理之中。

九、管仲饮酒弃半觞之说

春秋时代的齐景公"纵酒，七日七夜不止"；战国时代的齐威王"好为淫乐长夜之饮"。但那时有几位名臣是不饮酒或反对酗酒的。例如：在春秋初期，由鲍叔牙推荐、被春秋五霸之一的齐桓公任命为丞相、帮助齐桓公成为春秋时第一霸主的政治改革家管仲，就是其中主张节酒的一位。

据《韩诗外传》载："齐桓公置酒，令诸大夫曰：后者饮一经程。管仲后，当饮一经程。饮其一半，而弃其半。桓公曰：仲父当饮一经程，而弃之何也？管仲曰：臣闻之，酒入口者舌出，舌出者言失，言失者弃身。与其弃身，不宁弃酒乎？桓公曰：善。"好在齐桓公是个开明的君主，能善解人意，否则管仲不是自找麻烦吗？

上述文言文的大意是齐桓公宴请君臣，唯独管仲迟到。按规矩管仲理应喝一杯罚酒。但他只饮了小半杯，而将大半杯泼在地上。桓公自然不悦，觉得有失面子，但

管仲

还是敬问管仲为何如此。管仲镇定自如，讲了迟到的原因是为处理一件紧急而重要的公事，并表明自己酒量极为有限，泼掉一些酒是量力而行。若饮醉而失言，招惹杀身祸，岂不是比泼酒更糟吗？

桓公是明理之人，觉得于公不该罚酒，于私其量可恕，故释怀。如此酒德，遂成为古今佳话。

管仲还劝谏桓公节饮。有一次，桓公喝酒醉得连冠帽都不知丢在哪里了，自感羞愧难当，就一连三天不敢上朝露面。管仲则及时劝道：大王做的这件事虽有失面子，但也不至于要避朝弃政啊！为什么不以善举来挽回不良影响呢？桓公豁然开窍，就下令开仓济贫、释放犯轻罪的人。三天后，人们用歌谣唱道：我们的国君为什么不再丢一次冠帽？桓公就此因过得誉。

还有一次，桓公在管仲家里喝私酒，到了日暮时分仍觉未尽兴，命人点烛继续喝下去。管仲就很严肃地提醒道："大王，我本以为您只是白天喝酒的，没料到您晚上还喝，想我招待不周，你还是到此为止吧！"桓公听了，自然有点挂不住脸，心想：我堂堂一国之君到你家里喝酒是因为看得起你，你也应该给我留点面子啊！于是就对管仲说："仲父（桓公对管仲的尊称）啊！你我都这么大年纪了，掰着手指头算算，还有几年活头，何不在这宜人的夜色里尽情而饮呢！"但管仲不为所动，并正色道："大王所言差矣，常言道，过于贪图口味的人，难免会疏于德养，沉湎于酒宴的人，是会有忧患袭身的，但愿您切勿放纵自己，而应尽力做一个有所作为的君王。"桓公觉得管仲说得诚恳而在理，就心悦诚服地回宫，从此再也不搞夜饮活动了。

桓公执政一匡天下、九盟诸侯，开创了春秋时期的一代辉煌霸业，是与管仲的辅佐分不开的。上面只是列举了在饮酒之事上的几个例子而已。

实际上，对昏君的劝谏是无效的。例如：少师比干对醉生梦死的纣王屡屡上谏，却被纣王残忍地剖开了心脏。

十、吕不韦父子与酒

吕不韦是战国末期卫国阳翟（今河南禹县）人，而他以一个珠宝商的投机心理进行谋政成事所奏的四步曲，均与酒有关。

第一步，借助于酒，吕不韦掌握了异人。吕不韦到赵国邯郸经商时，偶然遇到了秦王孙异人，即在那里充当人质的秦国公子子楚。子楚虽被拘于异国，穷困潦倒，但仍隐存贵族之气。吕不免暗自称奇，便询问旁人此人是谁？旁人就告诉他：这是秦王太子安国君之子，现囚禁于丛台，潦倒如穷人，因秦王屡犯赵境，赵王几乎要将他杀掉了。不韦听后不禁叹息道：这真是奇货可居啊！

不韦回到家中问老父：耕田可得利几倍？回答是 10 倍；又问贩卖珠宝可获利几倍？回答是 100 倍；再问，若扶立一人为王，则可得利几倍？父亲笑着说：这怎么可能呢？若能如此，那得利的倍数是无法计算的。

于是，不韦就此开始了他一生中最大的一次冒险投机行动。他用酒作敲门砖，在酒桌上结识了监视子楚的公孙乾。一天，公孙乾也设酒宴招待不韦，他就乘机建议请子楚一起喝酒。其间，在公孙乾如厕时，不韦低声问子楚："如今秦王已老了。太子所爱的是华阳夫人，但夫人无子，殿下何不请求回秦，做华阳夫人之子，这样你将来不是还有继承王位的希望吗？"子楚含泪道："说到故国，我心如刀割，奈何现无脱身之计。"不韦就把自己的下一步计划告诉了子楚。子楚自然感激涕零，并发誓将来若真有荣享富贵的一天，一定要分一半给不韦。公孙乾回席后，又加菜添酒，三人喝到尽兴而散。

第二步，不韦通过奇珍玩好和饮酒交往，买通华阳夫人，并使她认子楚为子。不韦带着价值五百金的奇珍异宝，来到咸阳。当时是秦昭王在位，太子安国君膝下有 20 多个儿子，唯独将子楚派到赵国作人质，而且全然不顾子楚的安危，竟多次公然与赵国发生军事冲突。因此，在一般人看来，子楚的前途是绝对无望的。但不韦自有主意，认为华阳夫人就是他全盘计划的关键突破口。因华阳夫人正深受安国君宠爱，可惜一直没有为安国君传嗣生子，所以多年来她一直为这块心病寝食不安。不韦采用迂回战术，先拜见与华阳夫人来往密切的其姐，说子楚在赵国日夜思念夫人，并说他自幼丧母，夫人就是他的嫡母，他决心回来奉养双亲，尽其孝道。这是他托我献给华阳夫人的礼物。说着，不韦就把那些珠宝拿了出来。后来，华阳夫人的姐姐设宴招待不韦。席间，不韦不失时机地如此劝说道："用女色侍奉他人，可得一时之宠；若年老色衰，那可就会失宠了。子楚孝贤，如果华阳夫人把他作为亲生儿，则子楚将来可立为王位，这样夫人终身也就有了依靠，始终不会失势了。"华阳夫人对不韦夸子楚的一番谎言信以为真，就此一拍即合，认子楚为自己的儿子。这一笔幕后交易就此谈成了。

第三步，酒助不韦，实现其献美之谋。不韦在赵国经商时，娶邯郸美女赵姬为妾。这时她已怀孕两个月。不韦心想，若将赵姬嫁于子楚，并生得一子，便是我的骨肉。如果他继承王位，那嬴氏的天下岂不是可由吕氏接代了吗！于是他又设宴款待子楚。待饮酒至半醉之际，不韦说：我新纳一小妾，能歌善舞，何不令她出来助兴呢！于是唤早在门外待命的赵姬而至。子楚看到赵姬轻盈的体态和妖艳的舞姿，顿时心迷神乱，就假装喝醉地说："我孤身一人，甚感寂寞，若能得赵姬为妻，则足慰平生之愿。"当即请求不韦将赵姬让给他，并对天发誓：如能继任王位，必立她为后，决不反悔。不韦就此顺水推舟，成全了子楚，其实这正是不韦为子楚设下的陷阱，要的就是他主动上钩。

第四步，酒助吕不韦完成带子楚逃离赵国的计划。随着秦、赵两国战争的日益升级，在战争中吃了大亏的赵国想杀死子楚以报复秦国。不韦感到，若子楚再不及早回秦，则夜长梦多，万一有所闪失，岂不是前功尽弃了吗？这时，赵国已加强了对子楚的监管，但不韦仍保持足够的自信心，用三百金贿赂南门守将，又送一百金给公孙乾，用重金打通了各种关节为子楚逃离赵境作了充分准备。最后，不韦认为最终要"摆平"公孙乾，还得用酒。就设夜宴请公孙乾喝酒，将其一杯接一杯地灌得烂醉如泥；又给左右将士吃肉喝酒，使他们个个醉饱安眠。不韦这才趁着夜幕，带着子楚和赵姬直奔秦国，见到了秦昭襄王，后又至咸阳见到太子安国君和华阳夫人。至此，不韦的全盘计划才算基本完成。

华阳夫人的"枕头风"也果然有效。安国君一登上王位，就封子楚为太子。安国君在位不到一年就驾崩了，子楚就此登上了王位。他果然没有食言，让吕不韦出任丞相，封文信侯，食洛阳十万户，并立赵姬为王后。吕不韦就此名利俱获、显赫一时。

而赵姬在到秦国的次年真的生了一个男孩，取名嬴政，后来嗣为秦王，他就是那个兼并六国而一统天下的秦始皇。

在这个故事中，酒确实在吕不韦的整个计划中起到了穿针引线的作用。

十一、荆轲酒后刺秦王

荆轲是战国时期的卫国人，他虽然常与燕国的酒徒在一起喝酒，但其性格深沉，且较好学。

燕太子丹欣赏荆轲的人品，曾待他为上宾，后又封其为上卿。

有一天，丹对荆轲说："现秦国南征楚国，北伐赵国，若赵国被攻破，则必危及燕国。而弱小的燕国，到时即使倾举所有的兵力，也是难以抵挡秦军的。我想，若有一位勇士，带着丰厚的礼品去见秦王，因他生性贪婪，一定会被打动而答应我们的条件的；若他不答应，则将其当即刺死，可使秦国大乱而保燕国的安全。我认为舍你无他人也。"荆轲听了，没有立即同意，在丹的再三恳求下才答应下来。并说："樊将军是从秦国逃到燕国的，秦王正以黄金千斤、封邑万家之赏欲得其人头；另外，燕国的督亢，是块富饶之地。我若携樊将军的头和督亢的地图去谒见秦王，则大事可成。"丹听了后，因不忍对樊将军下手而表示沉默。于是，荆轲就亲自至樊家，向樊陈述利害得失。樊为报秦灭族之仇并感燕知遇之恩，当即自刎献出了自己的头颅。

燕国又以百金向赵人徐夫人购取一把极为锋利的匕首，并用毒药淬之，由荆轲带着副手秦舞阳及礼品等准备赴秦。

临行前，丹在易水之边大摆酒席，为荆轲饯行。君臣等均庄重地身穿白衣、头戴白帽到场。酒过三巡后，荆轲的挚友高渐离击筑，荆轲和而歌曰："风萧萧兮易水寒，壮士一去兮不复还。"众人听了那哀怨而雄壮的歌声，个个眼睛瞪圆、怒发冲冠。歌罢，荆轲等立即登车而去，始终不回头一次。

荆轲等到了咸阳，先向秦王奉上樊於期的头颅，秦王看了深信不疑。但当荆轲再献上督亢的地图时，却不料露出了匕首。"图穷匕首现"的典故，本就出于此。于是荆轲临危不惧，机智地迅速一手抓起匕首，一手抓住秦王的衣袖，并威胁他答应将侵占燕国的领土归还燕国。秦王见状大惊，奋力扯断衣袖狼狈而逃。这时，秦王的御医举起药罐掷向荆轲，就在荆轲挥手挡开药罐之际，秦王乘机拔剑砍伤了荆轲的腿。荆轲仍举起匕首，奋力投身秦王，却碰在铜柱上，没有击中秦王。于是，秦王又用剑刺伤了荆轲。至此，荆轲自知事告失败，就蹲坐地上大骂秦王："事情没有成功，是因为我要活捉你，逼你归还燕国的领土来回报太子。"于是，秦王的卫士就一起上来将荆轲杀了。

十二、刘邦归故里酒酣而歌

刘邦年轻时在泗水（今江苏沛县东）当亭长期间就爱喝酒，经常到酒店赊酒，喝醉了就在地上睡觉。

有一次，他为县里押送一批农夫去骊山服刑，途中不断有人逃走。他想：如此下去，到了目的地怎么好交代呢！到了丰邑西边的湖沼地带，他停下来喝酒，晚上对农夫们说："诸位都走吧，我也打算逃走。"但还是有十几个农夫不愿意走而跟着他。刘邦喝得酒气冲天，当晚抄小路通过了湖沼地带后，派在前面引路的人回来报告说："有条大蛇挡住了去路，我们还是回去吧！"刘邦醉意浓重地说："好汉行路，有什么可害怕的！"于是赶上前去拔剑将大蛇斩为两段。又走了几里路，他最终因酒性发作倒地而睡。这就是刘邦酒醉斩白蛇的故事。

秦二世元年，陈胜起义时，刘邦就在沛县起兵响应，称为沛公。当时辅佐他的有萧何、曹参、樊哙、张良、韩信等文官武将。秦朝很快被推翻后，项羽自立为西楚霸王，大封诸侯王，刘邦被封为汉王，占有巴蜀、汉中之地。不久，刘邦与项羽展开了长达5年之久的争夺战，于公元前202年战胜项羽，建立西汉王朝，登上皇帝之位。

7年后，刘邦平息英布叛乱，荣归故里，大摆酒席，宴请父老乡亲，并挑选120名儿童，教他们唱歌。酒酣之际，刘邦击着筑，唱起自编的《大风歌》："大风起兮云飞扬，威如海内兮归故乡，安得猛士兮守四方！"

他让儿童们也跟着学唱。席间，刘邦又跳了舞蹈，并感慨伤怀地流了几行热泪后对在场的人说：远游的人，总是思念着故乡的。我虽建都于关中，但我日夜思乡，即使千秋万岁后，我的魂魄还是要回来的。所以我把沛县作为汤沐邑，免除全县百姓的徭役，让他们世世代代不受此苦。乡亲们听了，非常高兴，就天天陪刘邦痛饮美酒。就这样连续了十多天，在刘邦要回去时，乡亲们还执意挽留。临别前，全城的人都给刘邦送酒，刘邦就叫人搭起帐篷，又与大家痛饮了三天后，众人才为刘邦送行。这就是"高祖还乡"和高祖酒酣高唱气势磅礴的"大风歌"的故事。这与项羽饮酒悲歌"霸王别姬"的故事相比，形成了强烈的反差。这就是历史的一页，从一个侧面反映了在不同境况下饮酒时的心情和状况。

十三、汉代"酒令大如军令"

汉初，吕后为人阴毒，以邀韩信赴宴为名诱杀韩信。后其子孝惠帝即位，她掌握政权，惠帝死后，临朝称制，分封吕氏亲属为王侯。有一次，吕后与吕氏诸王侯宴饮，让刘章做"觞录事"，即"酒监"。刘章宣称要以军法行酒令，吕后应允。饮不多久，有一王微醉而拔脚离席，刘章急追上去，拔剑将其杀了，回来报告吕后："有亡酒一人，臣谨行军法斩之。"吕后大惊失色，但答应过以军法行酒令，故眼见娘家人被杀也不便发作。这就是后来酒宴上常说的"酒令大如军令"的由来。

刘章是齐悼惠王刘肥的次子，即刘邦的孙子。他不满吕后专政、诸吕擅权，就利用饮宴中作"酒监"之机，以军法行酒令，当场诛杀逃席的吕党。其机智和胆略超于常人，也从一个侧面说明古时的酒令并非是一纸空文和一句空话。但上述的特例也反映了封建统治集团之间争权夺利斗争的残酷性。吕后一死，刘章就与周勃、陈平等诛灭诸吕叛乱，首先斩杀吕产，立下头功。文帝二年，刘章被立为城阳王。

十四、"圣人"与酒的来历

曹操爱饮酒，年轻时曾将家乡的酿酒技术整理成《九酝法》呈汉家皇帝，后来写下的《杜康酒诗》更为千古名篇。但他当丞相后，为节粮和防"酒害"曾下过"禁酒令"。然而，有人说他的酒法不严。有一次，尚书侍郎徐邈违令在家喝得大醉，他知道后也并不治罪。其实事情是这样的：那天徐氏正在家中狂饮时，正好曹操派人传唤徐氏去议政，他因躲闪不及，就仗着酒劲向来人说："请回禀丞相，臣正与圣人议事，不得工夫。"来人一听"圣人"在此，也没敢再问究竟是哪位圣人，便糊里糊涂地回报去了。曹操听后，也没追问此圣人为何许人也。只是事后，徐氏与友人谈起这事经过时说道："想不到'圣人'二字竟救了我的命。"这样，人们才知道原来"圣人"就是指酒。此后"圣人"也就成了酒的戏称。

1935年3月15日，红军长征中路过茅台镇，饮酒之余，个别战士用酒来擦身，周恩来批评说："真是糟蹋'圣人'。"

十五、"青梅煮酒论英雄"

所谓"青梅煮酒"，并不是把青梅与酒煮着喝。"煮酒"是以酿造方法命名的一类酒，即将原料与曲混合后置于钵中加盖，放进水锅，以微火、水浴加温，使之恒温发酵成低度的酿造酒。青梅则为佐饮之果。也有人解释为饮酒之处在许昌九曲河畔青梅亭，"煮酒"是指将酒用热水烫温了再喝。

东汉末年的公元196年，吕布打败了刘备，攻占了他的地盘。刘备只得带着关羽、张飞投靠曹操。曹操的谋士程煜劝告曹操赶快杀了刘备，以免后患无穷。曹操当然也知道刘备绝非等闲之辈，但一则怕杀一人而有失天下人心，二则还想争取刘备，考察一下刘备究竟有何野心。刘备也为防不测而采取韬光养晦之计，装着忙于在后园种菜、浇灌。

一日，曹操看到枝头梅子青青，又正值"煮酒"发酵成熟之时，就叫人把刘备请来，"盘置青梅，一樽煮酒，二人对坐，开怀畅饮"。处境维艰的刘备，因生怕自己酒后失言而招来横祸，所以表现得十分谨慎，与曹操的心态形成了强烈的反差。席间，曹操以"共论天下英雄"为题，以探测刘备之"心"。曹操问刘备：谁应称为当代之英雄？刘备佯装糊涂，先后列举出袁术、袁绍、刘表、孙策、刘璋等风云人物，但均被曹操一一否定。曹操认为那些人虽有权势，但均不堪称英雄。他说："夫英雄者，胸怀大志，腹有良谋，有包藏宇宙之机，吞吐天地之志者也。"曹操并据此而断言："今天之英雄，惟使君与操耳！本初（袁绍）之徒不足数也。"刘备万万没有料到，曹操居然一语道破了自己的志向和计策，以为自己酒后失言，致使曹操识破了天机，一时吓得竟然把手里的筷子失落在地。好在当时正"天雨将至，雷声大作"，刘备就以"闻雷而惊"为借口，掩饰刚才的失态，骗过了一代枭雄曹操。后来，刘备终于借机逃离曹操，以后又依附于袁绍、刘表。后采用诸葛亮"联孙拒曹"之策，大败曹操于赤壁。旋又夺取益州和汉中，于公元221年，在成都称帝，国号汉，建元章武。但次年即在吴蜀夷陵大战中大败，不久就病死，只当了两年皇帝。

曹操与刘备之间以酒试才、惧酒匿才的故事，一直为后人所传诵。例如在《三国演义》中就有这样一首诗："绿满园林春已终，二人对坐论英雄。玉盘堆积青梅满，金罍飘香煮酒浓。"

十六、孙权"以酒试才"

孙权也很注意以酒试才，而且"以酒求教"。举两个例子如下：

有位名叫费祎的臣子，平时很少说话，孙权就"别酌好酒"给他喝，等到他将醉而未醉时，才乘机"问以国事，并论当世之务"（见《三国志·费祎传》）。

孙权见名将鲁肃在饮宴中欲言又抑，就等到宴罢众人辞去之后，独留鲁肃"合榻对饮，密请教"。数杯之后，鲁肃就详陈时务了。他说汉室不可复兴，曹操不能卒除，只有鼎足江东以观天下之变，竟长江所极据而有之，然后建号帝王以图天下。后来，鲁肃代替周瑜统领全军，也以饮酒考察吕蒙的才略。在将醉而未醉时，与吕蒙畅论时事。鲁肃听罢，去除了原来对他的轻视态度，并拍着吕蒙的肩背赞叹道：吕子明啊，我原来不知道你的才略竟如此宏大！

其实，以酒试才的做法早在战国时期就已有人采用了。

十七、以酒拜师、求教的故事

尊师重道是中华民族的传统美德，而尊字的最早意思是设"酋"，即"酒"以祭（见《金文诂林》）。可见尊师、拜师、求教在古代往往是与酒密切相连的。

例如在西汉时，王式为昌邑王刘髆的老师，但刘髆不大听从老师的教导，所以即位后游戏无度，荒淫有加，仅 27 天就被废掉了，王式也因而受到了处分。可是后来在唐生和褚生应博士弟子选时，却"颂礼甚严"、"诵说"、"有法"，颇得朝臣赏识。人们问其老师是谁，他们说是王式。于是大家便向汉宣帝刘询上奏，刘询也就下诏封王式为"博士"。王式得到诏令后来到京城，住在"舍"（类似于现在的招待所）里，诸大夫、博士闻讯，纷纷"共持酒、肉劳士，皆注意高仰之"（见《汉书》卷八十八）。"高仰"是非常尊敬之意，而礼敬老师则离不开酒和肉。

西汉还有个刘棻，曾跟从杨雄"作奇字"。但他家境贫寒而又嗜酒，所以有人就携酒看跟着他学习。到了唐代，人们对老师的礼敬更有了明确的说法，那就是归崇敬建议实行的"教授法"，酒则成了不可少的礼品之一。这种风气，一直延续到清末民初。

十八、昏聩残暴、醉生梦死的符生

两晋南北朝时期，中国北方先后出现了 16 个由不同民族建立的割据政权，与东晋对峙。权力更迭频繁中的几十个皇帝，大多为昏聩无能的酒色之徒，而前秦的符生可算得上是最为突出的一个。

据《晋书》载，符生"残虐滋甚，耽湎于酒，无复昼夜。群臣朔望朝谒，罕有见者"。长期的酗酒，使他十分怪异暴虐。有一次，他心血来潮，对大臣们说："众家爱卿，寡人已临朝有日，虽谈不上呕心沥血，但也算是费心尽力了，不知诸位是何等看法，且说给孤家听听。"众臣以为他这阵子可能清醒了点，就有人乘机进言试探："皇上圣明宰世，天下太平，举国都在讴歌贤政呢。"不料符生听后怒喝道："你这一派胡言，是故意谄媚寡人，一定另有所图。"并当即下令将那人杖杀于廷。

接着，有个胆大者认为皇上真有些回心转意的迹象，就站出来说："皇上英明善断，吾朝兴旺有期，至于说吾朝政制嘛，下臣只认为陛下刑罚有些过分，唯望略

为宽松才是。"这些话既顾及了符生的面子，又讲出了该提的意见。但符生听后却更为生气地吼道："大胆逆贼，你竟当众诽谤寡人，丢我的丑。"并令武士将那人推出斩首。

符生如此胡来，使君臣人人自危、噤若寒蝉，谁还敢"议政"。符生却认为威风惬意，更加肆无忌惮，常在腰上别弓挂刃出入于朝廷，谁见了都不免胆战心惊。有一次，符生在太极殿大设酒宴。监酒官向君臣传令，凡与宴者均要一醉方休。符生却在乐工陪奏下，引吭高歌。开始时监酒官连连劝酒，唯恐有人"偷懒"而遭符生惩罚。但几巡过后，监酒官担心有人一不留意会喝醉闹事，就没再勉强众人，场面也就不那么热烈了。没想到因此惹怒了符生，他对监酒官喊道："何不强酒，犹有坐者！"他要把群臣个个都灌醉倒地，边说边举起雕弓，一箭将监酒官射死。众人见状，无不毛骨悚然，争相夺壶斟喝，很快都丢冠散发、醉吐趴地、洋相百出。符生却以此为乐，频频举杯狂饮、大醉而去。

符生不仅喝酒缺德，而且疑心病也很重，时常怕别人篡位夺权，尤其是对自家的兄弟放心不下，他喝多了就难免说出这桩心事。庶弟符法、符坚与群臣商议，预备"解决"符生。有一天，符生又大醉回到寝宫，见到庶弟们就破口大骂，并声称要立即将他们全部杀掉。被符坚安插在符生身边的人，立刻跑去报告符坚。符坚等人乘机先发制人，先下手为强，率兵发动政变，将符生抓住。符生酒醒后已成笼中困兽，失了昔日威风，后悔不迭，但一切都为时已晚。符坚登基后，传令符生自尽。可是这个"天子"临死前却仍提出要酒数斗，饮醉后让武士杀死，在醉酒的麻木中告别了人世。

十九、陶渊明酒事多多

陶渊明又名陶潜，出身于破落地主家庭，是东晋时代的大诗人。据粗略统计：在他现存的百余篇诗中，有"酒"者约近半数，其中有一组《饮酒》诗共20首，集中地表达了他以酒解忧排愤的思想感情，成为在中国诗史上咏酒的第一人。有关他的酒事很多，现列举若干如下：

（1）自喻"五柳"。陶潜少年时代曾写过一篇《五柳先生传》，说这位先生不知是何许人也，因其住宅旁边种有五棵柳树，故称为五柳先生。他不图名利，只喜欢饮酒，但由于家贫，故不能常常买酒喝，亲戚朋友们知道了，就时常请他去喝酒。他总是酩酊大醉而归，在家读书写文，过着安乐自在的生活。这实际上成了他后来自己生活的写照。

（2）秫稻各半。秫即高粱，但这里是指糯米；稻则是指糯米之外的普通粳米。陶潜为了生存，曾几任介微小官，最后一次是做江西彭泽县令。他一到任，就令部下将百亩公田全部种植可用以酿酒的糯稻；但他妻子则认为吃粮重于饮酒，坚持应多种植普通稻。最终，两人互相让步而各种了一半。

（3）挺腰辞官。几个月后，郡官派督邮来彭泽县，县吏请陶潜衣冠整齐、毕恭毕敬地去见督邮。陶潜叹息道："我岂能为五斗米，向乡里小儿折腰！"于是愤然挂冠而去，并写了一篇《（归去来兮辞》，从此隐居躬耕，以诗酒自娱。他在《饮酒》诗20首的序言中说：我闲居在家，缺少欢乐，再加上近来日短夜长，遇到好酒，每晚必饮。一个人饮酒，很快就醉了。酒醒之后就题诗自娱，这不过是单纯地为了欢笑罢了。

（4）葛巾漉酒。每当酒发酵成熟时，陶潜就取下头上的葛巾过滤酒液后，再戴到头上。在苏轼的《谢陈秀常惠一搭巾》中，有"夫子胸中万斛宽，此巾何事小团团，半升仅漉渊明酒，二寸才容子夏宽"的诗句。子夏是孔子的学生，他在孔子死后的讲学中，宣扬"生死有命，富贵在天"、"学而优则仕、仕而优则学"等儒家思想，想必是个酒量较小的人。

（5）僧院酒客。当时名气很大的庐山东林寺僧慧远，曾邀请陶潜去作客。但陶氏说，若允许我到了那里可以喝酒，那我就去。按规矩寺里是不能饮酒的，但慧远却破例答应了。

（6）我醉欲眠。无论是"贵"或"贱"的朋友来访时，陶潜经常邀邻居同饮。若他觉得已有醉意，就会对客人说："我醉欲眠，卿可去。"其率真如此。在李白的《山中与幽人对酌中》，即有"我醉欲眠卿且去，明朝有意抱琴来"之句。

（7）白衣送酒。陶潜好饮但常无酒。有一年的重阳节，他苦于无酒，于屋旁的东篱下采了一大把菊花久坐时，看到迎面而来的一个白衣人，原来是江州刺史王弘派人送酒来了。二人当即就酌，那人尽醉而归。后人就用"白衣送酒"来表达雪中送炭、遂心所愿之意。

（8）钱留酒家。陶潜有位把杯倾心的知己，叫颜延之。有一天，颜氏特地来看望陶氏，临走时还留下两万钱，以接济他的生活。陶氏收受后，待来客一走，就将这笔钱悉数放到酒家那里，以便日后随时可去喝酒，足见他的酒瘾之大、酒兴之浓。

（9）酒中真意。陶潜经常与乡亲父老对饮，既是为了情分，也可从中取得某些安慰和乐趣。但更多的是独饮，然而不是一味的滥饮，而大多表现出理性的自觉，如其所言"中觞纵遥情，忘彼千载忧"；"悠悠迷所留，酒中有真味"；"此中有真意，欲辩已忘言"；"外在樊笼里，复得返自然"，"虽无挥金事，浊酒聊可待"；"泛此忘忧物，远我遗世情。一觞虽独进，杯尽壶自倾。"这也正如梁朝昭明太子萧统评价陶渊明时所说的那样"吾观其不在酒，亦寄酒为迹焉"。这里所谓的"迹"，无疑是指心迹，是在人生理想遭受现实重创后用酒来平复伤痛、慰藉自己的心路历程，在饮酒中抒发他不愿与腐败的统治集团同流合污的心愿。

（10）陶潜埋酒。九江境内有陶潜埋藏的酒。有个农夫凿石到底，发现一只石盒内有一个有盖的铜制酒壶，刻有 16 个字："语出花，切莫开，待予春酒熟，烦更抱琴来"。人们怀疑这酒不能喝，就全部倒在地上，结果其香数月不绝。

二十、苏轼

苏轼字东坡，四川眉山人，宋代著名的文学家，也是著名的酒徒。"明月几时有，把酒问青天。"我们从他嗜酒如命和潇洒的神态，可以寻到李白和白居易的影子。他的诗、他的词、他的散文都有浓浓的酒味。正如李白的作品一样，假如抽去酒的成分，色、香、味都为之锐减。

二十一、欧阳修

欧阳修是妇孺皆知的醉翁。他那篇著名的《醉翁亭记》，从头到尾一直"也"下去，贯穿一股酒气。无酒不成文，无酒不成乐。天乐地乐、山乐水乐，皆因为有酒。"树林阴翳，鸣声上下，游人去而禽鸟乐也。然而禽鸟知山林之乐，而不知人之乐……"（《醉翁亭记》）

二十二、阮籍以酒避祸、解忧

阮籍是三国魏文学家、思想家，河南人。他蔑视礼教，以"白眼"冷对"礼俗之士"。后来他变为"口不臧否人物"，常用饮酒的方法在当时复杂的政治斗争中保全自己、以求生存。

例如：曹爽要他任"参军"时，他看准曹氏已面临覆灭的危机，就称病谢绝，归田闲居，饮酒写作。在司马懿掌握曹魏政权后，阮籍慑于其权势，只得应邀任从事中郎，但每次在宴会上有时真的喝醉，有时则佯装酒醉，以掩饰自己。因为他认为"魏晋之际，天下多故，名士少有全者"。

司马昭的谋士钟会，官大至司徒。但阮籍认准他是个投机钻营的卑鄙小人，故对他深恶痛绝。但每当钟会以做客的幌子来打探阮籍的虚实时，阮籍就将计就计，置酒相待，但对政事却一言不发，使钟会只得怏怏而归。因为阮籍已对曹氏皇室失去信心，又不愿与野心勃勃的司马氏集团合作，故"不与世事"、洁身自好。

阮籍有一个容貌秀丽的女儿，司马昭想纳其为儿媳，以此拉拢阮籍。司马昭几次托媒人到阮籍家求婚。阮籍不便直接拒绝，就日日醉酒，一连60天，使司马昭只得作罢。这就是阮籍借醉拒求婚的故事。

阮籍如此饮酒，其意也不是真在于酒，而是正如鲁迅先生在评述阮籍时所说的那样："他的饮酒不独于他的思想，大半到在环境。当时司马氏已想篡位，而阮籍名声很大，所以他讲话就极难，只好多饮酒、少讲话，而且即使讲话讲错了，也可以借酒醉得人的原谅。只要看有一次司马昭求和阮籍结亲，而阮籍一醉就是两个月，没有提出的机会，就可以知道了。"

《世说新语·任诞》指出：阮籍与司马相如基本相同，唯阮籍心怀不平而经常酒浇胸中"垒块"。后人就用"酒浇垒块"、"酒浇块垒"等指有才而不得施展，无可奈何、借酒消愁。

二十三、李白

李白（701—762年），字太白，号青莲居士，出身于地主家庭，祖籍甘肃静宁西南，幼时随父迁居四川江油青莲乡。史称李白"少有逸才"、"飘然有超世之心"。25岁起漫游各地，对社会生活多有体验。其间，于27岁时招赘于湖北安陆退休的宰相许家，他曾说"酒稳安陆，蹉跎十年"。42岁时受人力荐，入朝做供奉翰林，为皇帝草拟文诰诏令之类的文件，但因遭权贵谗毁，仅一年余即被"解职"而离开长安。安史之乱中，曾为永王李璘的幕僚，因李璘失败而受牵连，被流放于夜郎，中途遇赦而东还，晚年飘泊困苦，在醉后到采石矶的江中捞月亮而溺死，享年61岁。

李白是屈原以来最具个性特色和浪漫精神的唐代大诗人。其诗表现出蔑视权贵的傲骨气魄，对当时政治的腐败进行了无情的批判，同时又对人民的痛苦深表同情。

李白一生以酒为伴，暮年时甚至将悬在腰间多年心爱的宝剑也摘下来换酒喝，正如郭沫若先生所说，"李白真可以说是生于酒而死于酒。"有关他的酒事甚多，现列举数则：

（1）醉酒误事。有一次，唐玄宗游赏白莲池，一时心血来潮，欲召李白撰写序文。但那时李白正醉卧于街市的酒家，只得在他人搀扶下勉强登舟受命。

又有一次，唐玄宗携杨贵妃夜游禁苑。正值牡丹盛开之际，玄宗嫌艺人演奏的乐曲太老，又欠雅意，就叫人找李白写些乐府新词。但醉酒的李白根本不在意什么圣旨，对来人说"我欲醉卿且去"。来人只得将李白捆起来送进宫去。玄宗见状也哭笑不得，立即令人用冷水将李白喷醒。李白醒后就笔走龙蛇似地一连写下了十余篇，其中就有"云想衣裳花想容，春风指槛露华浓"；"一枝红艳露凝香，云雨巫山枉断肠"等名句。

李白

（2）让宰相为他研墨。当时，凡是靺国进表，都使用满朝无人可识的"蛮文"。于是，李白由贺知章保荐入朝。李白持表宣读如流、一字不误。玄宗甚喜，立即命李白也用"蛮文"草诏，以示国威。李白乘机请旨让宰相杨国忠替他研墨，宠臣大太监高力士为他脱靴。李白如此戏弄这些小人，自然使他们恨之入骨。所以玄宗曾三次想给李白授职，但都让包括李林甫这些人给搅"黄"了，最终被赶出宫去。但李白却不以为然，仍高唱"仰天大笑出门去，我辈岂是蓬蒿人"；"人生得意须尽欢，莫使金樽空对月"，表现了其自由狂放的气质。

（3）"智者失言"。有一天，唐玄宗召集翰林院学士们在偏殿饮酒。在李白酒酣之际，玄宗突然问他："我朝与天后之朝如何？"李白答道："天后朝政出多门，国由奸佞，任人之道，如小儿市瓜，不择香味，而惟拣肥大者；而我朝任人，如淘沙取金，剖石采玉，故皆得其精粹者。"这里的"天后"即武则天，"市瓜"指买瓜。玄宗听后心喜地笑曰："学士过有所饰。"李白酒后如此粉饰朝政，被时人讥为"智者失言"。

　　其实，李白利用与唐玄宗接触的机会，曾陈述对国事的看法，并对不合理的用人等现象也劝谏过。但玄宗沉溺于声色，只是把李白作为满足自己享乐欲望的御用文人。玄宗又听信谗言，例如高力士用李白写的诗去挑拨杨贵妃，杨贵妃向玄宗谗言，玄宗就疏远了李白。因而李白的不受重用，乃至赐金放还，就在所难免了。

　　（4）饮酒泄愤解忧。李白被逐出长安后，怀才不遇、郁郁而不得志，满腔激愤只能借酒来宣泄。他在《行路难·其一》中写道："金樽清酒斗十千，玉盘珍馐值万钱。停杯投箸不能食，拔剑四顾心茫然。欲渡黄河冰塞川，将登太行雪满山……行路难，行路难，多歧路，今安在？……"他面对朋友们为他安排的珍贵的酒和菜也吃不下去，茫然若失，连用了两个"行路难"，哀叹世路是何等的艰难险阻！那么多的岔路，而真正的出路又在哪里呢？有感而发，一吐其愤慨之情。

　　但饮酒也消解不了他的愁怀。他在《宣州谢朓楼饯别校书叔云》中写道："弃我去者，昨日之日不可留．乱我心者，今日之日多烦忧……抽刀断水水更流，举杯消愁愁更愁。人生在世不称意，明朝散发弄扁舟。"其内心是极度痛苦的。

　　（5）李白测字。有一天，李白酒后独游金陵，途中见一测字摊，摊主正打着瞌睡。李上前拱手问："先生怎不见生意？"穷书生模样的摊主笑曰："无人测字，只得打盹。"李白说："且让老夫一试。"就手摇测字用的"文王简"，并口中念念有词："半仙测字，其灵无比。"这时走来一个瘦高个子的人对李白说："在下本体胖，因上月家父身亡，思念悲切而体瘦。祸不单行，近日又将常佩于手腕的一对玉镯丢失，乃是家父的遗物，好不伤心。烦请先生高测，言明该物失落于何方？"李当即叫那人抽一字卷，打开一看，为一个"酉"字。李白说道："酉加三点是为酒，酒酒酒，有有有，玉未碎，镯未走，必在缸中。"那人听后将信将疑地回家了，顷刻即手举玉镯跑来连声说："先生真仙人矣！"高兴地付钱而归。摊主疑惑地问李白："先生怎知那玉镯必在缸中呢？"李白说："在那人伸手抽字卷时，我闻到他身上有酒气，仔细一看，是手上还沾有未干的酒迹，想必此人以卖酒为生。又据他说是原胖后瘦，则手臂当变细，而镯当相对为大，故料定他近来因丧父而神志恍惚，在忙乱之中把镯脱落在酒缸里了，而自己也未能觉察，果不其然。"穷书生听后，为之折服。

二十四、杜甫

　　杜甫的一生与诗和酒紧密相连，现将其酒事列举若干：

（1）十四五岁即为酒豪。他在《壮游》一诗中写道："往昔十四五，出游翰墨场……性毫业嗜酒，嫉恶怀刚肠……饮酒视八极，俗物多茫茫。"诗中"八极"意为四面八方，"俗物"乃指平庸之辈。到晚年时，喝酒更加厉害，经常酒债高筑，质当衣服来喝酒。在其诗中有"莫思身外无穷事，且尽生前有限杯"、"朝回日日典春衣，每向江头尽醉归。酒债寻常处处有，人生七十古来稀"之句。喝得连身体健康等都全然不顾了，认为反正人活到70岁是很少有的。就如此，他活到58岁而死。这样的喝法，实在是不足取。

（2）日与田翁饮。诗云："田翁逼社日，邀我尝春酒。叫妇开大瓶，盆中为我取。"每田父索饮，必使之毕其欢而后去。

（3）以酒会友。壮年时期，杜甫与李白、高适相遇，同游梁宋齐鲁，打猎访古、饮酒赋诗。他与李白情同手足，在其《与李十二白同录范十隐居》中写道"余亦东蒙客，怜君如弟兄。醉眠秋共被，携手日同行"。真可谓亲密无间了。

天宝六年（公元747年），杜甫35岁时赴长安应试，因李林甫从中作梗而未被录取，他的"致君尧舜上，再使民俗淳"的抱负成了泡影。这时，他认识了一位酒友，即广文馆博士郑虔。此人多才多艺，诗、画、书法、音乐乃至医药、兵法、星历无所不通。但因生活困顿，常向朋友讨钱买酒。杜甫在《醉时歌》中回忆他俩喝酒的情况时写道："得钱即相觅，沽酒不复疑忘形到尔汝，痛饮真吾师。""不须闻此意惨怆，生前相遇且衔杯。"意为若一人得钱，即毫不迟疑地买酒找对方共饮，彼此亲密、不拘形迹，凭你的酒量，就堪称我的老师，不要去管古人的遭遇，只要我们还活着，就应一起饮酒。也真是"酒友"得可以了。

（4）杜甫之死。据唐人郑处海的《明皇杂录》所说，杜甫死于牛肉、白酒。那年夏天，杜甫因避兵乱欲到衡州，但中途在来阳被大水所阻，船只得停于方田驿，因无食物而挨饿数天。县令聂某知道后，送去了牛肉和酒。有酒相佐，杜甫胃口大开，由于胃壁已薄，故一下子吃得过饱而撑死。又据郭沫若先生考证：聂氏送的牛肉较多，杜甫一时吃不完，时值暑天，无"冰箱"可藏，故肉易腐败，杜甫吃了腐肉中毒而死是完全有可能的。但若无美酒，何以食肉，由此可见表面看来是牛肉引致杜甫之死，而实为酒之所害也。

二十五、白居易"弱视"

白居易饮酒的情况与杜甫不同。杜氏因家境困顿，故不能经常喝到美酒，与他喝酒的多为捕鱼、打柴、耕田的乡下人，地点为田野树林之间。而白氏虽早年家境贫困、颇历艰辛，但后来则家酿美酒，每饮必有丝竹伴奏、僮妓侍奉，同饮者多为裴度、刘禹锡等"社会名流"。

由于白居易几乎无日不饮、无日不醉，故得了"酒精性弱视症"。他在《眼病两首》中写道："散乱空中千片雪，朦胧物上一重纱。纵逢晴景如看雾，不是春天亦见花。"他为此病所苦，求名医、觅灵药、查医书，但无一有效。

白居易享年75岁，葬于河南龙门山，墓侧碑石上记得有《醉吟先生传》。传说前往拜墓的洛阳人和四方游客，因知白居易平生嗜酒，故都以杯酒祭奠，墓前那方丈宽的地上，常是湿漉漉的。可见，他是受到后人爱戴的。

二十六、魏征与美酒

据《龙城录》载："魏左相能治酒，有名，曰醹醁、翠涛，常以大金罂内贮盛十年，饮不败，饮其味即世所未有，太宗文皇帝尝有诗赐公称'醹醁胜兰生，翠涛过玉薤，千日醉不醒，十年味不败'。兰生即汉武百味旨酒也。玉薤，炀帝酒名，公此酒本学酿于西胡人，岂非得大宛之法，司马迁所谓富人藏万石葡萄酒数十岁不败乎。"（龙城即广西柳州）

醹醁又称醹渌，以衡阳醹湖碧绿的水酿就，故名。兰生气味如兰开放，其制法有两说：一说需酿制百日乃成，故芬香若兰；另一说用百草花末杂酿于酒，使花香入酒。

二十七、贾岛别出心裁饮酒

贾岛注重词句锤炼、刻苦求工。"推敲"的典故，即由其斟酌诗句"僧推月下门"还是"僧敲月下门"而来。

他在每年的除夕都将其一年所作的诗稿集放成堆，再摆上酒菜，祭奠一番，言称"劳吾精神，以是补之"，喝个心安理得。《燕山夜话》中认为"这里所谓'祭诗'，实际上等于做了一年的创作总结。"

二十八、贵妃醉酒的故事

唐朝天宝年间，明皇派人到各地挑选美女。后来，在闽中兴化县选了一个叫江采苹的美女。此女才貌双全，深得明皇的欢心，又因她喜爱梅花，自号梅芬，明皇赐名梅妃，还为她专门修了一座梅园。

一日，明皇在梅园宴请诸王。梅妃轻歌曼舞，惹来了明皇儿子们一双双艳羡的目光。这时，宁王喝得大醉，向梅妃敬酒时，有意无意地踩了梅妃的香鞋。梅妃不悦，拂袖回宫。宁王非常害怕，找来附马杨回商量对策。杨回给他出了两个主意：一是让他向明皇请罪，说当时因不胜酒力，错踩梅妃，请父皇饶恕；二是告诉明皇，寿王妃杨玉环，姿色盖世，非人间之女。

明皇原谅了宁王后，就差高力士去找杨玉环。杨玉环那"回眸一笑百媚生，六宫粉黛无颜色"的美貌，令明皇神魂颠倒。他先让玉环去太真观当女道士，然后将杨玉环接到宫中，册封"太真宫女道士为贵妃"。从此，明皇与杨贵妃日夜厮守、愉悦无比。

梅妃得知消息，打扮得花枝招展去见明皇。明皇将两位美人都搂入怀中，两位美人却明争暗斗。明皇常常顾此失彼。

这天，明皇吩咐太监高力士、裴力士在百花亭中摆宴，特邀杨贵妃去陪他饮酒赏月、抚琴赋诗。

杨贵妃十分高兴，打扮得漂漂亮亮地等待明皇的驾到。她等不到圣驾，就在百花丛中焦急地盼望。

但夜幕深了，还未见皇上的人影。贵妃就让高力士去打听皇上的下落。高力士回复说，万岁爷到梅妃那儿去了。杨贵妃心头一阵酸楚，又有醋意，又觉悲哀和孤独。她想回宫去，但高、裴二人说，要是皇上来了，怎么交待？

杨玉环只得继续留下。她想，干脆，我一面自个儿饮酒，一面等他李三郎（唐明皇排行老三，杨玉环常私下叫他"三郎"）。于是，她让高、裴二人为她斟酒。

玉环喝了几杯，就头晕脑胀，心中混沌一片，觉得人生是梦，难以预测。

不一会，玉环酒力发作、浑身发躁。她脱去风衣，又端起大杯来喝。高、裴劝告，她听不进，自斟自饮，决心喝个一醉方休。结果，她真的醉了，头晕目眩、摇摇晃晃，还要让太监们扶她去赏花。由花思人，她更感悲凉和孤寂。

贵妃不罢休，还急催太监们进酒。她时而埋怨酒太凉，时而埋怨酒太烫，备的酒都喝完了还要他们上。

高、裴二人劝告她不要再喝，贵妃一人给了他们一个耳光，大骂他们是狗奴才。这就样，她一直喝到深更半夜。她趁着酒兴，想当个男人找乐，于是把高力士的帽子戴在自己头上，将裴力士的靴子穿到自己脚上，又学着皇上的模样，昂首挺胸、大摇大摆。

如此这般一直折腾到将近清晨。杨贵妃只觉天冷、身冷、心冷。她满腹哀怨和愁苦，心中"恼恨李三郎，竟自把奴撇，撇得奴挨长夜，只落得冷清清独自回宫去也。"

二十九、岳飞的饮酒观

岳飞家贫力学、家教良好，是南宋初年的抗金名将，大败敌兵。秦桧恐他阻梗和议，就在一日之内下十二道金牌将其从前线召还，次年以"莫须有"之罪杀害。

岳飞曾"豪于饮"而有酒失，其母及高宗赵构均叫他戒酒。他听从劝告，断然戒酒，但又立下誓言"直捣黄龙府（金国的都城），与诸君痛饮耳!"真可谓孝顺母亲并具有英雄的气魄和豪情。

三十、辛弃疾以酒会友

辛弃疾也有不少以酒会友的故事，被传为美谈，现列举两则：

（1）会见刘过。刘过是南宋有名的诗人、词人。但在辛弃疾任浙东安抚使时，刘过则是个怀才不遇的落魄文人。刘过很崇拜辛弃疾。有一天，刘过衣着褴褛来到辛府，被门吏拒阻，他就故意大声吵闹，惊动了正在酣饮的辛弃疾。辛立即将刘迎接入席。酒过三巡，其中有位宾客对刘过说："听说先生不仅善于词赋，并能作诗是吗?"刘答："诗词之道，略知一二。"辛就请他以桌上的一大碗羊腰肾羹为题，赋

岳飞

诗一首。刘豪爽地说："天气殊冷，当以先酒后诗。"辛就又为他斟满了一碗酒，由于刘过手已冻僵，故接酒后颤抖不止，将碗中的酒流到了衣襟上。辛就请他以"流"字为韵。刘沉思片刻即吟出了既切题又符合当时情景的绝句："拔毫已付管城子，烂首曾封关内侯。死后不知身外物，也随樽酒伴风流"。"拔毫"是指拔羊毛；"管城子"当指毛笔。煮羊必先拔羊毛以羊毛制取毛笔，供文人使用。"烂首"自然是指煮烂的羊头。在东汉时流传的一首歌谣中，有"烂羊头，关内侯"之句，以讽刺小人封侯，专权误国之意。羊死后当然"不知身外物"，但可用作佳肴，与樽酒共伴风流人物。辛弃疾等听了，赞赏不已。宴饮后，辛还送不少礼物给刘，从此两人成了莫逆之交。

（2）会见陈亮。辛弃疾因不断受到主和派的打击，感到非常失望，故在42岁时就闲居于江西上饶，将住所附近的清泉取名为"瓢泉"。

陈亮也是爱国诗人，与辛弃疾是至交。正值辛弃疾小病之际，陈亮特从浙江永康来看望他。见到陈亮，辛弃疾非常高兴，两人或于瓢泉共饮，或游览鹅湖寺，边饮酒边纵论国事。陈亮住了十天后才回去，辛弃疾送了一程又一程。次日一早，辛弃疾又赶马追去，想挽留陈亮多住几天。但当他追到鹭鸶林时，终因雪厚路滑只得停了下来。那天他在那里怅然伤感写下了《贺新郎·把酒长亭说》一词，表达了自己与陈亮欢饮纵论的喜悦、对陈亮的敬爱以及对权贵们偷安误国痛恨的复杂心绪。并将此词寄给陈亮。陈亮接到后，即写了一首和词《贺新郎·老去凭谁说》寄给辛弃疾。

三十一、宋太祖借酒处事手法高明

宋太祖即赵匡胤。他以酒为工具，达到自己的政治目的，真可谓表现得淋漓尽致。

（1）导演兵变夺权的闹剧。赵匡胤原为周世宗手下的禁军统帅。世宗因病而过早地去世后，年幼无知的7岁幼子登基继位。赵匡胤觊觎着皇位，经再三考虑，想出了"醉酒称帝"的妙计。他带兵征敌行至开封东北的陈桥驿时，已暮色浓重。他下令全军就地安营息宿，自己独自到帐中享用一桌酒席。当假装酣睡之际，他的心腹赵匡义和赵普等领着一伙人涌入，将一件象征皇帝登基的黄袍套在他的身上，并呼啦啦地下跪齐声高呼万岁。赵匡胤假意推辞一下，就"勉强"答应下来。随后，赵匡胤即回师开封，让人将早就伪造好的禅位诏书向满朝文武宣读，强逼那孤儿寡母乖乖地交权，改国号为宋，正式当上了开国皇帝。赵匡胤就如此干净利落地践祚称帝，而并未背上篡逆的恶名，酒在其中可是起到了特有的作用。

（2）以酒施恩，笼络人。五代十国中的南汉后主刘鋹曾被解往开封听候处理。赵匡胤在讲武池接见他，并赐予御酒，以示礼遇。但刘鋹却吓得浑身发抖、一再推辞，生怕赵匡胤也像他那样在酒中下毒。可是，赵匡胤仍连连劝酒。刘鋹不得不端起酒杯，边落泪，边苦苦哀求道："为臣罪该万死，皇上既放了我一条生路，已是恩重如山，愿做一个听话的臣民，实在不敢贪图眼前的这杯酒，万望皇上恕罪！"赵匡胤听完刘鋹这一番话，知道他犯了疑心病，却并不怪罪于他，反而耐心地解释道："你想到哪里去了，朕推赤心于人腹，从来不搞小动作，怎么会有你所担心的那种事呢？"说完，又上前拿过他手中的酒一饮而尽，并令人再备酒款待刘鋹。赵匡胤的上述言行，令刘鋹深为感动。赵匡胤的怀柔政策果然生效，刘鋹回去后尽全力做手下人的安抚工作，让他们心悦诚服、死心塌地为大宋王朝卖命。

（3）以酒联络感情。赵匡胤当皇帝之初，常微服私访、了解下情，从不预先通知。因此，就连赵普那样的重臣退朝回家后，也不敢轻易换下官服，以防太祖突然驾临。某个大雪纷飞的傍晚，赵普估计皇上不会出行了，可是他刚换上便装，就听见了太祖的叩门声，并说其胞弟晋王赵匡义一会儿也来，乘这瑞雪之夜三人美美地喝一顿酒。当时，太祖显得无一点皇上的架子，并称呼赵普的妻子为嫂子，还亲切地请她也入席。在这种舒心、和谐的气氛中一起饮酒，自然增进了彼此间的情谊。

（4）杯酒释兵权。人们常说得天下易，守江山难，赵匡胤也深知此理。他担心部下对他"以其人之道还治其人之身"。他即位不到半年，就有两个节度使起兵反对宋朝。虽由他亲自率兵平定了，但耗费大量人力、财力，且国家仍处于动荡之中，因此他难免忧心忡忡。

他与谋士赵普商量如何"保位"。赵普说：现在藩镇势力仍太大，若把军权集中到朝廷，天下自然就太平了。此话对赵匡胤而言，无疑是正中下怀，虽然他嘴上不说，但原有的意念更加坚定了。

一天，赵匡胤把心里圈定的石守信、王审琦等重权将领召到宫中之后，又特意把他们留下来设宴款待。席间，他请大家干杯后接着说："朕有今日，多亏诸位爱卿鼎力拥戴，你们劳苦功高，朕终生不会忘怀。但不瞒各位，朕心里越来越不踏实，食不甘味，夜不安寝真是苦难言啊！"众将听了，不解其真意，不免问道："如今天命既定，四海升平，皇上还担心什么，不妨讲来，臣等自当效犬马之劳，为皇上分忧才是。"赵匡胤严肃地叹道："朕之所忧，正是此事。天下虽大，但皇帝只有其一，如此尊位，谁不想谋而踞之?"众将一听，不免大惊失色，慌忙顿首不迭：
"皇上明览，臣等忠心耿耿，绝无图谋不轨之意。"赵匡胤说："是啊！我对诸位自
然放心，但若你们的部下硬要将黄袍加到你们身上，届时势如骑虎，就算你们不想
做皇帝，那也只得做了。"言外之意，昭然若揭。众将这时才算彻底明白了。出于
无奈，他们一个个边磕头，边表态："臣等真是喝糊涂了，何以未想到这一层呢！
万望皇上宽大为怀，给臣等指条活路。"赵匡胤"安抚"道："众家爱卿莫怕，其
实人生一如白驹过隙，所谓荣华富贵无非是积金聚财，安逸享乐……尔等何不交出
兵权，多置田产姬妾，歌酒欢度，君臣之间上下相安，岂不快哉！"众将无不为见
过大场面者，刚才险些喝了顿断头酒，此时皇上既给了个台阶，何不赶紧溜之乎
也。于是，虽个个心里都不是滋味，但口头还连连称是，一副卑躬屈膝之态，匆匆
拜谢而退。次日一早，众将不约而同地个个称病，向太祖呈上了辞职书。太祖此时
还讲什么客气，大笔一挥，全部"恩准"，让他们都获恩赐而还乡过舒心日子去了。
8 年之后，赵匡胤又采用同样的手段罢免了王彦超等人的地方节度使之职。赵匡胤
就如此"以酒为媒"，竟不费一兵一卒，轻而易举地解除了地方军阀的兵权，去掉
了社会动乱的根源，维护了自己的皇权。

赵匡胤吸取了唐朝以来藩镇跋扈、拥兵自重、尾大难掉的深刻教训，化干戈于
美酒，释军权于宫宴，用和平的方式将军权集中到自己的手中，从而避免了一场诸
侯割据、生灵涂炭的战乱悲剧的发生，比起那些"飞鸟尽、良弓藏，狡兔死，走狗
烹"，不念戎马功勋，却过河拆桥、卸磨杀驴、翻脸不认人的皇帝来，毕竟是多了
几许人情味。

但是，赵匡胤那重文轻武、偏于防守的方针，对宋朝"积贫积弱"局面的形
成，也无疑有所影响。

三十二、朱元璋借酒"演戏"

朱元璋即明太祖，在位 31 年，安徽凤阳人。他在起兵反抗时，曾发布过禁酒
令。几年后又说"军国之费"科征于民，表示"取之过多，心甚怜焉"，下令不准
种植糯稻，"以塞适酒之源"。在称帝后的第六年，又令太原不要再进葡萄酒，其理
由是"国家以养民为务，岂以口腹累人哉"；次年，当西番酋长献葡萄酒时，再次
说"何以此以劳民"，于是赢得了躬行节俭的好名声。

但是，在他当皇帝的后期，则令工部选造大楼，设酒肆其间，诏赐文武百官宴

饮，原先的"养民"、"劳民"言词皆抛至九霄云外。

朱元璋还强迫不能饮酒的大臣饮酒，使其醉得行走不成步，他则在旁边欢笑，并命侍臣赋诗《醉学士歌》，好让后人知道，他朱某就是如此"君臣同乐"的。这实在是"其实难符"了。

三十三、蒲松龄酒讽贪官

蒲松龄曾长期为家乡塾师，对劳动人民有所接触，对当时政治、社会多有批判，著有文学和自然科学等多种作品。

侍郎毕际有欣赏蒲松龄的才学，聘其为家庭老师。有一天，毕际有宴请卸职还乡的尚书王渔祥，蒲松龄如约作陪。席间，王渔祥自恃肚子里有墨水，就提出每人作一首诗助兴，但诗文须三字同头、三字同旁，输者要喝三杯罚酒。毕际有略加沉思，即以当日酒宴待友为内容，率先吟道："三字同头左右友，三字同旁沾清酒。今日幸会左右友，聊表寸心沾清酒。"王渔祥称手叫好，并紧接着吟道："三字同头官宦家，三字同旁绸缎纱。若非大清官宦家，谁人配穿绸缎纱。"说罢得意地冲蒲一笑，心想看你怎么出洋相喽。蒲向来对官场的腐败恨之入骨，今日又看到王渔祥挑衅，气更不打一处来，但他理智地沉住气，并正了正衣襟后高声诵道："三字同头哭骂咒，三字同旁狐狼狗。山野声声哭骂咒，只因道多狐狼狗。"真可谓入木三分、痛快淋漓。蒲松龄吟罢，即拂袖而去。

三十四、"四醉"雅号和"醉吟先生"

大家都知道李白是个大酒鬼，杜甫嗜酒如命。但是，你是否晓得白居易比他俩是有过之而无不及。李白"自称臣是酒中仙"，与酒有关的雅号不过"酒仙"一个，而白居易整整有四个。

白居易几乎每到一处当官，都要取一个与酒相关的号。他当河南尹时，自号"醉尹"；贬为江州司马时，自号"醉司马"；当太子少傅时，自号"醉傅"；直到晚年退休不干了，官衔没了，还自号"醉吟先生"。白居易现存诗3000多首，其中咏酒的诗就有900多首，占总数的四分之一以上。如果不是爱好于酒、精通于酒、得趣于酒的话，是写不出如此之多的酒诗的。

白居易自号"醉吟先生"，还写了一篇夫子自道的《醉吟先生传》，成为酒史上不可多得的名篇。这篇奇文是模仿陶渊明《五柳先生传》而作的，当时白居易已经67岁，担任太子少傅分司东都之职，生活在洛阳，这一切都是明明白白的。可是，文章一开始却这样写道："醉吟先生，忘其姓字、乡里、官爵，忽忽不知吾为谁也。宦游三十载，将老，退居洛下。所居有池五六亩，竹数千竿，乔木数十株，台激舟桥，具体而微，先生安焉。……性嗜酒、耽琴、淫诗，凡酒徒、琴侣、诗客多与之游。……洛城内外六七十里间，凡观寺丘墅有泉石花竹者，靡不游；人家有美酒鸣琴者，靡不过；有图书歌舞者，靡不观。"

醉吟先生真可爱，沉浸在酒、琴诗的海洋中，连自己的名字、籍贯、职务都忘得一干二净，甚至连自己是谁都记不得了，其中洋溢着浓烈的返璞归真的老庄思想，真所谓"复归于婴儿"，充满着童心、真趣。能使醉吟先生返璞归真的关键就是酒、诗、琴。因此白居易素来把酒、诗、琴视为最知心的三个朋友，宣称："平生所亲唯三友，三友者为谁？琴罢辄饮酒，酒罢辄吟诗，三友递相引，循环无已时。"文章在结束时又说：

"既而醉复醒，醉复吟，吟复饮，饮复醉。醉吟相仍，若循环然。由是得以梦身世，云富贵，幕席天地，瞬息百年，陶陶然，昏昏然，不知老之将至，古所谓得全至于酒者，故自号为醉吟先生。于时开成三年，先生之齿六十有七，鬓尽白，发半秃，齿双缺，而觞咏叹调之兴犹未衰。顾谓妻子云：今之前吾适矣，今之后吾不自知其兴何知！"

最后一句话是说：对今天以前，我很满意；今天以后，不知兴致会怎样？大有今朝有酒今朝醉的气概、"老顽童"的诙谐之气，也大有老当益壮的豪气、醉吟先生的灵气。

白居易的这篇奇文影响很大，据《唐语林》记载："白居易葬（洛阳）龙门山，河南尹卢贞刻《醉吟先生传》于石，立于墓侧。相传洛阳士人及四方游人过瞩墓者，必奠以酒，故冢前方丈之土常成渥。"

更有意思的是，白居易还为自己写了一篇墓志，题目就是"醉吟先生墓志铭"。为自己写墓志本来就是件少见的事，称自己为"醉吟先生"就更为奇怪了。更有趣的是，白居易接墓志写作的惯例，简单介绍自己的出身、履历以后，交代说死后"但于墓前一石，刻吾《醉吟先生传》一本可矣"，接着就自撰墓志铭曰：

乐天，乐天，生天地中，七十有五年，其生也浮云然，其死也委蜕然。来何因，去何缘？吾性不动，吾形屡迁。已焉已焉，吾安往而不可，又何足厌恋乎其间？

白居易这样怀着达观的心态，潇洒西归。《唐语林》河南尹卢贞记得《醉吟先生传》于石，立于墓侧的行为，大概也是执行白居易《醉吟先生墓志铭》的嘱托，而四方游客以酒来祭奠，以至墓前的土经常湿淋淋的，白居易地下有知，恐怕也要引为知音了。

三十五、苏舜钦《汉书》下酒

真正的酒徒是不在乎下酒菜的，玉盘珍馔固然可以，几粒花生也能将就，只要酒好，甚至只要有酒。但是，很少听说用书当下酒之菜的，北宋的苏舜钦却用《汉书》下酒，居然还喝得津津有味。

苏舜钦是北宋名士，出身名门，祖父苏易简任参知政事（即副宰相），父苏耆曾为工部郎中，有文名。苏舜钦性格豪爽，也非常喜欢喝酒，而且酒量很大。结婚后，他住在岳父家。他的泰山大人也是个大人物，名叫杜衍，官居宰相兼枢密使。杜衍对女婿当然很喜欢，否则也不会把女儿嫁给他。但是，他很快发现一个小秘密：苏舜钦每天晚上都要喝一斗酒，却不见他到厨房拿什么菜，究竟是怎么回事？虽然不至于怀疑女婿偷酒出去卖，但关心一下总没错，于是杜衍派弟子暗中观察。

这位"私人侦探"很负责，来到书房窥视，只见苏舜钦独自一人，边喝酒边看《汉书》。读到《汉书·留侯列传》描写张良委托杀手在博浪沙用大锥刺秦始皇，仅中副车而失败时，苏舜钦激动地拍案而起，大声感慨："真可惜，居然没有击中！"说完，满斟一大杯，一饮而尽，真可谓替古人担忧。读到张良对汉高祖刘邦说自己能与高祖相遇、相知于留地，都是由于上苍的安排时，苏舜钦又拍案感叹："君臣相遇，竟然如此艰难！"说完，又干了一大杯。

听了弟子的汇报，杜衍哈哈大笑："原来他有如此下酒之物，喝一斗酒也不算多啊！"杜衍如此开通，大概是耳濡目染的缘故。杜衍的女儿也十分通达，对苏舜钦的嗜酒从不加干涉，一切悉听君便。苏舜钦生活在这一样一个宽容、开通的环境中，诗义创作突飞猛进。他的诗歌与梅尧臣齐名，史称"苏梅"，开宋诗一代风气。

可惜，好景难长。庆历四年（公元 1044 年），苏舜钦居然被捕入狱，而理由是极其荒唐的。

庆历三年，苏舜钦被范仲淹推荐为集贤校理、监进奏院。范仲淹领导的变法正在步履艰难地展开，庆历四年 11 月，进奏院举行岁末祀神，苏舜钦按惯例将院里积攒的废纸卖掉，充当酒席费用，钱不够，与宴者各出钱赞助。祀神完毕后，宴会

开始，酒酣耳热之际，众人又招来歌妓伴酒。男女搭配喝酒不累，大家纵情欢笑。一位名叫王益柔的官员已经喝得酩酊大醉，凭着一股酒劲，热血沸腾，当场创作了《傲歌》一首。这首《傲歌》也真够做的，其中有句云："醉卧北极遗帝佛，周公孔子驱为奴"，不仅冒犯圣人，而且挥斥天帝、佛祖，真可谓酒后出狂言，不知天高地厚。

其实，这不过是游戏文字，况且是酒后戏作，不可当真的。可是，有个小人偏偏把事情搞大了。太子舍人李定当初很想出席这次雅集，托梅尧臣出面，表示要求参加宴会。苏舜钦讨厌这个小人，严词拒绝。李定听说了宴会情况，跑到御史中丞王拱辰那里告状，说是苏舜钦盗卖进奏院财物，公费挥霍，还请来了歌妓。最严重的是：他们要骑在天帝、大佛、周公、孔子的头上，真是胆大包天，是可忍，孰不可忍！

王拱辰是宰相吕夷简的同党，而吕夷简是范仲淹的政治对头，一向反对范仲淹的革新。吕夷简听到了这个诬告，高兴得手舞足蹈，与王拱辰密谋，指使人弹劾苏舜钦。苏舜钦等人因此被捕入狱，一时朝野震惊。幸亏枢密副使韩琦出来讲了公道话，苏舜钦才被释放，但仍以监守自盗的罪名，削职为民。

"进奏院事件"的背后隐藏着复杂的政治斗争，吕夷简的主要斗争目标是范仲淹，倒苏只是倒范的一个前奏、一次演习。不久，范仲淹等人相继遭贬，庆历新政就这样宣告失败。

苏舜钦从此浪迹江湖，他来到苏州，建造了著名的园林沧浪亭，如今已成为苏州的一个名园。庆历八年，苏舜钦上书鸣冤，朝廷为他平反昭雪，复职为湖州长史。可惜得很，当年12月，长期郁闷不平的他因病逝世，终老于沧浪亭。这个迟到的平反，替他的一生画上了一个悲剧性的句号。

三十六、醉翁之意不在酒

人们常说"醉翁之意不在酒"，这句话出自欧阳修的《醉翁亭记》。当时，欧阳修担任滁州（今安徽滁县）知州。作品这样写道：

环滁皆山也。其西南诸峰，林壑尤美。望之蔚然而深秀者，琅琊也，山行六七里，渐闻水声潺潺，而泻出于两峰之间者，酿泉也。峰回路转，有亭翼然临于泉上者，醉翁亭也。作亭者谁？山之僧曰智仙也。名之者谁？太守自谓也。太守与客来饮于此，饮少辄醉，而年又最高，故自号曰醉翁也。醉翁之意不在酒。在乎山水之间也。山水之乐，得之心而寓之酒也。

为什么欧阳修明明酒量不佳，"饮少辄醉"，却偏偏喜欢喝酒；又自称"醉翁"，将新建的亭子命名为"醉翁亭"？

原来，欧阳修之所以到滁州当太守，是因"帷薄不修"的罪名吃了一场冤枉官司，被贬谪到这儿的。

庆历五年（公元1045年）夏秋之交，河北转运按察欧阳修被逮捕入狱，下到开封府审讯，一时朝野震动。欧阳修是著名词臣，文学成就卓著，誉满海内，偏偏案涉风流而又扑朔迷离，自然引起四方注目。

欧阳修外甥女张氏是欧阳修姐夫的前妻所生，从小失去双亲，由欧阳修扶养成人，后嫁给侄儿欧阳晟为妻。这位张氏耐不住寂寞，趁欧阳晟当官外出之际与欧阳晟的仆人陈谏通奸，事发交开封府右军巡院审判。张氏在受审期间，为减轻罪名，解脱自己，胡乱招供，牵涉到未嫁时与欧阳修的暧昧关系，词多丑异。右军巡院的判官孙揆，只上报了张氏与陈谏通奸之事，没有进一步扩展。

宰相陈执中大怒，他从亲信那里获知张氏的"供词"，认为大有妙用，就命令太常博士苏安世再去勘察，将张氏的供词肆意夸张，记录在案。为了慑服人心，他又派一位与欧阳修有矛盾的宦官王昭明前去监督。因为当初欧阳修出任河北转运使时，仁宗令王昭明同往，辅助欧阳修治理河北。欧阳修立即上书申说，严词拒绝宦官同往，迫使朝廷收回成命。陈执中以为王昭明一定会怀恨在心，伺机对欧阳修打击报复。不想王昭明是位有良知的宦官，他认为自己与欧阳修的矛盾纯属公务，并没有任何挟私报复的念头。

王昭明进行深入调查，发现供词都是"锻炼"所致，亦即严刑拷打的产物。苏安世听了，顿时害怕起来，不敢再修改右军巡院判官孙揆的勘察记录，只是增报了欧阳修侵吞张氏资产为自己买田产的事。最后，此案以"券既弗明，辨无所验"而了结。

案虽了结，但京城内外谣言四起，欧阳修与外甥女关系暧昧，越传越广。

无风不起浪。这个桃色事件的背后，其实隐藏着一场严酷的政治迫害。

庆历四年（公元1044年）4月，正当范仲淹的"新政"蓬勃开展时，那些贪恋权势、昏庸不堪的元老派中刮起了一股议论朋党的阴风，诬陷范仲淹、欧阳修、尹沫、余靖等人结党营私。欧阳修愤而作《朋党论》，伸张正义。他提出：君子以同道为朋，小人以同利为朋；但真正的朋友，只有君子。文章针锋相对地批驳了朋党论。

为此，欧阳修出贬河北。

但是，欧阳修仍然不肯退缩，决心坚持操守、进退不敬，以自己的生命、前程去殉自己的事业、理想。因此，河北转运使任上，他又写下了《论杜衍范仲淹等罢政事状》，为已罢官的范仲淹等人鸣冤叫屈，据理力争。

陈执中、夏竦等保守昏聩的老官僚，对放言直谏的欧阳修怀恨在心，对欧阳修的职事又无从中伤，只好抓住机会炮制出这桩桃色案件。

案件以不了而了之，欧阳修却革去现职，再贬为滁州太守。当年清秋 9 月，欧阳修怀着愤懑的心情，策马离开汴京。从此，愤慨满腹的欧阳修在勤政之余爱上了喝酒，自称"醉翁"，经常在醉翁亭流连光景、一醉方休。

"醉翁"之名，就这样传至今日，"醉翁亭"也成了著名的景点。

三十七、贺知章金龟换酒

唐天宝元年（公元 742 年），江南会稽郡的剡溪一带有两个人正在尽兴遨游，或攀登青山、或泛舟碧波。其中一个身穿道袍，他的名字叫吴筠，是位信奉道家学说的隐士，颇有点仙风道骨；另一位就是著名的大诗人李白，对道家学说和道教也有浓厚的兴趣。两位好友正在赋诗饮酒、谈经论道，忽然一位道童急急忙忙赶来，报告一个特大喜讯："当今天子、玄宗皇帝召见吴筠先生！"

吴筠走了，李白为朋友的幸遇感到高兴，联想到自己，不免有一丝惆怅。

谁知没过多久，一名官员前来宣读圣旨，玄宗召见李白！李白顿时感到自己犹如平步青云、一飞冲天，匡济天下的机会终于降临了。他在诗里写道："仰天大笑出门去，我辈岂是蓬蒿人！"人到中年的李白居然天真得像孩子一样，手舞足蹈地奔向首都长安。原来，这是吴筠极力举荐的结果。吴筠颇通道家修身养性、延年益寿之术，玄宗将他请去，就是为了讨教长生之道，对吴筠的推荐自然十分重视。为了长生不死，什么都好商量。

李白到了长安，免不了与吴筠相见，深表谢意，当时他就住在名叫紫极宫的道观里。

一日，紫极宫里来了一位贵客，就是秘书监贺知章。贺知章不仅是一位高官，还是一名诗人、酒徒兼道教信奉者，两人自然一见如故。李白向贺知章出示了自己的作品，当贺知章读到《蜀道难》时，更是赞不绝口："这样的诗歌真可能惊天地、泣鬼神啊！"然后，他将李白看了又看，望着李白一派道家风范、神采飞扬的模样，大声地说："你可不是天上的谪仙人吗！你是太白星下凡啊！"从此，"李滴仙"、"诗仙"的称号不胫而走。

当贺知章知道李白不仅是诗仙，还是个酒仙时，更是激动万分，连忙拉李白上酒楼，非要来个一醉方休。他俩酒逢知己，喝得杯盘狼藉。很快，到了"买单"的时候，一摸腰包，两位马大哈都没带钱，这可如何是好。情急之下，贺知章突然大叫："有了，有了！"顺手掏出腰间佩饰的金龟，招呼店小二，将金龟卖了付酒账，然后两人醉眼惺忪地扬长而去。

这件事其实非同小可。唐朝官员按品级颁赐鱼袋，鱼袋上用金属做的龟作为饰品：五品官用铜龟、四品用银龟、三品以上用金龟。贺知章担任的秘书监官居三品，自然佩金龟。这个金龟是皇帝所赐的，随便拿来换酒喝，追究起来，属于违法行为，在历史上是有案可查的。晋朝有个叫阮孚的官员，位居黄门侍郎、散骑常侍，佩饰金貂。阮孚就是"竹林七贤"之一、大酒鬼阮咸的次子。阮咸与姑妈家一个鲜卑族丫鬟恋爱，"故婢遂生胡儿"，取名叫阮孚，就是因为孚、胡同音。大概因为遗传的缘故，阮孚也十分贪杯，一次也可能是没带现款，付不出酒钱，便把皇帝所赐的金貂拿出来换酒，结果被监察部门弹劾。幸亏皇帝饶恕了他，总算没有治罪。

至于贺知章为什么也没有被追究，史书上没有明确的记载。想来唐王朝对官员的监察颇有漏洞；也可能事情牵扯到李白，唐玄宗正在用人之际，睁一眼闭一眼也就蒙混过关了。但是，不管怎么说，贺知章还是很讲哥们义气的，冒着风险替只一面之交的朋友买酒单，此情此举，足以感动天下酒鬼、百世酒徒。于是，金龟换酒就成了酒史中的一桩趣事、一段佳话。

三十八、刘伶病酒

如果说，"竹林七贤"都是大酒鬼，那么刘伶就是其中的超级酒鬼。

刘伶，字伯伦，"身长六尺，容貌甚陋"，身材长相都很差劲，而且"沉默少言，不妄交游"。但是与嵇康、阮籍却一见如故，"欣然神解，携手入林"，一块儿钻进竹林喝酒、谈玄、聊天去了。

刘伶曾任西晋的建威将军，但他志不在仕途，而是"唯酒是务，焉知其余"，连出游时也念念不忘喝酒。刘伶出游用的是"鹿车"，也就是用鹿驾驶的车，这已经够绝的了。他还特地在车上装载大量的酒，一路走，一路喝，痛快淋漓。更绝的

是：车上还备了一把铁锹，有人问这铁锹干嘛用？刘伶得意地说："我喝酒多了，说不定会醉死，我吩咐仆人，在哪里醉死，就在哪里挖土埋藏。"喝酒喝到这个份上，可以说是最高境界了，连死都不怕，还怕喝酒吗？

酒鬼往往出洋相，刘伶的洋相比一般的酒鬼更多、更绝、更噱。他喝酒总是喝得酩酊大醉，喝醉以后更是不拘礼节、放浪形骸，居然在屋子里脱光衣服，赤身裸体，习以为常。客人们见了大为不悦，众口一词、纷纷谴责。刘伶却振振有辞地答道："谁说我没有穿衣服？谁说我赤身裸体？我把天地当作大房子，把屋子当作贴身穿的衣裤，你们为什么钻进我的裤裆里呢？"于是"天地为栋宇，屋室为裤衣"就成了常用的典故，表现出文人的旷达。

《世说新语·任诞》还记载了刘伶更有意思的一个醉酒故事：

刘伶病酒渴甚，从妇求酒，妇捐酒毁器，涕泣谏曰："君饮太过，非摄生之道，必宜断之。"伶曰："甚善！我不能自禁，唯当祝鬼神，自誓断之耳，便可具酒肉。"妇曰："敬闻名。"供酒肉于神前，请伶祝誓，伶跪而祝曰："天生刘伶，以酒为名（名和'命'通用）。一饮一斛，五半解醒，妇人之言，慎不可听。"便引酒进肉，隗然已醉矣。

刘伶真是个活宝，先是把老婆逼急了，老婆被迫采取革命行动，把刘伶喝酒的家当统统砸个稀巴烂。刘伶却山人自有妙计，以发誓戒酒为幌子，让太太乖乖地把酒肉送上嘴来。以戒酒之名，行骗酒之实，真是不可救药。不过，这个招数也只能用一次，缺了诚信，就下不为例了。好在刘伶聪明，点子特别多，太太又好说话，所以刘伶也就与酒相伴终生了。

以上几个故事都发生在家里。在家里，刘伶是老大，绝对权威、绝对得胜。到了外面，情况就复杂了。一天。刘伶外出喝酒，和一个酒鬼发生口角，相互争吵起来。那酒鬼大概文化程度低了几个档次，不知道君子动口不动手的基本原则，撸起袖子对着刘伶一拳头打过去。刘伶是谈玄论道的高手，却不是拳击的选手，当然不是那酒鬼的对手。但他还是有一手的，只见他不慌不忙，敞开前襟，说："别忙，您瞧瞧，我这两排鸡肋，哪配接受您高贵的拳头？"那酒鬼真被刘伶逗乐了，收回自己"高贵"的拳头，和刘伶对饮起来。

看来，刘伶也是个"可上九天揽月，可下五洋捉鳖"，龙门敢跳，狗洞也会钻的人，一看苗头不对，"好汉不吃眼前亏"，赶紧装孙子。只要有酒喝，当回孙子也无所谓。

三十九、劝君王饮酒听虞歌

朋友亲戚间的离别，常常设酒食送行。这类饯别的故事中动人心魄的有很多，霸王别姬是其中最悲凄的一个。

霸王别姬原是一个历史故事：西楚霸王项羽，有勇无谋、从强到弱，最后陷入十面埋伏。项羽见大势已去，纵酒悲歌。他的宠妃虞姬拔剑起舞，以解其忧。汉军袭来，虞姬持剑自刎。项王败至乌江，亦自刎而死。

司马迁的《史记》和后代的许多文学艺术作品都记载与描绘了这段凄凉的故事。京剧《霸王别姬》中的情景吟唱最为细腻深情、凄切动人。让我们来欣赏一下其中的主要内容。

刘邦会合诸侯，又向项羽讨战。项羽正担忧自己人马不够，难以取胜时，刘邦的谋臣韩信又设计谋划，张贴榜文，辱骂项羽，刺激项羽。项羽气得咬牙切齿，想立即出兵与刘邦交战。

楚霸王的宠妃虞姬听到消息，知道大王不听群臣谏言，要与刘邦交战，忧虑项羽会寡不敌众，陷入韩信设下的埋伏之中，败于刘邦手下。她对项羽说："依臣妾之见，只宜坚守，不可轻动。"项羽主意已定，不想回头。虞姬不敢多说，项羽让虞姬第二天同行。虞姬祝楚王旗开得胜，她在后宫备下酒席，与大王同饮。

次日，项羽刚备好人马，就遇一阵狂风，囊旗被折断，战马不敢行走。项羽不信邪，还是攻打沛郡，但遭到刘邦设下的十面埋伏，寡不敌众，惊慌逃回。虞姬对他说："兵家胜负乃是常情，何足挂虑。"她又摆上酒席，要与项羽同饮。项羽饮了几杯酒，想借琼浆消忧解闷，结果酒醉人乏、和衣而睡。

虞姬走出帐篷去散一下心，却听到士兵在唉声叹气、人心涣散。不一会，又听到城外一片楚歌声："家中撇得双亲在，朝朝暮暮盼儿归！"实际是汉兵在唱楚歌。虞姬大惊，叫醒项羽。项羽也以为是刘邦占领了楚地。

项羽觉得大势已去，恐怕今日就是与虞姬分别之日。正忧愁时，又听见他心爱的坐骑马乌骓在嘶叫，认为乌骓马也知大势已去。虞姬见项羽如此悲观，又吩咐手下备下酒菜，与大王消愁解闷。虞姬劝告项羽喝了几杯。项羽满怀深情，吟诗道："力拔山兮气盖世，时不利兮骓不逝；骓不逝兮可奈何，虞兮虞兮奈若何！"虞姬听罢，泪如雨下，提议为大王曼舞一回，聊以解忧。于是，她唱道："劝君饮酒听虞歌，解君忧闷舞婆娑。"为了不拖累楚王，虞姬拔出项羽的三尺宝剑，自刎在楚霸王的面前。

第二天天明，项王在乌江边杀死了汉兵数百人后，也用剑一抹脖子，自刎谢世。

四十、曹雪芹与酒

项羽

曹雪芹嗜酒健谈、性情高傲，历经坎坷巨变，愁愤郁结，在贫病交加中挣扎，举家食粥、经常赊酒或卖画得钱以还酒债。新仇旧恨接踵而至时，他难以排解，只能一醉方休、白眼傲世而终。有诗为证。

（1）《赠曹芹圃》（敦诚）

满径蓬高老不华，举家食粥酒常赊。

衡门僻荜愁今雨，废馆颓楼梦旧家。

司书青钱留客醉，步兵白眼向人斜。

阿谁买与猪肝食，日望西山餐暮霞。

芹圃为曹雪芹的另一号；衡门，以横木为门，指简陋的房屋；白眼，出自《晋书·阮籍传》"籍又能为青白眼，见礼俗之士，以白眼对之"。曹雪芹和阮籍都具有傲岸的性格，厌恶和鄙视礼俗之人。

（2）《赠曹雪芹》（敦敏）

碧水青山曲径遐，薛萝门巷足烟霞。

寻诗人去留僧舍，卖画钱来付酒家。

燕市哭歌悲遇合，秦淮风月忆繁华。

新仇旧恨知多少，一醉毷氉白眼斜。

四十一、李鸿章喝"古酒"

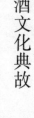

李鸿章（1823—1901 年），安徽合肥人，清末北洋大臣，因通外交、办洋务、建立北洋舰队而名噪一时。德国海军大臣来华，军舰停在渤海湾距大沽口外 20 余里处。请"磕头外交家"李鸿章到舰上赴宴，借此夸耀德国军舰为世界之最。并向清政府示威。那天正值狂风暴雨，军舰难以靠岸，李只好坐木制小舢板抵舰。岂料

德方竟把喝剩下的残酒让李喝，并声称是酿于 15 世纪的世界第一古酒，李哭笑不得，只好勉强喝下后扫兴而归，多受屈辱啊！

另有一说：德方在宴会后将半瓶余酒赠予李，李虽心里不是个滋味，但还是接受了。回来后译看酒标说明，示为 400 年前酿制的古酒，时值 200 英镑，折合当时清币银元 2000 余枚。究竟是真的古酒还是假的古酒？头上拖着辫子的李某也一定难以分辨。若果真是贮存 400 年的古酒，想必也不会好喝到哪儿去，只是香气可能大些罢了。

四十二、梁实秋的抒情酒话

以下是梁实秋先生关于酒的一篇妙文：

酒实在是妙。几杯落肚之后就会觉得飘飘然、醺醺然。平素道貌岸然的人，也会绽出笑脸；一向沉默寡言的人，也会谈论风生。再灌几杯之后，所有苦闷烦恼全都忘了，酒醉耳熟，只觉得意气飞扬，不可一世，若不及时制止，可就难免玉山颓倾，呕吐纵横，甚至撒风骂座，以及种种的酒失酒过全部的呈现出来。莎士比亚的《暴风雨》里的卡力班，那个象征原始人的怪物，初尝酒味，觉得妙不可言，以为把酒给他喝的那个人，是自天而降，以为酒是甘露琼浆，不知是人间所有物。美洲印第安人前与白人接触，就是被酒所倾倒，往往拿土地和人以交换一些酒浆。印第安人的衰灭，至少一部分是由于他们的沉湎于酒。

对此，我有过多年的体验，第一次醉是在六岁时，侍先君饭于致美斋楼上雅座，（北京煤市街路西）窗外有一棵不知名的大叶树，随时欷欷作响，连喝几盅之后，微有醉意，先君禁我再喝，我一声不响地站在椅子上舀了一匙高汤泼在他的两截衫上。随后我就倒在旁边的小木炕上呼呼大睡，回家之后才醒。我的父母都喜欢酒，所以我一直都有喝酒的机会。

"酒有别肠，不必长大"，我小时候就瘦得如一根绿豆芽。酒量是可以慢慢磨练出来的，不过有其极限。我的酒量不大，也没有亲眼见过一般人所称的那种所谓海量。大概白酒一斤或黄酒三五斤即足以令任何人头昏口眩粘牙倒齿，惟酒无量，以不及于乱为度，看各人自制力如何。不为酒困，便是高手。

酒不能解忧，只是令人在由兴奋到麻醉的过程中暂时忘怀一切。即刘伶所谓"无忧无虑、其乐陶陶"。可是酒醒之后，所谓"忧心如醒"，那份病酒的滋味很不好受，所付代价也不算小。我居住在青岛时，那地方背山面海、风景如画，是很多人心目种最理想的卜居之所。唯一的缺憾是很少文化背景，没有古迹耐心寻味、没有适当的娱乐。看山观海，久了也会腻烦，于是呼朋聚欢，三日一小饮，五月一大宴，划拳行令，三十斤花雕一坛，一夕而罄。当时作践了身体，这笔账日后要算。

一日，胡适之先生过青岛小憩，在宴席上看到八仙过海盛况大吃一惊，急忙取出他太太给他的一枚金戒指，上面携有"戒"字，戴在手上，表示免战。过后不久，胡先生就写信给我说："看你们喝酒的样子，就知道青岛不宜久居，还是到北京来吧！"我就到北京去了。现在回想起来，当年酗酒，哪里算得是勇，简直是狂。

酒能削弱人的自制力，所以有人酒后狂笑不置，也有人痛哭不已，更有人口吐洋语滔滔不绝，也许会把平夙不敢告人之事吐露一二，甚至把别人的隐私也当众抖露出来。最令人难堪的是强人饮酒，或单挑，或围剿，或投井下石，千方百计要把别人灌醉，有人诉诸武力，捏着人家的鼻子灌酒！这也许是人类长久压抑下的一部分兽性的发泄，企图获取胜利的满足，比拿起石棒给人迎头一击要文明一些而已。那咄咄逼人、声嘶力竭的划拳，在赢拳时那一声拖长了的绝叫也表达了内心的一种满足。在别处得不到满足，就让他们在聚饮时如愿以偿吧！只是这种闹饮，以在有隔音设备的房间里举行为宜，免得侵扰他人。

《菜根谭》所谓"花看半开，酒饮微醺"的趣味才是最令人低徊的境界。

四十三、傅杰先生与酒

"昔时王谢珍家酿，展转流传历百年。仿膳品尝当日味，飞觥共醉尚方延。"

这首诗是溥杰老先生于1982年为通县酒厂生产的"俯酿酒"所作的。溥老先生一生唯两大嗜好：一饮酒，一赋诗。

不少人都知道溥先生和酒关系暧昧。他不仅爱喝酒、爱品酒，还喜欢给一些酒题字、赋诗。由于他身份特殊，对各种号称宫廷御酒的产品进行鉴别，令人信服。

上面提到的俯酿酒便是其一。它是我国清代皇族传统名酒，原名"香白酒"，与莲花白酒、菊花白酒俗称"京师三白酒"而闻名于世。他也曾为菊花白酒赋诗："媲莲花白，蹬邻竹叶青。菊英夸寿世，药估庆延龄。醇肇新风味，方传旧禁廷。长征携作伴，跃进莫须停。"为莲花白酒题诗为："酿美醇凝露，香幽远益精。秘方传禁苑，寿世归闻名。"经他一赞，"三白"身份陡增。

如今老先生已离去多年了，而他在酒坛上的信事也随着酒文化的发展记载于册，正如他为桂花陈酒所题的诗一样。

四十四、石达开醉酒惨败

石达开（1831—1863 年），广西贵港客家人，地主出身，是太平天国的领导人之一。1863 后 5 月，石达开兵败于四川大渡河畔；6 月，被诱至清营，旋即解往成都被害。

石达开惨败的原因固然是多方面的，但与饮酒也有点关系。据《石达开传》介绍：石军在遭清军围困之前，石达开正喜得贵子，在这大敌当前、全军生死攸关的紧急关头，他却被得子之喜冲昏了头脑，竟下令全军放假 3 天，痛饮庆贺。就此不但丧失了东渡的宝贵时机，而且在清军的猛烈进攻下，全军上下醉酒迎战，战斗力大大减弱，全军覆没是必然的结局。

四十五、鲁迅先生与酒

鲁迅很少独自一人在家里喝酒，只在会友等场合小酌而已。而且他能听从夫人及医生的劝告，尤其是到了晚年，已基本上不喝酒了。在此，笔者将两本书中有关鲁迅与酒的若干内容摘录于下，以证其实。

（1）《鲁迅日记》记于 1912 年 5 月 5 日至 1936 年 5 月 18 日。

1912 年 5 月 31 日　谷清招饮于广和居，季市亦在坐。

1912 年 6 月 1 日　晚间同恂、铭伯、季市饮于广和居。

1912 年 6 月 13 日　晚小雨。饮于广和居，国亲为主，同席者铭伯、季市及俞英崖。

1912 年 6 月 19 日　旧端午节。夜铭伯、季市招我饮酒。

1912 年 7 月 22 日　大雨，遂不赴部。晚饮于陈公猛家，为蔡子民饯别也，此外为蔡谷青、俞英崖、王叔眉、季市及余。肴膳皆素。夜作均言三章，哀范君出，录存于此：

风雨飘摇日，余怀范爱花；华颠萎寥落，白眼看鸡虫；

世味秋蔡苦，人间直道穷；奈何三月别，竟尔失畸躬。

海草国门碧，多年老异乡；狐狸方去穴，桃偶已登场；

故里寒云恶，炎天凛夜长；独沉清冷水，能否涤愁肠。

把酒论当世，先生小酒人；大圜犹茗苟，微醉自沉沦；

此别成终古，从兹绝绪言；故人云散尽，我亦等轻尘。

1912 年 8 月 9 日　同季市饮酒少许。

1912 年 8 月 17 日　上午往池田医院就诊，云已校可，且戒勿饮酒。

1912 年 8 月 22 日　晚钱稻孙来，同季市饮于广和居，每人均出资 1 元。

1914 年 1 月 21 日　晚童杭时招饮，不赴。

1924 年 2 月 6 日　夜失眠，尽酒一瓶。

1925 年 9 月 26 日　夜长虹来，并赠《闪光》5 本，汾酒 1 瓶，还其酒。

还的是什么酒，大概是绍兴酒之类的低度酒。因为鲁迅在日记中有"达夫来，并赠杨梅酒一瓶"的记载。他还曾说过"我是极小心的，每次只喝一杯黄酒"；他也买"酒酿"吃，那是酒度很低的带糟米酒。

（2）《鲁迅书信选》。鲁迅在 1926 年 6 月 14 日写给许广平的信中说："我已不喝酒，饭是每餐一大碗（方底的碗，等于尖底的两碗）。"

1934 年 12 月 6 日，鲁迅在致肖军和肖红的信中说："我其实是不喝酒的，只是在疲劳或愤慨的时候，有时喝一点，现在是绝对不喝了，不过会客的时候，是例外。说我怎样爱喝酒，也是'文学家'造的谣。"

四十六、马克思和恩格斯与酒

据于光远先生统计：在马克思与恩格斯之间，以及他们与其他人的通信中，述及喝酒的有 400 处左右，还不包括他们两人评论普鲁士政府的烧酒政策和英国啤酒工人罢工等内容。

在马克思写的很多东西中，都叙述了他饮酒的心理。

1886 年，马克思在写给他女婿保尔·法拉格的父亲弗朗斯瓦·法拉格的信中，有这样一段话："衷心感谢您寄来的葡萄酒。我出身于葡萄酒产区，自己也是葡萄园主，所以能恰当地品评葡萄酒。我和路德老头一样甚至认为，不喜欢葡萄酒的人，永远不会有出息（永远没有无例外的规则）。"上述第二句话说明他善于品评葡萄酒不是偶然的，但信中未写出他的父亲在摩塞尔地区有一个不太大的葡萄园；第三句话中引用了马丁·路德的原话，高度评价葡萄酒，但马克思是个思维慎密的人，所以在引用了那句话之后，又加了"永远没有无例外的规则"这样一个注脚，这样就不会得罪一切不喜欢葡萄酒的人，而使自己的话能完全站得住脚。

马克思在捷克疗养时，也很喜爱比尔森啤酒。

恩格斯则能用车叶草和某种酒配制成一种名叫"五月葡萄"的酒。

恩格斯还经常寄酒给马克思。有一次，包装酒的人病了，恩格斯就自己进行包装。

马克思和恩格斯对当时许多国家的酒都有所评价，包括英国、德国、法国、北欧和东欧各国，以及美国的各种各样的酒，并注意他人在这方面的言论。

有一次过新年，恩格斯去伦敦与马克思"狂饮了一回"，结果马克思大病了一场。但他们均坚决反对酗酒行为，并为他们朋友中有人酗酒而深感惋惜。

综上所述，不难认为：马克思和恩格斯不但在哲学、经济学、历史学等领域是权威人士，而且在酒文化方面也不愧为权威人士。

四十七、周恩来与酒

话说红军一教导营进入茅台镇，因长途行军，大家都很疲乏。他们发现茅台镇酒多，便纷纷用酒擦脸、洗头、洗脚。由于茅台酒能舒筋活血、消炎去肿，战士们顿感浑身痛快，解除了长途跋涉的疲劳。正当战士们兴高采烈时，周恩来到达茅台镇。他见大家用茅台酒擦脸、洗脚，十分生气，连声批评道："真是糟踏圣人！"

周恩来为何说"圣人"二字呢？传说东汉末年，曹操主持朝政。一天，尚书侍郎徐邈在家喝酒大醉，正好曹操派人唤他进朝议事。他躲闪不及，就倚仗酒劲儿说："回禀丞相，臣正与圣人议事，不得工夫。"来人一听"圣人"，便糊里糊涂地复命去了。曹操也糊里糊涂，没有追问下去。事后，徐邈与友人谈起此事时说："不想'圣人'二字竟救了我的命。"从此，"圣人"便成了酒的别名。显然，周恩来同志是借用酒的这个别名来批评我们的红军战士。他语重心长地说："同志们，这是我们国家在巴拿马万国博览会上获得金奖的贵州茅台酒啊！"接着又给大家讲了有关茅台酒的故事，在场的红军战士无不深受教育。

1950年的国庆节，周总理决定用贵州茅台酒作为国宴用酒。可是，国庆节前夕，偌大的北京城竟连一瓶茅台酒也找不到，周总理十分着急。他要办公厅挂通贵州的电话，亲自电告省委书记苏振华，要他急调一批茅台酒进京。

周恩来会饮酒，酒量也不小，但十分节制。在外交场合，周恩来常以酒作为调节、活跃气氛的话题。无论是日内瓦会议，还是尼克松访华、田中访华……凡举行国宴，周总理都用茅台酒招待宾朋。

1971年，美国国务卿基辛格奉尼克松之命秘密访华。他刚来到我国时，对中国的神秘感使他有点紧张。为了活跃情绪，周恩来在与他们握手时，极力寻找话题与他们寒暄。其间，周恩来与美国特工人员雷迪和麦克劳德开玩笑说："你们可要小心哟，我们的茅台酒会醉人的。你们喝醉了，是不是回去要受处分呢？"周恩来与他们如同亲朋好友聊家常，使基辛格一行紧张拘束的心理很快消失了。

周恩来

1972 年 2 月，美国总统尼克松来华，周总理用贮藏了 30 多年的茅台酒招待贵宾。这纯净透明、醇香浓郁的茅台酒将尼克松迷住了。在和尼克松碰杯时他告诉尼克松说，在长征途中，他曾一次喝过 25 杯烈性茅台酒，若是在肚子里发起热来可不得了！尼克松在美国曾经读过斯诺写的《西行漫记》，其中讲到红军在长征途中，攻占茅台酒镇时，红军将领和战士们畅饮茅台酒的故事。在另一次宴会上，周总理向尼克松介绍茅台酒时说："比伏特加好喝，饮之喉咙不痛也不上头……"尼克松心悦诚服，也赞扬茅台酒"能治百病"。

电视台工作人员拍下了周总理与尼克松满脸喜悦用茅台酒干杯的镜头，并向全世界播送，更使茅台酒伴随着这个历史性的"干杯"而名震世界。

在此之前，日本首相田中访问我国，周总理在首都迎宾馆设国宴款待。席间田中首相赞道："茅台酒是美酒，大大的好，世界第一！"周总理说："茅台酒能消除疲劳、安定精神……"

不知多少年来，贵州人与山西人一直为茅台酒和汾酒孰先孰后、孰师孰徒的问题争论不休，官司一直打到国民党南京政府。蒋介石听了，不敢表态，只好采取折中的办法，说道："天下名酒是一家，何必分你师你徒，只要好喝就行！"

解放后，这两家名酒的争执仍然是余波未平。1963 年，在一次全国性的会议上，周总理要茅台酒师和汾酒师讲出各自酒的香型和传统工艺流程。他耐心听完他们的陈述后说道："琼浆玉液，南北一方；名甲天下，茅台争光；若论先后，数我长江。"原来茅台酒产在茅台河上游，要论香型和酿造方法，与汾酒并不相同，南北两方不存在师徒关系这一问题。要说先后，茅台酒理应在先。周总理一发话，大家都心服口服了。

而且，周总理对生产茅台酒的地理条件、气候、土壤和水质极为关心，曾多次详细询问，并作出过"为确保茅台酒的质量，维护国家民族的荣誉，茅台河上游数十公里不准建化工厂、不准污染茅台酒河水"的重要指示。由于周总理的百般关心，茅台河水至今清澈透底，酿出的茅台酒仍名不虚传，保持着原有品质和传统特色，深受国内外饮者喜爱。

四十八、许世友与酒

许世友将军一生充满传奇色彩，他不仅骁勇善战而且爱酒如命，和酒结下了一生不解之缘。

就在生命临近终点的时刻，他示意守在病床前的女儿带他出去见见阳光。女儿伤心地问医生有没有什么办法让他站起来一次，医生犹豫地说："除非给他一杯酒。"可见，酒对许世友的特殊作用。而在去世的前一天，一杯酒的神奇力量使久卧病床的他奇迹般地站了起来。最后，他倒在醇香的酒液中，直到生命的尽头也没有离开酒。

四十九、叶圣陶与酒

著名的教育家叶圣陶先生一生爱酒嗜酒，酒量很大，很少有人见他醉过。但他有过两次醉酒：一次是1946年朱德总司令的六十大寿，叶圣陶应邀赴宴。"酒逢知己千杯少"，当时他十分高兴，酒醉得难以自持，被工作人员护送回家！一次是抗战期间应邀与英国教授雷纳先生较量酒量，两人"酒逢对手"，一直对酌到太阳西下，最后雷纳先喝醉了，而叶圣陶却能自己走回家，最后醉倒在家里！

第十三章　汤文化

第一节　汤文化概述

一、汤文化的含义

烹饪文化是中华民族的一份宝贵文化遗产。汤属于烹饪文化范畴，它和中华民族的古老文化有着密切的关系。

汤，一般是指以水为传热介质，对各种烹饪原料经过煮、熬、炖、氽、蒸等加工工艺烹调而成的饮品。不仅味道鲜美可口，且营养成分多半已溶于水中，极易吸收。

汤文化是指人类社会实践过程中所创造的与汤有关的物质财富和精神财富的总和。汤文化内容包括汤的历史发展、汤的分类与鉴赏、汤的烹制技巧、汤的保健作用、汤器具、汤的饮用习俗和汤馆人文环境等文化艺术形式及其对社会生活的影响等诸多方面的总和。

俗话说："无酒不成席"，其实无"汤"也不成席。古今中外，膳食各有所长，对汤的感悟自然各有千秋。但汤对于宴席，是无论如何也少不得的。"宁可食无馔，不可饭无汤"，没有菜，有一碗好汤，照样吃得津津有味。四川有句老话说得好："肉管三天，汤管一切"。无论什么东西，它熬出的汤永远比其本身有营养。行家告诉我们："会吃的喝汤吃肉，不会吃的才吃肉不喝汤。"

二、汤文化的起源

"汤"字是中国汉字中最早出现于史的文字符号之一，因而在中国上古时代的陶文、简籍、甲骨文、金文、帛文中都有汤字符号的记载。据考证而知，《古陶字汇》中收录的"淉"字符号，就是最古老的汤字象形符号，从字形上分析，汤字如初升的太阳，因日临于水，则如字义。因汉代以前，文字符号可以拆装组合，"早"字亦拆为十日，《海外东经》证曰："汤谷上有扶桑，十日所浴。"故而十日即是汤。但因汤字符号与汤人发展的历史有关，故而汤字符号亦出现多元化，直至唐代汤字符号才得以统一化。

汤的历史悠久，从远古时代起，人们就知道食用菜汤了。据考古学家所发掘的文物表明：约在公元前8000年到7000年间，近东地区的人就已学会了"煮汤"。由于当时陶器还没有产生，人们煮食物时，在地上挖一个坑，铺上兽皮，使之凹下一个坑，放入水和要煮的食物，然后在坑的附近燃起柴火，将一块块石头烧烫了投入坑内，至水煮开食物煮烂成汤喝。据史上记载，古希腊是世界上最先喝汤的国家。相传在古希腊的奥林匹克运动会上，当时每个参赛者都被要求带着一头山羊或小牛到宙斯神庙中去，先放在宙斯祭坛上祭告一番，然后按照传统的仪式宰杀掉，并放在一口大锅中煮，煮熟的肉与非参赛者一起分而食之，但汤却留下来给运动员喝，以增强体力。虽然这只是个传说，但它说明，人类的老祖宗是多么聪明，竟然在那个时候，就已经知道汤在煮熟的食物中营养最为丰富。

尽管说中国不是最早喝汤的国家，但据考古学家发现，最古老的汤的食谱却是在中国出现的，公元2700年前，这本食谱就已被创作出来了，食谱上记载大概有10多种汤，其中一道"鸽蛋汤"还被一直沿用到今天，在食谱中它的雅名是"银海挂金月"。到唐宋年间，则出现了"客到则设菜，欲去则投汤"的民俗。描写汤的文学作品也很多，其中比较著名的，莫过于大文人李渔《闲情偶记》中的写到的："汤即羹之别名也……有饭即应有羹，无羹则饭不能下"，从这本记载来看，其实现在我们常吃的羹，也应算作汤的一种。

考究汤在欧洲的历史，那就要提一提法国最出名的马赛鱼汤了，这道汤的历史已经超过2500年。马赛鱼汤的原料是产于马赛的各种各样的鱼种，传统的马赛鱼汤一般不加贝类，常用的佐料包括最好的橄榄油炒香洋葱、茴香、大蒜、番茄，还要加入百里香、意大利香菜和月桂叶，并加以干陈皮进行调味，用番红花增加色泽，再加入鱼肉。烹煮马赛鱼汤的时候用大火炖煮在 15 分钟就可以了，但这不包括准备高汤的时间。食用时汤与鱼肉是分开盛放的，在碗里摆上一片面包，直接将汤汁舀入。大多数人往往喜欢搭配些大蒜和辣椒酱。

三、汤文化的形成与发展

中国地大物博、历史悠久，具体到每个地方，汤文化的历史则又不一样。针对不同气候特征、地域的地理，各地所延伸的汤的历史文化又不尽相同。汤作为我国饮食的重要构成部分，它的作用是显而易见的：饭前饮汤，有助于口腔和食道的湿润，并可刺激人的胃口来增近食欲；即使在饭后饮汤，也可爽口润喉有助于消化；中医上认为汤能健脾开胃、温中散寒、利咽润喉、补益强身；汤还在美容、养生、治疗、保健、预防等诸多方面对人体的健康起着非常重要的作用。

汤是开胃的良方，许多人都喜欢饭前或饭后喝上一碗汤。汤的花样丰富多彩，常见的如三鲜汤、海带汤、皮蛋汤、紫菜汤、红烧骨汤、荷包蛋汤、白菜汤等，多达一千余种。这说明了汤在人们日常生活中所扮演的重要角色和它的普遍性。正因为汤是如此的重要，汤文化也就自然地发展了起来，并不断地丰富和完善着，成为人们饮食中的重要组成部分。

第二节 汤的分类与品评

一、汤的分类

汤的分类，从大的方面来分，大致有以下几种分类方法。

（一）以汤的性状分类

可分为清汤、高汤、浓汤、羹汤、甜汤几种。

1. 清汤

加热时间短，保持食物口感的滑嫩。汤汁清淡而不浑浊是清汤的特色。因材料加热的时间不长，所以材料的鲜味无法完全释放在汤里，因此，这些短短几分钟就能起锅的汤，必须靠加料来提味，或用高汤来佐汤，如家常的青菜豆腐汤、蛋花汤等。但有些清汤不用高汤，直接以材料本身的原味来提鲜，这类清汤有两个特点：一是材料较厚实，如猪肉、猪排骨；二是用小火熬，如用大火烧，则材料不易煮烂，也会使汤汁快速蒸发，更易造成浑浊。此外，入锅前的汆烫去血也是很重要的。否则会使汤汁浑浊或是汤面残留泡沫。

2. 高汤

用来佐味的汤底，选用的材料主要分为猪骨、鸡骨和鱼骨三种。猪骨较油腻、体积大；鸡骨汤汁清爽，但需要较多的量才能熬出好味道；鱼骨鲜美，但不易取得，且处理不好会有腥味。高汤材料的制作选择各有利弊，主要是针对不同的特性，取其优点，如此方能熬出物美价廉的高汤；有了好高汤，再加入其它食材烹煮，滋味更鲜美，如日本拉面汤。

蛋花汤

3. 浓汤

同样以高汤做汤底，添加各种材料一起煮，再以大量的淀粉料勾芡，让汤汁呈现浓稠状，如玉米浓汤。

4. 羹汤

虽然亦是以粉料勾芡，但和浓汤的不同之处是羹汤所用的粉料以生粉或玉米粉为主，且用在羹汤中的材料，必须切细或切碎。若形状体积稍大时，必须火候足，经久煮，使材料软烂，以免勾芡后黏在一起，如海鲜羹汤、肉羹汤。

5. 甜汤

味道甜美、制作简单，是甜汤的特色。甜汤材料选择多样，有常见的红豆、绿豆、花生，亦有较为高级的黑糯米、芝麻、核桃等，做法多变。港式甜汤，广东人称为糖水，由于讲求功夫、火候、制作时间，所以做出来的糖水大多具有养颜美容、滋补润肺的功用。

（二）以原料上分类

可分为肉类、禽蛋类、水产类、蔬菜类、水果类、粮食类、食用菌类。

（三）以汤的颜色分类

基础汤可分为白色基础汤和棕红色基础汤。

1. 白色基础汤

白色基础汤是用汤料、水、香料等煮制的汤，此种汤颜色较浅，由于使用的汤料不同，白色基础汤又可以分为牛基础汤、鸡基础汤、鱼基础汤等。

2. 棕红色基础汤

棕红色基础汤是把汤料放入烤箱内烤上颜色，放入水中，加一些香料煮制的汤。这种汤颜色较深。棕红色基础汤中最常见的是牛布朗基础汤、鸡布朗基础汤、虾布朗基础汤等。

基础汤的用料：制作基础汤要选用鲜味充足且无异味的原料，如鸡、瘦肉、骨头、新鲜的水产品等。这些原料大都含有核苷酸、肽、琥珀酸等鲜味成分，其中，生长期长的动物比生长期短的动物鲜味成分多，同一动物体上，肉质老的部位比肉质嫩的部位鲜味成分多。所以一定要尽量选择一些边角料来煮汤，如骨头、鸡爪、鱼骨、虾壳等。

二、国内有名的汤

1. 乌发汤

（1）原料　怀山药、菟丝子、核桃仁各3克，丹皮、泽泻、天麻各1.5克，枣皮2克，当归、红花、侧柏叶各1克，制首乌、黑芝麻、黑豆各5克，羊肉、羊骨各500克，羊头1个，葱、生姜、白胡椒、味精、食盐各适量。

（2）做法

①将羊骨、羊头打破。羊肉洗净，入沸水中余去血水，同羊骨、羊头一起放入锅内（羊骨垫底）。将以上药物用纱布袋装好扎紧口，放入锅内，并放入葱、生姜和白胡椒，加水适量。

②将锅置炉上，先用武火烧开，撇去浮沫，捞出羊肉切片再放入锅中，用文火炖1.5小时，待羊肉炖至熟透，将药包捞出。

（3）功效　滋肝补肾，补血养气，乌须发。适用肝肾不足、血虚风燥的脱发，头发早白等症。

注意：服用时可加入味精、食盐等调料。吃肉喝汤，每日2次。

2. 甩袖汤

中华传世藏书

饮食文化典故

汤文化

一六三五

（1）原料　肥瘦熟猪肉50克，鸡蛋1个，水发木耳10克，水发玉兰片25克，菠菜50克，胡萝卜5克，水淀粉，精盐，味精，花椒水，绍酒，肉汤，香油。

（2）做法

①把熟肉切成丝。菠菜择洗净切成小段。木耳切成小块。玉兰片、胡萝卜都切成丝。鸡蛋打在碗内用筷子搅匀。

②勺内添汤，汤烧开后把肉丝、菠菜、玉兰片、胡萝卜、木耳都放入汤内，加酱油、花椒水、味精、绍酒，汤再开时用水淀粉勾米汤芡，随后将碗内的鸡蛋甩在汤内，撇去浮沫，加点香油，出勺装碗即成。

3. 扣三丝汤

扣三丝是上海地区流传久远的地方名菜，扣三丝历来是制作较高的品种，制作者不但要有精湛的刀功技术，还需要具备熟练的挑和技巧，操作十分繁复；选料也特别讲究，所谓三丝，就是金华火腿丝、笋丝和熟的鸡脯丝。

（1）原料　鸡胸肉（六两），洋火腿（两片），鸡蛋、冬菇（各两只），上汤（三杯），姜（两片），葱（一棵），酒（半茶匙）。

（2）做法　扣具内先放一只修切完整的水发香菇，再将火腿丝分成三份，呈三对角放入扣具，并使之紧贴具壁，剩下三个空挡中，两个放笋丝，另一个放熟鸡脯丝，中间填入熟的火腿肉丝，然后加适量调料和汤，上笼蒸透后，覆在汤碗中，冲入调好味的清鸡汤。成品色泽艳丽，红白相间，故也被称作"金银扣三丝"，又因成菜其形成山，而有金银堆积如山的吉利象征，旧时沪郊农村富裕人家的婚庆宴席上把扣三丝作为主菜，一是标榜宴席的档次，二是讨个吉祥富贵的好彩头；厨帮也只能制作精致的扣三丝来炫耀自己的技艺。

4. 不翻汤

不翻汤据说有120年的历史，创始人刘振生，现已传三代人，它做工的考究，以及别出心裁的外形确实吸引人。

（1）原料　以金针、粉丝、韭菜、海带、香菜、虾皮、木耳、紫菜等，加入精盐、味精、胡椒、香醋。

（2）做法　随其名，将事先做好的薄饼（最好为绿豆饼）置于高汤上，待锅中水翻滚时，饼子却不翻个儿，口感酸、辣，略带些麻。

5. 羊肉汤

特色羊肉汤如洛阳阎家羊肉汤，已传四代人，至今已有1500年的历史。而在第二代人阎顺生的独门创新下，调料配置适当，汤味更加鲜美，使羊肉汤达到了更高的一层境界。从此，阎家羊肉汤名震豫西城乡。

（1）原料　羊肉、花椒、桂皮、陈皮、香菜、草果、姜、葱、精盐、红油等。

（2）做法　将羊肉洗净切成块，羊骨砸断铺在锅底，上面放上羊肉，加水至过肉，旺火烧沸，撇净血沫，将汤滗出不用。另加清水，用旺火烧沸，撇去浮沫。再加上适量清水，沸后再撇去浮沫，随后把羊油放入稍煮片刻，再撇去一次浮沫。将大料用纱布包成香料包，一同与姜片、葱段、精盐放入锅内煮沸即成。口感喝之爽而不黏，口感滑、顺、醇。

6. 牛肉汤

洛阳吴家街人尚老先生经营的尚记牛肉汤，迄今已 40 多年。而且尚记牛肉汤还分有甜、咸两种。

（1）原料　牛骨、大料、葱、蒜等。

（2）做法　先将牛骨洗净，砸断（其意在使牛髓得以全部溶入汤中，是炖汤的精髓所在）。烧开后撇去浮沫，加入花椒大料袋、葱、姜，用慢火炖制。待食用前加精盐、味精等，撒上葱末和大蒜末即可。肉肥汤鲜，味道尤鲜。

7. 胡辣汤

胡辣汤是河南小吃系列中的一绝。它源于清代中叶，大兴于民国初年，之后花样不断翻新。胡辣汤无冬夏之分，四季皆宜，其味美可口，深得人们的青睐。

（1）原料　粉条、肉、花生仁、芋头、山药、金针、木耳、干姜、桂仔、面筋泡等主料，芡粉、花椒、茴香、精盐、酱油、食糖、香油等辅料。

（2）做法　先将红薯粉条和切碎的肉放入铁锅里炖（一般汤类都少不了的工序）同时加入准备好的材料。待八成熟后勾入适量精粉，注意搅拌。然后兑入配好的调料及花椒、胡椒、茴香、精盐和酱油，略加食糖少许，一锅色、香、味俱佳的胡辣汤就做成了。最关键的调料是胡椒，这是其辣之缘由。做成的汤呈暗红色，极能激起北方人的食欲。

8. 驴肉汤

汤中佼佼者，非它莫属，凭着"天上的龙肉地下的驴肉"的美誉。

（1）原料　驴肉、驴骨（听着怪怪的，但是以汤头的角度说，肉一般是煲不出真正的汤味来的）、蒜（是真正能把驴肉汤的美味发挥到极致的不可或缺的一味，也可用蒜黄来代替）。

（2）做法　将驴骨、驴肉置于锅具中熬制至奶白色，并根据口味加入调味品即可。

三、国外饮汤大观

不仅中国人对汤的营养保健有研究，外国人对喝汤也很有讲究。世界上共有一千多种味道鲜美的汤，一些国家较有名的汤有：韩国有大酱汤，俄罗斯有罗宋汤，意大利有用青豆、通心粉作为佐料煮成的浓肉汁菜汤，西班牙有子鸡豆芽汤，德国有加鱼、肉蛋、蔬菜煮成的啤酒羹和酒糟鱼汤，英国和印度有咖喱汤，希腊有柠檬蛋卷汤，朝鲜有蛇羹汤，日本有味噌汤、索米汤，法国人引以为荣的是洋葱汤，奶油蛤蜊汤也是法国的名汤之一。

此外，日本的相扑运动员每天在大运动后要吃一大碗有牛羊之类"什锦汤"，并说他们"发力"的诀窍就在于喝汤。地中海沿岸各国嗜好大蒜汤，朝鲜人贪喝蛇肉汤，他们相信蛇汤能延年益寿，治疗神经痛；越南人看重燕窝汤；巴伐利亚是豌豆汤；苏格兰人则认为治疗感冒最好的方法是"洋葱麻雀汤"；美国的许多家庭也坚信汤能健身和防治疾病，而其中以鸡汤为最灵，美国的许多康复医院和疗养所都以鸡汤作为治病的"偏方"之一。汤似乎已成为各国饮食文化的一个典型代表。在品尝这些国家口味各异的汤食时，也可领略其特有的奇趣。下面介绍几种国外有名的汤。

1. 韩国：大酱汤

（1）原料　牛肉 100g，南瓜 1/4 个，贝壳 4～6 个，豆腐半块，辣椒 2 个，红辣 1 个，大葱 1 个，洋葱 1/2 个，蘑菇适量，食用油少量，芝麻油、盐各 1 小勺，胡椒少量。

（2）做法

①肉酱的做法　酱油、白糖各 1 勺，切好的葱 2 小勺，切好的蒜 1 小勺，芝麻油、盐各 1 小勺，胡椒少量。

②汤料的做法　大酱 1 大勺，辣椒酱 1/2 小勺，辣椒粉 1/2 小勺。

③先炒牛肉，等牛肉的颜色变白的时候，放贝壳汤水。汤开始沸腾的时候，放汤料和蘑菇。这时出来的泡沫要去掉。再放贝壳、豆腐、南瓜、洋葱、大葱，最后放辣椒。

2. 日本：味噌汤

走在日本的街头，无论多晚，都能从街边的日式餐馆里喝到最暖心的味噌汤。

（1）原料　赤味噌、花甲 100 克，葱花少许，菠菜和豆腐粒适量。

（2）做法　烧滚0清二番昆布汁汤底，加入"赤味噌"以及预先准备好的花甲、菠菜、海草、豆腐粒，最后加盐调味即可。

3. 印度：咖喱绿豆汤

（1）原料　去皮绿豆100克、咖喱若干、柠檬一片。

（2）做法　先把绿豆用油炒香，加入少许水煮开，注意要不断搅拌，使绿豆成细腻的粉末状，汤黏稠适中。在锅里加入咖喱同煮，直至汤呈现浅咖啡色即可。最后加盐调味，放入一片柠檬或咖喱叶。

4. 俄罗斯：俄式杂菜汤

薄、爽、滑、软是俄式杂菜汤的特点。这一款汤以菜为主，腌肉完全不似烤肉那般浓烈，只是轻轻散发出一股淡淡的幽香，相比之下倒是那各类时蔬争奇斗艳般地迸发出浓郁的菜香。荤素全生，肉鲜菜香，平静中有返璞归真般的感受。

（1）原料洋葱100克、西芹50克、胡萝卜100克、马铃薯200克、椰菜50克、番茄一只、辣椒和腌肉少许。

（2）做法用牛油爆香各种切片的蔬菜，然后加清汤。炒香茄膏至暗红色，一起加入汤中用小火慢慢滚一个小时，最后加入番茄粒。

5. 意大利：火腿青豆汤

纯白的忌廉、暗红的风干火腿丝，锦上添花地"铺"在绿色的青豆汤上，这一款汤不仅让人一见倾心，而且喝起来清新舒爽，忌廉鲜甜，火腿鲜美，似咸非咸，似甜非甜，再加上新鲜的青豆汤底，让味蕾直接抵达心满意足的境界。

（1）原料　青豆200克、火腿和洋葱少许。

（2）做法　用牛油将洋葱爆香，放入青豆同炒。加入清汤，开始不断搅拌，直至青豆完全酥融，汤成翠绿色。加盐调味，并把忌廉和少许风干火腿丝撒在汤上。

6. 法国：黑菌蘑菇汤

"黑菌蘑菇汤"选用法国最珍贵的黑菌，加上同样鲜嫩味美的蘑菇制作而成。

（1）原料　黑菌少许、干冬菇50克、草菇100克、清汤两杯、忌廉适量。

（2）做法　将干冬菇和草菇略为煎炒，然后加清汤一起煮。注意不要加太多清汤，以控制汤的黏稠度。见汤色渐深时可加入忌廉，使汤更爽滑。同时用水煮黑菌，最后切薄片铺上汤面。

7. 法国：法式洋葱汤

最正宗的法式洋葱汤温暖浓香，整款汤滑嫩。

（1）原料　洋葱200克、白葡萄酒一杯、面包片4片、黄油和瑞士干酪若干、

汤文化

橄榄油 3 匙、面粉 1 匙、食盐、胡椒粉。

（2）做法　在一个大的炖锅里融化黄油，并放入洋葱，用中火加热 5 分钟。当它们变得柔软时，在上面撒上面粉并搅拌直到充分混合。接着加热 5 分钟，加入葡萄酒、温水、盐和胡椒粉，并用小火加热 15～20 分钟。把汤盛在有盖的汤盘里，在上面加上薄面包片，再在薄面包片上撒上磨好的干酪。最后在烤箱里烘焙几分钟即可。

四、汤具与汤馆

（一）汤具

1. 汤锅

（1）高压锅　用高压锅煲汤比较省时，速度是有了，但味道却很难控制。有经验的主妇用高压锅煲汤，开始会用猛火，然后再用文火慢慢炖。有些人认为用它煲汤很不理想，营养会大量流失。其实不然，用高压锅煲出来的应该说更有营养，因为高压锅煲汤是在一个密封的环境下，营养是不会流失的。用沙锅煲汤味道当然会好些，不过沙锅不是密封的，因此营养也会流失一些。

（2）电饭煲　用电饭煲煲汤，比较适合三口之家，电饭煲能迅速导热，使汤受热均匀，并且按食物营养学原理，在中火烹饪的前提下，有效遏制油烟产生，阻止食物营养流失，比较符合现代厨具的健康环保要求。可购买木铆接不锈钢芯柄，隔热防烫，手感舒适。

（3）电磁炉不锈钢汤煲　电磁炉不锈钢汤煲比较省事，能自动烧水，煲汤。同一挡火火力恒定，火力稳、来火快，从小火到大火，能迅速调节，并且省电，用磁场涡流致热，比用煤气省。但一般用在电磁炉上的金属器皿，如不锈钢、铝质等的煲，没有陶瓷器皿烹调的食物那么原汁原味。

（4）紫砂锅　紫砂是中国独有的矿产资源，历来是文人雅士的爱物。紫砂不含任何有害物质；紫砂含铁量丰富，还含多种人体所需微量元素。铁，能分解食物中的脂肪，降低胆固醇，有利于人体碱性健康体质的形成；紫砂陶器在受热过程中，不仅作用于食物表面，而且能深入里层，深层透热，紫砂锅煲汤，除了味道好，还能在不知不觉中吸收有利于人体的各种营养成分。应小心保护内胆，如要移动位置，最好与外壳一起移动，以免造成意外；清洗内胆要待其自然冷却后再进行，以免内胆因热胀冷缩破裂。

（5）瓦罐　现在煲汤比较流行用瓦罐煲。瓦罐是由不易传热的石英、长石、黏土等原料配制成的陶土，经过高温烧制而成。通气性、吸附性好，具有传热均匀、散热缓慢的特点。煨制鲜汤时，瓦罐能均衡而持久地把外界热传递给内部原料，相对平衡的环境温度，有利于水分子与食物的相互渗透，这种相互渗透的时

紫砂锅

间维持得越长，鲜香成分溶出得越多，汤的滋味就越鲜醇，食品质地越酥烂。相对于煲汤，炖盅就更加隆重一些，所谓三煲四炖，就是这个道理，也就是说，煲汤一般要3个小时，炖盅则至少要4个小时以上。因此瓦罐煲煮的食物会更香浓味美，富有口感。市场上有出售的瓦罐电炖锅，也比较省事、节能，适合家庭需要。

（6）砂锅　砂锅的保温性好，虽然加热起来比较慢，但同时散热也慢，能够充分地将热量集中到锅中，使汤更加充分受热，用稳火和小火，这样长时间地微沸腾，内容物易煮出溶于汤中。砂锅的热传导性能差，因此不会煳锅。适合炖煮一些较难出味的食物或药品，做汤就更不在话下了。煲汤宜选择质地细腻的砂锅；新买的砂锅第一次先用来煮粥或是锅底抹油放置一天后再洗净煮一次水。完成开锅程序后再开始用来煲汤。

2. 汤勺

勺的历史可能与匙的产生时间相近，可以追溯到史前时代。在先秦时代将匙称为匕，新石器时代的匕是以兽骨为制作原料，形状有匕形和勺形两种，匕形一般为长条状，末端有薄刃口；勺形明显分为勺和柄两部分，属于标准的匙。匕是现今所知的最古老的一种进食器具之一。西北地区使用铜勺、铜锅、铜铲，一般是用黄铜浇铸。模子多是用黄泥做成，泥模成型后在火上烧烤变硬后变成硬模，这样可以浇铸很多次。如果模子用砂箱，只能浇铸一次便作废。浇铸铜勺、铜瓢、铜铲等日常生活用具时，为了使其表面光滑，需要在模上刷一层黑炭粉，这样浇铸的用具表面光亮。另外可增加勺柄的使用寿命。现在居家常用不锈钢汤勺。

3. 汤碗

中国人吃饭喝汤，不论是吃完饭后直接舀汤来喝，或是先喝汤再用餐，通常都

是一只碗便解决；而西餐由于用餐方式及食物种类较不同，喝不同的汤时，所用的汤盘和汤碗样式也不尽相同。

（1）汤杯　汤杯的外形跟咖啡杯很相似，但体积较宽，也比较深一点，有单耳及双耳两种。在非正式场合，或是盛装不那么精致的汤品时，汤杯是很理想的选择。以汤杯饮用时，必须配合汤匙使用，不可像饮咖啡似地把碗耳提至唇部直接饮用。

（2）汤碗、盘碗　这两种较常见。汤碗适合用来盛装有很多固体食材的汤品。盘碗的外形则很像没有盘缘的汤盘，碗的深度也略为深些，多用于浓汤类，由于浓汤浓稠度较大，因此即使没有宽幅盘缘，当盘底仍有少量的汤时，也能轻松舀起。

（3）汤盘　顾名思义，汤盘就是外形如同一般平盘的汤碗，不一样的地方是，汤盘的中央部分有较深的凹陷，以方便盛汤，而且汤盘的盘缘也较宽。参加较为正式的餐宴时，使用汤盘的概率相当高，自己在家宴客时，也可以使用。以汤盘喝汤时，如果尚有残余汤汁无法用汤匙舀出，特别设计的宽幅盘缘，方便人将汤盘稍微侧提倾斜，让盘底的汤汁集中，以便舀取。

（4）特制汤皿　这是一些特别汤品，例如洋葱汤、酥皮汤等使用的器皿。因为烹煮时必须连汤带碗放入烤箱中调理，汤碗必须要承受得起高温烹调，不能用一般的汤碗。

（二）汤馆

随着汤文化的不断丰富和发展，各种汤馆也时兴了起来，并不断向高水平发展。当前，比较有名的汤馆举例如下。

1. "鸭鲜知"老鸭粉丝汤馆

是晚清古城镇江众多餐馆中的一家店，是以经营当地老鸭汤粉丝和鸭血粉丝闻名江浙的饭馆。汤馆原名"藤梅居"。创立者是镇江人梅茗。因平日喜游交文士，与当时活跃在上海、江苏、浙江一带的晚清文人名士交往甚繁。而"鸭鲜知"的来因，正是源自《申报》首任主编蒋芷湘在品尝梅茗所做之老鸭粉丝后题写的一首诗："镇江梅翁善饮食，紫砂万两煮银丝。玉带千条绕翠落，汤白中秋月见嬲。布衣书生饕餮客，浮生为食不为诗。欲赞茗翁神仙手，春江水暖鸭鲜知。"梅茗自此将"藤梅居"易名为"鸭鲜知"，并请晚清著名书法大家李文题匾，经营日隆，成为镇江当地首屈一指的名馆。民国时期由于国家动荡，梅氏鸭鲜知老鸭粉丝汤馆也无法正常经营，当然梅氏老鸭汤技艺得以传承，并未失传。到了 20 世纪 90 年代末。"鸭鲜知"老鸭粉丝汤馆创立者梅茗老先生的重孙，将老鸭粉丝汤的制作技艺传授给了最小的儿子梅永馨，希望他能够将梅氏祖传的"鸭鲜知"老鸭粉丝汤馆传承下去，并能重振祖辈的鸭鲜知荣光。2009 年 8 月，梅永馨与北京嘉禾品味食品技术开发有限公司合作，正式将"鸭鲜知"品牌推向全国。

"鸭鲜知"老鸭粉丝汤继承了镇江梅氏调制老鸭高汤的传统工艺与秘方。在此基础上，结合现代食品技术与工艺，开发了特制的调汤底料。调制出的汤，口感更纯正，鸭香浓郁而无鸭腥味、汤鲜味美、汤头浓白如凝脂而不油腻。另一方面更将老鸭汤的保健养生功效最大程度地发挥了出来。富含骨胶原蛋白、骨钙等成分，更营养，符合现代人追求健康饮食的消费潮流。经过汤煮过的粉丝（面条、米线、米粉）入味好、爽口滑嫩。鸭胗、鸭肠爽脆而香味扑鼻。浓郁的老鸭汤香味扑鼻，未入口就已垂涎欲滴；入口后满口生香而不油腻，余香回味无穷！

2. 民间瓦罐煨汤馆

说起喝汤，国人大多知道广东人对汤的热衷，其实江西人也十分讲究喝汤且很会做汤。据说江西当地人每天从早餐开始就喝汤，一二元钱一小盅，开始了一天的生活，而老百姓在家也都要自己煲汤，民间瓦罐煨汤就是出自江西。赣菜一大特点是讲究原汁原味、讲究火候刀工。传统瓦罐煨汤是将瓦罐一层一层摞在专用的缸中，内装各种食材原料以文火煨制，需要长达七小时之多才能完成。由于罐中用汽的热量传递，避免了直接煲炖的火气，煨出的汤鲜香醇浓，滋补不上火。但是由于耗时长，配料多样，煨制温度要求高，这样其成本就会比较高。

五、饮汤习俗与礼仪

饮汤时的礼仪其实是一门学问，细微之处体现人的涵养。现将注意事项简单说明如下。

（1）喝汤时不可出声　喝汤时，汤匙要横拿，略略倾斜以汤匙前端靠近嘴边，要诀是要把汤倒入嘴里了，这样就避免了喝汤发出声音。

（2）饮用时需由内往外舀，右手拿汤匙，左手按住盘缘是最基本的姿势。

舀起后，汤匙底部先在盘缘轻擦一下，再送至嘴里。否则，汤汁极易滴落桌面或下巴，很不雅观。

（3）汤匙不要舀满，舀起来不能一次分几口喝。

尤其是第一匙，千万不可太满，因为，这一匙负有确认汤热度的任务。而且汤匙舀得太满，多不易凉，分两口吃又违反礼节，假如一口吞下因太烫而吐出时，可就当众出丑了。纵使汤的温度适中，舀的时候还是以不超过汤匙八分满为原则，不然也很容易滴落桌面。

（4）不要任意搅和热汤和用口吹凉。

用口把汤吹凉是最不雅的行为，绝对禁止。可用汤匙舀起一些，待稍凉时再饮，就可避免这现象发生了。

（5）汤剩下不多时可将盘子往外斜着舀。

汤喝得只剩一些时，左手可以拿住盘子往外倾斜，再以汤匙舀起来喝。不过，不能全部喝完。因为想要喝完，一定会发出汤匙摩擦盘子的声音。当然，把盘子整个拿起来，将汤倒入嘴里的做法更是要不得。

（6）喝完汤　汤匙应搁置在汤盘上或碟子上。

第三节　汤与保健

一、饮汤与健康

古人云：三分食，七分饮。汤味鲜美、营养丰富的汤是最容易消化的健康饮品，有保健养生、美容养颜、清热去火、防病抗病等功效，还有利于补充人体营养且易被机体所吸收。

世界各民族都认为汤是"最便宜的，并被经验证明是有效的健康保险"。地中海沿岸及北非国家的人认为大蒜汤可预防疾病。日本人视海藻汤有良好的医疗作用，直到现在，日本妇女还有产后喝这种汤的习惯。朝鲜人相信蛇汤能延年益寿；治疗神经。苏格兰人则认为治疗感冒最好的是洋葱汤。英国绅士们则乐于喝味道极浓的咖喱汤。美国的许多家庭也坚信汤能健身和防治疾病，将鸡汤作为治病的土方之一。越南人看重燕窝汤，巴伐利亚是豌豆汤，法国人喜爱掺了大量洋葱的牛肉汤，汤上面还有一层烤得金黄的薄饼壳。俄罗斯人炖汤的时候喜欢加啤酒，据称啤酒可使汤味变浓变鲜。而我国民间早就把药膳汤羹作为保健和疗疾的药食。

汤营养丰富，无论是荤菜还是素菜都可烹制成各式各样、风味各异的汤，但在做汤时有两点值得注意。一是制作汤的原料一定要新鲜，制作时应与冷水一起下锅，烧煮中途不宜加水，一般以旺火或中火为好。煮汤不宜先放盐，因为盐有渗透作用，会使汤原料中的水分排出、蛋白质凝固，这样汤汁的鲜味就不足。同时，在汤中加入适量的味精、香葱、胡椒和姜、蒜等调味品，可使汤更可口。二是在饮汤时，从营养的角度考虑不可只喝汤，而不吃汤中的菜，这是一种不正确的做法。因为，如蛋白质在汤里所含的只相当于肉中蛋白质的 7% 左右，其他如脂肪、维生素等含量也都不多。

二、汤疗偏方

汤，是中医学最常用的剂型，古称汤液，现称汤剂，民间则叫作汤药。食疗上说的汤，是指用少量食物或适量中药，放较多量的水，烹制成汤多料少的一类汤菜。汤中配用药物，可采用下述三种不同的用法：一是洗净后直接放入，或用洁净纱布包裹放入，待汤烧好后弃药食用。人参、枸杞子、莲子等可食药物及药食两用之品可一并吃下。二是先将药物加水煎取汁，然后在烹制中倒入。三是原料用人参等珍贵药物的，除切片烧制外，还可加工成粉末，在临起锅前放入，以便充分利用，不致浪费。汤的烹制最常用的是加水煮。水应一次加足，中途不得已要加水的话，一定要添加沸水。火候上，宜先用旺火煮沸，再用中小火烧至菜熟汤成。汤也可用隔水蒸或炖，将原料放盛器内，加入足量水和调味品，盖好，再放入蒸具蒸制，或放锅内隔水炖，至原料熟烂为止。汤菜用了较多量的水，可使所用食物烹制得较为酥软，所用药物的有效成分更易析出。汤可加糖成甜味，当点心食用，也可烧成咸味，作下饭菜。

我国民间流传着各种食疗汤。如鲫鱼汤通乳水，墨鱼汤补血，鸽肉汤利于伤口的收敛，生姜汤可驱寒发表，绿豆汤可消凉解暑，萝卜汤可消食通气，黄瓜汤可以减肥、美容，芦笋汤可抗癌、降压，虾皮豆腐汤可壮骨等。在日常的饮食生活中，许多人都有自己喜爱的汤。敬爱的周总理就十分喜欢喝他家乡的干菜汤，生前每次南行，只要有机会，都要喝上一碗。著名的爱国民主人士马叙伦先生，不仅喜欢喝汤，且还亲自动手创制了"马先生汤"。汤有助于人体健康和治疗一般疾病，还可以使某些恶性病的发病率减少。日本国立癌症中心疫学部长平山雄调查表明，经常饮用喝汤（日本人常饮的一种汤）的人，因患骨癌、肝硬化、心脏病而死亡的比率极低，从某种意义上来讲，可以说是"廉价的健康保险"。

（一）治疗失眠之用

（1）酸枣仁汤　取酸枣仁3钱捣碎，水煎，每晚睡前1小时服用。可防治因血虚所引起的心烦不眠。

（2）静心汤　取龙眼肉、川丹参各3钱，以2碗水煎取半碗，睡前30分钟服用。可达到镇静的效果，尤其对因心血虚衰所引起的失眠，功效较佳。

（3）安神汤　取生百合5钱蒸熟，加入一个蛋黄，以适量水搅匀，加入少许冰糖，煮沸后再以少许水搅匀，于睡前1小时饮用。百合有清心、安神、镇静的作用，经常饮服，可收立竿见影之效。

（4）桂圆莲子汤　取桂圆、莲子各2两煮成汤，具有养心、宁神、健脾、补肾的功效，尤其适合中老年人及长期失眠者服用。

（5）百合绿豆乳　取百合、绿豆各25克，冰糖少量，煮熟烂后，服用时加入适量牛奶搅匀，对于在夏夜易失眠者，有清心、除烦、镇静之效。

（6）龙眼冰糖茶　取龙眼肉25克、冰糖10克。把龙眼肉洗净，沸水冲泡当茶饮。每日1剂，随冲随饮，随饮随添开水，最后吃龙眼肉。此茶有补益心脾、安神益智之功用。可防治因思虑过度、精神不振而引起的失眠多梦、心悸健忘等。

（二）强身、强体之用

（1）大枣汤（见《常见病的饮食疗法》，董三白）原料：大枣15个。制作：大枣洗净，浸泡1小时，用文火炖烂。每服一剂，日服三次，七天为一疗程。功效：健脾益气止血，适用于脾虚气弱，食欲不振。气血两虚及脾虚不能摄血之发斑。

（2）风栗健脾羹（见《百病饮食自疗》，谢永新）原料：栗子肉250克，瘦肉200克，淮山药25克。制作：栗子肉用沸水浸泡后去皮，再与洗净的瘦肉，山药同置砂锅内，加水；煮沸后用文火焖至熟烂，饮汤食肉。功效：补益脾肾，适用于久病或衰老、气虚体弱、少气懒言、疲倦乏力、食欲不振等症。

（3）佛手姜汤（见《食物与治疗》，秦一洲）原料：佛手10克，生姜2片，白砂糖适量。制作：佛手和生姜水煎取汁，调入白砂糖温服。功效：疏肝理气，和中止呕，适用于肝气郁结、脾胃气滞，胸腹痞满，胁肋胀痛，或食欲不振、呕恶等症。

（4）萝卜海带羊排汤（见《家庭药膳手册》，王文新等）原料：羊排骨、白萝卜各250克，水发海带50克，调料适量。制作：萝卜、海带切丝；羊排骨加水煮

沸，撇去浮沫，加入黄酒、姜丝，用小火煮 1. 5 小时，入萝卜丝，再煮 5 ~ 10 分钟，加盐，下海带丝、味精煮沸。功能：化痰润肺，补虚强身，消积滞，散缨瘤，适用于食积胀满、咳嗽失音、形体瘦弱等症，亦可预防贫血、软骨病和甲状腺肿大等症。

（5）四神炖猪肚汤（见《药膳食谱大全》，由岭南隐士整理）材料：猪肚 2 个，莲子 40 克，鸡头米 20 克，茯苓 20 克，山药 20 克。料酒、水适量。做法：①将莲子，鸡头米洗净，放于带盖的容器内。加热水泡上。茯苓、山药不用泡涨。②将猪肚的黏液，撒上盐搓洗后，用清水洗净，切成小块。③将鸡头米、莲子，茯苓、山药及浸泡水倒入砂锅，加入猪肚倒入适量水、酒，用小火熬。④待猪肚煮烂，盛入大碗内，食用时不放盐，可以加酒食用。注：山药可由其他薯类代替，切成滚刀块放入即可，鸡头米可用薏米、白果代用。功效：莲子、鸡头米、茯苓、山药称为："四神"。药效平稳，具有养心安神，健脾和胃，止泻，益肾固精之功效。一年四季都可食用。

（6）八珍炖鸡汤（见《药膳食谱大全》，由岭南隐士整理）材料：鸡腿 5 只。八珍（可从以下 10 种中选择 8 种，约 10 克），当归 15 克，熟地黄 15 克，白芍 10 克，川芎 10 克，茯苓 10 克，白术 10 克，甘草 5 克，大枣 15 克，黄芪 10 克，枸杞子 10 克，料酒，水适量。做法：①取净鸡腿上的浮油，用水洗净。②将鸡腿，八珍放入砂锅内，注入料酒和适量的水，加锅盖，熬 3 ~ 4 小时。③待肉煮烂，即可食用。食用时可适当加点酒，汤肉同吃，煮软的药材也可食用，无需加盐。注：如只配前四位药，即成为四珍汤。功效：这道八珍汤菜，对体质虚弱者最适宜。称为"八珍汤"这道菜，早在古代周朝的菜谱上已有记载。其后，各朝代创造了各种"八珍"。"八珍"是使用不同的八种药材烹调出来的珍贵菜肴的总称。这里的八珍把八种贵重药材合在一起，加入鸡、鸽子、鸭、瘦猪肉、猪蹄、猪肚或羊肉、鹿肉等其中的一种或数种，放入水，酒而熬成的，是一种食疗佳品。在家庭中，可根据家庭成员，身体健康状况，在中药店选购药材，配制食用。

（7）绿豆南瓜汤（见《药膳食谱大全》，由岭南隐士整理）材料：干绿豆 50 克、老南瓜 500 克、盐少许。做法：①绿豆洗净放入锅内注入清水 500 毫升，置旺火烧开后，淋入少许凉水再煮开。②南瓜去老皮，抠去瓜瓤，清水洗净，切成 2 厘米见方的块，放入绿豆锅内用温火煮沸 30 分钟左右，至绿豆开花为止，吃时加少许盐即可。功效：绿豆具有清热解毒，止渴利尿的功效。适用于小便不利、口干、消渴、暑热、泻痢等症。绿豆，南瓜同食，用于夏季伤暑心烦、身热口渴、赤尿或头昏乏力等症有一定疗效。亦可作夏季防暑膳食。

（8）苦瓜莲叶瘦肉汤（见《常见病食疗手册》，卢俊）原料：猪瘦肉120克，苦瓜250克，鲜莲叶30克。做法：将苦瓜洗净，去瓤，切块；鲜莲叶洗净，切小片；猪瘦肉洗净。把全部用料一齐放入锅内，加清水适量，武火煮沸后，文火煮2小时，调味即可。随量饮汤食肉。功效：清热解暑。适用于感冒属热者，症见面红发热、口渴引饮，心中烦热，倦怠肢重，胸闷纳呆，小便短黄，舌红，脉浮数。

（9）翠皮排骨汤（见《药膳食谱大全》，由岭南隐士整理）材料：西瓜皮500克，排骨300克，盐1小汤匙。做法：将西瓜皮去除红瓤部分，削去外层绿皮，切成4厘米的块；将排骨剁成3厘米的块，用开水焯一下，倒出血沫，浮油；锅内放水烧开，将排骨放入锅内，用温火煮至肉烂；将西瓜皮、盐放入锅内，煮至西瓜皮烂后调味即可食用。功效：翠皮（西瓜皮）可解热祛暑、解渴、利尿。对病人、健康人都是最理想的食物。但是属寒症者，以及长时间在冷房中的人以少食为宜。秋、冬季节，西瓜太凉，除发烧患者外，以少食为宜。

（10）荸荠空心菜汤（见《常见病食疗手册》，卢俊）原料：鲜空心菜200～250克，荸荠10个（去皮）。做法：将鲜空心菜、荸荠煮汤。每日分2～3次服食。功效：清热、散结、通便。适用于肠热便秘。

三、饮汤注意事项

（一）季节性选择煲汤

不同季节选择不同的汤食可预防一些季节性疾病。诸如夏天绿豆汤、冬天羊肉汤等。

（二）汤、"渣"同吃

因更多的营养素仍留在渣中。

（三）多食"杂烩汤"

任何一种食品所含的营养素都不会很全面，因此，提倡用几种动物或植物性食品混合煮汤，不但可使味道更加丰富，也可使营养更全面。

（四）养成良好习惯

喝汤不宜太急；喝汤不宜太烫，人的口腔、食道、胃黏膜最高只能忍受60℃的温度，超过此温度，则会造成黏膜烫伤甚至消化道黏膜恶变，因此50℃以下的汤更适宜；一日三汤选择中午多喝汤，而早、晚餐宜适量；饭前、饭中喝汤，饭后不喝，饭前喝汤可润滑口腔、食道，减少干硬食对消化道黏膜的不良刺激，并促进消化腺分泌，起到开胃的作用，饭中适量喝汤也有利于食物与消化腺的搅拌混合，饭后喝汤会把已被消化液混合好的食糜稀释，影响食物的消化吸收；禁忌汤泡饭食，汤与饭食混在一起，食物在口腔中没经过唾液酶消化进入胃里，味觉神经没有得到充分刺激，胃和胰脏产生的消化液不多，并且被汤稀释，食物不能得到很好的消化吸收，时间久了便会导致胃病；宜食用低脂、低糖、低热量食物煲汤，如瘦肉、鲜鱼、虾米、去皮的鸡或鸭肉、兔肉、冬瓜、丝瓜、萝卜、魔芋、番茄、紫菜、海带等。

第四节　汤的轶闻典故

一、汤传说

（一）孤岛鲜鱼汤

孤岛鲜鱼汤，因汤浓色白、鱼肉鲜嫩而远近闻名。现在，在孤岛经营鲜鱼汤的不少于几百家，来这里品尝鲜鱼汤的人是车水马龙，门庭若市，给孤岛增添了一道亮丽的风景线。话说薛仁贵征东途经此地，天气炎热，黄河水急，后有追兵，河上无船无桥，被困三天，在这芦苇丛生、红柳遍地、人烟稀少的地方，渡河成了天方夜谭。这天正值黄昏，薛仁贵独自一人朝南走去，也不知走了多远，眼前出现了一座茅舍，烟囱里正冒着烟，再走近一点，一股鲜鱼的香味扑鼻而来。此时已是掌灯时分，薛仁贵来到门口，看到屋内有两个人影晃动，再细看是两位老人，便彬彬有礼地对两位老人说，大爷、大娘可好。男长者听到屋外有人说话，便走了出来，一看是位将军，便让座屋内。这时鲜鱼已经炖好了，老者知道将军没吃饭，便盛上一碗端给了薛仁贵。薛仁贵肚内空空，饥肠辘辘，也不推辞便吃了起来，又香又嫩的鱼不多时就吃完了，老者又给盛了一碗，两碗鱼汤下肚，才想起渡河之事。老者出谋划策，薛仁贵感谢万分，问及姓名，告别老者，回到营房。第四天分别找来渡船，连成浮桥，渡过黄河，征东胜利，开宴庆功，专门做了鲜鱼汤，百官朝贺，连

口称赞。事后，薛仁贵派专人为老者送来银两，再次感谢。从此，鲜鱼汤便在黄河口流传开来。因薛仁贵喝的是王姓老人做的鲜鱼汤，现在仍以王姓的鲜鱼汤为正宗。

（二）梅山三合汤

"三合汤"又称"霸王汤"，相传晚清大臣曾国藩在湖南组建"湘军"时，"湘军"士兵因为长期生活在野外、湖区，患风湿病的日见增多，致使士气低落。于是曾国藩用重金聘请名厨，精心调制了一种祛风湿病的"三合汤"，作为士兵佐膳的菜肴。曾国藩特意将该汤赐名"霸王汤"。从此，"三合汤"在当地民间广泛流传。据当地人介绍："三合汤"不仅可以增强食欲，促进消化，而且还有祛风湿、强筋骨等功效，具有一定的医疗价值。

"三合汤"选料讲究，制作严格，三大种主料为牛肚、牛肉、牛血，要选用母黄牛的血、公黄牛的肉、母黄牛的肚。调制时要注意火候，牛肚子要能插进筷子，再加以红油、姜片、米醋和一种叫山胡椒油的调料烩成一锅。这样，"三合汤"才具有辣、香之特色和食疗之功效。到了今天，"三合汤"在湖南也非常地流行，尤其是在湘中的娄底、新化等地带，颇受欢迎，而且味道尤其辛辣。各地也形成了具有地方特色且深受大众喜爱的三合汤。如西安的奶锅子鱼汤、广州的三丝蛇羹汤、江西的三鲜汤——"三合汤"、山东的醋椒汤、东北的酸菜白肉粉汤、上海的扣三丝汤、吉林的人参鸡汤等，名目繁多，举不胜举。

（三）三根汤

相传，东汉桓帝在位时的一年春天，宛城一带疾病盛行，来求张仲景看病的人更是从早到晚，川流不息。某日，张仲景应邀到一员外家给孩子诊病，并诊断出孩子是在出麻疹，由于用药不当，疹子不能出于肤表，因多日耽误才致此情形。张仲景考虑后开了方子，并交代了药的煎熬方法、服法、护理方法。张仲景回到家里就在思考如何应对流行病的药物配方，"万病火为源"，慢慢地张仲景心里有了选药配方的原则。第七日，员外又把张仲景请到了家中，张仲景得知孩子吃了他的药第二天病情就明显好转，精神和胃口都起来了。再次望闻问切之后，张仲景又开了一个方子，药物很简单，用药巩固治疗，并再三嘱托，别看药物简单，坚持服用，定有好处。员外让孩子一连服了 15 天，孩子果真康复了。

员外家为了表示谢意，不仅摆宴设酒，而且非要以物相送，被张仲景婉言谢绝了，但求员外也帮他一忙。因当时在宛城、白水一带流感、流脑、麻疹等病盛行多日，张仲景想出了用野苇根、茅根、蒲公英根和黑糖作为引子熬制"三根汤"，员外就请人在宛市中心垒灶，免费赐汤，详述药汤疗效、治病范围，如是多天，流行病确实慢慢减少消除。因这"三根汤"是张仲景传授于民并配制的，人们就把"三根汤"也叫仲景汤，一代传一代，一直传到现在。

（四）牛犊子汤

牛犊子汤是一种由荞麦面为主料，线麻籽为辅料添加其他一些调料加工而成的地方风味小吃。相传在辽宁省阜新蒙古自治县一带，某日一牧民母牛下犊后没奶，中午牧民端着一大碗伴有线麻籽的荞麦面汤在牛产房内转悠，看到母牛上火、牛犊饥饿的场面，牧民越看越着急，口中的面汤嚼着是越来越没味。牧民信手就把汤倒到了牛槽中，正好被母牛吃了。还真歪打正着，吃过麻籽汤的母牛很快下来了奶，牛犊子得救了。后来牧民多次试验，用伴有线麻籽的荞麦汤喂没有奶的母牛，果然这种汤有催乳作用。这是因为线麻籽中含有一种特殊的有催乳作用的物质，牧民习惯把麻籽汤爱称为牛犊子汤。

牛犊子汤的做法比较简单：将荞麦面和好擀薄片切成三角形的面片；将线麻籽用碾子压细，用开水沏开过滤，过滤液加火熬，用笊帘捞取漂浮在上层的悬浊物；再将捞取物加盐、葱花、花椒、酱油等调料用开水沏；将煮熟的荞面面片放入拌匀即可。食用时可根据个人口味适当放入味精、香菜、辣椒。辅佐农家其他小菜食用别有一番风味。

（五）黄芪羊肉汤

恒山"黄芪羊肉汤"由于吃口绵烂酥软，味道鲜美，营养丰富，早就远近闻名，是浑源一绝。要问起这道佳肴的由来，还得追溯到400余年前。相传当时恒山人过着"炕上没席，墙上没皮，食不果腹"的生活，不少人都得了疾病。一天，有一银须老者来到恒山脚下的浑源城给百姓治病。他走到哪里，就说到哪里："黄芪是个宝，治病少不了；黄芪加白术，专门治肺痨；黄芪、柴胡加升麻，治疗腹泻、脱肛有功效；黄芪配当归，补血益气舒肝好……"百姓们觉得，这是八仙中的张果老现世。后来，人们历尽艰辛，终于在内蒙古大青山上找到了黑色小粒的黄芪种子，使黄芪在恒山上生了根。由于恒山山区的地理、气候十分适宜黄芪的生长，于是恒山黄芪大量上市，由此改变了恒山人民的贫困状况。此后，用恒山黄芪烹制的黄芪羊肉汤，便有了开端，并日益盛行起来。这道佳肴易于消化吸收，不仅是妇女、老人、体弱多病者的滋补佳品，而且还是恒山地区群众待女婿和远方贵宾的必备佳肴。

（六）锅巴汤

天下第一菜指的是苏州"锅巴汤"，据说此菜定名颇有来历。清朝年间，一日康熙皇帝微服出游，行至一处梅林，流连忘返，后与随从走散，饥不择食之下，投奔到一村妇家门口求食，村妇不知是皇帝驾到，本欲拒绝，但见康熙实在累饿不堪，只好迎其入内，但此时家中恰好饭光菜尽，没有剩饭。于是村妇以锅巴拌剩菜汤盛给康熙吃，没料到的是，皇帝老爷吃后竟大加赞赏，以为绝妙，于是兴发，提笔写下"天下第一菜"几个大字。从此，苏州锅巴汤便身价大增，蜚声全国。

二、汤与名人

汤的在营养价值中所起的作用及其在饮食中的重要地位，使得全世界各地人们都爱喝汤。尤其是在中国汤的历史上，有许多汤和名人的故事。

世界各国也都有各自的比较出名的汤。各个国家都有自己特别喜爱的汤。暴君路易十四是个美食家，尤其喜欢喝汤，法国现在许多有名的汤都是从他的御厨房中传出来的。他的一名御厨路易斯·古伊在《汤谱》中写道："餐桌上是离不开汤的，菜肴再多，没有汤犹如餐桌上没有女主人"，由此可以看出法国人对汤的喜爱程度。罐头汤是 19 世纪末美国化学家约翰·多兰斯为约瑟夫·坎贝尔罐头公司制造的，他们在罐头汤里加入水，加热后即可食用。美国在 1995 年共售出近 40 亿个汤罐头。汤似乎已成各国饮食文化的一个典型代表。在品尝这些口味各异的汤食时，也可领略其特有的奇趣。

在我国古代，据说汉刘邦曾最爱喝狗肉汤，而且多由名将樊哙亲手调制。因为樊哙和荆轲都是秦末年间有名的屠狗行家，所以很善做狗肉汤。狗肉汤益气、温肾、润胃、健腰、暖膝、轻身、壮力气、安五脏、补血脉，据说曾治好了刘邦征战中落下的老寒腿。

宋代最杰出的女词人李清照，又是一位药膳美食家。她最爱喝炖汤，有着爱饮酒品汤膳的生活习惯。南渡以后的李清照，经历了家破人亡、沦落异乡的坎坷，"人比黄花瘦"。香尽酒残，她依然爱品尝汤膳，品汤之时更加重了她对故乡、亲人刻骨铭心的思念。

清朝饮食方面有更多的讲究，对汤钟爱的人大有其在。清末闽浙总督左宗棠，最爱喝杭州的新鲜莼菜汤。后来，他被调任新疆军务大臣；无奈瀚海戈壁，想吃莼

菜汤而不可得，愈加思念此美味。后来，鼎鼎大名的浙江富商胡雪岩得知左大人的苦楚，便用纺绸一匹，将新鲜莼菜逐片压平夹在里面，托人带到新疆。由于保存得当，莼菜至新疆后做成汤羹，仍味美如同新摘，让左宗棠大快朵颐。

末代皇帝溥仪更嗜汤有名。他用膳的地方在东暖阁，每餐的饭要摆三、四个八仙桌，光粥就有五六种之多，各种汤达十多种。溥仪除去爱喝汤，也爱养狗，养的狗有一百多条。他最喜欢的两只警犬，一名弗格，一名台格。弗格是德国品种，浑身通白，由于平常爱喝溥仪剩下的汤，时间一久，竟使白狗变黑——可见此汤的功效了。

溥仪

素有"江南第一汤"之美誉的苏州鲃肺汤，是江南一带饭店的一款名肴。多少年来，它以独特的风味赢得了历代美食家的赞赏。一次，于右任先生偕友人去苏州旅游，在旅途中的石家饭店就餐时品尝到了鲃肺汤，汤味之鲜香使于先生禁不住即席赋诗一首："老桂花开天下香，看花走遍太湖旁；归舟木椟尤堪记，多谢石家鲃肺汤。"并手书"名满江南"横幅赠给饭店。此后，鲃肺汤之美名便不胫而走誉满九州。

许多名人不仅爱喝汤，还曾亲自设计或动手烹制汤羹。早年间学过医的孙中山先生就是其中的一位，就曾以金针菜、黑木耳、豆腐、豆芽合成"四物汤"，这种汤不但营养丰富，而且还能解口苦难咽之弊，具有很好的祛病延年之功效；文化名人马叙伦在北京时，曾游中山公园在其中的长美轩进餐，并亲自开出若干佐料，叫厨师按他所说的方法去做，烹制出来的菜汤味道鲜美至极，店老板遂以先生之大名将其命名为"马先生汤"。后来，这种汤不仅成了该店用来撑门面的菜品，还在民间广为流传开来。

第十四章 中华饮食养生保健

第一节 常用食物的营养与保健功效

一、谷类

（一）黑米是大米中的佼佼者

黑米之"黑"主要是因为糊粉层中有大量的黑色素，它是黑米之精华。黑米的营养价值高于普通大米。

【营养清单】黑米比普通大米的蛋白质高近2倍，所含16种氨基酸中，赖氨酸含量要高出2~3.5倍；精氨酸高出2倍多。脂肪含量高出2倍多。B族维生素含量高出2~7倍。锰、锌、铜大都高1~3倍；含铁、钼、硒等也比普通大米高。另外，还含大米中所缺乏的维生素C、叶绿素、花青素、胡萝卜素及强心苷等。

【保健功效】据《本草纲目》记载，黑米具有"补中益气、治消渴、暖脾胃、止虚寒、发痘疮"等功效。食用黑米对慢性病、恢复期病人、孕妇、幼儿、体弱者有滋补作用。黑米集色、香、味、营养保健于一身，故有"补血米""长寿米"之美称。黑米与其他药品配合，可治营养不良性水肿、缺铁性贫血、肝炎和维生素B_1缺乏症等。

【专家提示】黑米煮粥食用最佳。用它配上芝麻、白果、银耳、核桃、红枣、冰糖、莲子煮成八宝粥，晶莹透亮、稠若糖稀、芳香悦口，可谓"玉液琼浆"。珍肴美味，对头昏、眩晕、贫血、白发、眼疾、咳嗽等症疗效甚佳。

（二）吃年糕要因人而异

每逢过年，人们用糯米磨浆，制成砖形、长条形糕，取其"年年高（黏黏

糕）”之意，故名年糕。年糕品种繁多，各地都有珍品，风味各异。

【保健功效】中医认为糯米味甘性温，有补中益气、和胃止泄、强身健体之功效。如与红枣、栗子、鸡肉、桂花、萝卜、南瓜、苹果等配料共蒸制，其有效成分相得益彰，食疗价值就倍增。

【专家提示】吃年糕要因人而异。如贫血、胃气不和、胃纳差者可吃红枣年糕；月经不调、滑泄、小便频数、腰膝酸软者可吃鸡肉年糕；产乳少者可用豆浆煮年糕吃；高血脂、心血管病者宜食素食年糕；糖尿病病人适度吃白年糕和咸年糕。糯米难消化，过食可引起腹胀、腹痛等；因此，不论何种年糕都不宜多吃，尤其老、幼、肠胃虚弱者慎吃。年糕还引起痰多、咳嗽加剧，故发热、感冒、气管炎患者慎吃。

（三）小米是妇女的滋补品

小米，又称粟米，是我国山西、河北、山东等省的主产谷物之一。

【营养清单】据测定，每百克小米中含蛋白质 9 克、脂肪 3.1 克，糖类 73.5 克，因小米不需精制，故保存较多维生素和矿物质，小米中维生素 B_1 为大米的几倍；小米中钾、镁、钙、磷、铁等均高于大米。但赖氨酸含量很低，其生物价仅 57，故宜与大豆或肉类含赖氨酸高的食物混合食用为好。

【保健功效】中医认为，小米味甘咸，有清热解渴、健胃除湿、和胃安眠等功效。北方人在妇女生育后，有用小米加红糖调养的习惯，其含铁丰富。故可使产妇虚寒体质得到调养。小米具有防治肾气或脾胃虚弱、腰膝酸软、消化不良等功效。另外，小米还可治反胃、呕吐等症。

（四）小麦的营养保健作用

【营养清单】小麦含淀粉、糊精、蛋白质、脂肪（脂肪酸中主要为油酸和亚油酸）、粗纤维、谷甾醇、卵磷脂、精氨酸、B 族维生素、钙、磷、铁等，麦胚含植物凝集素，据小麦面粉加工精细度不同，分为全麦面粉、标准粉和特制粉。小麦面粉是人们膳食中主食原料之一，它可制成多种主食，如馒头、烙饼、面条、饺子、包子、各式面点等。标准粉含有部分粗纤维以及植酸及灰分，营养全面。特制粉营养不如标准粉，但口感、消化吸收率好些。

【保健功效】中医认为，小麦性味甘平，可养心安神，适用于神志不宁、失眠等症。嫩麦又称稃小麦，其性味甘凉，有镇静、止盗汗、虚汗、生津液、养心气等功效。可用于治疗虚热多汗、盗汗、口干舌燥、心烦失眠等症。民间用烤焦馒头治腹泻、胃酸过多等病症。

小麦麸皮是人类健康的益友。麸皮磨细，上笼蒸煮 10～20 分钟，再加入占其重量 1/4 的糖品（如葡萄糖、蜂蜜、饴糖等），干燥后可去除其本身气味，使之变香，食感也清爽可口。麦麸面包、麦麸饼干就由此而来。麸皮是最理想、经济、方便的高纤维食品，故有降血中胆固醇、防癌作用；麸皮含优质蛋白质，相当于鸡蛋蛋白质含量；麸皮中谷氨酸占其蛋白质、氨基酸组成中的近一半，故将麸皮蛋白质提取的食品添加剂用来做面包、糕点可防止老化，也可做蛋白发泡剂；麸皮中维生素 E 丰富，可防止衰老；麸皮中胡萝卜素在人体内转化成维生素 A，也有抗癌作用；麸皮中矿物质为面粉 20 倍，尤其含较高的锌、铁和一定量硒，有较强的抗氧化功能，又可防治癌症；麸皮中有丰富维生素 B_1 和蛋白质，有缓和神经功能、可治脚气病和末梢神经炎。因此，为了健康，不妨吃些麦麸面包和麦麸饼干，或可多吃些"全麦面包"。

【专家提示】主食中，面粉和大米要搭配食用则更好些。

（五）大麦的营养保健作用

大麦又称元麦。"青稞"是大麦的高原种。稃大麦种皮难剥离，不易制成粉，很少做主食，多半做啤酒、优质饲料等。裸大麦无壳可制粉，也可直接煮粥。

【营养清单】大麦营养比较丰富，其蛋白质含量为 10%～12%，与小麦相当，高于大米、玉米。同样也缺乏赖氨酸、生物价不高，故与其他谷类、豆类搭配食用可提高营养价值。其脂肪为 1.5%，热能略低于小麦。膳食纤维丰富，含量达 9%～10%，比燕麦、荞麦还要高。含维生素 B_1、维生素 B_2、维生素 PP 十分丰富，另外，含锌、铁、铜、硒等较多。

【保健功效】中医认为，大麦味甘性微寒，有消渴除热、益气宽中之功效。大麦汤里可溶性纤维含量高，降胆固醇能力强，故肥胖、高胆固醇血症者可多喝大麦汤。大麦芽有和胃健脾、助消化、疏肝理气、回乳和调整胃肠功能之功效，故可用于消化不良、伤食、积食、乳汁郁积引起的乳房胀痛等症。大麦芽中还含"消化酵素"，故可用于老、幼、弱、病者的食欲缺乏。

【专家提示】将大麦与大米合煮粥，可相互弥补，提高营养、保健的价值。民间还有用大麦粒、糯米、花生仁和冰糖合煮糯米粥，其营养和保健价值就更高。

（六）荞麦有"五谷之王"之称

俗称"五谷之王"的荞麦营养价值高。

【营养清单】据检测，其蛋白质含量达7%～13%，比大米、白面都高，其赖氨酸和精氨酸含量超过其他米和面。它的脂肪含量占2%～3%，其中人体必需的油酸和亚油酸含量很高。它含的维生素 B_1、维生素 B_2 比面粉多2倍，维生素 PP 含量比面粉多3～4倍。它还含有钙、磷、铁、镁等矿物质，其中铁和镁的含量丰富，这都有益于人体心血管系统和造血系统维持正常的生理功能。它含的膳食纤维有6%，是精制大米的10倍。荞麦中还含有芦丁等黄酮类物质。

【保健功效】中医认为，荞麦甘温、无毒。有健脾益气、开胃宽肠、消食化滞之功效。荞麦中芦丁可降血脂、软化血管。黄酮类物质可增加毛细血管致密度，降低其通透性和脆性，故有止血作用。荞麦中维生素 PP 可促进机体代谢，增强解毒能力，还具有扩张小血管和降低血液胆固醇水平的作用。荞麦中镁可促进纤维蛋白溶解，使血管扩张、抑制凝血的生成，具有抗栓塞作用，也可降血胆固醇，故常食荞麦可防治因毛细血管脆性引起的出血性疾病，并可作为高血压、冠心病、动脉粥样硬化、脑血管疾病的辅助治疗。荞麦还有抗菌、消炎、止咳平喘、祛痰作用。因此荞麦还有"消炎粮食"之美称。荞麦可消食积滞，作用明显，故民间称荞麦为"净肠草"。

【专家提示】荞麦保健功效为人们所欣赏，但食用荞麦不可一次食用过多；脾胃虚寒者慎用。

（七）营养价值完美的谷物——燕麦

燕麦，又称莜麦、玉麦。就营养价值讲，燕麦在谷类作物中占较高地位，它几乎没有其他粮谷类的主要缺点，堪称营养完全的谷物。

【营养清单】燕麦含蛋白质15%，明显高于一般谷类食物，含人体需要的全部必需氨基酸，特别是富含赖氨酸，故营养价值高。其脂肪含量达8.5%，高于其他谷物，故吃燕麦食品后不易感到饥饿，其中含大量亚油酸，它可降低血脂。每天吃燕麦，可使血胆固醇降低3%，因此燕麦还是预防高脂血症和心脑血管疾病的功能食品。燕麦含糖类64.8%，低于一般谷类食物，因此，

燕麦

在谷类食物中，燕麦是最适宜糖尿病病人食用的。其含矿物质特别丰富，每百克燕麦片含钙量高达 100 毫克以上，尤其是其中镁、铁、锰、锌等微量元素含量也比一般谷类高，可以说它是微量元素的宝库。燕麦中还含有皂苷和丰富的膳食纤维，它们具有降低血清胆固醇、三酰甘油、β‑脂蛋白等功能。它含维生素也较多，有 B 族维生素和丰富的维生素 PP 和维生素 E 等。

【保健功效】中医认为，燕麦味甘而平，无毒，有健脾益气、养胃和肠之功效。常食燕麦片，肯定对血脂过高、动脉粥样硬化、高血压、冠心病等有良效。另外对便秘、水肿、肠胃功能衰退等症也均有防治作用。

【专家提示】要保持其完美的营养价值，就必须吃粗加工的燕麦片、燕麦粥或面条，加工精的燕麦，其营养价值就会打折扣了。

（八）玉米是具有多种保健作用的粗粮佳品

玉米，原名玉蜀黍，又名苞米、苞谷、棒子等。玉米是世界上重要粮食之一，它在我国粮食中所占比重仅次于稻谷、小麦。

【保健功效】近年来玉米的抗癌功效颇为人称道。在非洲一些国家、意大利、西班牙、巴西等国，其癌症发病率低，而他们的主粮正是玉米。

玉米有益寿美容作用。其胚类含大量维生素 E 和不饱和脂肪酸等成分，具有增强人体代谢，调整神经系统，使皮肤细嫩光滑、抑制和延缓皱纹产生的作用。吃煮熟的嫩玉米棒，与吃玉米糁、玉米面大有不同，可将玉米粒的胚尖全吃进，其营养保健作用更明显。

中医认为，玉米甘平无毒，有补中开胃、除湿、利尿、利胆、降脂、止血之功效。对肾炎水肿、胆囊炎、胆石症、黄疸性肝炎糖尿病、高血压、消化不良有良效。

【专家提示】因玉米蛋白质中缺乏色氨酸，色氨酸在人体内可转成维生素 PP，故单一食用玉米易发生癞皮病。豆类不仅色氨酸多，而且所含维生素 PP 为游离型的，易被人体利用。故以玉米为主食地区，应多吃些豆类及其豆制品，以防癞皮病发生。玉米发霉后能产生致癌物，故发霉玉米绝不可吃。

（九）高粱的营养特点

食用高粱有黄、红、黑、白若干品种。不同品种高粱，其营养成分含量差别不大。

【营养清单】高粱与玉米稍不同的是高粱中淀粉、蛋白质、铁含量略高于玉米，而脂肪、胡萝卜素含量又低于玉米。

【保健功效】中医认为，高粱性味甘、涩、温，有和胃、健脾、止泻等功效。可用来治疗食积、消化不良、湿热、下痢、小便不利等症。高粱米糠（第二遍米糠），含大量鞣酸与鞣酸蛋白，故具有较好的收敛作用。

（十）甘薯被发达国家誉为"长寿食品"

甘薯，亦称番薯、红薯、白薯、山芋、红苕、地瓜等。已被冷落的甘薯，在美国、日本等地，却身价百倍，被誉为"长寿食品"。

【营养清单】①甘薯的营养素含量比较适当。除含有较多糖外，还含有蛋白质、脂肪、多种维生素、膳食纤维和钙、磷、铁等多种矿物质。其胡萝卜素、维生素 B_1、维生素 B_2、维生素 C 含量均比米、面多，其胡萝卜素、维生素 C 含量超过素有"小人参"之称的胡萝卜，这有利于减缓动脉硬化、保持血管弹性；因维生素 A 原多，故甘薯可治夜盲症；甘薯还含有人体所需的多种氨基酸，尤其是赖氨酸，它可弥补米面中的营养不足，故营养学家建议甘薯与米面搭配起来吃。②甘薯为生理性碱性食品。③甘薯中"黏蛋白"，是一种多糖和蛋白质的混合物，有人将它称为"长寿因子"。它可使胆固醇生成受抑制，此作用比毛豆、芹菜、菊花、当归的功效强 10 倍；它可防止血管脂肪沉积，维护动脉血管弹性，从而降低心血管病的发生；它对人体消化系统、呼吸、泌尿系统各器官的黏膜有特殊保护作用；它可有保持关节腔的润滑作用；它可防止肝肾中结缔组织的萎缩，从而防止胶原病的发生；它有提高人体免疫力，防止疲劳作用。④甘薯中含膳食纤维多，其纤维素含量可达 5%，而土豆含量仅 3%。⑤甘薯中含防癌、抗癌物质。⑥常适量吃新鲜甘薯可防治肥胖。这除了黏蛋白具有维持心血管弹性，使皮下脂肪减少的作用外，还因甘薯体积大，饱腹感强，不至于造成过度饱食的缘故。

【专家提示】甘薯被誉为"长寿食品"，但具体食用中又必须注意以下问题：①吃甘薯要适量。其中含一种"气化酶"物质，在肠内产生 CO_2，引起腹胀打嗝；含糖多，吃了可刺激胃酸分泌增加，吃多了会感到烧心、吐酸水，故要将甘薯与其他主食、蔬菜搭配吃。如果有胃肠不适者则慎食之。②禁食发芽的甘薯。甘薯发芽，其龙葵素含量大增，对人体有毒害作用。②甘薯最好熟吃。因甘薯中淀粉外包一层坚韧的膜，煮熟后可破裂，淀粉在淀粉酶作用下生成麦芽糖，故香甜可口。另外，生吃不仅不易被消化吸收，而且可因洗不干净而带菌，使胃肠受损害。另有一种吃法是将"山芋泥"或"山芋粉"掺到米面中做点心食用，这样还可避免发生腹胀和反酸水。④不吃有黑斑病的甘薯。

（十一）薏米被誉为"世界禾本科植物之王"

薏米，又名薏苡、薏仁米、薏苡米、米仁、水玉米、药玉米、回回米。因薏米的营养价值很高，故被誉为"世界禾本科植物之王"。

【营养清单】薏米含蛋白质12.8%、脂肪3.3%、糖类69.17%，所含蛋白质比米、麦高得多，人体必需的8种氨基酸齐全，且比例接近人体需要，还含有维生素 B_1、维生素 B_2、维生素 PP 和矿物质、粗纤维等。

【保健功效】薏米有防癌作用。其抗癌有效成分为薏苡仁脂、薏苡仁内脂等可用于胃癌、子宫颈癌的辅助治疗。薏米对由病毒感染引起的赘疣等有一定的治疗作用。如青年性扁平疣、寻常疣，用生薏米捣烂外敷或水煎服均可。薏米还是美容食品，常食使皮肤光泽细腻，消除粉刺、雀斑、老年斑、蝴蝶斑，对脱屑、疙瘩、皲裂、皮肤粗糙都有良效。薏米经常食用对治疗慢性肠炎、消化不良等症也有效果。中医认为，薏米味甘淡、性微寒，具有健脾补肺、利水湿、清热排脓的作用。主要用于治疗风湿痹痛、关节拘挛，以及水湿停留的水肿、泄泻、尿少；并治疗咳嗽、胸痛、吐脓血的"肺痈"和咳吐浊痰涎沫的"肺痿"。

【专家提示】大便燥结、滑精、孕妇、津液不足而小便多者不宜食用。

（十二）八宝饭带来的吉祥与健康

我国菜肴中以"八宝"为名的确实为数不少，如八宝鸭、八宝鸡、八宝肘子、八宝甜羹、八宝粥等，八宝饭也是其中之一。"八宝"一名具有无比珍贵、吉祥华丽、喜庆多宝之意，因此除了过年，其他节日或喜庆家宴均少不了"八宝饭"这道美味佳肴。

八宝饭用料讲究，烹煮精致，常由八种珍贵的主料配制而成。常用的主料有糯米、红枣、核桃仁、瓜子仁、龙眼肉、糖莲心、糖青梅、蜜渍海棠果及辅料白砂糖、玫瑰豆沙等加油脂制成。

【保健功效】①八宝饭有很好的健脾养胃和益气补肾作用。乏力神倦、便溏或便秘、水肿、消瘦、体弱、头晕、记忆力欠佳、耳鸣、腰酸者食之有益。②八宝饭热量高，虚热胃寒者也可吃。它含有较高的糖和脂肪，尤其是不饱和脂肪酸、微量元素、蛋白质等，营养丰富，能提高血糖，实肠润便、抗衰防老、健脑益智，是很好的滋补营养佳点。但脾胃消化功能欠佳，舌腻纳呆者不可多吃。③八宝饭黏腻、含糖量高，且有油脂，较难消化，多吃可引起血糖增高或高脂血症，故糖尿病人、冠心病病人、动脉硬化病人不宜食之。

二、蔬菜类

（一）洋葱是欧美国家推荐的"菜中皇后"

洋葱，亦名葱头、玉葱、园葱等。洋葱香气浓郁，是欧美国家推崇的"菜中皇后"。

【营养清单】洋葱含蛋白质、脂肪、糖类、纤维素、钙、磷、铁和维生素 B_1、维生素 B_2、维生素 B_6、维生素 C 和胡萝卜素等，还含苹果酸，芳香挥发油和具有药效的物质，如前列腺素、黄酮素等。洋葱既是好菜、调味品，又是一味良药。

洋葱是防治心脑血管疾病的良药。

洋葱具有防治癌症作用。

洋葱尚有其他医疗功效。洋葱中纤维素在肠道内吸收胆固醇和胆汁酸，可降低血胆固醇和胆结石的发病率；洋葱中槲皮类物质，具有强利尿作用，故可治肾炎等水肿；洋葱中有较多半胱氨酸，可推迟细胞衰老，使人延年益寿；洋葱辣味汁中提取的结晶物质有杀菌作用，可治痢疾、肠炎、感冒，外敷可治疮疖溃疡；洋葱中纤维素具有治疗便秘之功效。

【专家提示】多食洋葱可加重眼病、胃炎、皮炎、发热。洋葱的辛辣气味浓，切洋葱后用冷水洗手好；切洋葱后再切胡萝卜，可去除刀上洋葱味。值得注意的是，洋葱剥皮后要在 1 天内食完，否则它与空气接触可产生毒素，对人体有害。

（二）美味之花——菜花

菜花，又叫花菜。为十字花科植物。

【营养清单】花菜可食部分含丰富的胡萝卜素、维生素 B_1、蛋白质、脂肪、钙、磷、铁和其他维生素等，其维生素 C 含量相当于洋白菜的 1.5 倍、茴香 2 倍、韭菜的 3 倍。它含粗纤维少，故对老、幼、肠胃病患者较适宜。另外，其紫绿色品种比白色菜花所含胡萝卜素要高。

【保健功效】古代西方人对它推崇备至，认为它有爽喉、开音、润肺、止咳功效。素有"天赐的良药"、"穷人的医生"之美称。中医认为，菜花有助消化、增进食欲和生津止渴的作用。

美国等国家学者发现，菜花具有抗癌作用。美国防癌学会要求其居民在日常膳食中必须增加十字花科的蔬菜菜谱。

（三）卷心菜是欧美国家的"菜中王子"

卷心菜，又叫白心菜、圆白菜、洋白菜、莲花白，为十字花科植物。它是世界上主要蔬菜之一。近年来欧美国家称之为"菜中王子"。

【营养清单】卷心菜含蛋白质、脂肪、糖类、钙、磷、铁、钾、钠、铜、锌、钼、锰等矿物质和胡萝卜素、维生素 B_1、维生素 B_2、维生素 C、叶酸、纤维素等。其中维生素 C 含量丰富，每百克含 40～60 毫克，较柑橘类水果多出 1 倍以上。250克菜所含维生素 C 量足以满足成人 1 天需要量。

【保健功效】中医认为，卷心菜甘平无毒，有清热解毒、养血明目、健脾开胃、活血祛瘀之功效；卷心菜是减肥佳品，每百克菜只含 30 卡热量，是等量面包的 1/8，用它制作菜肴，食后易饱胀感，故有利于节食减肥；卷心菜含丰富叶酸，故是血液病患者的保健食品，不过高温可使叶酸破坏，故贫血患者吃其生菜汁为好；卷心菜对高血压患者有益，因它含多种氨基酸，其中有人体必需的氨基酸，还含多种矿物质较丰富，其钾/钠比值大，因而可阻止人体内液体的滞留，有益于平稳血压；卷心菜具有一定抗癌作用；卷心菜含锰，它是人体中酶和激素等活性物质的主要成分，可促进人体物质代谢，对正生长发育的儿童、青少年大有裨益；新鲜卷心菜汁含植物杀菌素及芥子油，可抑制细菌、真菌和原虫的生长繁殖，对从事于身体有害工种的人有益；经常食用卷心菜对防治肝炎、胆囊炎等慢性病有良效。

【专家提示】食用卷心菜热炒、凉拌、荤素皆宜，但烹调勿过度，否则可产生不良味道，当然也将大大降低其营养价值等。

（四）香港人称红薯叶为"蔬菜皇后"

红薯营养丰富，而红薯叶营养价值更高，其维生素、蛋白质、矿物质等含量均高于红薯块。

【营养清单】红薯叶和菠菜等 14 种蔬菜相比较，其蛋白质、胡萝卜素、维生素 C、钙、磷、铁、钾等含量均为菠菜的 2 倍以上，而草酸仅菠菜的一半。成人食用100 克，就可满足维生素 A 两天需要量，维生素 C 的 1/2 天需要量、维生素 B_2 的1/4 天需要量，同时还补充铁、钙、钾等元素及纤维素等。

【保健功效】红薯叶可提高人体免疫力，延缓衰老、降血糖、利尿通便、防癌等功能。它不仅为正常人的营养食品，而且也是某病人的功能食品。因此，在欧美、日本将其视为名菜，香港人称之为"蔬菜皇后"。

（五）萝卜称为"土人参"

萝卜，古称莱菔，为十字花科草本植物。其以坚实无筋，皮光肉肥甘美者为佳。其根、茎、叶、种子都可药用。

【营养清单】萝卜营养素丰富。新鲜萝卜除含有蛋白质、糖类、脂肪外，还含丰富胡萝卜素、维生素 B、维生素 C 和钙、磷、铁等。另外，还含一般蔬菜所没有的芥辣油、淀粉酶、氧化酶和催化酶等特殊成分。

【保健功效】萝卜既是人们喜食的佳蔬之一，又是防病治病的良药。人们将萝卜美称为"土人参"。中医认为，萝卜生者辛甘而凉。有助消化、生津开胃、润肺化痰、祛风涤热、平喘止咳、顺气消食之功效；熟者甘温，下气和中、补脾养胃、生津液、御风寒、肥健人、养血润肤，百病皆宜。民间有"冬食萝卜夏吃姜，不劳医生开药方"之说。萝卜子名莱菔子，味辛甘、性平。有下气、消积、化痰之功效。可消食积和腹胀、咳嗽痰喘等症；萝卜叶名为莱菔英；萝卜的老根也可供药用，名地骷髅，性味甘平，可利水消肿，用于治水肿、小便不利。

萝卜含莱菔素有较强杀菌力，对多种致病菌都有抑制能力。实践证明，萝卜对流感、慢性支气管炎、矽肺、煤气中毒、便秘、呕吐、菌痢都有效。萝卜可促进肠胃蠕动，帮助消化，增进食欲，故饭后吃些生萝卜可解油腻助消化。常吃萝卜具有降血脂、软化血管、稳定血压功能，故可预防动脉硬化、高血压、冠心病；萝卜汁可预防胆结石形成；将灭菌的萝卜汁保留灌肠可治多种胃肠病，如消化不良性腹泻、溃疡性结肠炎、过敏性结肠炎、不完全性肠梗阻等。

萝卜具有抗癌作用，尤其对食管癌、胃癌、子宫颈癌等抑制作用明显。

【专家提示】应当指出的是：①霜后萝卜味甜好吃，并可抗冻。②萝卜皮不要削去，因萝卜中钙含量的 99% 存在于皮中。③红、白萝卜不宜混食。因为红萝卜中含抗坏血酸酵素，可破坏白萝卜中抗坏血酸。若添加食醋，则红萝卜中抗坏血酸酵素的活性可急速减弱。故加食醋，可混吃。

（六）抗癌新军——韭菜

韭菜，又名起阳草、懒人菜、白根。为百合科植物，根、茎、叶、种子均可作药用。

【营养清单】韭菜辛香味美、营养素丰富。每百克含蛋白质 2.4 克、脂肪 0.6 克、糖类 4 克、粗纤维 1.1 克、钙 56 毫克、磷 46 毫克、铁 1.6 毫克、胡萝卜素 3.5 毫克、维生素 $B_1$0.03 毫克、维生素 B20.09 毫克、维生素 PP0.9 毫克、维生素 C40 毫克，并含大量维生素 E，还含挥发性油、硫化物、苷类和苦味物质。

【保健功效】韭菜辛甘而温，无毒。有温中行气、补肾益阳、化瘀解毒之功效。可治胸脘隐痛、噎膈、反胃、各种出血、腰脖疼痛、痔疮脱肛、遗精、阳痿、妇人经、产等症。如将鲜韭菜捣烂外敷患处可治跌打损伤、蛇狗虫蜇、灼伤肿痛等。韭菜子辛甘而温，无毒。有温肝补肾，壮阳固精，强壮腰脖的功用。主治阳痿早泄，腰膝酸软冷痛，小便频数，遗尿骨精女子带下等症。

维生素的功能、来源及供给量

	生理功能	缺乏时不良影响	主要食物来源
维生素 A	是上皮细胞和骨骼细胞分化时的调节因素，促进人体正常生长发育，维护视网膜内感光色素（视紫质）的正常效能，增强人体对疾病的抵抗力，促进生殖能力，延长人体寿命，并具有防癌作用	生长缓慢、发育不良，出现干眼症、角膜软化、夜盲症、皮肤干燥以及眼部、呼吸道、泌尿道和肠道对感染的抵抗力下降等	动物肝、鱼肝油、奶类、鱼卵、蛋黄等、苜蓿、菠菜、西红柿、茄子、白菜、胡萝卜、青椒、卷心菜、花菜、莴苣叶、萝卜茎叶、南瓜、杏、李、葡萄、香蕉、枣、甜薯等
维生素 B_1	主要以辅酶形式促进糖代谢，并维持神经传导功能，故可抗脚气病；维生素 B_1 可促进生长发育，增食欲、助消化		含粮谷、麦麸、米糠、酵母、豆类、坚果类、金针菜、木耳以及动物内脏、瘦猪肉、蛋黄
维生素 B_2	是机体中许多酶系统重要辅基的组成成分，参与构成黄素蛋白，并参与糖类、蛋白质及脂肪代谢	有激活维生素 B_6 作用，并与肾上腺皮质激素产生，红细胞形成，对体内铁吸收、储存和动员都密切相关	口角炎、唇炎、舌炎、阴囊皮炎、脂溢性皮炎等。动物肝肾、肉类、蛋、乳，另外还有绿叶蔬菜、野菜、豆类、菌藻类等
维生素 B_6	对机体糖代谢、脂代谢具有重要作用；可营养神经，对调节神经系统也有重要作用，并有抗脂肪肝作用	贫血、皮炎，并可产生抽搐等症	谷类，特别是米糠、酵母中含量为最多，豆类、肉、鱼、奶、蛋黄、白菜中含量也不少，成人每天需要量为 1~2 毫克

	生理功能	缺乏时不良影响	主要食物来源
维生素 B_{12}	可促进正常红细胞的发育、成熟，可预防恶性贫血	提高血浆中蛋白质含量、促进维生素 A 在肝内储存、促进胡萝卜素转为维生素 A、促进胆碱生成，并有抗脂肪肝作用	主要存在于动物肝、肾、蛋类、奶类、鱼、贝类、发酵豆制品、海藻类等。一般成人每日需 1～3 微克
维生素 C	促进人体生长，增强人体对疾病的抵抗力，能增强体内的氧化作用，促进细胞间质中的胶原形成，维持结缔组织正常代谢，具有抗癌作用		新鲜蔬菜和水果。水果中柑橘类、枣、山楂等含量丰富；野生的苜蓿、刺梨、沙棘、猕猴桃、酸枣等含量尤为丰富
维生素 D	促进肠内钙、磷吸收和利用，与构成健全骨骼和牙齿的正常钙化有关	儿童易患佝偻病，成人易患骨软化病	动物肝、鱼肝油、奶类、蛋黄、鱼类等。维生素 D 的供给量标准详附录 A
维生素 E	抗氧化，阻止脂质过氧化，进而减少脂褐质生成，延长细胞寿命，故可抗衰老；此外，可保护生殖上皮细胞、促进肌肉正常生长发育、抑制肿瘤发生等	可致不育症、习惯性流产、肌萎缩、衰老等症	植物油、谷类胚芽、坚果类、杏仁、芝麻等，几乎所有绿色蔬菜都有之；另外，肉类、奶类、蛋及鱼肝油等都含有维生素 E
维生素 K	可促进血液凝固	凝血因子减少，血凝时间延长，故易出血	维生素 K，一方面由肠道细菌合成，占50%～60%；另一方面从食物中来，绿叶蔬菜含量高，其次是奶和肉类，水果和谷类含量低
维生素 PP	以尼克酰胺形式在体内构成辅酶Ⅰ和辅酶Ⅱ，参与机体氧化过程；还具有扩张血管、助消化、维护皮肤和神经功能、降低血胆固醇作用	癞皮病	动物肝、酵母、米糠、全谷、豆类、花生、叶菜类，维生素 PP 日供给量相当于维生素 B_1 的 10 倍

	生理功能	缺乏时不良影响	主要食物来源
叶酸	对蛋白质、核酸合成，各种氨基酸代谢有重要作用	巨幼红细胞性贫血	绿叶蔬菜、酵母、动物肝肾，人体肠道也可由微生物合成一部分叶酸，并为人体利用，成人日供量为 200～400 微克，人类一般不发生叶酸缺乏症

现代医学研究证明，韭菜可促进食欲、降低血脂，对高血压、冠心病有益；具有杀菌作用；韭菜含粗纤维，食后有一定饱胀感，故有减肥作用。韭菜中粗纤维刺激肠蠕动，促进排便，防便秘和大肠癌变。另外，韭菜中含丰富胡萝卜素，其含量是其他蔬菜的几倍或几十倍，仅次于胡萝卜，而胡萝卜素具有一定抗癌作用，故韭菜是抗癌新军。

【专家提示】韭菜为辛温补阳之品，多食可致鼻出血，甚至痔疮出血，故阴虚火旺及湿热症患者不宜食用。韭菜含粗纤维多，不易被肠胃消化，故胃肠病患者、老、幼者不可过食之。另外韭菜不论炒吃还是做馅，都不可加热过久，否则味道变差，营养素损失。因韭菜含大量硝酸盐，炒熟后存时过久，转化为亚硝酸盐，故忌食隔夜韭菜。

（七）竹笋享有"蔬食第一品"的美誉

竹笋，又名竹萌、竹芽、竹胎、毛笋、毛竹笋等，为竹类的嫩茎、芽。自古都将竹笋列为山珍之一，故享有"蔬菜皇后"和"蔬食第一品"之美誉。

【营养清单】竹笋不仅清鲜，而且富含营养素。含蛋白质、脂肪、糖类、纤维素、钙、磷、铁及维生素 B_1、维生素 B_2、维生素 C 等，其中包括了所有 16 种氨基酸等。

【保健功效】中医认为，竹笋味甘、微寒、无毒。有益气力，利水道，下气化痰，健脾开胃，通便之功效。用鲜竹笋煮粥吃，可治消渴、久泻久痢、脱肛、水肿等症。

竹笋含较强的吸附油脂的纤维素，食入一定量竹笋后，油脂可随粪便排出体外。一般连吃 10 天，每天摄入 50～100 克，3 个月内可有减肥效果。另外常吃竹笋可治便秘。鲜竹笋根煮水代茶饮，可降血胆固醇，对高血脂、动脉硬化、高血压患者大有裨益。

【专家提示】由于竹笋中含大量草酸，与钙易结合成草酸钙，不仅妨碍钙吸收，还可妨碍锌吸收。儿童正处于生长阶段，故不宜多食。另外，患胆或尿路结石者也不宜多食。竹笋在烹饪前，用沸水煮5～10分钟为好，这样不仅可除草酸，而且可去除涩味，使菜味更鲜美。

（八）山药——温和的补养品

【营养清单】山药，自古以来被视为补虚佳食，含有丰富的营养物质。每百克含蛋白质1.9克、糖类11.6克（主要为淀粉），还含一定量的维生素、矿物质等，另外尚有黏液质、胆碱、淀粉酶、皂苷、游离氨基酸、多酚氧化酶、甘露聚糖等物质，且较丰富。具有滋补作用，为病后康复佳品。

【保健功效】中医认为，山药甘平无毒，可补脾胃、益肺肾、助消化、止泻下、益气力。久服强壮身体，可治精神倦怠、食欲差、消化不良、慢性腹泻、虚劳咳嗽、遗精盗汗、妇女白带、糖尿病及夜多小便等。中成药"六味地黄丸""金匮肾气丸"等，皆重用山药。

山药

现代医学研究证实，山药可增强免疫功能、延缓细胞衰老，故常食山药可延年益寿；山药内含脂肪少，并且所含的黏蛋白可预防心血管的脂肪沉积，保护动脉血管，从而防止动脉硬化；还可使皮下脂肪减少，防止肥胖。山药所含的黏液多糖物质与矿物质类相结合，可形成骨质，使软骨富有弹性。

【专家提示】因山药有收敛作用，故大便燥结者一般不宜食用。

（九）辣椒保健康

辣椒，又名辣茄、番椒、大椒、辣子等，属茄科植物。

【营养清单】辣椒营养素丰富，含蛋白质、脂肪、胡萝卜素、维生素C等维生素及钙、磷、铁等矿物质。其维生素C含量在蔬菜中名列前茅，每市斤含1.6克，二两辣椒即可满足成人一日需要量。神奇的红辣椒只需一个就可供成人每天对维生素A的需求。

【保健功效】辣椒味辛、性热，吃辣椒可有效祛病保健康。①辣椒素可兴奋心脏，加快血液循环。故可治疗生理痛、冻伤、怕冷症、血管性头痛等。②辣椒温暖力强。可减轻手、膝、腰等关节部位发冷和内脏发冷，从而减轻腰痛、风湿痛、腹痛、鼻炎、咳嗽、哮喘等病症。③可预防心脏病发作和脑中风发生。④辣椒对结核杆菌有轻微抑制作用。⑤吃辣椒可增强体力，喝碗辣椒汤可防治感冒。⑥适量食用可增强唾液、胃液分泌，故可增食欲、助消化。⑦辣椒素可缓解糖尿病、神经痛、带状疱疹等引起的皮肤疼痛。在美国南部用辣椒粉止痛已有数百年历史。

【专家提示】吃辣椒加点醋有好处，因醋酸可中和部分辣椒碱，去除一部分辣味，还可减少辣椒中维生素 C 的损失，并促进其吸收。食用辣椒有讲究，因辣椒性热，具有很强刺激性，故阴虚火旺、眼睛有热症时不宜吃；患有各种炎症性疾病，如胃肠炎、食管炎、胃溃疡、牙疼、痔疮等病症，在消化道出血恢复期的病人都应慎食或忌食为好。

调查表明，墨西哥人特喜吃辣椒，胃癌曾为该国居民的"第二杀手"。对我国四川、湖南等地调查，发现胃癌、胃病的发病率并不比其他省份发病率高。究其原因，很可能因为大量辣椒素可引起血压升高、胃溃疡、胃癌，而少量辣椒素反可加快血液循环，有抗癌作用。因此，辣椒适量食用有益，过量食用是有害的。

（十）健脑美食——黄花菜

黄花菜，又名金针菜。鲜黄花菜经过蒸煮、晾晒成干制品后，其秋水仙碱被破坏，故干品无毒，泡发后即可烹制。黄花菜与别的蔬菜一起烹调，既柔软清香，又甜美可口。它与猪肉、母鸡炖食鲜美可口，滋补身体。

【营养清单】黄花菜营养价值高。每百克干品含蛋白质 14.1 克（几乎与动物肉相近）、胡萝卜素 3.44 毫克（超过胡萝卜）、钙 463 毫克、镁 85 毫克、磷 173 毫克、铁 16.5 毫克，还含有脂肪及维生素 B_1、维生素 B_2、维生素 E 及钾、锰、铜等矿物质。

【保健功效】中医认为，黄花菜甘平无毒。有安五脏、利心志、健脾开胃、利湿热、宽胸膈、止血、催乳汁、治黄疸等功效。黄花菜具有较佳的健脑、抗衰功能，具有安定精神作用，故美称为"健脑菜"；黄花菜营养好，对胎儿发育有益，故孕妇与产妇、乳母可作为保健食品；它具有明显降低血胆固醇作用；用其根端膨大体炖肉、鸡，对治疗贫血、头晕有良效；其根有利尿、凉血作用，可治水肿、黄疸等；嫩苗能消食、利湿热：黄花菜炖肉可催乳等。

（十一）蕹菜的营养保健作用

蕹菜，俗称空心菜、藤藤菜。

【营养清单】蕹菜是一种营养素丰富，人们喜食的绿色蔬菜。每百克含蛋白质3.2克、糖类7.4克、钙188毫克、磷49毫克、铁4.1毫克、胡萝卜素3.25毫克、维生素C15毫克以及少量脂肪、各种氨基酸。与西红柿相比，其所含维生素A、维生素 B_2、维生素C、维生素E均较高。

【保健功效】中医认为，蕹菜味甘性平、无毒。有清热、凉血、解暑、去毒、利尿等功效。煮食可解胡蔓（即野葛）、黄藤、钩吻、砒霜、野菇毒，并可治小便不利、便秘、尿血、鼻出血、咯血等病症；外用治疮痈肿毒、蛇虫咬伤；蕹菜配以冬瓜烧汤吃，可治肾炎水肿；乳母多吃蕹菜可促泌乳。

（十二）茼蒿的营养保健作用

茼蒿，俗称蓬蒿，亦叫蒿菜。茼蒿有特殊香味，也有人不爱吃。茼蒿入馔，最适煸炒。

茼蒿含胡萝卜素、钾、钙、铁、钠等，还含一种挥发性精油，具有开胃、健脾作用；还含胆碱、腺体等有机物质，具有补脑，增强记忆力之功效；其纤维素有通便作用。中医认为，茼蒿甘辛而凉，无毒。有安心气、清心化痰、健脾开胃、利肠腑之功效。

（十三）茭白催乳通便效果佳

茭白，又名菰笋、茭笋、菰菜。以田种肥大纯白而味甘者为佳。其口味甘美、鲜嫩爽口。茭白的营养价值也可，含蛋白质、脂肪、糖类、钙、磷、铁以及维生素 B_1、维生素 B_2、维生素C和维生素PP等。

【保健功效】中医认为，茭白甘冷。有清湿热、解热毒、防烦渴、利二便、解醉酒和催乳汁功效。茭白与泥鳅、豆腐煮羹，调少许醋，食之催乳佳；常食之对通便甚佳。

【专家提示】由于茭白性冷，故脾胃虚寒、大便不实者少吃。另外，其难溶性草酸钙较多，故尿路结石者少吃。

（十四）益寿美容话冬瓜

冬瓜，其皮上有白色腊质、果肉呈白色，故名白瓜。

【营养清单】冬瓜每百克内含蛋白质0.52克、糖1.9克、钙19毫克、磷12毫克，还含胡萝卜素和维生素 B_1、维生素 B_2、维生素C、维生素PP。令人瞩目的是，冬瓜内含有"丙醇二酸"，可防止人体内脂肪堆积，故有消肥降脂美容之功效。《本草经》说冬瓜"令人悦泽好颜色，益气不饥，久服轻身耐老。"可见，冬瓜自古就被当成益寿美容的佳蔬。冬瓜具有含钠量很低、含糖量少的特点，是肾病、水肿、糖尿病患者合适的蔬菜。

【保健功效】冬瓜是一味良药，冬瓜的肉、子、叶、皮、藤、瓤均可为药。中医认为，冬瓜性味甘凉无毒，有利水、消瘦、清热、解毒之功效。可治咳嗽、水肿、暑热烦闷、消渴、泻痢、痈肿等症。也能解鱼蟹毒、酒毒。现代医学认为，冬瓜对动脉硬化症、冠心病、高血压、肾炎等病症均有良效。冬瓜子内富含亚油酸、组氨酸、葫芦巴碱等，还含有可抗病毒、抗肿瘤的干扰素，能抑制病毒和肿瘤的生长。

（十五）苦瓜医用价值高

苦瓜，俗称锦荔枝、癞葡萄。未熟嫩果作蔬菜、成熟果瓤可生食。苦瓜味苦，但此苦味与其他苦味不同，吃后令人口舌有凉爽的感觉。将其切成片，用水稍煮后再烹调，可减除苦味。苦瓜可酱可腌。

【营养清单】苦瓜的营养价值不在西瓜、南瓜之下。瓜类中苦瓜含维生素 B 最多，维生素 C 含量达 84 毫克/100 克，比其他瓜类多。含铁 6.6 毫克/100 克。它还含蛋白质、脂肪、糖类、钙、磷、胡萝卜素等营养成分。

【保健功效】苦瓜不仅是好菜，而且还是一味良药。中医认为苦瓜苦寒而甘。有清暑涤热、明目解毒、解疲劳、益气力的功效。从苦瓜中提炼出的"奎宁精"，含生理活性蛋白，有益皮肤新生及伤口愈合，故常食之，可增强皮肤活力，使皮肤细嫩。研究发现，苦瓜含"多肽－P"化学物质，对糖尿病治疗如同胰岛素一般有效；苦瓜中含避孕功效的物质；苦瓜中含苦瓜蛋白，对治疗癌症有效药物。

（十六）多食黄瓜益健康

黄瓜性喜温湿，含水量多达98%，香脆可口，其吃法多样，既可生食、凉拌和炒菜，也可加工成酱瓜等。

【营养清单】黄瓜内含维生素 A、维生素 B_1、维生素 B_2，比西瓜高 1 倍，含维生素 C 比西瓜高 5 倍，此外还含钙、磷、铁、大量钾盐和糖类、苷类、蛋白质等营养素。

【保健功效】李时珍说："黄瓜气味甘寒、清热解渴，利小便"。其苦味较重的头部含葫芦素 C，有抗肿瘤作用。用黄瓜汁可清洁和保护皮肤、舒展皱纹，用来美容。黄瓜中含娇嫩的细纤维素，对促进肠道腐败食物的排泄和降低胆固醇有好处。鲜黄瓜含有丙醇二酸，能抑制糖类变为脂肪，肥胖者适当多吃些黄瓜有减肥作用。

【专家提示】黄瓜中含维生素C分解酶，当黄瓜与维生素C药丸或其他食物同时吃，则可破坏维生素C。因此，黄瓜、胡萝卜（也含维生素C分解酶）生吃时加醋，则可免受维生素C分解之害。

（十七）粮蔬药兼优的土豆

土豆又称洋山芋、地蛋、山药蛋、土卵、洋苕，学名称马铃薯。土豆在世界上是继小麦、水稻、玉米、燕麦之后的五大粮食作物之一，且为某些国家的居民主食，人们用它做面包、馒头、烙饼等，故欧洲人称之为"第二面包"。在我国，主要用土豆烹制各种菜肴，且荤、素皆宜。

【营养清单】土豆的营养素非常丰富，被国外誉为"十全十美"之食物。500克土豆中含天然植物脂肪0.2克、蛋白质13.0克、淀粉73克、膳食纤维3.5克。各种维生素（维生素B_1、维生素B_2、维生素B_6、维生素C、维生素A等）的总含量是胡萝卜的2倍、大白菜的3倍、西红柿的4倍，其中维生素C含量高达70毫克。另外，还含有人体必需矿物质，如钙、磷、钾、镁、铁等。

【保健功效】土豆被誉为"减肥食物"，因土豆所含糖、脂肪、蛋白质，与等量大米、面粉相比，所产生热量要低得多。这样不仅供给一定量的必需营养素，又可避免摄入和储存过多热量。土豆既是优粮佳蔬，又有较高药用价值。土豆中淀粉在体内缓慢吸收，并不含单糖，不会形成血糖过高，故糖尿病病人宜食之。研究表明，土豆含一定量干扰素，故对胰腺、肝、食管、子宫、乳腺癌有辅助疗效；土豆含丰富钾元素，他们认为每天吃一个土豆，可与吃香蕉、桃、杏等一样，具有降血压和减少脑中风发生的良好功效。在祖国医学中，土豆也被认为是一种良药。它性平，具有味甘、益气、和胃、调中、健脾、消肿之功效。可治皮肤湿疹、脓肿、便秘、胃及十二指肠溃疡等病症。

【专家提示】不要吃发了芽、皮变青、变红、变紫的土豆，否则会发生龙葵素中毒。另外，土豆皮中有配糖生物碱，食用过量可中毒。如带皮烹调，有毒化合物可转向土豆果肉之中，剥皮则可去除。因此，土豆剥皮烹调才有益健康。

（十八）"小人参"胡萝卜

胡萝卜，俗称红萝卜、黄萝卜、香萝卜等。胡萝卜有"小人参"之称，雅称"金笋"。在西方国家，胡萝卜被视为餐桌佳品，荷兰将它列为国菜。中国民间常把它和小米、玉米一起熬粥吃，充食养身，别有风味。

【营养清单】每百克胡萝卜含蛋白质0.6克、脂肪0.4克，葡萄糖、果糖和

中华饮食养生保健

蔗糖8.3克、钙19毫克、磷29毫克、铁0.7毫克，此外还含有木质素、维生素C、维生素 B_1、维生素 B_2、维生素PP、叶酸及大量胡萝卜素等。

【保健功效】胡萝卜味甘辛、性微温。有健脾化滞、养血明目、止咳之功效。现代医学研究表明，胡萝卜素在人体内转变成维生素A。胡萝卜素是抗氧化剂，可保护人体免受氧自由基损害，有助于乳癌、肺癌、食管、胃、直肠、胰腺、前列腺、子宫、膀胱癌的防治，并有益于防治夜盲症、眼干燥症，维护眼睛健康。胡萝卜含维生素 B_1、维生素 B_2、维生素C等，对润泽皮肤、消除皱纹和斑点有一定作用。胡萝卜中还含木质素及较多的叶酸，也有防癌抗癌作用。胡萝卜中大量果胶可结合汞排出体外，故它是经常接触汞者的保健品。它还含琥珀酸钾盐，可降血压（胡萝卜汁每日三次、每次50毫升，口服有效）。胡萝卜还有降低血脂，增加冠状动脉血流量的作用。胡萝卜汁还可防细菌感染性疾病，有保肝作用，对皮肤病，甚至白癜风都有一定疗效。美国福特研究表明，它对预防糖尿病也有帮助。

【专家提示】①生吃胡萝卜，人体吸收的营养效价只有4%；煮熟，将其捣碎成泥再食，吸收增加4倍；将其油焖，人体吸收营养效价达9.4%；②它怕醋，故食用时最好不加醋；③过多食胡萝卜，可影响卵巢黄体素合成，故有可能导致不孕；④过量吃胡萝卜，由于β-胡萝卜素进入人体较多，皮肤可出现黄色，但不危害人体，停食后，其皮肤黄色可消失；⑤胡萝卜不宜做下酒菜，因胡萝卜素与酒精一同进入人体，就可在肝中产生毒素，引起肝病。

（十九）新兴无公害蔬菜——结球莴苣

结球莴苣与普通莴苣不同，它外形似洋白菜，净球重为0.5~1千克，质脆嫩，是理想的半耐寒性速生蔬菜。整个生长期不喷药或极少喷药，还可无土或水栽培种植，故清洁卫生、无污染，为无公害的清洁蔬菜。

【营养清单及保健功效】结球莴苣每百克可食部分含蛋白质1.3克、脂肪0.1克、糖类2.1克、粗纤维0.5克、灰分0.7克、钙40毫克、磷31毫克、铁1.2毫克、胡萝卜素1.42毫克、维生素 $B_1$0.06毫克、维生素C10毫克、维生素PP0.4毫克。其乳状浆液味道清新，略苦，能刺激消化，增进食欲，对消化无力、酸度低、便秘者大有裨益。结球莴苣中还含丰富的钾、碘、氟等，它易于被人体消化吸收，是老人、孕妇、虚弱者佳品。患神经官能症、高血压、失眠等患者，白天生吃其叶数片，晚间喝嫩叶或干叶泡出汁液（20克叶加100毫升水浸泡）10~20毫升，长期服用，效果甚好。

（二十）多吃莴苣好处多

莴苣，俗称莴笋。

【营养清单及保健功效】莴苣作为蔬菜，其糖类含量最少，而矿物质及维生素含量应有尽有。莴苣所含铁易被人体吸收，故适宜于贫血、孕妇、老人、体弱者。莴苣含钾，是含钠量的 27 倍，这对高血压病人大有裨益。莴苣含碘，是防治硬化的"好药品"。莴苣含较多氟，对牙釉质和牙质形成与保护，对骨骼生长发育都有益。莴苣中还含锌盐，而锌盐是胰腺正常活动所必需的，加上莴苣中胰岛素激活剂的维生素 PP 含量丰富，故吃莴苣对糖尿病人有益。莴苣中含酶，还有促进甲状腺活动的刺激素。它的乳状浆液味道清新，并略带苦味，能刺激消化，增加食欲，对消化无力、酸度低、患有便秘的人特别有用。

【专家提示】莴苣中有草酸和嘌呤，故尿路结石病人不宜吃莴苣。

（二十一）芹菜也是一味良药

芹菜可有水芹和旱芹之分，其性味相近，药用以旱茎为佳。近年来，我国从西方引进芹菜品种，其特征、特性和栽培技术与"本芹"有一定差异，人们称之为"西芹"或"洋芹"或"西洋芹"。"西芹"与"本芹"虽在特征上有差异，但在营养成分上还是相同的。

【营养清单】每百克芹菜含蛋白质 2.2 克，比瓜果菜高 1 倍多，并有多种游离氨基酸，皆为机体所需。芹菜中脂肪及糖类含量较低，故为低热量食品之一，更适合于肥胖者。芹菜中丰富维生素及矿物质，如钙 160 毫克、磷 61 毫克、铁 8.5 毫克，其钙、铁含量为西红柿含量 20 倍。芹菜还含挥发性芳香油，可增进人们食欲，促进血液循环，安定中枢神经等。旱芹又可分香芹和药芹。香芹茎短而圆、有香味，宜凉拌食用。药芹茎长呈扁形，有药味，可炒、可做馅、汤，可煮粥，药效较佳。芹菜炒肉丝、芹菜炒干丝是家常菜。其腌渍、酱制之品，别有风味。

【保健功效】芹菜是一味良药。芹菜性凉，具有平肝、清热、祛风、利尿、健脾、降压、健脑和提神之功效。研究证实，芹菜茎叶中含芹菜苷、佛手苷内脂、挥发油等成分，有降压、利尿、镇静、增进食欲和健脾胃等药效。芹菜中含有一种能溶解血脂的物质，有降脂、降血压、软化血管作用。对原发性高血压、更年期高血压有防治效果。芹菜与菠菜凉拌食用，可治疗高血压引起头晕头昏、面赤便秘、心烦易怒等。食用芹菜对血管硬化、神经衰弱、小儿软骨病、妇女白带过多、小便不利症都有辅助治疗作用。芹菜含可中和血中过多尿酸的物质，故可缓解痛风症状。

食用水芹可部分抵消烟草中致癌物对肺癌的影响，故有利于防治肺癌。研究发现，男子食用芹菜2周，可使精子减少，起到避孕作用。停食4个月后，精子量可复原，无副作用。

【专家提示】芹菜叶的营养比柄高得多，吃柄不吃叶的习惯要摒弃。另外，芹菜性凉而滑利，大便溏薄者不宜过多食用之。

（二十二）菠菜有"红嘴绿鹦哥"的雅称

菠菜为绿叶、粉红根，故有"红嘴绿鹦哥"的雅称。其含铁量位蔬菜中前列，故又称为"补血菜"

【营养清单】菠菜营养丰富，每百克菠菜还含蛋白质2.4克、脂肪0.3克、糖类3.7克、钙103毫克、磷42毫克、胡萝卜素3毫克、维生素 B_1 0.06毫克、维生素 B_2 0.16毫克、维生素PP0.68毫克、粗纤维0.7克。

【保健功效】中医学认为，菠菜性甘凉，入胃、大肠经，具有养血、止血，滋阴润燥、解酒、防感冒、抑癌症等功效。适当多吃菠菜，对健全肠胃功能、防治贫血、鼻出血、夜盲症、坏血病、呼吸道疾患、便秘、高血压、糖尿病、神经衰弱等均有益。美国哈佛大学专家研究表明，常吃（每周至少2次）菠菜，使罹患视网膜退化症的危险减少一半，这与菠菜含丰富胡萝卜素有关。美国专家研究还表明，菠菜含丰富抗氧化剂，抵抗自由基对脑功能不良影响。常吃菠菜可减少老年性痴呆和帕金森症发生。科学家已从菠菜中分离出一种具有极强的抗变异原活性的物质，它可促进人体特异性抗癌细胞增殖和癌抗体的产生。另有报道，菠菜可治黄褐斑；患皮肤瘙痒的人多吃菠菜可减轻症状；另外菠菜根配合药物可治糖尿病。

【专家提示】然而，菠菜中含草酸每百克约300毫克，故过食菠菜有碍人体吸收钙、锌，进食前宜先用沸水烫软捞出，再烹炒食用可除部分草酸。对软骨病、肺结核缺钙、尿结石、婴幼儿生长期急需钙质者及胃肠虚寒性泄泻者，菠菜都应少吃为好。

（二十三）纤纤玉指——黄秋葵

黄秋葵，人们吃它的幼嫩果实。因其果实外形似羊角，故又名"羊角菜"。其颇为形象的英文名字叫"Lady's Fingers"，翻译成"纤纤玉指"。黄秋葵品种多，从果色上分为白绿、浅绿、深绿乃至紫红色的；从果实的横切面看，有五角、六角、七角直至十角不等。其幼果长至7~10厘米时食用，品质最佳。若过迟采收，其纤维就增多，故品质就下降。

【营养清单及保健功效】黄秋葵营养丰富，除含有高量的蛋白质外，还含有糖类、铁、钙、各种维生素等，其含量比一般蔬果要高。此外，嫩果中有一种黏滑汁液，内含果胶、牛乳聚糖和阿拉伯聚糖等，具有特殊香气和风味，令人常吃不厌。黄秋葵还有保健作用，常吃黄秋葵对胃炎、胃溃疡、肝病等疾患有一定辅助治疗效果。

【专家提示】黄秋葵植株生长强健，抗病虫害能力强，极少用农药，故黄秋葵是一种值得倡导食用的无公害蔬菜。

（二十四）芋头家族有佳品

芋头通常又称芋芳、毛芋、土芋、芋根、芋魁等。

【营养清单】芋头营养成分与土豆差不多，每百克可食部分中含蛋白质2.2克、糖类17.5克、脂肪0.1克、钙19毫克、磷51毫克、铁0.6毫克及维生素B_1、维生素B_2、黏胶、皂素等。

【保健功效】芋头含多糖类高分子植物胶体，其药用价值好，它具有解毒消肿、益脾胃、调中气、化痰和胃、宽肠止渴功效。它不含龙葵素，是肠胃病、结核病人的佳品。它含聚糖体，可增强人体免疫功能，可降低胆固醇，防止血管硬化，芋头与半夏、天南星等中药同科，半夏、天南星是中医常用抗癌药，而芋头则是有抗癌作用的食品，故对鼻咽癌、甲状腺癌、子宫颈癌有一定辅助疗效。

【专家提示】不过，芋头有小毒，不可生吃；熟芋多吃会闷气、脾胃虚弱者慎吃，老人和消化不良者不可贪食。另外，剥生芋手痒时，只需先用热水漂洗再剥即可。

（二十五）清香宜人香椿芽

香椿，又名红椿、猪椿、香椿芽、香椿尖、虎目树、春阳树。

【营养清单】香椿嫩叶及芽尖是一种高级营养蔬菜。其香味浓郁、味道鲜美，颇受人们青睐。鲜椿芽中含糖4%、蛋白质8.58%、脂肪0.9%、粗纤维1.9%；每百克椿芽中含胡萝卜素1.15毫克、维生素$B_2$0.13毫克、维生素C86毫克，可与含维生素C高的辣椒相伯仲；另外，每百克椿芽中含钙110毫克、含磷120毫克，其含铁量为一般蔬菜的10倍。

【保健功效】香椿芽具有多种药用价值。用香椿芽制成的煎剂，具有抑制金黄色葡萄球菌、肺炎球菌、大肠埃希菌、绿脓杆菌、伤寒杆菌、痢疾杆菌等作用。中医认为香椿芽性平味甘无毒。《陆川本草》曰：香椿能"健胃、止血、消炎、杀虫。治子宫炎、肠炎、尿道炎"。其根皮入药，有止血功效。香椿叶捣汁外敷，还可治疮痈肿。内服治湿热泄泻、痢疾等症。香椿子炖大肉可治风湿性关节炎。我国民间有"食用香椿，不染杂病"的说法。

【专家提示】采摘香椿最好季节是"谷雨"之前。但香椿中含许多亚硝酸盐，其量高于一般蔬菜。盐水腌制未腌透，其含量更高，故吃香椿要新鲜，吃前用开水烫，必须吃腌透的香椿。

（二十六）白菜——"菜中之王"

白菜，即大白菜。艺术大师齐白石称白菜为"菜中之王"。

【营养价值】白菜营养价值较高，它含蛋白质、水溶性维生素、钙、纤维素均高于一般瓜果类蔬菜。每百克含维生素C24毫克，居蔬菜前列。每百克含钙41毫克、磷35毫克，还富含锌，每500克白菜含锌21毫克，已足够成人日供给量。

【保健功效】俗话说："鱼生火、肉生痰、白菜豆腐保平安"。白菜含维生素C多，它可促进人体生长及造血，预防坏血病，白菜中含吲哚—3—甲醇，它可分解同乳腺癌相关的雌激素，故多吃白菜可防乳腺癌等；白菜中含钾多、含钠少，故可使机体不保存多余水分，减轻心脏负担；白菜富含纤维素，故是通便良药，并可排除多余胆固醇，对动脉硬化病人有益，同时在肠胃中吸附有毒物质，进而可减轻肝、肾负担。

【专家提示】《本草纲目》说到白菜有微毒，是指隔夜熟白菜、未腌透白菜，其中硝酸盐多。抵抗力差的人，其肠内硝酸盐还原菌大量繁殖，可将其转成亚硝酸盐，使机体中毒。这在绿叶蔬菜中，如小白菜、菠菜等中都须注意此问题，未腌透菜或隔夜菜汤不宜随便吃。另外冻白菜含亚硝酸盐多，故最好不吃冻白菜。

（二十七）盐碱池里的小草——海英菜

海英菜，学名盐地碱蓬。生长于沿海及盐碱地区的渠岸、荒野湿地，是我国温和气候区盐土碱地的指示性植物。

海英菜含丰富的钙、铁、钾等矿物质和维生素C、维生素B_1维生素B_2、维生素PP、β-胡萝卜素等维生素，经常食用，具有营养保健作用。《本草纲目拾遗》记载它具有"清热、消积"之功。研究发现，其种子含油量36.54%，出油率达28%以上，其不饱和脂肪酸占脂肪总量的91.84%，必需脂肪酸占脂肪酸总量的80%，完全可作新的油料作物。它是比大豆、鸡蛋更为优良的新型蛋白资源。因此，吃海英菜具有极好的营养保健作用。

（二十八）香菜的药用

香菜，学名胡荽，也叫芫荽、香荽。原产地中海沿岸国家，相传为汉代张骞出使西域时带回，故称"胡荽"。其根、茎、叶、子都可入药。

【营养价值】它的嫩茎和鲜叶，有特殊香美气味，在菜肴烹制中主要用来作调料。把香菜放在鱼类菜肴中可减鱼腥；放在汤中可提味增鲜。香菜含蛋白质、脂肪、糖类、胡萝卜素、维生素A、维生素C，还含松精、香叶油、苹果酸以及铁、钙、锌、钾、镁等元素。

【保健功效】《本草纲目》说："胡荽辛温香窜，内通心脾，外达四肢。"香菜全草可入药，香菜子药名"芫荽子""胡荽子"。小儿麻疹初起，特别透发不畅时，用香菜茎叶或子煮汤，让患儿熏吸，或用香菜擦拭患儿颈部及全身，可诱疹透发，但为防止面部出疹过多，故不要擦面。对误含毒蕈引起中毒，"胡荽子"可解毒。干香菜煎汤服，可治产后乳汁不足。由于香菜含有多种维生素，具有清热功能，故常吃香菜有清热解毒，提高视力，减少眼疾的功效。

（二十九）"昆仑紫瓜"——茄子

茄子，又称落苏，其根、茎、叶、果实均可作药用。

【营养价值】其营养价值高，含蛋白质比叶类、瓜类菜高1～3倍，还含很多维生素及矿物质。每500克茄子含锌14.4毫克，足够成年人每日需要量。含维生素P（芦丁）最多，紫茄每百克含700毫克以上。另外，茄子皮层中含有大量维生素E，其维生素E含量也位于蔬菜的前列，维生素P最集中地方是在紫色表皮和肉质联结处，故紫色茄为上品，另外，茄子也是含纤维素最多的食物之一，并含较多的果胶质等。

茄子

【保健功效】茄子中含特殊营养成分，能防治一些常见疾病。①出血性疾病：紫茄子含丰富维生素P，可改善毛细血管脆性，防止小血管出血，对高血压、动脉粥样硬化、脑溢血、支气管扩张咯血、紫癜等均有一定防治作用。②高胆固醇症：茄子纤维中所含皂苷，具有降低胆固醇

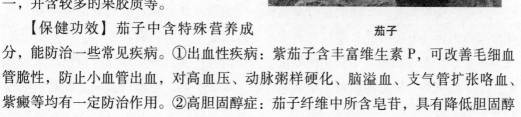

功效。③防癌抗癌：茄子中含龙葵素，它能抑制消化道肿瘤细胞的增殖，特别对胃癌、直肠癌有抑制作用。化疗病人发热时，茄子煮熟凉拌吃，有退热功效。茄子可做上述癌症的辅助治疗食物。茄晒干研末、外敷肿瘤溃烂面可减轻疼痛。④其他：中医认为，茄子性味甘寒，有清热凉血、活血化瘀、止痛、祛风、通络和解毒等作用。茄子蒸熟凉拌吃，连食数日，可治内痔便血，对便秘也有一定疗效。临床发现，多吃茄子可减少老年斑，与其增强体内抗氧化物质活性有关。此外，常吃茄子对痛风、慢性肠胃炎、肾炎水肿等也有一定疗效。

【专家提示】茄子性凉，体质虚弱者不宜多食，秋后更要注意。油炸可使其维生素 P 丢失，故少吃油炸茄子。另外，吃茄子易诱发过敏，故有过敏体质的人不宜吃。

（三十）防病良药——西红柿

西红柿，又叫番茄、洋柿子等，其风味独特，被誉为菜中水果。

【营养价值】西红柿含蛋白质、脂肪、糖类、钙、磷、铁、维生素 B_1、维生素 B_2、维生素 A、维生素 C、维生素 P 及维生素 PP 等，被誉为"菜蔬中维生素仓库"。据计算，一个成人每天食用 300 克左右西红柿就可基本满足对维生素的需要，由此可见其营养价值之高。

【保健功效】西红柿是防病良药，具有医疗作用。①防癌抗癌：吃西红柿不仅防前列腺癌，而且可防肺、结肠、胰腺癌。其含番茄红素，是一种作用力很强的抗氧化剂。它可缩小肿瘤、延缓其扩散。一般西红柿色泽越深，番茄红素越多，绿色、黄色西红柿不含此物质。烹调可破坏西红柿组织细胞壁，可获更多番茄红素，番茄红素只溶于脂肪中，故食用时用一定量油脂作伴侣才有利于机体吸收之。此外，其含维生素 A、胡萝卜素、维生素 C 等都有利于控制癌症。②保护心脏：番茄红素使患心脏病可能性减少一半。③防治高脂血症：美国科学家发现，由胆固醇产生的生物盐，可与西红柿的纤维相联结，并通过粪便排出体外，从而使血胆固醇水平降低。④防眼病：西红柿中维生素 A 原，在体内都可转化为维生素 A，故可防治眼干燥症、夜盲症等。⑤辅助治疗高血压、肾病等：西红柿汁有利尿消肿功效，可缓慢降低血压。⑥助消化：西红柿可增加胃酸浓度，调整胃肠功能。⑦提高男子生育力：番茄红素可提高男子精子的质量。⑧防血栓：西红柿子周围的黄色胶状物可防止血小板聚集，故可防血栓。早晨起床正值水分不足，血液较黏稠，此时生吃西红柿最为适宜。

（三十一）芦笋美味传古今

芦笋，学名石刁柏，又名龙须菜。其食用部分为嫩芽，有白笋和绿笋之分。绿笋比白笋营养价值高。芦笋嫩茎风味鲜美，有芳香味，鲜嫩可口，可增进食欲，帮助消化，有"山珍""国宴佳肴""防癌蔬菜""减肥食品""富硒食品""蔬菜之王"等美称。

【营养价值】100 克芦笋幼茎中含热量 13～20 千卡、蛋白质 1. 62～3. 0 克、脂肪 0. 11～0. 34 克，糖类 2. 11～4. 0 克，这是许多蔬菜不可及的。另外，维生素 A、维生素 B_1、维生素 B_2、维生素 C 都高于其他蔬菜几倍以上，其中叶酸含量更丰富，仅次于动物肝。

【保健功效】芦笋还含一定量核酸、天冬酰胺、天冬酰胺酸、天冬酰胺酶和芦丁、甘露聚糖、胆碱、精氨酸等特殊成分。这些物质有一定药效，对冠心病、高血压、心跳过速、疲劳综合征、水肿、肝炎、肾炎、泌尿系炎症、视、听力减退、神经痛、白血病、贫血、关节炎等都有一定疗效。芦笋中微量元素也有其医疗作用，锰可改善脂肪代谢、降低胆固醇；铬可防治动脉粥样硬化；钼可阻断亚硝酸盐的合成；硒可消除体产生的自由基，从而抑制致癌物的活力。此外，芦笋对多种类型癌症都有疗效。生化学家卢茨认为它几乎对所有癌症都有辅助疗效，但食用必须煮熟，每日 2 次、每次 4 汤匙，持之以恒，2～4 周内缓解病情。

【专家提示】芦笋含甲基酮类、胺类而略带苦味，故烹调前宜先切成段，用水浸泡 30 分钟。由于鲜笋非常脆嫩，故炒制时宜快、宜短时。

（三十二）肥厚软滑的木耳菜

木耳菜，又名大叶落葵。吃起来有些滑溜之感，故四川地区又叫豆腐菜。

【营养价值】木耳菜的营养价值高，100 克含蛋白质 1. 7 克、钙 205 毫克、胡萝卜素 4. 55 毫克、维生素 C102 毫克，另外还含葡萄糖、黏多糖、半乳糖和有机酸等。收获盛期正是暑夏炎热的缺菜时节，因此，可补充人们膳食中易缺乏的维生素和矿物质，尤其是维生素 C 和钙质。

【保健功效】据《陆川本草》记载，木耳菜有"凉血解毒、消炎生肌、治热毒火疮、血瘕斑疹"功效。《本草纲目》也记载木耳菜能"利大小肠"。现代医学研究发现，木耳菜含丰富超氧化物歧化酶（SOD），有抗衰老作用，对类风湿关节炎、红斑狼疮、高血压、冠心病、痴呆症、动脉硬化症、帕金森症等有防治作用。长期食用可滋润皮肤、消炎祛斑、保持弹性。

（三十三）全能蔬菜——南瓜花

南瓜花是营养学家近年推崇的"全能蔬菜"。鲜嫩的南瓜花含大量胡萝卜素，丰富的维生素 A、维生素 C，颇多的花粉和纤维素等营养物质。实践证明，花粉对去除疲劳、增强人体免疫力、延缓人体机能的衰老速度有良效。此外，南瓜花本身可入药，有清湿热、消肿痛、止血等功效，可用来防治黄疸、痢疾、咳嗽等症。

（三十四）食药兼用的丝瓜

丝瓜为葫芦科植物的果实，又称天罗瓜、布瓜等。嫩丝瓜可做菜，可用于炒、炖、烧汤，味道佳。丝瓜营养素丰富。中医学认为，丝瓜性甘平，具有清热化痰、凉血解毒、通乳的功效。丝瓜的医用价值有：常喝丝瓜汤治便秘；喝丝瓜汁治咽喉肿痛、百日咳；夏天吃丝瓜可解热消暑；丝瓜炒鸡蛋可治急性支气管炎的咳喘和痢疾等。

（三十五）花生芽也是餐桌佳品

花生芽菜即正在发芽生长的花生芽。花生芽菜是优质的芽菜。其蛋白质已分解为氨基酸、脂肪含量降低，维生素含量增加。营养成分比花生更加丰富，也更易被人体吸收，同时，口味上与原来的花生味道迥然不同。可用开水烫过后加入各种调味品凉拌食用。食之鲜嫩爽口、风味独特。也可与肉馅、鸡丁、虾仁等同炒，食之香脆可口，别有风味。相信在食品趋向营养和回归自然的今天，花生芽菜一定会受人们的喜爱：

（三十六）清香满口的水草——莼菜

莼菜，又名水葵。是我国南方的一种水草，属睡莲科。叶片为椭圆形、深绿色，浮于水面。嫩茎和叶背有胶状透明物质。西湖莼菜要比太湖莼菜更胜一筹，但两地均为优质莼菜产区。莼菜汤，食之滑嫩爽脆、清香满口、妙不可言。

【营养清单及保健功效】莼菜含蛋白质、脂肪、糖类、钙、磷及维生素 B_1、维生素 B_2、维生素 C、多缩戊糖等营养成分。其性味甘寒，可分泌一种类似琼脂的黏液，它不仅是风味独特的佳肴，而且还具有鲜为人知的药用价值。它具有止呕、止泻、清热解毒功效。可治慢性胃炎、肠炎、胃溃疡、高血压，还可治痈疽疔疖、无名肿痛等。

（三十七）蕨菜称为"山菜之王"

蕨菜，亦称乌糯，被人们称为"山菜之王"。其品种繁多，以甘肃蕨菜为佳。

嫩叶可食；根状茎含淀粉，俗称"蕨粉""山粉"，可供食用或酿造，也供药用。

【营养清单】蕨菜含蛋白质、脂肪、糖类，还含较为丰富的胡萝卜素及维生素B₁、维生素B₂、维生素C与纤维素、灰分、钙、磷、铁、钾、锌、硒等矿物质营养成分。

【保健功效】中医认为蕨菜甘平而凉，有清热解毒、安神利尿、强胃健脾、祛风除湿、活血消肿之功效。对急、慢性胃炎，风湿性关节炎，乳糜尿、泌尿系统感染等症有效。常吃蕨菜对高血压、冠心病、神经衰弱、肥胖症都有防治作用。此外，还有抗癌作用，故中老年人常食之，有益健康。

（三十八）马兰头的营养保健作用

马兰头别名鸡儿肠、田边菊、红梗菜、毛蜡菜，俗称马菜、马兰，是著名的青蔬三头之一（即马兰头、香椿头、枸杞头），它是人们十分喜食的野味佳蔬，其嫩苗供食用，全草及根入药。

【营养清单】它含蛋白质、脂肪、糖类、纤维素、有机酸类，还有钾、钙、磷、铁等，钾、钙、磷含量均超过菠菜含量，并有丰富胡萝卜素、维生素C等。

【保健功效】中医认为，马兰头味辛而平，有清热解毒、凉血止血之功效。可用于治肝炎；对肺结核也可辅助治疗；鲜马兰头绞汁服用或外敷患处，可治疗疔疮肿痛及丹毒等，可治鼻出血、咯血、痔疮出血及尿血等症。

（三十九）苦菜是"长命菜"

苦菜，又称苦苦菜、苦麻菜、苦碟子、盘儿草、天香菜等，其嫩苗可供食用。其苦中带涩、涩中带甜、爽口、清凉、嫩香，为老少咸宜的野菜佳肴。食时先烫去苦味、放调料、凉拌，吃起来麻香凉嫩，它可作汤，也可作馅，还可热炒。

【营养清单】苦菜营养价值高，含人体所需的多种维生素、矿物质、糖类、胆碱、苷类、鞣质及甘露醇等。

【保健功效】中医认为，苦菜苦寒无毒，有清热、凉血、明目、补心、除暑、解毒之功效。《本草纲目》记载："久服安心、益气、轻身、耐老"，可见，它是延年益寿的"长命菜"。它还有降血压作用，并可解酒。

【专家提示】苦菜性寒，故脾胃虚寒者忌之。

（四十）初春荠菜香

荠菜，《本草纲目》称之为护生草，早春时节，荠菜在田埂、溪边萌出，味道鲜美，又名菱角菜、地米菜、香荠。

【营养清单】其营养价值很高，富含蛋白质、糖类、胡萝卜素、维生素 B_1、维生素 B_2、维生素 C，其胡萝卜素含量超过胡萝卜含量；所含维生素 B 超苜蓿；维生素 C 含量与辣椒含量媲美，还含维生素 P，钙、磷、铁、钾、锰的含量比一般果蔬高得多；其钙质含量超过豆腐，铁质与红苋菜相同。怪不得，民间素有"三月荠菜似灵丹"之说。

【保健功效】中医认为，荠菜甘淡而凉。有凉血止血、清热解毒、和肝明目、益胃利尿之功效。它含胆碱、乙酰胆碱、芳香苷、木犀草素等，有利于止血、降压；它含大量胡萝卜素，有利治疗夜盲症、目赤肿痛、结膜炎等；另外对痢疾、肠炎等也有效。

（四十一）苜蓿的营养保健作用

苜蓿，俗称金花菜、三叶菜、草头，是一种叶绿色、茎蔓性、开黄花、结小荚的豆科草本植物。食用部分是嫩茎叶，开花以后无食用价值。

【营养清单】苜蓿每百克含蛋白质 5.9 克、糖类 9.7 克、维生素 A11.8 毫克、维生素 $C_2$89 毫克，比西红柿和柑橘维生素 C 含量都高。

【保健功效】中医认为，苜蓿味苦、平、涩、无毒，具有利五脏、轻身健人、去脾胃湿热、解毒之功效。主治肺热咳嗽、膀胱结石、肠炎、胃炎、痢疾、黄疸等多种疾病。

（四十二）野菜马齿苋的医用价值高

马齿苋，别称九头狮子草、马蛇子菜、蚂蚁菜、长命菜、地马菜、安乐菜、酸苋、马齿菜等。

【营养清单】马齿苋含蛋白质、脂肪、糖类、钙、磷、铁、钾及胡萝卜素、维生素 B_1、维生素 B_2、维生素 C，并含苹果酸、枸橼酸、左旋去甲肾上腺素、皂苷、鞣质、黄酮、生物碱、强心苷等化合物。其胡萝卜素每百克含 2.23 毫克、维生素 B_2 为 0.11 毫克、维生素 C 为 23 毫克、钙为 85 毫克、铁为 1.5 毫克。

【保健功效】其性味酸寒，有清热解毒、止痢止泻、消炎消肿之功效，医用价值高。

（1）防治心脏病：研究发现，马齿苋可预防血小板凝聚、冠状动脉痉挛及血栓的形成。

（2）治痢疾、肠炎有效：马齿苋对大肠杆菌、痢疾杆菌等有较强抑制作用。

（3）对"产后出血"，剖腹产和刮宫引起出血、功能性子宫出血有良效，这与其对血管有显著收缩作用有关。

（4）抗结核作用：尤其对淋巴结核溃烂、脊椎结核、骨结核、肺结核、肾结核等都具有疗效。

（5）清热解毒：凡毒热内壅或湿热蕴结所致血痢、热淋、肠痈、阴肿带下等，均可用它作食疗佳品。

（6）可维持上皮组织的正常功能，参与视紫质合成，增强视网膜感光性能，并参与体内氧化过程。

【专家提示】马齿苋性寒滑利，故脾胃虚寒、大便溏泻者少吃。

（四十三）高血压患者多吃菊花脑

菊花脑，又名菊花郎、菊花头、菊花菜、菊叶、女华等。南京地区广为栽种，居民十分爱吃。唐朝元洁的《菊谱记》记载："在药品是良药，在蔬菜是佳蔬。"

【营养清单】菊花脑除一般营养成分外，还含菊苷、腺嘌呤、胆碱、挥发油、黄酮苷等。

【保健功效】中医认为，菊花脑性味甘、辛、凉，具有疏风散热、平肝明目、清热解毒功效。它具有多方面的药理作用，如降血压、扩张冠状动脉；对葡萄球菌、链球菌、铜绿假单胞菌、人型结核杆菌、流感病毒及皮肤真菌等均有抑制作用；患慢性肝炎、慢性胆囊炎、胆石症、急性结膜炎、疮疖、风热感冒、轻度中暑、痄夏等病时饮菊花脑汤也有治疗作用。

经临床验证，常吃菊花脑确能减轻高血压临床症状，降低血压，并预防其并发症（如眼底出血、脑溢血等）；冠心病者常患胸闷、气短，时有心痛，多饮菊花脑汤可改善之。

（四十四）宜菜宜粮的宝瓜——南瓜

南瓜，又叫番瓜、倭瓜等，属葫芦科植物。南瓜因品种不同，其形状与颜色也不同。嫩瓜可作蔬菜，味甘适口；老瓜是一种优质杂粮，故不少地区也称南瓜为"饭瓜"。

【营养清单】南瓜主要营养成分有蛋白质、脂肪、糖类、磷、钙、铁、锌、钴、纤维素及胡萝卜素、维生素 B_1、维生素 B_2、维生素 C、维生素 PP 等，还含有葫芦巴碱、腺嘌呤、精氨酸、多缩戊糖等对人体有益物质。南瓜含糖类达 4% ~ 10%，其胡萝卜素含量居瓜类之冠。含钴量达 12.6 毫克%，为粮食、蔬菜之冠。含锌量达 0.14 ~ 0.22 毫克%。

【保健功效】南瓜与南瓜子都有其良好的医用功效。

（1）防治糖尿病：它含大量果胶，可使糖类吸收变慢，并延缓对营养物质吸收，故可控制餐后血糖上升；南瓜内钴可增加体内胰岛素释放，对降血糖有良效。

（2）抗癌：常食南瓜可防治结肠癌、肺、膀胱、喉、食管、胃癌。

（3）补锌：缺锌可使儿童发育迟缓，成人性欲减退，还可引起厌食、偏食及皮肤病。而南瓜含锌多，故可防治锌缺乏症。

（4）南瓜子的保健作用：①南瓜子含极丰富不饱和脂肪酸，此物质可使增生的前列腺恢复正常，尤其是早期；②南瓜子含丰富的泛酸（维生素 B_3），它可缓解静止性心绞痛；③南瓜子含大量磷质，可防止矿物质在体内聚积成胆结石；④生食南瓜子可驱蛔虫等。

南瓜

中医认为，南瓜甘温而平，具有补中益气、消炎止痛、解毒杀虫的功能，可用于气虚乏力、肋间神经痛、疟疾、痢疾、解鸦片毒、驱蛔虫、支气管哮喘等症的辅助治疗。

【专家提示】服用南瓜及南瓜子时，应注意一次勿食过多，尤其是胃热病人宜少吃，否则易产生胃满腹胀不适感。若连续吃南瓜 2 个月以上，则皮肤可出现黄染，医学上称"橘皮症"，与胡萝卜素有关。一般停食 2～3 个月，即可消退。南瓜存放太久，有酒精气味或皮腐烂，应丢弃不食，否则会中毒。

（四十五）苋菜有"长寿菜"之美称

苋菜又叫米苋，按色泽分为红苋、红绿苋和红绿杂色苋。苋菜叶多质嫩、茎细柔软，既可炒，又可做汤、凉拌，都易被消化吸收。

【营养清单】苋菜含蛋白质、脂肪、钙、磷等。苋菜营养价值高于菠菜。红苋菜铁含量是菠菜的 1 倍以上，至于维生素含量也比菠菜高，每天吃 100 克苋菜，就可满足人体对维生素 A 的需求；每天吃 100～150 克苋菜即可满足人体对维生素 C 的需求；此外，苋菜还含菠菜没有的维生素 B_2 成分。苋菜中含高浓度的赖氨酸，故可补充谷物中氨基酸组成的缺陷。苋菜很适宜婴幼儿和青少年食用，尤对人工喂养的婴儿有益。

【保健功效】中医认为，苋菜具有解毒清热、补血止血、抗菌止泻、消炎消肿、通利小便等功效。民间一向视苋菜为"补血佳蔬"，故又有"长寿菜"之美称。苋菜可用于咽喉痛、扁桃体炎、产后腹痛。常用红苋菜煮汤服食可治血丝虫病下肢象皮肿、甲状腺肿大。另外红苋菜对子宫颈癌也有辅助疗效。

三、豆类

（一）"豆中之王"——大豆

大豆是一种主要豆类作物，据其皮色可分为黄豆、褐豆、黑豆、青豆等品种。大豆为"豆中之王"，可与营养价值很高的猪肉媲美，其美称有"无毛的猪肉""植物肉""绿色乳牛"等。我国种植大豆已有五六千年历史。大豆与茶叶、丝绸并列称为我国三大名产。我国也被称为"大豆王国"。

【营养清单】大豆的营养价值很高，故民间有"豆腐是平民的肉""豆浆是平民的乳"的说法。大豆含蛋白质是猪肉的2倍、小麦的3倍、大米的4倍。其优质蛋白质含量36.3%。它含人体必需的7种氨基酸，比瘦猪肉多40%，甚至1倍以上。大豆含脂肪18.4%，其中不饱和脂肪酸在85%以上。大豆又有"微量元素仓库"之称。大豆中镁、钙、锰、铁、钼、铜、锌、钴、锶、镍、氟、铬、硒、钒的含量明显高于其他粮食作物中的含量。大豆中含维生素 B_1、维生素 B_2 比粮谷类含量高。大豆发芽，其维生素 C 含量可达 20 毫克/100 克，大豆发酵制品可增加维生素 B_{12} 含量。

【保健功效】要长寿、多吃豆。大豆防病健身功效明显：①它不仅不含胆固醇，并富含不饱和脂肪酸、卵磷脂、异黄酮等多种可降低胆固醇的物质。吃大豆对防治心脑血管疾病大有裨益。②大豆异黄酮是一种结构与雌激素相似的植物性雌激素。能够减轻女性更年期综合征症状，延迟女性细胞衰老，保持皮肤弹性，养颜，减少骨丢失，促进骨生成，降血脂等作用。另外，对乳腺癌防治有效。③卵磷脂可以促进大脑发育，老年人常吃大豆食品可预防老年性痴呆。④钙是人体骨骼生长发育，尤其儿童、青少年特别需要的元素，大豆中钙比猪肉多30倍；钴被认为具有预防冠心病的作用；钼被认为有防癌作用，大豆中钴与钼含量分别比小麦高40倍和48倍。⑤大豆营养素丰富，但糖类含量极低，提供热能较低。另外，大豆中磷脂促使胰腺分泌胰岛素，并促使排泄物排出体外，避免了血糖升高，故非常适合糖尿病病人食用。

（二）消暑祛病话绿豆

【营养清单】每百克绿豆含蛋白质 23.8 克、脂肪 0.5 克、糖类 59 克、胡萝卜素 0.18 毫克、维生素 B_1 0.53 毫克、维生素 B_2 0.14 毫克、维生素 PP2.4 毫克、钙 155 毫克、磷 417 毫克、铁 6.6 毫克。绿豆中所含氨基酸比较完全，尤其是赖氨酸、苯丙氨酸含量丰富，其赖氨酸含量是小米、大米的 2~3 倍。绿豆与大米或小米混煮食用，氨基酸可互补，从而使两种食物营养价值都有所提高。绿豆所含磷脂中有磷脂酰胆碱、磷脂酸等。

【保健功效】绿豆不仅营养素丰富，还有广泛药用功能，《随息居饮食谱》载："绿豆甘凉，清脑养胃、解暑止渴、利尿止泻"。李时珍指出："绿豆肉平皮寒，解金石、砒霜、草木一切诸毒。"民间一直把绿豆列为夏令消暑佳品。绿豆含皂苷，可降血胆固醇，也有明显解毒保肝作用。高血压、冠心病、肝病患者常吃绿豆大有裨益。夏日酷热、熬夜上火、咽喉肿疼、大便燥结，绿豆汤效果显著。绿豆淀粉开水冲服治轻度煤气中毒、恶心呕吐有效。绿豆加红糖煎汤饮用可催乳。绿豆种皮即绿豆衣，其清热解毒作用强于豆肉，适用于眼病，有明显退翳作用。青光眼病人吃绿豆汤可降眼压。绿豆又是一种常用的解毒食物，目前临床上用于铅中毒治疗也有良效。

【专家提示】绿豆性凉，故虚寒者不宜过食。同时进温补药时一般不宜食用绿豆。煮绿豆汤加矾后口味变涩，而且破坏其营养成分，矾在水中加热时，产生 SO_2 和 SO_3 等有害物质，故熬绿豆汤不宜加矾。绿豆芽也有解热毒、酒毒之功效，但脾虚胃寒者不宜久食。

（三）红小豆是具有多功能的小杂粮

红小豆，又名小豆、赤豆、赤小豆等。因其含淀粉多，故又称"饭豆"。它可煮、可炒、可作粥、饭及包子馅，并可供药用。

【营养清单】红小豆是人们生活中的高蛋白、低脂肪、高营养、多功能的小杂粮。每百克含蛋白质 21.7 克、糖类 60.7 克、脂肪含量很少，还含粗纤维、钙、磷、铁、铜及维生素 B_1、维生素 B_2、维生素 PP 等。其蛋白质含量比禾谷类高 2~3 倍，含 18 种氨基酸，其中 8 种是人体必需氨基酸，其赖氨酸含量较高，故与谷类搭配是科学食用方法。

【保健功效】中医认为，红小豆性甘酸平、无毒。有滋补强壮、健脾养胃、利水除湿、活血排脓、清热解毒、消肿止痛、通乳汁之功效。现代医学研究证明，红

小豆含较多皂角苷，它可刺激肠道，有通便利尿作用，能解酒、解毒，对心肾疾患有一定疗效。其含较多粗纤维，具良好的润肠通便、降血压、降血脂、调节血糖、防胆结石、解毒抗癌、减肥等功能。红小豆煮粥吃，饮赤豆汤有催乳作用，它对金黄色葡萄球菌和伤寒杆菌等有明显抑制作用。肾炎、脚气、营养性水肿患者可用红小豆60～90克、冬瓜250克一并煮汤服用。

【专家提示】红小豆具有通利尿道作用，故凡尿频者忌食之。此外，红豆可利尿消肿，若加盐吃，则利尿功能减半，故红豆不宜加盐吃。

（四）蚕豆的营养保健作用

蚕豆，又称佛豆、南豆、罗汉、倭豆等，它由汉朝张骞出使西域时带回栽种，故又名"胡豆"。

【营养清单】蚕豆含蛋白质、脂肪、糖类、钙、磷、铁、胡萝卜素、维生素 B_1、维生素 B_2、维生素 C、维生素 PP 等，其蛋白质含量为24%～27.6%，甚至有的品种高达34.5%，这在豆类中仅次于大豆、四棱豆、羽扇豆这些高蛋白豆类。其中氨基酸齐全，人体的8种必需氨基酸，除色氨酸、蛋氨酸含量稍低，其余含量较高，尤以赖氨酸含量丰富。其维生素含量均超过小米和小麦。

【保健功效】中医认为，蚕豆性味甘、微辛、平，有小毒。具有快胃、祛湿、利腑、补中益气的功能。可用于治多种疾病，如水肿、慢性肾炎等。

现代医学研究发现，蚕豆可用于防治帕金森综合征及预防肠癌。

【专家提示】蚕豆性滞，多食可腹胀，损伤脾胃，故脾胃虚弱者不可多食。另外，有些人过敏，可患"蚕豆病"。

（五）豇豆的营养保健作用

豇豆，又名江豆、眉豆、甘豆、白豆等，属豆科植物。豇豆根、叶、荚壳均可入药。

【营养清单】每百克豇豆含蛋白质19.3克、脂肪1.2克、糖类58.5克、膳食纤维7.1克、钙40毫克、磷456毫克、铁7.1毫克，还含有维生素 B_1、维生素 B_2、维生素 C、胡萝卜素、维生素 PP 等。

【保健功效】中医认为，豇豆气味甘、咸、平，有理中益气、补肾健胃、和五脏、调营卫、生精髓、止消渴和吐逆泄痢、小便数频等功用。豇豆同粳米煮粥食之，味香益人、补身健体。豇豆可治糖尿病、尿频、遗精、妇人白带及泄痢。

（六）刀豆的营养保健作用

刀豆，俗称"大刀豆"，又名"中国刀豆"。其种子、豆壳皆可入药。

【营养清单】刀豆含蛋白质、脂肪、糖类、钙、磷、铁、胡萝卜素、维生素 B_1、维生素 B_2、维生素 C、维生素 PP 等。

【保健功效】中医认为，刀豆性平，有温中下气、降逆止呕、利肠胃、益肾补气之功效。刀豆与羊、牛肉共煮食可补肾壮阳、强壮身体，另对呃逆有良效。肝昏迷病人可用刀豆辅助治疗。

（七）扁豆、扁豆衣和扁豆花

扁豆，又名藊豆、鹊豆、蛾眉豆、茶豆。种子、种皮、花皆可入药。

【营养清单】扁豆含蛋白质、脂肪、糖类、钙、磷、铁、胡萝卜素、维生素 B_1、维生素 B_2、维生素 C、维生素 PP，还有豆甾醇、酪氨酸酶等。

【保健功效】中医认为，扁豆甘温、无毒，有健脾开胃、补肺下气、化湿止呕、生津清暑、安胎止带、解醉酒之功效。健脾胃宜用炒扁豆。治暑湿宜用生扁豆。扁豆可治白带症、消化不良、急性肠胃炎、腹泻、砒霜中毒等症。扁豆衣为扁豆种皮，晒干后生用，有健脾利湿之功，适用于脾虚泄泻、浮肿等症。扁豆花为扁豆的花，夏季采摘晒干用或用鲜品。扁豆花味甘、微寒，有化湿解暑之功效。

【专家提示】扁豆必须煮熟后再吃，否则引起中毒。

（八）豌豆的营养保健作用

豌豆，亦称毕豆、小寒豆、淮豆、麦豆。

【营养清单】豌豆含蛋白质24.6%、脂肪1%、糖类57%、钙、磷、铁、胡萝卜素、维生素 B_1、维生素 B_2、维生素 C 及维生素 PP 等。

【保健功效】中医认为，豌豆甘平无毒，有补中益气、生津止渴、和中下气、通乳消胀之功效。豌豆炖肉可强壮身体、补益气血。故可用于身体虚弱、气血不足者，病后康复者食之甚佳。与鲫鱼同煮汤、产妇食之可下乳。糖尿病口渴、食豌豆煮清汤可止渴生津，豌豆粉擦面可去黄褐斑，令人面光泽。

（九）大豆发酵制品的营养价值更高

大豆发酵制品，如豆制酱油、豆豉、豆汁及各种腐乳等，都是用大豆或大豆制品经接种霉菌，发酵后制成的。

大豆及其制品经微生物作用后，消除了抑制营养的因子，产生了多种具有香味的有机酸、醇、酯、氨基酸，因而更易被人体消化、吸收。更重要的是增加了维生素 B_{12} 含量，如臭豆腐乳维生素 B_{12} 含9.8~18.8微克/100克；红腐乳为0.42~0.72微克/100克；豆豉含量0.34~0.41微克/100克。豆制酱油也有维生素 B_{12}

的活性。

维生素 B_{12} 含于动物食品、海藻中，故大豆发酵品为一般植物性食品提供了宝贵的 VB_{12} 来源。

维生素 B_{12} 是人体内核酸合成及红细胞合成所必需物质，也是脑代谢所必需的一种维生素。缺乏维生素 B_{12} 就可破坏正常脑细胞活力，导致高级中枢神经功能紊乱，引起各种精神病。

研究发现，发酵的大豆汁主要含曲菌酸，此对酪氨酸酶有抑制作用（酪氨酸酶是造成皮肤褐色素合成的酶），据此，日本研究出的"大豆汁美容霜"对老年斑有效。

（十）我国大豆食品的四大发明

我国大豆食品的四大发明是：豆酱、豆腐、豆浆和豆芽。

在世界上，中国是第一个用酶酸大豆的方法生产富含氨基酸的美味食品豆酱及酱油的国家；是第一个制出富于营养的大豆饮料——豆浆、豆汁的国家；是第一个在室内生产富含维生素 C 的蔬菜——豆芽的国家；是第一个用凝固豆汁的方法生产酪状食品——豆腐、豆腐干、豆腐皮的国家。用我们祖先发明的方法生产出来的大豆食品，无论在营养上，还是在口味上，都可与动物性食品相媲美。

（十一）豆腐渣对人体健康也是有益的

人们都可能认为豆腐渣仅能作猪饲料，殊不知豆腐渣里富含了人体所必需的维生素 B_2。据调查：我国市民每人每日从食物中摄取维生素 B_2 仅占生理需要量的 $54.2\% \sim 57.9\%$，也就是说维生素 B_2 摄取不足乃近一半的生理需要量。然而，利用豆腐渣作培养基，接种类阿氏假襄酵母之后制得的含维生素 B_2 和其他多种营养素的"维酶素"。可用来作为"食品添加剂"，这就是一个解决人体维生素 B_2 摄入不足的好办法。

此外，豆腐渣含热量很少，但含蛋白质丰富，食之不仅减轻空腹感，有利减肥，而且还能防治疾病。①豆腐渣中富含纤维素，它可吸附糖分，使葡萄糖吸收减慢，在胰岛素分泌不足情况下，不致过分加重胰腺负担，另外纤维素还可抑制餐后血糖升高。因此，常食豆腐渣可治疗糖尿病。②其纤维素吸收胆汁中部分胆固醇，随大便排出，相应减少动脉血管中胆固醇沉积，故可预防动脉硬化。③豆腐渣中含钙 0.09%，与牛奶含钙相仿，故可预防骨质疏松症。

（十二）黄豆芽的营养价值比黄豆高

黄豆芽由黄豆发芽而来，于是有些人误认为两者营养成分相差无几，其实不然。黄豆芽的营养价值更高。

黄豆浸透清水出芽后，在豆内各种生物酶的作用下，其蛋白质、淀粉可发生量与质的变化。如黄豆中蛋白质水解后转变为氨基酸和多肽，一些淀粉转变为单糖和低聚糖等。尽管其中蛋白质和淀粉含量有所降低，但它们的生物效价和利用率却大大提高，况且氨基酸和单糖比起蛋白质和淀粉更容易被人体吸收。另外，黄豆发芽后可使有碍于食物吸收的植酸、凝血素几乎消失。由于酶作用，可使更多的磷、锌等矿物质易被人体吸收。它的磷含量在蔬菜中居首位。其维生素 C 从无到有，维生素 B_2 明显增加，胡萝卜素增加 2～3 倍，维生素 PP 增加 2 倍，叶酸增加 1 倍，维生素 B_{12} 增加 12 倍之多，氰钴素增加 10 多倍。维生素 P、维生素 E、维生素 K、烟酸、肌醇、生物素、多比醇亦均有不同程度增加。但豆芽不宜发得过长，以 3～4 厘米为佳，芽越长，有益成分损失越大。

（十三）豆腐也享有"植物肉"之美称

大豆制品中豆腐，无论在营养和口味上都可与动物性食品相媲美。

【营养清单】豆腐含丰富蛋白质、脂肪、钙、磷、镁、铁等矿物质及大量维生素 B_1、维生素 B_2、维生素 PP、维生素 E 等维生素，还可提供人自身不能合成的几种必需氨基酸，因此，享有"植物肉"的美称。每百克含蛋白质比同量羊肉所含蛋白质要多，每市斤含 37 克蛋白质，古人称豆腐为"小羊羔"。豆腐的蛋白质消化率可由大豆的 65% 提高到 92.7%。豆腐含钙量很高，吃"鱼头炖豆腐"补钙极佳，因鱼头中还富含维生素 D，能帮助钙吸收。吃豆腐可补充优质蛋白质、卵磷脂、亚油酸、维生素 B_1、维生素 E、钙、镁、铁等。

【保健功效】豆腐具有清热、消炎和通血脉的作用。常吃豆腐对咳嗽多痰、虚痨哮喘、胃肠胀满、便秘、小便不利、虚汗等症都有防治作用。豆腐中含较多钙、镁、铁，故常吃豆腐对造血功能、骨骼及牙齿生长有益；镁盐对心肌有较好保护作用。豆腐中含糖少，糖尿病病人可食用，并对高胆固醇血症、动脉硬化患者有益。常吃豆腐可保护肝，促进其生化和解毒作用，增加机体免疫力。豆腐中含丰富卵磷脂，在体内经消化后释放出胆碱，胆碱直接进入脑，与醋酸结合生成乙酰胆碱，故多吃豆腐可防老年性痴呆。

【专家提示】豆腐中含嘌呤较多，嘌呤代谢失常的痛风病人和血尿酸浓度增高的患者应慎食之。豆腐性偏寒，胃寒者、易腹泻、腹胀之脾虚者，或常有遗精之肾亏者，也不宜多食。长期单食豆腐易致碘缺乏症，因豆腐中含一种抗甲状腺素，可干扰碘的吸收和利用，故碘缺乏者不宜多吃豆腐。服用四环素类药物时不宜吃豆腐，因四环素遇其钙、镁发生反应。

（十四）豆浆是平民的"乳"

豆浆一直是中国人风味早餐上不可缺少的饮品。豆浆的一大特点是不含胆固醇，蛋白质含量不在牛奶之下，而含脂量比牛奶低，不饱和脂肪酸高于牛奶。另外，煮沸的豆浆把大豆中抗营养物质如凝血酶、胰蛋白酶等破坏，蛋白质从纤维素中析出，就容易被机体消化吸收，豆浆中蛋白质吸收率高达95%。

豆浆作为我国传统食品已有一千多年历史。一年四季都可饮用，其味甘、性平，具有健脾宽中、润燥清水之功效。豆浆的保健作用如下：①气喘病患者体内缺乏麦氨酸，而豆浆中却有大量麦氨酸，故常喝豆浆可治气喘，但豆浆中不要加盐。②豆浆对高血脂、高血压、心脏病病人来讲是极为理想保健食品，因此有"保健饮料"之美称。③常用豆浆250克、淮山粉（山药粉）50克煮食，适用于急慢性肝炎、肝硬化，因它具有保肝作用。④大豆中含大量植物雌激素。大豆加工食品中除豆浆能把植物雌激素较完整保存以外，其余制品都可使之流失。故常喝豆浆有预防乳腺癌之功效。中老年妇女每日饮500毫升豆浆，则可调节其内分泌系统，降低乳腺及子宫癌的发病率，并减轻缩短更年期综合征，促进体态健美，使皮肤白皙、润泽、容光焕发。⑤豆浆是碱性食品，对肉、米、面等酸性食品有中和作用。另外，可使人的淋巴系统活跃，故可增强人体免疫功能，长期服用，可预防贫血、低血压、血小板减少，并有泌乳作用。

（十五）腐乳是早餐菜的佳品

腐乳主要腺料是大豆或冷榨豆饼，先将其做成豆腐坯。在制作中将毛霉菌接种在豆腐坯上，置于30℃环境中，并保持一定湿度，培养20小时左右，豆腐坯四周会长出一层约1厘米长的白毛，称之为毛霉菌丝，腐乳的鲜味由此而来。1000多年来，毛霉菌一直为人类酿制风味独特的发酵食品。实验证明毛霉菌对人体安全无毒。毛霉菌丝不但含多种营养素（30%蛋白质、多种维生素和矿物质），而且还可产生和分泌出蛋白酶，使之形成致密坚韧的"菌皮层"。这样豆腐坯就变成了腐乳坯。此过程即为食品发酵的生长期。然后加盐和其他作料，装坛密封，进行厌氧发酵。此过程中，蛋白酶和附在腐皮上的细菌慢慢渗入腐乳坯内部，逐渐将蛋白质分解为各种氨基酸，同时还进行产生香味的酯化反应。一般经2个半月至半年，腐乳便可制成。

腐乳分：红色、白色、青色几种，这是由制作中添加不同辅料而成。红色腐乳用红曲膏；白色腐乳不加红曲膏，保持其本色；青色腐乳，又称青方，在腌制中不加红曲膏，而加苦浆水、凉水和盐水。

每百克腐乳蛋白质中，含异亮氨酸4.8克、亮氨酸8.8克、赖氨酸7.0克、蛋氨酸0.7克、苏氨酸2.0克、色氨酸0.6克、缬氨酸5.3克，故腐乳中必需氨基酸十分丰富，实为早餐菜中的佳品。

（十六）豆豉对人体有许多好处

豆豉是将大豆经选择、浸渍、蒸煮，和少量面粉拌和，并加米曲霉菌种装盒入室，发酵3~4天，酌加食盐或酱油，拌和入甏封储，2~3个月后，取出风干即成，豆豉有咸淡两种之分。咸者味鲜可佐餐或作烹饪调味之品，淡豉可入药。

豆豉营养价值高。含极其丰富的蛋白质，在肠中吸收率为90%~95%以上，它还是微量元素的仓库，含镁、钙、锰、铁、钼、铜、锌、钴、锶、硒等。钴含量比小麦高40倍，对预防冠心病有益，重要的抗癌元素硒含量比高硒食物大蒜及洋葱还多，比大豆更多。其铁含量多，并易被人体吸收。故豆豉是理想保健佳品。

豆豉对人体有许多好处：帮助消化，减慢老化，增加脑力，提高肝脏解毒能力，防治高血压，消除疲劳，预防癌症，减轻醉酒以及其他防治疾病的功效。

四、菌类

（一）"食用菌皇后"——香菇

在菇类中，香菇食用最多。香菇又名香菌、花菇、香蕈、冬菇等被誉为"食用菌皇后"。

【营养清单】香菇营养素丰富。每百克含蛋白质14.4克，超过猪、牛、羊肉，与鸡肉相近，在植物性食物中仅次于大豆。含脂肪6.4克。香菇水浸液含18种氨基酸，其中7种必需氨基酸，占其总量的26.5%~35.7%，尤以赖氨酸含量最多。含膳食纤维0.5克。还有许多矿物质，如钙124毫克、磷415毫克、铁25.3毫克，比鸡肉含量高2~5倍；锌含量是奶粉、大豆的3倍。其维生素中，维生素B_1、维生素B_2、维生素C的含量是西红柿、土豆、胡萝卜、菠菜所望尘莫及的；其维生素B_{12}是其他植物不具备的，故香菇有"植物肉"之称；香菇中还含维生素K、维生素D，其中维生素D含量高，1克香菇中就有128国际单位维生素D。

【保健功效】中医认为，香菇味甘而平、无毒，有益气、健脾、开胃、透疹、解毒、降血压、降血脂、抗癌肿之功效。

现代医学研究发现，香菇保健功能是多方面的：①含干扰素诱导剂——双链核糖核酸。并可诱导机体增强免疫系统活性，从而有效杀伤病毒或抑制病毒复制，故香菇可防治感冒、麻疹、肝炎等病毒引起的疾病。②香菇中香菇多糖可增强人体免疫力，有较强抗肿瘤作用。对肺、胃、食管、肠、子宫颈癌、白血病等多种癌症有治疗效果，故癌症手术后，香菇汤食用可巩固疗效，减少癌细胞转移扩散，甚至癌症初期患者食之也有效。③含胰蛋白酶、麦芽糖酶等，故有助于人体消化吸收食物。④含香菇素、嘌呤、胆碱、酪氨酸、氧化酶及核酸物质，可降胆固醇、降血压，故对动脉硬化、高血压、心脑血管疾患有辅助疗效。⑤含钾等矿物质，可中和肉类等酸性食物，避免血液酸性化，阻止动脉壁增厚，故可预防中老年心脑血管疾患。⑥香菇含多种维生素，可用于防治维生素缺乏所引起的各种病症，如脚气病、角膜炎、口腔溃疡、贫血症、夜盲症、软骨病等。

【专家提示】干香菇食用前要用70℃左右水浸泡一下，使之变软糯，恢复其新鲜度，并使菇体内核糖核酸酶活力增强，将核糖核酸分解为乌苷酸，乌苷酸鲜味是味精160倍，从而食之鲜味可口。

（二）松蕈享有"菌中之王"美誉

松蕈，也就是松茸，又名松蘑、松口蘑、松菇、老鹰菌、鸡丝菌、青岗菌等。

【营养清单】松蕈营养价值丰富。它含丰富蛋白质，还有脂肪、糖类、钙、磷、铁等多种矿物质和多种维生素，如维生素 A、维生素 C、维生素 B_1、维生素 B_2、维生素 B_6 等。

【保健功效】中医认为，松蕈甘平、无毒，有强身、益肠健胃、理气化痰、止痛、驱虫等功效。《中国药用真菌》中提到松蕈还具有抗癌作用。松蕈有解痉作用，用来止小腹疼痛有效。常食松蕈可增强机体免疫力，防止过早衰老，此外，还可用来治糖尿病。

（三）多食猴头菌可"返老还童"

猴头菌，又叫猴头蘑、刺猬菌。

【营养清单】猴头菌营养丰富，每百克含蛋白质26. 3克，是香菇的2倍。它含氨基酸多达17种，包括8种必需氨基酸，还含有脂肪酰胺、钙、磷、铁、硫等微量元素及维生素 B_1、维生素 B_2、维生素 B_6、维生素 C 等营养成分。

【保健功效】《中国药用真菌》中记述："猴头菌性平、味甘，利五脏、助消化、滋补、抗癌"。临床上对神经衰弱、消化道溃疡有良效。猴头菌菌丝体中含有多糖体及多肽类物质，它有增进食欲、增强胃黏膜屏障功能、提高淋巴细胞转化率、提升白细胞等作用，故可增强机体免疫力。常吃猴头菌，无病可增强抗病能力，延年益寿。故民谚有云："多食猴菌，返老还童"。猴头菌有较好的抗癌作用，对消化系统肿瘤疗效好。近年来，在抗癌药物筛选中，发现猴头菌对皮肤、肌肉肿瘤也有明显疗效。

（四）真菌之花是竹荪

竹荪，又名僧竺蕈、竹笙、竹参、仙人笠、竹菌，是稀少名贵的珍品，有"山珍之王"美名。

【营养清单】竹荪营养素丰富，每百克含粗蛋白20.2%、粗脂肪2.6%、糖类38.1%，并含有19种氨基酸、多种酶和高分子多糖及多种维生素、矿物质等成分。

【保健功效】中医认为，竹荪甘凉、无毒。有益气健脾、调理胃肠之功效。临床药理研究表明，食用竹荪可降血压、胆固醇，强壮身体、延缓衰老；消除腹壁脂肪、防治肥胖症；肝、胆、神经系统疾患者，食之有效；并可提高人体免疫力，有多种抗癌成分。

（五）常食蘑菇可预防癌症

蘑菇，又名洋蘑菇、蘑菇蕈。有野生和人工培育二种，以食用野生的为佳。它味极鲜美、荤素皆宜，以嫩而肥厚无杂者为佳。

【营养清单】蘑菇含蛋白质、脂肪、糖类、钙、磷、铁及维生素 B_1、维生素 B_2、维生素 C、维生素 PP 等。

【保健功效】中医认为，蘑菇甘凉、无毒。有开胃益肠、化痰理气之功效。它含有核酸类物质，对胆固醇有溶解作用，可用来防治动脉硬化、高血压、冠心病。从蘑菇中已分离出具有很强抗癌作用的物质，因此，经常吃蘑菇可用来预防癌症。日本难波宏彰发现，从新鲜蘑菇中提取的多糖类物质具有抑制艾滋病病毒侵袭等作用。

（六）草菇开胃益人

草菇，亦称苞脚菇、兰花菇、稻草菇、贡菇、兰花菇等。

【营养清单】草菇含蛋白质、脂肪、糖类、钙、磷、铁、维生素 B_1、维生素

B$_2$、维生素C、维生素PP等。所含粗蛋白比香菇高出2倍，其所含20多种氨基酸中，有7种为人体必需氨基酸，还含有大量维生素C。草菇入馔，以鲜为佳，美味而嫩，荤素皆宜，被视作厨之珍。草菇鲜品与鸡汁、肉汤共煨食之，鲜味异常，食后滋补身体。

【保健功效】中医认为，草菇甘平无毒。因草菇含人体必需氨基酸及大量多种维生素，故草菇开胃益人。此外，常食草菇对高血压、高脂血症、动脉硬化、冠心病、糖尿病及癌症患者均有辅助疗效。

（七）平菇的营养保健作用

平菇，又名北风菌、冻菌、白杨菌、侧耳、核桃菌、梨窝、鲍菌、天花蕈等。它与香菇、双孢蘑菇、草菇一同被称为食用菌的四姐妹。

【营养清单】平菇营养素丰富，每百克含蛋白质30克和多种游离氨基酸、钙、磷、铁、菌糖、甘露醇和多种维生素等。粗蛋白含量是鸡蛋的2.6倍，含有18种氨基酸中包括8种人体必需氨基酸。

【保健功效】平菇有广泛的医疗保健作用：①降血脂，防止动脉硬化；②用于治肝炎、肾炎、胃溃疡；③治疗更年期综合征，调节植物神经功能紊乱；④可驱风、散寒、舒筋活络，治疗手足麻木与腰腿痛；⑤有一定抑菌和抗病毒作用；⑥有抗癌作用。

（八）金针菇的营养保健作用

金针菇是长江流域地区普遍栽培的食用菌，其肉质特别鲜美、脆而有味、软润细滑，故做菜风味极鲜。

【营养清单】金针菇含蛋白质、脂肪、糖类、钙、磷、钾、镁、维生素B$_1$、维生素B$_2$、维生素C、维生素PP等，特别是金针菇的纯蛋白含量高达13.49%，超过了所有食用菌的含量，尤以精氨酸、赖氨酸含量丰富。

金针菇

【保健功效】金针菇中赖氨酸、精氨酸，可促进记忆、开发智力，故金针菇有"增智菇"美名。中老年人长期食用可预防治疗肝炎及胃肠道溃疡、降低胆固醇。金针菇含碱性蛋白质物质及金菇素，具有抗恶性肿瘤作用。

（九）口蘑的营养保健作用

口蘑为真菌门蘑科植物，是白蘑（蒙古口蘑）、香杏口蘑（虎皮香杏）、雷蘑（青腿蘑）等多种蘑菇的子实体。因集散于张家口市而得"口蘑"之名。

【营养清单】口蘑含较丰富蛋白质、脂肪、糖类、维生素 B_1、维生素 B_2、钙、磷、铁及具有生理活性多糖类物质。

【保健功效】中医认为口蘑具有益肠胃、化痰理气、补肝益肾、强身补虚等功效。对高脂血症、高血压、肝炎、佝偻病、软骨病及肿瘤等症有辅助疗效。口蘑可提高机体免疫力，有抗癌、抗肝炎作用。

（十）"素中之荤"——黑木耳

黑木耳，又名木耳、黑菜、桑耳、云耳。营养家赞誉它为"素中之荤"，这是因为它具有荤菜所富含的营养成分。它含有蛋白质、糖类、脂肪、胶质、维生素 A 原、维生素 B_1、维生素 B_2、维生素 PP、铁、磷、硫、镁、钙、钾、钠、磷脂、甾醇和腺苷等。每百克黑木耳中含蛋白质10.6克、脂肪0.2克、糖类65.5克、钙357毫克、磷201毫克、铁185毫克，含有的人体必需氨基酸中赖氨酸及亮氨酸含量尤为丰富，它是含铁量最多的食物之一。

【保健功效】黑木耳具有抑制血小板凝集、降低血清甘油三酯和β脂蛋白，降低血清黏稠度，减少动脉粥样斑块和抗血栓形成等功效。因此，每日食用黑木耳15克，泡发后分两次配菜佐餐，可防治高血脂、动脉硬化、高血压、冠心病及心肌梗死、脑血栓等。木耳同香菇一样也具有一定的防癌、抗癌作用。中医认为，黑木耳味干性平，入胃、大肠经，有滋补、养胃、活血、补血、止血、润燥诸功效。以黑木耳10～30克煎服或做菜佐餐，可治血痢、痔出血、脱肛、月经过多、贫血、便秘等症。另外，黑木耳有明显的"除污"功能，故对长年从事化纤、纺织、理发、养路、教学等职业者大有裨益。

（十一）银耳是高级滋补佳品

银耳，又叫白木耳、雪耳。它既可食用，亦可药用，是食用菌之冠，一种高级滋补佳品。

【营养清单】银耳含丰富的蛋白质、低脂肪、糖类、纤维素及大量的钙、磷、钾、铁和胡萝卜素、维生素 B_1、维生素 B_2、维生素 C 和维生素 PP 等营养成分。

【保健功效】中医认为，银耳甘平、无毒。有滋阴润肺、生津养胃、益智和血、补脑强精、益肾嫩肤之功效。

银耳中多糖类物质能增强人体的免疫力，能调动淋巴细胞，加强白细胞的吞噬能力，提高巨噬细胞功能，并兴奋骨髓造血功能。多糖 A 还具有一定的抗辐射作用。故银耳可抗癌，在临床上对高血压、动脉硬化、便秘等均可作辅助治疗作用。因其含有胶质多，对月经过多也有疗效。

【专家提示】银耳的不同吃法，能起到不同功效。但银耳汤要现做现吃，因为银耳含较多硝酸盐，煮熟银耳放置时间过久，在细菌的分解作用下，硝酸盐会还原成亚硝酸盐，而亚硝酸盐可引起中毒。此外，近年来，医学家研究发现，凡有咯血、呕血、便血、鼻血、外伤出血病人和月经期妇女，暂不要用此进补，因它含腺苷物质，具有抗血小板凝集作用，故可引起再度出血。值得提出的是，霉变的银耳千万吃不得，否则引起中毒，其病死率达 30% 以上。

（十二）海洋蔬菜——海藻

海洋蔬菜在植物学上称为海藻。它是生长在海中含叶绿素和其他辅助色素的低等自然植物。它不像高等植物那样，有根、茎、叶分化，更不会开花结果。目前已知有 70 多种海藻可供人类食用。海藻按其颜色可分为：褐藻，如海带、裙带菜；红藻，如紫菜、石花菜；绿藻，如石莼、海白菜；蓝藻，如束毛藻；黄藻，如海球藻；金藻，如钙板藻等。

【营养清单】海藻营养素极丰富，含有大量蛋白质、糖类、褐胶酸、甘露醇、胆碱、脯氨酸和纤维素、多种维生素（如胡萝卜素、维生素 A、维生素 B_1、维生素 B_2、维生素 C 等）和人体必需的矿物质繁多，如磷、镁、钠、钾、钙、碘、铁、硅、锰、锌、钴、硒、砷、铜、钼等，其中有些是陆地蔬菜所没有的。

【保健功效】海藻的保健作用主要有以下几个方面：①含碘比任何食物多，每百克干海带含碘 2400 微克、干紫菜含碘 1800 微克、干裙带菜含碘 1650 微克。碘为人体甲状腺素重要组成部分，而甲状腺激素对促进物质、能量代谢、维持骨骼和神经系统正常生长、发育，提高神经组织，尤其是交感神经兴奋性都具有重要作用。缺碘可使甲状腺激素分泌不足而引起毛发、皮肤代谢失调。若常食海藻，则可使毛发光泽、乌黑发亮、皮肤细嫩。②100 克紫菜中含 1400 毫克牛磺酸，100 克海带含 200 毫克牛磺酸。牛磺酸对保护视力和促进幼儿大脑发育都有重要作用。③从海藻中可提取出抑制物质氧化的"抗氧化剂"，具有抗癌功效，并有清除体内自由基作用，故可延缓衰老。④海藻含丰富营养素，但脂肪含量低，每百克海带含 0.1 克、紫菜也只含 0.5 克，另外，海藻含大量膳食纤维褐藻胶和多糖等，海藻类食品可降低血中胆固醇含量，故可防止血管硬化，防治心脑血管疾患。⑤海藻是含钙极丰富的碱性食物，可有效调节人体血液酸碱度。⑥海藻中甘露醇对急性肾衰、脑水肿、乙型脑炎、急性青光眼等都有一定辅助治疗作用。

（十三）海中"长寿菜"——海带

海带又名昆布。其干制品可供食用、药用及提取碘、褐藻胶、甘露醇等原料。海带素有"长寿菜"、"含碘冠军"美称。

【营养清单】海带营养素丰富。每百克海带含蛋白质 8.2 克、糖类 56.2 克、脂肪 0.1 克，为不饱和脂肪酸。还含有褐藻酸、甘露醇、牛磺酸、氟、碘、钾、钙、铁、钴等矿物质和胡萝卜素、维生素 B、维生素 C 等。

【保健功效】

①降血压；②降血脂；③防癌；④美发：海带中除含碘、钙、硫之外，还含铁、钠、镁、钾、磷及维生素 B_1、维生素 B_2、维生素 C 等，这些物质对美发大有裨益；⑤防治佝偻病、骨质疏松症、骨痛病：这是因为干海带含钙 700 毫克/100 克，并且钙与磷的比例恰当；⑥防治铅中毒等：这是因为褐藻酸可明显阻吸及排除铅和放射性元素锶的作用；⑦和胃、消炎、止血：海带中褐藻酸食用后在胃中可形成一层凝胶性的保护膜，可保护胃黏膜，并使创面加速愈合；⑧防治淋巴结核；⑨渗透性利尿作用：海带中甘露醇含量为 17%，它具有渗透性利尿作用，可用来降低颅内压、眼内压等，防治脑水肿及急性肾衰等；⑩控制碘缺乏病：这是因为海带中含碘十分丰富（240 毫克/100 克）。

【专家提示】①为了防止海带防病效果受影响，吃海带后不要马上喝茶，不要吃酸涩的水果。②干海带要浸泡 24 小时，并在其中更换水 2~3 次，以防砷中毒。因海带中含砷（俗称"砒霜"）较高，可达 35~50 毫克/公斤。但有人认为海带中毒性较强的无机砷仅占 6%，其余 94% 都为毒性很小的有机砷，故不必浸泡，以免碘、钾、钙、多糖和水溶性维生素损失。③甲亢病人不宜吃海带，因甲亢病人是由甲状腺激素分泌过多所致。④孕妇与乳母不宜多吃海带。因过多碘可致胎儿甲状腺障碍，婴儿出生后可致甲状腺低能症。⑤干海带表面白霜样物质 95% 为甘露醇，不必将其洗去。

（十四）"神仙菜"——紫菜

紫菜，又称紫英、子菜、索菜、紫软等。

【营养清单】紫菜含大量蛋白质，每百克含30克，其氨基酸含量也很高，是鸡蛋的3倍、牛奶的10倍，比鱼类、肉类高出2倍多，与大豆含量相当。而脂肪含量只有牛奶1/5、鱼类1/5、肉类1/50。维生素A、维生素B、维生素C的含量也高出日常食物，如牛奶、鸡蛋、鱼类、肉类的数倍。其中维生素B_2（2.07毫克%）含量高，比其他蔬菜更胜一筹。维生素PP含量为5.1毫克%，居各种蔬菜之首。紫菜中含钙、磷、铁、锌、碘等，除含碘多外，钙含量5倍于牛奶、铁含量是肉类的30倍。另外还含有叶绿素、叶黄素、红藻素、粗纤维、胶质、甘露醇等物质。紫菜中蛋白质和其他营养素容易被消化吸收，非常适合消化功能减退的老年人食用，故老年人应多吃紫菜汤。

【保健功效】中医认为，紫菜味甘咸、寒。有和血养心、清热除烦、化痰软坚、开胃、利尿之功效。紫菜可治水肿、淋病、湿性脚气、甲状腺肿、慢性支气管炎、咳嗽、咳脓臭痰等。紫菜还可降低血脂、防止动脉硬化，对防治高血压、心脑血管疾患、胃溃疡、妇女更年期病症及男子阳痿都有效果。

【专家提示】味道鲜美的"即食紫菜"是人们喜爱的零食。成年人只可每天吃七八片，如长期过量食用，可因吸收过多碘而引发"甲亢"病。据测定，每2克紫菜（约2小包即食紫菜）含碘87～140微克，就已超出一个成年人的每天需要量。

（十五）螺旋藻的保健价值

螺旋藻的生长环境非常苛刻，仅在热带气候、阳光充足的地方和碱性水域中繁殖，其光合作用和细胞壁结构与其他藻类不同，是一种微小的螺旋状的海藻。

最早在20世纪60年代初，法国人发现非洲生长在湖畔的土著人食用湖中螺旋藻，身体强壮。然后，科学家们研究发现，螺旋藻已有35亿年生命史，是迄今为止人类发现营养成分最均衡的生物。世界卫生组织称之为"人类21世纪的最佳保健品"。我国在云南的程海湖发现的螺旋藻，其蛋白质含量高达60%～70%，含人体必需的8种氨基酸，人体必需的微量元素、维生素、矿物质、多糖等多种生物活性物质，并无污染，其1克就等于1000克各种蔬菜的综合，具有极高的保健价值。

五、水果类

（一）苹果在美国被推崇为"健康水果"之最

苹果不仅是我国最主要果品，也是世界上种植最广、产量最多的果品。苹果酸甜可口，脆嫩多汁、口味清香，是人们喜爱的常见水果之一。苹果营养素丰富，并有良好保健作用。在美国，它被推崇为"健康水果之最"。

【营养清单】苹果含丰富的糖类，含量为 10% ~ 15%，果胶、脂肪、矿物质、钾、钙、磷、铁、锌等，多种维生素、维生素 B_1、维生素 B_2、维生素 C 及维生素 PP、维生素 E、胡萝卜素，还有苹果酸、柠檬酸、鞣酸、细纤维素等。

苹果性平味甘，具有补心益气、生津止渴、健胃补脾等功效，对人体健康大有裨益。

（1）有助于"优生优育"：①苹果富含锌，含量超过牡蛎。孕妇体内锌充足，分娩快而平顺。另外，熟苹果含碘是香蕉的 8 倍，橘子的 13 倍。故孕妇食苹果，补充锌和碘，有利胎儿智力发育。②"孕吐"妇女食苹果，不仅补充维生素 C 等，还可调节水电解质平衡，防止因频繁呕吐所致的酸中毒。③孕妇有妊娠高血压综合征时，苹果含较多钾，它促进体内钠盐排出，对水肿、高血压有较好疗效。④苹果富含纤维素、有机酸，促进肠胃蠕动，增加粪便体积，使之松软排出，而便秘是孕期三大症状之一。

（2）解除疲劳：酸性产物在人体内积累过多，易致疲劳。苹果是碱性食品可中和之。

（3）消除"内热"：每天吃一个熟苹果，可消除唇边生热疮、牙龈发炎、舌裂等表现的"内热"。

（4）治疗轻度腹泻与便秘：苹果中鞣酸、苹果酸有收敛作用；果胶有吸附细菌和毒素作用。每天吃苹果泥，一两天就可止住轻度腹泻。另外苹果中纤维素、有机酸，促进肠蠕动，增加粪便体积，利于大便排出。

（5）防治肺部疾患：多吃苹果可减少患肺部疾患概率，吃苹果越多，肺部疾患症状越轻这与苹果中含儿茶素、黄酮醇、黄酮有关。

（6）治疗慢性胃炎：苹果中酸可刺激胃酸分泌，增强消化功能，常吃苹果可治疗慢性胃炎。

（7）降低血胆固醇、预防动脉粥样硬化：苹果中果胶能促进胆汁大量分泌，从而把多余胆固醇排出体外，每天吃一至两个苹果，血胆固醇降低 10% 左右，另外吃苹果还可减少血管壁脂肪沉积，故可预防动脉硬化。

（8）预防冠心病：每天吃一个苹果，可预防冠心病或使冠心病患者死亡率减少一半。其原因与苹果中含类黄酮较多有关。

（9）降血压：苹果中富含钾，每日吃两至三个苹果，可排出食物中过量钠盐，因此可改善高血压。

（10）预防口腔疾病：细嚼慢咽（15分钟）苹果，苹果中有机酸与果胶可杀死90％口腔细菌，这不仅利于消化，而且可减少患口腔疾病。

（11）防治癌症：苹果中多酚能抑制癌细胞增殖，对结肠癌、肝癌细胞明显抑制。苹果中果胶多，有助于预防消化道癌，另外有助于将锶^{90}（致癌的放射性物质）从体内排除，故常吃苹果有助于防治癌症。

（12）抗肿瘤化疗药的化疗诱变：苹果等对肿瘤化疗药的诱变毒性（增加患二代肿瘤危险）均具有拮抗作用。

（13）清除体内放射性元素：最近发现苹果中苹果胶，是一种良好血浆代用品，同时可帮助人体疏散近一半的放射性元素，使其排出体外。

（二）香蕉雅称为"开心果"

香蕉是食用蕉类（香蕉、金蕉、大蕉、粉蕉）的总称，其品种繁多。香蕉肉质细嫩、滑而不腻、香甜多汁、食用方便，是许多人推崇的色、香、味俱佳的水果。

【营养清单】每百克香蕉含糖类20克，含蛋白质1.4克，脂肪含量低，仅0.7克。其维生素丰富，胡萝卜素含量是苹果的4倍、菠萝的3倍；维生素B_2含量是苹果、菠萝、柑橘的2倍；含维生素PP是苹果的4倍、柑橘的7倍；还含大多数水果所不含的维生素E，每百克香蕉含维生素E0.4毫克，仅次于苹果。香蕉中氨基酸，已查到14种，当香蕉皮由绿变黄时，游离氨基酸含量上升50％。在矿物质方面，含钾、钙、铁、磷等较丰富。每百克香蕉含钾400毫克，是其他水果难以相比的；铁含量比一般水果高0.5～1倍。

【保健功效】

（1）有"开心果"的雅称：香蕉可使大脑产生"羟色胺"，从而使人感到心情愉快、安宁，并可使造成人心情不佳的"右甲腺素"大为减少。

（2）可降血压：其原因与香蕉中钾丰富有关。每日食香蕉5根，降血压效果相当于服降压药的50％。

（3）可防治溃疡病：香蕉果肉中所含的5-羟色胺，可使胃酸降低，刺激

香蕉

胃黏膜细胞生长，故有保护胃壁、防治溃疡的功效。

（4）可防癌：有关部门公布的防癌食品中，香蕉也列在其中。在增加白细胞和改善机体免疫功能方面，香蕉比苹果、葡萄、西瓜、菠萝、梨、柿子等都要好。香蕉可产生一种改变异常细胞的物质——"TNF"（肿瘤坏死因子）。一般香蕉越熟，即其表皮上的黑斑（不是霉烂）越多，其免疫活性物质就越多。

（5）可治脂肪痢：香蕉中果糖与葡萄糖之比为1：1，这一天然组成，对治疗脂肪痢是合适的，也适用于中毒性消化不良。

（6）可护肤美容：手足皮肤皲裂，用熟透香蕉烤热，涂于患处，则可促进其愈合。香蕉皮含一种抗菌成分——蕉皮素，故敷贴香蕉皮可用于治疗真菌和细菌感染引起的皮肤瘙痒症。

中医认为，香蕉有止渴、通血脉、益精髓、清热解毒、生津活血等功效，可解酒毒、治便秘、皮肤生疮等，熟吃（用冰糖炖服）可治咳嗽。每日清晨空腹吃1～2个香蕉，对大便干结、痔疮出血疗效颇佳。

【专家提示】空腹不宜过度食用香蕉，因其钾丰富，过度食用可使人体钾、钠比例失调，从而对心血管有抑制，并引起嗜睡乏力。因此开车司机不宜空腹过食香蕉，甚至用来充饥，否则驾驶不安全。另外，香蕉性味甘寒，凡脾胃虚冷、腹泻、糖尿病、肾病者不宜食用之。值得注意的是，在做尿中吲哚或儿茶酚胺检测时，不可吃香蕉。

（三）疗疾佳果——柑橘

柑橘是世界重要的水果品种，也是我国的大宗水果之一。柑与橘同属芸香科植物，其果实外形相似，所含成分基本一致，故人们习惯以柑橘并称。

【营养清单】柑橘营养素丰富。如无核蜜橘含糖类9.3%、柠檬酸0.6%，每百克橘汁中含维生素C28.9毫克，尤其金橘皮可含维生素C200毫克/100克，为其果肉含量的5倍。柑橘中还含胡萝卜素、维生素B_1、维生素B_2、维生素PP以及钙、磷、铁、钾等。柑橘的果皮含橙皮苷、β-谷甾醇、多种醛类、烯类和醇类物质。

【保健功效】

（1）柑橘含丰富的β-胡萝卜素，对患夜盲症、皮肤角化和发育迟缓的患儿有良效。柑橘中有较多维生素C，对坏血病有防治作用。

（2）有抑癌作用，可抑制和阻断癌细胞生长。

（3）柑橘中某种膳食纤维可抑制淀粉酶，减少中性脂肪形成，故多食柑橘可有减肥作用。

（4）柑橘降低血胆固醇，有助于动脉粥样硬化逆转。长期食用柑橘的地方具脑血管病发病率极低。

中医认为，橘子甘酸而平，性温无毒。它有润肺、止咳、化痰、健脾、开胃、顺气、生津、止渴之功效。橘的理气作用可用于因肝经气滞而伴有乳房胀痛或乳腺小叶增生的女性患者。鲜橘制成的橘饼可止咳、止痢、疏肝解郁。柑则甘酸而寒，有生津、清热、止渴、止咳、化痰之功效。柑果制成的饮料可减轻子宫内膜的炎症、充血，改善子宫的功能，并对痛经、闭经、月经过少、子宫出血等有良效。

中医认为，柑橘各部均为良药。陈皮（晒干的成熟柑橘皮）有理气健脾、和胃止呕、燥湿化痰之功能。日本人吃橘子不剥皮，中国人吃金橘连皮吃；橘络（柑橘皮内层的筋络）有化痰、消滞、通络、理气、活血之功效。橘络与橘皮一样有丰富维生素C，还有维生素PP，具有改善血管功能作用，加强血管韧性，故吃橘子勿丢橘络；橘核（柑橘的种子）可理气、散结、止痛，主治疝气肿痛；青皮（未熟的柑橘皮）可疏肝破气，消积化滞。

【专家提示】

（1）吃柑橘前后1小时内勿喝牛奶，因奶中蛋白质遇到柑橘中果酸会凝固，从而可影响消化吸收。

（2）饭前或空腹时不要吃柑橘，因其有机酸可刺激胃壁黏膜，对胃不利。

（3）柑橘皮上多有保鲜剂，它有一定毒性，故鲜皮必须清洗干净，并作处理后再泡茶喝，而陈皮可泡茶喝。

（4）吃柑橘每天一般不超过3个，吃得过多，对口腔、牙齿有害，此外可引起中毒，表现为手掌、足掌皮肤黄染，但巩膜不黄，还可精神不振、烦躁、无食欲、睡眠不佳等。此中毒也叫胡萝卜素血症。

（5）柑橘中含柚皮苷和橙皮苷，未成熟柑橘含量大，大量食用这种带苦涩味的未成熟柑橘，对机体有害。

（四）桃为"百果之首"

桃已成为我国"百果之首"，有水蜜桃、蟠桃、佛桃、红桃、碧桃、幽桃、玉露桃、血桃等优良品种。

【营养清单】桃含丰富的蛋白质，比苹果、葡萄含量高1倍，比梨高7倍。桃还含脂肪、糖类纤维素、胡萝卜素、维生素 E、维生素 B_{12}、维生素 C 和钾、钠、铁、钙、镁、磷等矿物质，其中磷和钾、维生素 B_{12}、维生素 C 等含量都比苹果、梨、葡萄高。另外，桃中还含挥发油、苹果酸和柠檬酸等有机酸类。铁的含量为百果之首。

【保健功效】常吃鲜桃有滋补、强身、防病、治病、延年益寿之功效。鲜桃性味辛酸甘热，具有润肠、活血、消血、消积、助消化、补心、生津之功效，可治肺虚久咳、气短、盗汗、两便不通、健脾消食。桃仁、花、叶、根、胶可入药，干幼果称为"瘪桃干"，也可入药，桃树一身全是宝。桃具有和缓的活血化瘀作用，妇女经期宜食之。鲜桃含钾盐多于钠盐，故更宜给水肿病人食用。桃的干品可治阴虚盗汗，并可生津、养胃和镇静。桃仁含脂肪油、苦杏仁苷等，具有活血祛痰、镇咳平喘、润燥滑肠之功效，可治热病蓄血、跌打损伤、瘀血肿痛、痛经闭经等。

【专家提示】桃的货源充足、价格便宜，但不可食用过多，尤其食桃后不要即刻饮用凉开水，以免腹胀、腹泻等不适。胃肠功能不良者和老人、孩子均不宜多吃。

（五）梨为"百果之宗"

梨，又称快果、玉乳等。古人称之为果宗，故为"百果之宗"。梨鲜嫩多汁，故有"天然矿泉水"之称。

【营养清单】梨含蛋白质、脂肪少，含糖量较高。1000 克梨含葡萄糖、果糖 8克，而蛋白质、脂肪仅各为 0.1 克。此外，1000 克鲜梨中含钙 5 毫克、磷 6 毫克、铁 0.2 毫克，还含胡萝卜素、维生素 B、维生素 C 和苹果酸等。

【保健功效】

（1）防秋燥：梨有润燥消风、醒酒解毒功效。秋季气候干燥，人皮肤瘙痒、口鼻干燥，有时干咳少痰，而每天吃 1~2 个梨可缓解秋燥。

（2）梨对高血压病人出现的心脑烦闷、口渴、便秘、头晕目眩等症；心脏病人出现的心悸、失眠、多梦等症都有良好的辅助疗效。

（3）雪花梨可抗肿瘤化疗药的诱变毒性；梨中含天冬素，对肾脏保健有特殊功效。

（4）清喉降火：播音、演唱人员常食煮熟梨、增加口中津液，可保护嗓子。

（5）梨含丰富葡萄糖、果糖，还有维生素、苹果酸等，具有保肝、助消化、促进食欲作用，故对肝炎、肝硬化病人可辅助治疗。

（6）其他："梨子炖冰糖"不仅祛痰热、治哮喘、滋阴润肺，还可用于肺热咳嗽、少痰、眼赤肿疼、大便秘结、肺结核、气管炎和上呼吸道感染等症，并有良效。煮熟梨有助于肾脏排泄尿酸和预防痛风、风湿和关节炎。

【专家提示】值得提出的是，多食梨可伤脾胃、助阴湿，故脾胃虚寒、腹泻者、妇女产后勿食之；消化不良者慎食之。现代医学认为，过食梨可使肠腔内纤维素量大增，吸收不了，使肠腔内渗透压增高，使肠壁细胞交换受阻，从而导致腹泻。

（六）葡萄、葡萄汁与葡萄干

葡萄，其果可生食、制葡萄干、酿酒或加工成罐头。

【营养清单】葡萄含糖量达 8%～10%，还有蛋白质、草酸、柠檬酸、苹果酸和胡萝卜素、维生素 B_{12}、维生素 C 及钙、磷、铁、钾等矿物质，其含钾量达 100～150 毫克/100 克。

【保健功效】

（1）中医认为，葡萄具有养气养血、强心利尿、生津强志、补虚止咳、舒筋活络、安胎通淋之功效。孕妇养育胚胎，易耗气伤津，故孕妇多食葡萄有很好防病治病、安胎保健作用。

（2）葡萄含天然聚合苯酚，对大肠杆菌、痢疾杆菌、脊髓灰质病毒等有杀伤作用，故可用葡萄治肠炎、胃炎、痢疾、病毒性肝炎、痘疱等症。

（3）葡萄中糖易被人体吸收。当人体出现低血糖，饮用葡萄汁可很快使症状缓解。

葡萄对防止高胆固醇血症、动脉硬化、心脑血管疾病、脂肪肝、视网膜炎等都有一定作用。

（4）研究发现，"白藜芦醇"防止血栓有效，同时具有高效抗癌作用。有 70 多种植物含此物质，但以葡萄皮含量最多。另外，葡萄中含强氧化剂类黄酮，它可防止细胞膜被氧化，并可清除体内自由基，而葡萄皮中含类黄酮最多。因此吃葡萄最好不要去皮。

（5）葡萄汁可帮助器官移植手术患者减少机体排斥反应。

（6）制成葡萄干后，其营养素可成倍增长。葡萄干有补气暖胃作用，对贫血、血小板减少者有辅助疗效；对神经衰弱、疲劳者有良效。

【专家提示】吃葡萄后不要立即喝水，否则易腹泻。这是因为葡萄可通便润肠，吃完葡萄即刻喝水，葡萄与水、胃酸急剧氧化发酵，从而加剧肠蠕动，便可导致腹泻。

（七）草莓有"水果皇后"之称

草莓果肉肉汁多汁，味酸甜，有芳香气。为水果中上品，有"水果皇后"之雅称。草莓特别适合于老人、儿童和体弱多病者食用。

【营养清单】草莓的营养价值很高。它富含氨基酸、蔗糖、果糖、葡萄糖、纤维素、果胶、梗黄素、柠檬酸和胡萝卜素、维生素 B_1、维生素 B_2、维生素 C、维生素 PP 及钙、磷、锰、铁、钾等矿物质。每百克鲜果含糖 4.5～12 克，含有机酸 0.6～1.6 克、维生素 C30～80 毫克，超过葡萄、梨、苹果达 7～10 倍，含钾 135 毫克、铁 1～2 毫克，钙的含量是苹果、鸭梨的 3 倍，磷的含量是苹果的 5 倍。

【保健功效】草莓味甘性平，有润肺生津、健脾和胃、滋阴补血、解酒醒脑之功效。饭后 1 小时食用几个草莓可防止食滞腹胀；伏天食用，清热解毒、生津上渴；对小儿干咳不愈、齿红肿出血、不思进食等有显著疗效；发热、食欲减退者食之有辅助疗效；对醉酒者有解酒、醒酒之功效；老人、小孩食之有滋补作用，养益五脏；对肠胃病、贫血等具有一定调理作用，并可用于小便涩痛、尿色深黄等病症的治疗；草莓对防治高血压、冠心病、动脉硬化及脑血管疾患有防治效果；另外，草莓对肿瘤防治有一定效果，可用于白血病、再生障碍性贫血和消化道肿瘤的预防和辅助治疗。

【专家提示】食用草莓要注意清洗干净。其表面已溃烂则不食用，以防止胃肠炎的发生。另外，儿童不易多食之，否则易产生小儿多动症，这可能与草莓中的水杨酸有关。

（八）山楂可谓佳果良药

山楂，别名红果、山里红、赤枣子、胭脂果等，酸甜可口，可制成山楂糕、山楂片、冰糖葫芦等，很受人们青睐，也适宜老年人、儿童食用。

【营养清单】每百克山楂含维生素 C 为 89 毫克，仅次于红枣和猕猴桃。含胡萝卜素 0.82 毫克，比苹果多 5 倍，是香蕉、桃子、樱桃的 2～3 倍。含钙 85 毫克，在群果中仅次于橄榄，最适合于小儿对钙质的需求。此外，山楂还含有柠檬酸、苹果酸、山楂酸、鞣质、皂苷、果糖、B 族维生素、维生素 PP、磷、铁、硒、黄酮类和蛋白质、脂肪等。

【保健功效】山楂作为药用，在我国由来已久。据统计由它制作的成药有近 50 种。中医认为，山楂味甘酸、微温、有消食积、散瘀血、利尿、止泻之功效。

（1）促进胃液中酶类的分泌，增进消化：有助于减轻因消化肉食过多而引起的腹胀、泛酸、腹痛、腹泻等症。

（2）山楂中黄酮类和维生素 C 具有抗癌作用，可用于食道癌、胃、肠癌、膀胱癌、子宫颈癌等辅助治疗。

（3）山楂含柠檬酸、山楂酸、皂苷、金红桃苷等，对痢疾杆菌、大肠杆菌、绿脓杆菌等都有很强的抑制作用。将山楂煎汤冲糖与茶叶饮服对痢疾初期疗效佳。山楂中胡萝卜素可增强免疫力；槲皮黄苷、金红桃苷等可促进气管排痰、平喘作用，故可用于支气管炎的辅助治疗。

（4）山楂有防治心血管病的作用。它所含配糖体有强心作用；内脂有扩张血管作用。用山楂制的成药、降血胆固醇的有效率为90%。

【专家提示】孕妇不宜过食之，否则刺激子宫收缩，可引起流产。但分娩后不妨多吃些，因它可防治滞血痛胀，有利于康复。另外，山楂中有机酸易腐蚀牙釉质。煮山楂时忌用铁铜锅，以免破坏其营养素。山楂过食伤人中气，故脾胃虚弱者少吃，服人参者不吃。

（九）有特殊香味的菠萝

菠萝，又称菠萝蜜，异名有凤梨、王梨、番菠萝等，其果形美观、汁多味甜，具有特殊香味，是深受人们喜爱的水果。

【营养清单】每百克菠萝中含水分89克、蛋白质0.4克、脂肪0.3克、糖类9克、粗纤维0.4克、灰分0.3克、钙18毫克、磷28毫克、铁0.5毫克、胡萝卜素0.08毫克、维生素 B_1 0.02毫克、维生素 B_2 0.05毫克、维生素 PP0.2毫克、维生素 C 24毫克等。

【保健功效】据药理分析，菠萝果汁中含"菠萝朊酶"，它可在胃内分解蛋白质，故食肉类及油腻食物后吃些菠萝好。此酶还能改善局部的血液循环、消除炎症及水肿，故在临床上将此用于各种原因引起的炎症、水肿、血栓等病症的辅助治疗。中医认为，菠萝性平味甘，具有健胃消食、补脾止泻、清胃解渴等功用，对消化不良、伤暑烦渴、肠炎腹泻等症有良效。

【专家提示】菠萝汁中含生物苷及菠萝朊酶，前者刺激口腔黏膜，后者可使人过敏。其过敏多在食后半小时内发生，主要有腹痛、腹泻、呕吐、头昏、头痛、口舌及皮肤发麻发痒，重者出现呼吸困难，甚至昏迷。而食用前将菠萝块用淡盐水浸泡，既可除其涩味，又可破坏上述成分，从而避免口腔发痒和过敏反应的发生。但对菠萝有过敏者最好不吃。

（十）春果一枝数樱桃

樱桃，又名莺桃、含桃、荆桃。樱桃在落叶果树中成熟最早，在百果之先，故被誉为"鲜果第一枝"。

【营养清单】樱桃不仅美味可口，而且营养价值高。每百克果肉含糖类 8～10 克，还含蛋白质、钙、磷、铁及多种维生素。铁含量 6～8 毫克，比苹果、橘子、梨高 20～30 倍；胡萝卜素含量比苹果、橘子、葡萄高 4～5 倍；其维生素 B_1、维生素 B_2、维生素 C 及钙、磷含量是苹果的 3 倍。

【保健功效】中医认为，樱桃甘平无毒而性热。《本草纲目》中记载，樱桃有益气、祛风湿、透疹、解毒等各种药效。樱桃，尤其野樱桃含铁多，故对缺铁性贫血者较适宜；樱桃可止渴生津，可治咽喉炎；常食樱桃可使容颜娇丽、滋润皮肤；樱桃捣汁外涂治花斑癣、烧烫伤、汗斑；治冻疮，可将鲜樱桃放瓶内埋地下（也可用酒精泡，埋地下，制成樱桃酊），入冬时取出涂用即可。

研究发现，熟樱桃中含花青素，在防治关节炎和痛风的炎症上，其效果胜过阿司匹林，每日吃 20 颗带酸味的樱桃就可抑制关节炎和痛风引起的疼痛。民间用樱桃 100 克水煎后，加红糖 30 克温服，可治风湿腰痛、四肢麻木、瘫痪。

【专家提示】樱桃形味虽美，但因含铁丰富，加上含一定量氰苷、水解产生氰氢酸，故食用过量可致铁中毒，甚至氰化物中毒。樱桃属热性，故阴虚火旺、大便干燥、口臭、流鼻血、患热病者不宜食用。

（十一）有"望梅止渴"之说的梅子

梅子味酸，有"望梅止渴"之说。梅的核果呈球形，未熟为青色，熟了呈黄色。加工用的果常在未熟前采收，依采收时果色不同，可分白梅（青白色）、青梅（绿色）、花梅（带红色）等类型。青梅熏制后便成乌梅。其果除少量供生食外，大部都制蜜饯和果酱等。绿色梅子浸酒，即成青梅酒。白梅、乌梅可入药和作饮料用，如酸梅汤的主要成分是乌梅。其花可供观赏和食用。

【营养清单】梅子含蛋白质、脂肪、糖类和多种矿物质（钙、磷、铁、钾、钠），7 个大梅子约含 0.5 克钾，而钠含量少。此外，还含许多枸橼酸、苹果酸、柠檬酸和琥珀酸及维生素 C 等。

【保健功效】老年人闲暇之时，适量吃点"话梅"，对健康有益。因老年人味蕾趋萎缩、咀嚼功能减退，常感口中淡而乏味。而含食酸甜可口的话梅可不断刺激分泌唾液，其唾液有溶菌、灭菌作用；梅子富含维生素 C 及多种矿物质等，故常咀嚼话梅不仅可生津止渴、提神消食，而且锻炼了牙周组织，使咀嚼功能增强。

酸梅汤是解暑、解渴的佳品。乌梅味酸而温，有除烦、安神、敛肺、涩肠、止泻、安蛔等功效。乌梅有抗菌、抗真菌、抗过敏作用，对治疗细菌性痢疾、胆道感染、钩虫病、荨麻疹等有效。乌梅使胆囊收缩，促进胆汁排出，故喝酸梅汤对慢性胆囊炎有效。但发生胆绞痛时不要用酸梅汤，否则可加重胆绞痛。

梅可治晕车、解醉酒。梅中含有机酸，在热茶里放一枚梅干，喝后可解酒，故有人将梅称为"解酒特效药"。

【专家提示】青梅不可生吃，因它含微量氰酸，可产生剧毒物氰酸钾，使人发生中毒，甚至死亡。梅子必须熟透或经加工炮制后方可食用。多食梅损齿，口腻湿重者亦忌食之。

（十二）李不宜多食

李，又名"嘉庆子"。果实为圆形，果皮呈紫红、青绿或黄绿，果肉为暗黄或绿色，近核部呈紫红色。不论何种，以甘鲜无酸苦之味者为佳。李可生食，亦可盐曝、糖收、蜜渍为蜜饯，或为果脯。

【营养清单】李含粗蛋白、糖类、钙、磷、铁、胡萝卜素、维生素 B_1、维生素 B_2、维生素 C、维生素 PP 等。

【保健功效】中医认为，李甘酸性寒，有清热、生津、泻肝、利水、活血之功效。熟透食之，别有风味。但李子性寒，多食则生痰助湿热，易诱发痢疾，故脾胃虚弱者不宜食用。俗话说"桃饱人，杏伤人，李子树下抬死人"，看来不无道理。李子还含一定量氢氰酸，饱食李子后也易引起氰化物中毒。

（十三）杏与杏仁

杏，属蔷薇科植物。其果呈圆、长圆或扁圆形。果皮多为金黄色，向阳部有红晕和斑点。其色泽悦目、香气扑鼻，果肉暗黄色，鲜甜细嫩，多汁甘甜。核面平滑无斑孔，核厚而有沟纹，则为其特征。果供生食外，还可制成杏干、杏脯等，杏仁可食用、榨油和药用。

【营养清单】杏含糖类、蛋白质、粗纤维、钙、磷、铁、胡萝卜素、维生素 B_1、维生素 B_2、维生素 C、柠檬酸、番茄烃、鞣酸等，尤其胡萝卜素含量丰富，每百克杏中可达 1.8 毫克，仅次于芒果。杏仁中蛋白质高达 27.1%、脂肪 32.6%、糖类 10.8%。每百克杏仁中含钙 111 毫克、磷 368 毫克、铁 7 毫克，还含有大量胡萝卜素、维生素 B_1、维生素 B_2、维生素 C、维生素 E、维生素 PP 及苦杏仁苷等。

【保健功效】中医认为，杏甘酸而温，有润肺定喘，生津止渴之功效。但多食可生痰助热、诱发疖子或腹泻，故小儿、老人与产妇等患病时不食之。

杏仁有苦、甜两种。苦者用于实证，甜者多用于滋养。甜杏仁含苦杏仁苷量很低，故炒熟后可供食用，其性平而味甘，可用于润肺止咳。杏仁是有益健康的营养食品，它可制成各种风味食品，吃起来既清香又富有营养。杏仁是深受古代养生美颜者青睐的润肤美容佳品，可将杏仁捣成浆状，调入鸡蛋清、涂面，使面部光净润泽。杏仁中含脂肪油，故有润肠通便作用。杏仁与梨同煮食之，可治气管炎、肺气肿、咳嗽。

在南太平洋有个叫"斐济"的岛国，它是现今世界上唯一没有闻及有癌症的国家，其中奥秘在当地人喜欢吃杏干。仅有 5 万人的芬乍五国，当地人长年以杏子、杏仁充饥，故芬乍人不得癌症。美国人提取了苦杏仁苷（又称维生素 B_{17}），它可抑制癌细胞以及致癌物——黄曲霉菌、杂色曲霉菌等，但对人体正常细胞无破坏作用。

【专家提示】特别提醒的是，苦杏仁有毒，不可多食。小孩一次吃 20 粒左右；成人一次吃 50 粒左右，即可中毒。这是因为大量苦杏仁苷经酶水解后可生成过量氢氰酸使红细胞失去能力，并麻痹延髓中枢。故苦杏仁必须经水浸泡，再煮沸处理后，才可安全食用。

（十四）秋果——石榴

秋果石榴，原名安石榴，别名番石榴、番桃、鸡矢果。种子肉质层供鲜食或加工成饮料、酿酒。

【营养清单】石榴果实中含糖类、蛋白质、脂肪、维生素 B_1、维生素 B_2、维生素 C、钙、磷、钾等；其果皮中含鞣质、生物碱等成分；种子油中含石榴酸、雌酮、甘露醇和 β 谷甾醇等。

【保健功效】中医认为，石榴性温味甘、酸涩，有涩肠、止血、止咳作用。石榴全身是宝，其花、皮、子、根均可入药。石榴花煎服治吐血、咯血或久泻不止；石榴皮水煎加红糖饮服可治赤痢、尿血、鼻出血；水煎加蜜服用可治崩漏带下；石榴根去表皮用水煎加红糖饮服可驱蛔虫；石榴子慢慢嚼服可治口干、喑哑等。

【专家提示】多吃石榴亦可损齿伤肺、助火生痰。石榴果皮有毒，食用石榴时须加注意。

（十五）糖水仓库——甘蔗

甘蔗，亦称"竿蔗"。以皮青、围大、节稀，形如竹者为佳。皮紫者性温，功效稍差。素有"糖水仓库"之称的甘蔗确是果中佳品，其果汁约占70%，含糖量达17%以上。大部分为蔗糖，其次是葡萄糖和果糖，故是榨糖佳品，副产品糖蜜可酿酒。

【营养清单】甘蔗除含丰富的糖类外，还含多种氨基酸、脂肪、维生素 B_1、维生素 B_2、维生素 B_6、维生素 C、维生素 PP、钙、磷、铁等，还有多种有机酸及由五碳糖和六碳糖组成的多糖体。甘蔗不仅给人以甜蜜享受，而且为人体提供许多热量及营养。

【保健功效】中医认为，生蔗汁味甘、性寒，功能清热、生津、下气、润燥，故可治热病津伤、心烦口渴、反胃呕吐、肺燥咳嗽、大便秘结、小便短赤、酒醉等症。

（1）实验证实，甘蔗渣及甘蔗糖制造过程中提出的糖蜜内均含多糖体，有抗癌作用。

（2）每公斤甘蔗含铁量9～13毫克，居水果大家庭之冠，故多吃甘蔗可防治贫血，还有滋润肌肤、养颜美容之功效。

（3）吃甘蔗可洁齿抗龋，甘蔗纤维特多，吃时连啃带咬，蔗纤维如一把"天然牙刷"，对牙齿不断按摩，从而大大促进牙床、牙龈的血循环，提高了牙齿的自洁和抗龋能力。

【专家提示】需强调的是，甘蔗霉变不可食，否则引起恶心呕吐、头痛、复视、抽搐、昏迷等"霉甘蔗脑病"。甘蔗往往经长途贩运，极易污染，故食用时不洗净和消毒，很易感染肠炎、痢疾和肝炎等。另外，忌多吃甘蔗，因大量糖分进入人体，积存胃肠道，使局部渗透压升高，血液、组织间液渗入胃肠道，进而引起高渗性脱水。

（十六）柿子有"金果子"之誉

柿子，又名迷果、猴枣，柿子有"金果子"之誉。

【营养清单】柿果每百克果肉中含蛋白质1.2克、脂肪0.2克、糖类15克、钙147毫克，磷19毫克、铁0.8毫克、碘49.7毫克、胡萝卜素0.85毫克、维生素 $B_1$0.02毫克、维生素 $B_2$0.01毫克、维生素 PP0.1毫克、维生素 C43毫克，还含钾、钠、镁等。

【保健功效】中医认为，柿性寒、味甘、无毒。生柿可治热、解酒毒。熟柿甘平无毒，有补虚、健脾、润肺、利肠、止血、充饥和降血压等功效。现代医学研究发现，鲜柿含碘高，甲状腺肿患者多吃好；熟柿含较多 B 族维生素、胡萝卜素等，对口疮、舌炎、口腔溃疡等症有防治作用。

柿子经加工而成饼状，称柿饼，有白柿、乌柿两种。性味甘涩、寒，具有涩肠、润肺、止血、和胃等功效，主治吐血、咯血、血淋、肠风、痢疾、痔漏等症。

柿饼上生有白色粉霜，用帚刷下，即为柿霜。其内含甘露醇、葡萄糖、果糖、蔗糖。柿霜性味甘凉，有清热生津、润燥宁漱之功。治口舌生疮、咽喉痛、吐血、咯血、劳嗽等症。

柿漆乃未成熟柿子加工制成的胶状液，内含鞣质样物质——柿漆粉，又含胆碱、乙酰胆碱。柿漆性苦涩，可治高血压、预防中风等。

柿蒂为柿的宿存花萼，俗称果蒂，又名柿钱、柿丁、柿子杷、柿萼等。柿蒂内含糖、鞣质、三萜烯酸、桦树脂酸、乌索酸、荠墩果醇酸等。柿蒂性味苦涩、无毒，可治呃逆和夜盲症。

柿叶含丰富维生素 C、芦丁（维生素 P）、胆碱、黄酮苷、胡萝卜素、多种氨基酸及铁、锌、钙等，具有抗菌消炎、生津止渴、清热解毒、润肺强心、镇咳止血等功效。柿叶经加工制成的柿叶保健茶，其维生素含量比一般果蔬高近百倍。成年人每日饮 6 克，可摄取维生素 C20 毫克，对人体中致癌物亚硝酸胺合成有明显阻断作用。

【专家提示】食用柿子要注意：柿子性寒，凡气虚、体弱、外感风寒人慎吃；吃蟹后食柿或空腹多食柿子，摄入的柿胶酚易与蟹蛋白质和胃酸结合成不溶性沉淀凝块，从而引起上腹剧痛、反酸的"胃柿石症"；吃柿子后大量饮水或喝菜汤等也易诱发"胃柿石症"；柿子吃时要去皮；不要食生柿子；柿子不可过度食用，因柿内含大量单宁、柿胶酚等，单宁有收敛作用，过食可致便秘。

（十七）老人宜吃橙

橙，又名黄果、广柑、广橘，它的皮较厚，味道香美。

【营养清单】橙含糖类、多种有机酸、钙、磷、铁和多种维生素，如胡萝卜素、维生素 B_1、维生素 B_2、维生素 C、维生素 PP 等。

【保健功效】中医认为，橙甘酸而温。可理气、化痰、消食、开胃、止呕、止痛，但多食伤肝气。老人消化功能减退，橙皮中含果酸，促进食欲、帮助消化。橙富含多种有机酸和维生素，可调节人体新陈代谢，尤其对老年人及心血管疾病患者十分有益。

【专家提示】由于橙中含较多鞣质，可与铁质结合，以致妨碍人体对铁的吸收利用，故贫血者少吃。

（十八）常吃柚可保护咽喉

柚，又名文旦、香栾、抛。果实供生食或加工，果皮可制蜜饯或入药，花、叶、果皮都可提炼芳香油。

【营养清单】柚含蛋白质、糖类、钙、磷、铁和多种维生素，如胡萝卜素、维生素 B_2、维生素 B_1、维生素 C 和维生素 PP 等。

【保健功效】中医认为，柚酸甘、无毒。有辟臭、消食、止呕、利咽、消炎、止痛之功效。因柚含丰富维生素 C，有溶解及清除黏液作用，故常吃柚可保护咽喉，制成饮料饮用更宜。柚皮，辛苦而甘，有消食、化痰、利咽、消炎之功效。因柚中含胰岛素类成分，可降血糖，故糖尿病者宜食之。

【专家提示】加拿大贝利博士研究发现，吃柚子可抑制了肠道中存在的 $C_{YR}ZA4$ 酶。然而许多药在体内要经此酶代谢，故吃柚子可使此类药的血药浓度明显增高，从而引起不测。此类药有洛伐他汀（降脂药）；特非那丁（抗过敏药）；钙拮抗剂：如硝苯地平、维拉帕米、地尔硫草等；胃肠动力药：如百沙比利、吗叮啉；抗精神病药氯氮平；免疫抑制剂环孢素 A；中枢兴奋剂咖啡因等。

（十九）大枣是"天然维生素丸"

大枣，又名红枣、枣子。自古以来被列为"五果"（桃、李、梅、杏、枣）之一。

【营养清单】大枣营养成分丰富。鲜枣含糖高达 20% ~ 36%，晒成红枣，则达60%，比制糖原料甜菜与甘蔗的含量还高。还含蛋白质、脂肪、胡萝卜素、维生素 B_1、维生素 B_2、维生素 C、维生素 P（芦丁）、维生素 PP、粗纤维、单宁、硝酸盐、有机酸与钙、磷、铁、镁、钾。其中维生素 C 含量最多，每百克含 240 ~ 600 毫克，比柑橘高 7 ~ 10 倍，比苹果、桃含量高 70 ~ 100 倍，名列百果之首（不含野果）。一般公认柠檬是含维生素 P 丰富的代表，但与鲜枣比，还比大枣差 10 倍，故大枣被称为"天然的维生素丸"。而黑枣中蛋白质、脂肪、钙、磷、铁等营养素均比干红枣多得多，故黑枣营养价值更高。大枣是滋补佳品，连服大枣，虚弱病人很快强壮，其康复速度比单纯服多种维生素要快 3 倍。在民间有"一日食三枣、一生不显老"的谚语。

【保健功效】中医认为，大枣甘温而平。有补中益气、养血安神、滋补润肺和百药之功效。中医常将红枣作为药引。

现代医学研究发现，大枣可防治癌症、高血压、过敏性紫癜、骨质疏松与贫血；大枣可保护肝脏，治疗急、慢性肝炎和肝硬化；大枣可解除葱、蒜等腥臭怪味；大枣可防治胆结石；大枣可增强人体免疫力、促进白细胞生成；常食大枣可防治因维生素等缺乏所致的病症；老年体虚者常食大枣可增强体质，延缓衰老；长期脑力劳动及神经衰弱者吃红枣汤可宁心安神、增进食欲；妇女产后食大枣可补益气血，加速康复。

姜枣是由黑枣与姜汁泡制而成的。姜枣眼用对老年慢性支气管炎者、萎缩性胃炎、浅表性胃炎、胃寒症、慢性泄泻、冠心病患者都有良效。

【专家提示】由于大枣味甘助湿，过食易引起胃酸过多和腹胀等，故一次不宜多吃。尤其是腐烂大枣在微生物作用下可产生果酸和甲醇，人吃了烂枣可出现头晕、视力障碍等中毒反应，重者危及生命。另外，黑枣（乌枣）是干果，其中含未挥发性物质，它与人体内胃酸结合成硬块，故不宜空腹食之。睡前不可多食，慢性胃病者要慎食之。

（二十）无花果是健康的守护神

无花果，又名文仙果、奶浆果、蜜果、映日果、天生子、品仙果等。其花隐于囊状总花托内，外观只见果而不见花，故名。

【营养清单】无花果营养成分丰富而全面。每百克鲜果含可溶性固形物 15～18克，游离氨基酸 1．1 克。含大量的葡萄糖、果糖、蔗糖等可溶性糖；柠檬酸、延胡素酸、琥珀酸、丙二酸、草酸、苹果酸、奎宁酸、吡咯烷羧酸、莽草酸等多种有机酸，还含有维生素 B_1、维生素 B_2、维生素 C、维生素 PP 等多种维生素；钙、铁、磷等矿物质以及植物生长激素等。

【保健功效】无花果有滋补、防病、治病、健身的功效，被誉为"人类健康的守护神"。

中医认为，无花果性平味甘，有健脾润肠、祛痰理气、清热消肿、利咽解毒等功效，可用于食欲缺乏、肠炎、痢疾、疮疡、便秘、心痛、咳嗽、咽喉肿痛、肺热声嘶等病症的辅助治疗。鲜果中乳汁，外用涂敷可治皮肤痈、疽、疮、疣、癣等。

无花果具有抗癌作用，可阻止癌细胞的蛋白质合成，使其因缺少生物活性物质而坏死；而对正常细胞无毒害。我国民间用无花果治疗直肠癌效果明显。

【专家提示】无花果不仅当水果吃，还可烹饪菜肴，如用火腿或猪肉、香菇炒无花果、鸡炖无花果、猪汁汤无花果，味道清香鲜美，别有风味。

（二十一）盛夏佳果——西瓜

西瓜为盛夏暑热之圣果，又名寒瓜。

【营养清单】西瓜果汁液最丰富，含水量高达95%左右。瓜汁液中，除不含脂肪外，几乎含有各种营养素。如大量糖类，蛋白质含量也超过西红柿与甜瓜的含量，各种维生素，多量有机酸、谷氨酸、瓜氨酸、粗纤维及钙、磷、铁、锌、钾、钠等矿物质。西瓜是一种最富营养的安全饮料。西瓜皮含的成分与瓜瓤大致相同。

【保健功效】中医对西瓜的医效评价高。《本草纲目》记载："西瓜能消烦解渴、解暑热、疗喉痹；宽中正气、利小便、活血痢、解酒毒。"古人将西瓜叫"天生白虎汤"。西瓜皮功同瓜瓤，西瓜皮被中医称之为"西瓜翠衣"。

对中暑发热、烦躁口渴、尿少尿黄或急性热性病者，多吃西瓜可退热止渴。现代医学研究发现，西瓜含糖类可利尿，无机盐类可消除肾脏炎症，蛋白酶可将不溶性蛋白质转化为可溶性蛋白质，从而增加肾炎患者的营养。其配糖体有降血压作用，故可治肾炎、高血压病。此外水肿病人如肾炎、肝硬化、妊娠水肿、心脏病患者，有的进食无盐或低盐饮食、胃纳差，而西瓜正好是此类人的极好食品。

吃西瓜后尿量增加，可减少胆色素含量，另外使大便通畅，故西瓜可治黄疸。西瓜还能清利湿热黄疸，故可用于治疗肝炎、胆囊炎、胆石症及尿路感染等。

【专家提示】西瓜性味甘寒，含糖高、水分多，故有些人不宜多吃。脾胃虚寒、消化不良以及患胃炎、胃溃疡者不吃或慎吃，尤其是冰镇西瓜更是如此；心衰、肾衰者不宜多吃，以免加重心、肾负担；吃西瓜一次不宜过多食用，否则大量冲淡胃液，易致消化不良；糖尿病病人不可多吃，

西瓜

否则血糖、尿糖升高，每次食用50克为宜；口腔溃疡病人不可多吃，否则其体内正常水分被西瓜利尿排出，致使阴虚内热更甚，不利溃疡康复；患感冒初期不宜多

吃，因感冒初期属于表症，此时吃西瓜不仅不能表散病邪，反而可因清解烦热而引邪入里，加重感冒。但感冒出现高热、口渴咽痛、尿黄等症时，可适当吃些西瓜。

（二十二）多式多样的甜瓜

甜瓜，又称甘瓜、香瓜。果肉柔软、味甜多汁、香气浓郁，果品以清香甘脆者为佳。

【营养清单】甜瓜营养成分主要有蛋白质、脂肪、糖类、钙、磷、铁、胡萝卜素及维生素 B_1、维生素 B_2、维生素 C 和维生素 PP 等，还含柠檬酸等有机酸及球蛋白。

【保健功效】中医认为，甜瓜甘寒性平，有止渴生津、除烦热、消暑、疗饥、利便之功效。

【专家提示】凡虚寒多湿、便滑、腹胀及产后、病后皆不宜食。食用甜瓜要适量，多食易患腹泻。

（二十三）常吃荔枝可补脑健身

荔枝，又名离支、丹荔、丽枝等，果品以核小肉厚而纯甜者为佳。果肉供生食或制干和多种加工品，其核和壳均入药。

【营养清单】荔枝营养丰富，含蛋白质、脂肪、糖类、多种维生素（如胡萝卜素、维生素 B_1、维生素 B_2、维生素 C、维生素 PP 等）和钙、磷、铁等矿物质。

【保健功效】中医认为，荔枝甘温而香。有补气益血、生津止渴、通神益智、填精益人、辟臭止痛、滋润养颜、解毒止泻之功效。常食荔枝可补脑健身。干制品补元气，对产后妇女有利恢复身体的健美，青春期少女常食之可有利颜面美容，老者常食有利于健身，尤其对心脏病患者更为有利。干荔枝每天吃 10 枚，可治遗尿。对脾虚久泻，老人五更泻、呃逆、妇女虚弱、崩漏贫血、气虚胃寒等症，均可佐食荔枝。荔枝还可治口臭。

荔枝核辛温无毒，有行气、散寒、止痛、散结之功。荔枝壳用水煎汤饮之，可治痘疮。

【专家提示】然而，荔枝性温，多食则发热、动血、损齿，外感发热者忌之。便秘老人少食，否则加重便秘。另外，吃过多荔枝可发生低血糖症，即"荔枝病"。

（二十四）古人把枇杷喻为"皇家珍品"

枇杷，因其叶形似琵琶而得名，它被古人喻为"皇家珍品"。它与樱桃、梅子同称为初夏"三友"。民间有"世上三潭枇杷，天上王母蟠桃"的赞语。

【营养清单】果实含蛋白质、脂肪、糖类、纤维素、果胶、鞣质、苹果酸、柠檬酸及维生素 B_1、维生素 B_2、维生素 B_6、维生素 C、胡萝卜素等多种维生素及矿物质钠、钾、钙、铁、磷等。

【保健功效】中医认为，枇杷果甘平酸无毒。鲜食具有润燥、清肺、宁嗽、和胃、生津、止吐逆之功效。凡是肺热咳嗽、咳痰、咯血者宜吃枇杷。中成药枇杷膏、枇杷露具有清凉、退火、润肺、止咳、化痰、止渴、和胃之功效。枇杷叶有苦杏仁苷，对癌症也有疗效。

（二十五）桑椹和桑叶

桑椹是桑的果穗，又名桑实、桑枣、桑果，古称"文武实"，果品可食用亦可入药。

【营养清单】桑椹含葡萄糖、果糖、果胶、芸香苷、花色素、鞣酸、苹果酸、多种矿物质和胡萝卜素、维生素 B_1、维生素 B_2、维生素 C、维生素 PP 等。日本制成的桑茶，富含优质蛋白质、必需脂肪酸、粗纤维、糖类及钙、磷、铁、锌、锰等营养成分，不含茶叶中的咖啡因和单宁。饮桑茶可促进机体代谢、血循环、除疲劳等。

【保健功效】中医认为，桑椹甘平无毒，有滋阴、补血、生津、润肠、滋补肝肾、滋养五脏、利关节、祛风湿、解酒毒、安神之功效。鲜桑椹水煎服可治关节炎、肢麻痹、神经痛。桑椹含铁及植物色素多，故可治贫血。桑椹加冰糖取汤饮用，可治老年便秘。桑椹汁加蜂蜜熬成膏，可治高血压、中风后遗症、神经衰弱、贫血、早白头、腰膝酸软、慢性肝肾疾病。桑椹汁可解醉酒，浸酒服用可治水肿。

【专家提示】桑椹成熟后味甜多汁，但未成熟的桑棋含氰酸，不可滥食。桑椹不可多吃，因桑椹含胰蛋白酶抑制剂，可影响蛋白质消化吸收，并产生消化道刺激症状。另外，桑椹还含溶血物质、过敏物质和透明质酸，食用过多易发生出血性肠炎，重者危及生命。

（二十六）杨梅与杨梅酒

杨梅，又称龙睛、珠红、花旦果等，既可供正常饮用，还可作消食开胃、舒筋、活血、止泻用。

【营养清单】杨梅果肉含糖类、丰富的 B 族维生素、维生素 C、铁及有机酸等。

【保健功效】中医认为，杨梅性平、味甘酸，具有生津止渴、解暑止呕、消食开胃、清肺润喉、活血养血之功效。它可用于低热烦渴、口干舌燥，并可预防中暑；孕妇恶心、呕吐、胃纳差，可适量吃鲜杨梅，不仅改善症状，而且为孕妇、胎儿提供丰富营养。

【专家提示】胃酸过多患者，尽量不吃或少吃杨梅。

（二十七）柠檬是美容洁肤的佳品

柠檬，果皮厚、肉脆、果汁多、味带酸、微苦、芳香浓郁。果实可供制酸汁和香料，鲜果可调制饮料（切成片、放入茶中，既香又开胃）。

【营养清单】柠檬含糖类、钙、磷、铁和维生素 A、维生素 B_1、维生素 B_2、维生素 P（芦丁）、大量维生素 C，还含有机酸、黄酮苷。洋柠檬果皮中含多种黄酮类、有机酸、香豆精类、甾醇、挥发油等。

【保健功效】常食柠檬汁能洁白牙齿。柠檬汁还是美容浩肤的佳品，因柠檬酸具有防止和消除皮肤色素沉着作用，故常用柠檬制香脂、润肤霜等化妆品，可使皮肤光洁细腻、面容娇美。

中医认为，柠檬酸甘而平、无毒，有化痰止咳、生津解暑、健脾消食和安胎之功效。柠檬果汁含大量柠檬酸盐可防治肾结石。此外柠檬酸与钙离子结合成可溶性络合物，可减弱钙离子的凝血作用，可防止血小板凝聚，故高血压、冠心病患者多食之。柠檬果、皮都捣烂泡茶服用、频频饮之，有生津解暑之功。孕妇食柠檬可安胎。柠檬的果核味苦、性平，具有行气止痛之功，故胃气痛或痛经者可将果核与陈皮等量泡茶饮之。

（二十八）吃芒果当心过敏

芒果原名蜜望，又名望果、莽果、沙果梨、檬果等。果皮可供药用。芒果是热带重要果品之一。

【营养清单】芒果含蛋白质、脂肪、糖类、钙、磷、铁、胡萝卜素、维生素 B_1、维生素 B_2、维生素 C、维生素 PP、粗纤维等。

【保健功效】中医认为，芒果甘酸，性凉，能生津止渴、益胃止呕。食芒果可防晕船；将其煎水代茶饮，可治慢性咽喉炎、声音嘶哑；每天早晨吃几个，还可抗衰老。

【专家提示】芒果中含生物致敏原物质，致敏性较高。有过敏体质者吃芒果后，可在数小时或次日出现嘴唇麻木、痒或肿胀，接着唇周皮肤发红，出现丘疹、水疱，面、耳、颈部也可出现皮疹。严重时出现皮肤化脓性感染。应及时治疗，首先停吃，其次是服用抗过敏、止痒、消炎药。预防措施是一次吃芒果勿多，有过敏体

质人不宜吃。

（二十九）菱角功效随吃法不同而异

菱，俗称菱角，又称水栗、菱实、沙角、水菱，有"水上庄稼"之称。菱角的叶、壳、茎、蒂皆可入药。

【营养清单】菱角肉含淀粉24%、蛋白质5.9%、脂肪0.5%，还有葡萄糖、纤维素、胡萝卜素、维生素 B_1、维生素 B_2、维生素P、维生素C、β－谷甾酸、麦角甾四烯和钙、磷、铁等。

【保健功效】中医认为，菱角味甘性凉、无毒，有清热除烦、生津养胃、益气健脾之功效。

现代药理学研究表明，菱角内β－谷甾醇、麦角甾四烯等对癌细胞的变性及组织增生均有抵御作用，其中四角菱抗癌效果最好。可用于食管、胃、肝、乳腺、子宫癌等癌症辅助治疗。如与薏苡仁同煮为粥，则效果更佳。

生吃菱，具有清热解暑、生津、利尿、养胃等作用。对高血压、动脉硬化、冠心病、水肿、消化不良、厌食油腻、便秘、中暑、舌燥口干等有效。煮吃菱，具有补中益气、驱湿祛寒等作用。对头晕目眩、精神不振、失眠健忘、四肢乏力、手足麻木等有效。蒸吃菱，具有补血活血、止血等作用，对贫血、肺结核、咯血、呕血、痔疮、肛裂出血、血小板减少性紫癜等有效。炖吃菱，与动物肉同炖，具有大补元气、强筋健骨、益髓添精等作用。对体质亏损、肾虚精亏、阳痿早泄、遗精、遗尿、神经衰弱、骨质疏松、不孕症有效。吃菱粉，菱角晒干磨粉，具有调和气血、调理脾胃、补肝益肾等作用。对流涎、盗汗、月经不调、恶心呕吐、腹痛腹胀、大便稀溏、肝肿大、脂肪肝有效。

【专家提示】鲜菱角多食可损阳助湿，故胃寒脾弱者忌食。老者多食会滞气，胸腹痞胀者忌之。

（三十）果中之蔬——荸荠

荸荠，又名地栗、水芋、乌茨、红慈菇、乌芋、马蹄等，有"果中之蔬"之美称。

【营养清单】荸荠主要营养成分有淀粉、蛋白质、胡萝卜素、维生素A、维生素C、维生素 B_1、维生素 B_2、维生素PP和铁、钙、磷等矿物质。

【保健功效】中医认为，荸荠甘凉而寒。有清热、生津、消食、解热毒、清血热、利黄疸之功效。治高血压、气管炎可用荸荠30～60克加海蜇煮汤饮服。荸荠榨汁服用可治咽喉肿痛。荸荠茎（又名通天草）可治肾炎水肿、尿路结石。荸荠还对金黄色葡萄球菌、大肠杆菌有一定抑制作用。荸荠有解铜毒作用，误吞铜钱与铜物以及硫酸铜中毒等，都可用其汁灌肠解毒。

【专家提示】荸荠多食易胀痛，脾胃虚寒者忌之。

（三十一）藕与莲子

藕供生、熟食用，做蔬、果、药三宜，或制藕粉食用，是老、弱、妇、幼皆宜的滋补妙品。莲子即荷的成熟种子又名莲实，鲜可生食，也可作汤菜、糕点或蜜饯，是滋补佳品。藕节、莲子、莲子心、荷叶、荷梗、荷蒂、莲须、莲房、荷花皆可入药。叶、花亦可观赏。

【营养清单】藕含淀粉、蛋白质、天冬素、维生素C、焦性儿茶酚、新绿原酸、无色矢车菊素、无色飞燕草素等多酚化合物、次及氧化物酶和多种矿物质。莲子含多量糖类（62%）、蛋白质（16.6%）、脂肪、生物碱、黄酮类化合物、钙、磷、铁、铜、锰、钛、胡萝卜素、维生素B_1、维生素B_2、维生素C等。

【保健功效】中医认为，藕甘平、无毒。生者甘寒，有生津、止渴、清热、除烦、养胃、消食、止血、醒酒之功效；熟者甘温，食之补虚、养心生血、健脾开胃、调气舒郁、止泻充饥、最补心脾。莲子，鲜者甘平，清心养胃；干者甘温，可生可熟，安神补气、健脾止泻、益肾固精、收敛止带。莲子可磨成粉作糕，或同米煮为粥饭食用，轻身益气，令人强健。

莲子心、荷叶、荷梗、荷蒂、莲须、莲房、荷花皆可药用，不再赘述。

（三十二）古人称桂圆为"果中圣品"

桂圆，别称龙目、龙眼、圆眼、益智、马丽珠、荔枝奴、蜜脾等，因其种子似"龙"眼眸，故名龙眼；其迟熟品种在桂花飘香时才熟，故又名桂圆。

【营养清单】桂圆肉含蛋白质、脂肪、葡萄糖、蔗糖、多种维生素和钙、磷、铁等矿物质。桂圆干制品的营养价值在各种水果中名列前茅，古人将桂圆称为"果中圣品"。自古以来，龙眼干果作为滋补品入药，可抗衰老。

【保健功效】中医认为，桂圆甘温无毒，可补脾益胃、养血安神、补精益髓、补灵长智、延年益寿，宜煎汁饮。对营养不良、神经衰弱、失眠健忘、贫血体弱、更年期综合征、病后体虚等病症有辅助疗效。中药"玉灵膏"就是用龙眼肉与白糖熬制而成，它适用于年老体衰、气血不足及产后血亏、体弱乏力、脑力衰退时食用。

【专家提示】桂圆多食易滞气，患有痰火水湿、风寒感冒者应少吃；又因其助火包心，故心火大盛，气膈郁结及尿道发炎者忌食之。

（三十三）百合是一味食疗保健的良药

百合，又名摩罗、蒜脑薯，因地下部分由许多鳞片抱合，有"百片合成"之意而得名，是一味食疗保健的良药。

【营养清单】百合含蛋白质、脂肪、蔗糖、淀粉、果胶、粗纤维、多种维生素及磷、钙、铁、钾、多种生物碱等。

【保健功效】中医认为，百合甘平，有润肺、养胃、止咳、生津、养心、安神、泽肤、通乳之功。对肺热、肺燥咳嗽、咯血、肺脓肿、老年性慢性支气管炎，或因常食煎、炒、炸食品后感到燥热时均可食用之。用生百合和蜜拌匀蒸熟吃可治神经衰弱、更年期综合征。把百合磨成粉加在牛奶中饮用可收到宁神、清心、清热功效。百合中秋水仙碱等生物碱对黄曲霉素致突变作用有明显的抑制作用。

（三十四）常吃橄榄有利于骨骼发育

橄榄，又名青果、白榄、忠果、谏果，有芳香胶黏性树脂。橄榄果实除食用外，可以入药；其种叫榄仁，可榨油或食用。

【营养清单】橄榄颇具营养价值，鲜橄榄含有蛋白质、脂肪、糖类、钙、磷、铁及维生素 C 和鞣酸等营养成分。

【保健功效】中医认为，橄榄味甘而平。有清热解毒、利咽化痰、生津止渴、开胃降气、除烦醒酒、凉胆息惊等功效。

常吃橄榄对小儿、孕妇及骨折患者有益，因橄榄中含钙、磷、铁、维生素 C 较丰富（每百克含钙质为 163.2 毫克）。橄榄香甜清郁可开胃，酒后嚼之可醒酒。如误食河豚中毒可用撒榄煮汁饮之可解；鱼刺卡喉可食橄榄化之。咽喉肿疼、咽干舌燥、声音嘶哑、发热口渴、缺乏津液等皆宜食之。

【专家提示】市售橄榄，为保护其常青，用矾水浸过，而矾水性涩燥裂，故此种橄榄不宜治咽喉肿痛诸症。另外，如橄榄色泽变黄并有黑点，说明其不新鲜，故食前必须洗净。

（三十五）吃沙果可开胃

沙果，别名花红、林檎。果味似苹果，供生食。

【营养清单】沙果含蛋白质、脂肪、糖类、钙、磷、铁、胡萝卜素、维生素 B_2、维生素 PP 等。

【保健功效】中医认为，沙果味甘酸，性温、无毒。具有顺气化痰、开胃消食、止渴生津之功效。沙果开胃效果好，但不可多食，否则会发热、涩气、嗜睡。

（三十六）切面为五星的杨桃

杨桃，又称羊桃，其切面呈五星状。表面光滑，呈绿色或绿黄色。肉汁多，味酸甜。广西等省出产多。它含有蔗糖、果糖、葡萄糖、维生素 B_1、草酸、苹果酸和柠檬酸等。

杨桃性味酸甘、平，有生津、止咳、下气和中作用。可用于咽喉炎、口腔溃疡、口疮、风火牙痛、风热咳嗽、呃逆、小便短赤、涩痛、食积不化、胸闷欲吐等治疗。

（三十七）野果中的营养保健佳品

许多野果富含维生素 C，并含胡萝卜素、生物类黄酮及大量有机酸，其中生物类黄酮可防止维生素 C 被氧化破坏，故野果中维生素 C 多而稳定。生物类黄酮还可维持微血管的功能。有的野果可防癌抗癌。现介绍如下几种：

（1）猕猴桃：别名有藤梨、毛梨、金梨、野梨、羊桃、阳桃、杨桃、山洋桃等。其果实酸甜可口、汁多液浓、味道清香。果可生食，也可制果浆，酿酒，根、叶均可入药。

【营养清单】每百克鲜果含维生素 C100～652 毫克，还含 B 族维生素、维生素 P 和糖类、果胶、粗纤维、17 种氨基酸以及钙、磷、铁、钾、铜等，其中钾含量为 144 毫克、铜含量为 1.87 毫克。此外，还含猕猴桃碱、酶类等。

【保健功效】猕猴桃中含大量维生素 C，可阻止、减少自由基生成，并阻断亚硝胺在体内合成，故防治癌症作用佳。其维生素 C 还可促进干扰素产生，故可增强机体免疫力和抗癌能力。另外，可降低血胆固醇，对高血压等心血管病疗效佳。还可用于肝炎、消化不良、胃纳差、呕吐、反胃的治疗；对坏血病、过敏性紫癜、感冒、脾肿大、热毒、咽喉炎也有很好的预防和辅助治疗作用。

由于猕猴桃味美、营养成分丰富、医疗价值高，故有"水果之王"之美称。

（2）沙棘果：其别名为沙棘、沙枣、醋柳等，其果实味酸甜，可生食，还可作果脯、果酱、果馅、果冻、汽酒等。

【营养清单】营养价值高。每百克"可食部"含糖超过 10%，还含多种维生素，其中维生素 C 不但能较长时间保持完好，而且耐高温，其胡萝卜素含量丰富。此外，还有微量元素、槲皮素等。

【保健功效】中医认为，沙棘果性平味酸，有补脾健胃、化痰宽胸、生津止渴、清热止泻等功效，对消化不良、咳嗽痰多、痢疾、肠炎可辅助治疗。其沙棘油是高级植物油，含丰富不饱和脂肪酸，可防治高脂血症、心脑血管疾患，另外对放射病、消化性溃疡、皮炎也有良效。

（3）刺梨：别名为茨梨、文先果、剿丝花、送春归等。其果形似梨，果体色泽金黄、长满软刺，其味酸甜清香、略带微涩。

【营养清单】其营养价值相当高，有蛋白质、脂肪、糖类、胡萝卜素、维生素 B_1、维生素 B_2、维生素 B_6、维生素 C、维生素 E 与钙、磷、铁、硒、锌等，还有单宁酸、超氧化物歧化酶（SOD）及过氧化氢酶等，其维生素 C 含量 2585 毫克/100 克，为一切蔬果之冠，故有"维生素 C 之王"之美称。也因它具有多种功效的营养素，故又被人们称为"全营养之果"。

【保健功效】其维生素 E 含量丰富等，故可作为营养保健、抗衰老食品。刺梨可防癌抗癌外，还可防止血管硬化、抗衰老、益智、健胃、消食、消炎、抗辐射，对高血脂症、高血压、冠心病、胃炎等有良效。此外，刺梨护肤、美容、美发以及减肥都有良效。

（4）野刺玫果：含有促进生长发育、防老抗衰的 28 种成分，其中包括 6 种人体必需的氨基酸和 14 种必需的微量元素（包括锌、硒等），所含维生素 C 量极丰富，是同量苹果的维生素 C 含量的 1000 倍。野刺玫果具有抗炎症、抗肿瘤、抗辐射和抗免疫性疾病等多方面的作用。

六、坚果类

（一）芝麻是老幼皆宜的保健食品

芝麻是老幼皆宜的保健食品。原产于埃及、印度，汉武帝时期张骞赴西域带回，故又称胡麻；因含脂肪多，故又称脂麻。芝麻主要分黑白两种，榨油一般取白芝麻，药用和食用一般取黑芝麻。其茎、叶都入药。

【营养清单】芝麻含营养成分极丰富。每百克含蛋白质 21.9 克、脂肪 61.7 克、糖类 4.3 克。脂肪中主要成分有油酸、亚油酸、棕榈酸、花生酸、廿四酸、廿二酸等的甘油酯；蛋白质中人体必需氨基酸比大豆、肉类还丰富；糖类中有蔗糖、多宿戊糖等。钙 560 毫克、磷 360 毫克、铁 50 毫克。钙含量为牛奶 10 倍、牛肉的 5 倍；含铁量为食物之冠。还含有固醇、芝麻素、芝麻酚、芝麻林素、卵磷脂和丰富的维生素 E 等。

【保健功效】芝麻性味甘平、质润多脂，能滋补肝肾、润肠胃、乌须发。芝麻作为食品、保健品应用广泛。

芝麻有延缓衰老作用，因其含大量维生素 E，维生素 E 抗氧化作用可阻止过氧化脂质，从而减少体内脂褐质积累。维生素 E 可增强亚油酸作用，从而抑制过多脂肪产生，故可防治动脉粥样硬化、心脑血管疾患等。芝麻中有丰富卵磷酯，故可防头发早白、脱发，还可润肤、健脑等。芝麻中维生素 E、铁质和优质蛋白质，可防治贫血及其引起的症候。另外，芝麻可滋补肝肾、补血生津、润肠通便。现代医学研究表明，芝麻中木聚糖类物质，有抑制癌细胞作用，并可抑制体内致衰老过氧化物的生成。另外，芝麻还含一种凝血药，故可治疗血小板减少性紫癜等出血性疾病，麻油外用有生肌长肉作用，故它是药用软膏的基础剂。

【专家提示】由于芝麻含大量脂肪，故泄泻便溏、精气不固、阳痿精滑诸症者慎食之，另外，芝麻有助脾燥热作用，故牙痛、脾胃有病忌食之。中医还认为芝麻是发物，故患皮肤疮、湿疹、瘙痒者忌食之。

（二）花生是名副其实的"长生果"

花生又称落花生、长生果、长寿果。花生衣、壳、油都入药用。

【营养清单】花生仁营养素相当丰富，并有极佳保健作用。①它是高蛋白食物。含蛋白质 32%，仅次于大豆，是小麦的 2 倍、大米的 3 倍，与鸡蛋、牛奶、肉类比，也毫不逊色。其蛋白质为优质，易被人体吸收，内含 10 多种人体必需氨基酸，其比例适当。如赖氨酸含量比大米、白面、玉米高 3～8 倍，有效利用率高达 98% 左右，而大豆只有 77% 上下；赖氨酸可提高儿童智力、延缓人体衰老。其中谷氨酸、天冬氨酸可促进脑细胞发育、增强记忆力。②花生含油量高达 50%，是大豆的 2 倍多。花生不含胆固醇，饱和脂肪酸含量低，亚油酸含量高，还含有亚麻酸、十六碳烯酸、花生酸、卵磷酯等，研究表明，花生有降压、降胆固醇作用。吃醋泡花生仁可治高血压、冠心病，卵磷酯是神经系统必需物质，故可延缓脑力衰退。③花生中可溶性纤维被人体吸收后，像海绵一样吸收液体，然后膨胀成胶滞体随粪便排出。这些物体经小肠可与胆汁接触，吸收胆汁中胆固醇，故也可降血胆固醇水平。④花生中含维生素 A、维生素 B、维生素 E、维生素 K 及铁、钙、磷等 20 多种矿物质。花生中钙含量高，比瘦猪肉、牛肉高 2～11 倍，比大米、白面高 2～8 倍。花生中维生素 B、钙、磷也比奶、肉、蛋要高，故花生同大豆一样，也有"植物肉"

之美称。花生富含维生素 E，对生育与长寿有益，并可使血管保持柔软、有弹性，故花生对防治冠心病大有裨益。花生中维生素 K 可有凝血作用。⑤花生中含儿茶素，具有很强的抗衰老作用。

【保健功效】《本草纲目拾遗》中记载，花生甘平、无毒，有悦脾和胃、润肺化痰、滋养调气、清咽等功效。中医认为，花生可适用于营养不良、脾胃失调、咳嗽痰喘、乳汁缺乏等症。

花生衣能抗纤维蛋白溶解，促进骨髓制造血小板，缩短出血时间；还可提高血小板的量和质，加强毛细血管收缩机能，改善凝血因子缺陷，故对血小板减少性紫癜、再生障碍性贫血、先天性遗传性毛细血管扩张出血症、血小板无力出血症等出血性疾病有良效。花生壳制成的"落脂片"、"脉通灵"能降低胆固醇、防治动脉硬化有效。花生秧、叶煎水代茶饮，对高血压、心脏病患者有益。花生叶是天然安眠药，可能与其含有"睡眠肽"有关。花生仁、衣中油脂、维生素 B_1、维生素 B_2 这些物质对防止神经炎、脚气病、唇炎、视觉不清等有效。花生仁、衣中含有白藜芦醇化合物，这可有助于降低癌症和心脏病的发病概率。因此吃花生最好炖吃，吃花生连衣一起食用为好。

【专家提示】①发霉花生、出芽花生不可吃，否则黄曲霉素中毒。②新鲜花生不宜直接食用。因易被寄生虫卵和鼠类污染，吃了此种花生可能患寄生虫病和自然疫源性疾病。③如消化不良、大便溏泄、跌打损伤有瘀血、胆囊摘除者慎食。

（三）干果族中的佼佼者——葵花子

葵花子异名为天葵子、葵子，享有阳光美食、延年益寿干果食品等美称。其原因是，它营养价值高、保健功效佳。

【营养清单与保健功效】葵花子的蛋白质含量为 30%，可与大豆、瘦肉、鸡蛋、牛奶相比；糖类含量为 12%；脂肪含量可达 50%，其脂肪营养价值最高，因它含有人体必需的不饱和脂肪酸，其中亚油酸占 70%。另外还有磷脂，β-谷甾醇等甾醇。这有助于人体的生长发育和生理调节，对防治高胆固醇、高脂血症、高血压、动脉硬化、冠心病也颇为有益。用葵花子油提纯的亚油酸，正作为"益寿宁"、"肌酸"、"降压灵"等多种药物的主要有效成分。临床上治高血压，可吃生葵花子。

葵花子含有 B 族维生素，对于精神抑郁症、神经衰弱、失眠症有一定辅助疗效，葵花子中含较多维生素 E，每百克葵花子含维生素 E207 毫克，它对促进细胞新陈代谢、延缓衰老有益。另外，对维护性功能与精子质量也有益。

葵花子还含有钾、钙、磷、铁、镁等多种人体必需的微量元素，对造血、骨和牙的发育、增强抗病能力等都有重要作用。尤其钾盐含量较高，100 克葵花子中含钾 920 毫克，约等于香蕉含钾量的 3 倍，钾在人体内可使多余的钠盐排出体外，故可防治高血压。人体如果缺钾，可致肌无力和心肌衰弱而诱发心肌病。

葵花子

【专家提示】过多嗑葵花子，舌头、口角糜烂，吐壳时带走大量唾液，使味觉迟钝、食欲减退，甚至引起胃痉挛。肝炎者过食，可影响肝细胞生理功能，肝细胞遭破坏。

（四）适度嗑瓜子好处多

（1）嗑瓜子能补充营养：不论是葵花子、南瓜子还是西瓜子，蛋白质含量均占 25% 以上，并含有脂肪、糖类、钙、磷、铁以及多种维生素等营养素。

（2）嗑瓜子能防治某些寄生虫疾病：葵花子防治疾病已提及。如南瓜子则可杀虫，主治丝虫病、血吸虫病、肝吸虫病。

（3）嗑瓜子可增进人体消化功能：瓜子的色、香、味直接、间接地刺激以及咀嚼动作本身刺激，使舌头上"味蕾"处于兴奋状态，神经冲动使导到大脑的"食欲"中枢，后者又反馈于唾液腺等消化器官，使含有多种消化酶的唾液、胃液等分泌液相应旺盛起来，不停地嗑食、消化液常分泌，有利于消结化食。

（4）嗑瓜子能固牙坚齿：叩牙能促进牙周组织的血液循环和新陈代谢，并能磨炼牙周组织，故有坚固牙齿作用。中老年人适当嗑瓜子，对牙颌功能自我锻炼和保健具有良好作用。

【专家提示】嗑瓜子要注意①嗑瓜子前要将手洗净，千万防止病从口入。②嗑瓜子结束，要漱口或刷牙，将滞留在牙体裂沟区、牙颈部、牙间隙、唇颊沟区内的食物残屑得以清除，以保持口腔卫生。③霉变瓜子含大量黄曲霉素，千万不可吃；若嗑着霉变瓜子，不仅吐出其霉变子仁，还要漱口清除。④过度嗑瓜子，会使味觉迟钝、食欲减退，甚至造成舌头、口角糜烂。⑤葵花子含不饱和脂肪酸，可消耗体内大量胆碱，从而影响肝功能，故不可过食。

（五）坚果中的营养保健佳品

（1）胡桃：俗称核桃，也有"长寿果"之称，性温，是健脑、补肾、益胃、补血、润肺的滋补佳品。核桃脂肪含量高达65%，其中70%是亚油酸甘油脂等，可降低血胆固醇，对防治高脂血症、动脉硬化有一定作用。每日吃3粒核桃（约30克）可预防心脏病。核桃仁经消化吸收后可合成卵磷脂，这对增加细胞活性、营养神经有益。此外，核桃仁尚含有磷、铁、钙、镁、锰、锌等微量元素及丰富的维生素，如胡萝卜素、维生素E、维生素B_2等，营养价值颇高。古代医书中即有"食之令人肥健、润肌、黑须发"的记载。其所含的钙、镁及维生素，可减轻组胺诱发的支气管痉挛，有镇咳平喘之功。肾虚腰痛、久咳气喘、便干秘结者常食之有一定疗效。核桃仁是美容食品中的佼佼者。

（2）银杏：俗称"白果"。是世界著名的四大干果（其他为扁桃、腰果、榛子）之一，它富含维生素C、胡萝卜素等。银杏自古就是名贵中药材，银杏叶被晒干入药。熟白果有暖肺、益气、定喘咳、止带浊、缩小便之功效。白果对肺结核病人具有退热、止咳、增食欲作用。白果含鞣质氢化白果酸等，有固肾之良效。美国《药草圣典》指出，银杏对心血管系统有良好作用。可促进血液流向脑部及四肢，增加脑血流量，改善人的记忆功能。还可减缓自由基化合物形成，故可防早衰、癌症。中国《本草纲目通释》认为，银杏叶片提取物"冠心酮"降血胆固醇、扩张血管，故对防治心脑血管疾患有佳效。银杏叶内含黄酮类化合物，药用价值高。银杏含白果酸等多种成分，可抑制结核杆菌生长，对葡萄球菌、链球菌、白喉杆菌、炭疽杆菌、大肠埃希菌、伤寒杆菌也有一定抑制作用。但因白果果实中果酚、胚芽中氰苷化合物，故不可多吃，成人每次食6枚、小儿每次食2~5枚。白果煮熟、炒熟为好（去除果酚），另外，食时要拔去胚芽。

（3）板栗：又名栗子，素有"干果之王"之美称。栗子有板栗、椎栗、家栗等品种，性能相近。据营养学家分析，板栗含蛋白质、脂肪、糖类、脂肪酶、胡萝卜素、维生素C、B族维生素以及钙、磷、铁、锌等物质，是高热量食物之一。比大米、面粉等主食营养更丰富，而且还是一味良药。中医认为板栗性甘微温，有滋肾壮腰、养胃健肺之功效。《本草纲目》载，板栗能治肾虚、腿脚无力，能通肾益气厚胃肠。老年人肾亏、腿脚无力或小便频频，常食生栗，早晚细嚼慢咽1~2枚可见效。板栗制作菜肴，如板栗红烧童子鸡有滋补效应，尤以消化不良、咳嗽气喘人为宜。板栗炖猪肉也可。另外，板栗做成糕粥可当主食又可补身。但是板栗不易消化，一次不宜吃过多。家中进栗过多，可用开水煮成八九成熟，摊开晒干，放在通风干燥处，可久存1年，不生虫变质。栗子变质霉烂就不可吃，否则会中毒。

（4）榛子：果仁含脂肪、蛋白质、糖类及多种矿物质、维生素。榛子性味甘平，有补气、开胃、厚肠之功。炒食榛子有开胃、助消化之作用。

（5）腰果：果仁含蛋白质21.2%、脂肪47%、糖类22%还含维生素A、维生素B等。其油炸盐渍，均香醇可口、风味独特，对肠胃病有一定调治作用。哮喘病人为变态反应性疾病，腰果内某种成分可引起I型变态反应，产生过敏症状，故慎食之，哮喘发作间忌食之。

（6）松子：松子，异名海松子、松子仁、红松果等。宋代以后，人们将松子视为延年益寿的"长生果"。久食之，可祛病轻身、肌肤光泽、面颜转少。现已明确松子含蛋白质、脂肪、糖类，有丰富的亚油酸等不饱和脂肪酸、多种维生素及钙、磷、铁、锰等。松子中含磷量为百果之首，锰含量也很高，这对神经系统大有裨益。中医认为，松子味甘，有补血养阴、润肠止渴、健脾润肤等功效，对老年性便秘、神经衰弱、头晕眼花、五脏劳伤、风湿性关节炎等均有良效。

（7）榧：又称香榧，种子核果状，呈椭圆形，初为绿色，后为紫褐色。种子供食用，也可榨油、入药。可生吃，可入素羹。用猪油炒，其皮自脱。果品以细而壳薄者为佳。榧子含糖类、蛋白质、脂肪、粗纤维，还含少量胡萝卜素、维生素PP、维生素B_1、维生素B_2等营养成分。研究证明，它含的四种脂碱对淋巴细胞白血病有明显抑制作用。中医认为，榧子甘、涩、平、无毒，有杀虫、驱虫、滑肠消食、润肺化痰、止咳疗嗽之功效。

（8）椰子：椰的汁液称为椰子汁，又名椰酒、椰中酒、树头酒。其性味甘温。椰子汁味道甘美，畅饮易醉。椰子含葡萄糖、果糖、蔗糖、脂肪、蛋白质、铁、磷、钙、钾、镁、钠和维生素C等。其含钾量高，而含钠、氯、磷量低，类似于人体细胞内液。未成熟果汁葡萄糖、果糖多，成熟果汁以蔗糖为多，脂肪量待果子熟后增加，称椰子油。椰子油含钾高，但含镁也高，这样可以增加机体对高钾的耐受性。椰汁对充血性心衰及水肿者辅助治疗。另外还可治胃肠炎、脱水、虚脱等病症。研究发现，椰子油能抗骨癌，其防止骨髓突变的效果强于大豆油。

七、畜禽肉类

（一）不同部位的猪肉吃法不同

猪肉营养素丰富，每百克肥猪肉中含蛋白质2.2克、脂肪90.8克、糖类0.8克、钙1毫克、磷20毫克、铁0.4毫克；每百克瘦猪肉中含蛋白质16.7克、脂肪28.8克、糖类1.1克、钙11毫克、磷177毫克、铁2.4毫克等。

猪肉各部位肉质不同，特级为里脊：一级为通脊、后腿；二级为前腿、五花；三级为血脖、奶脯、前肘、后肘。不同部位猪肉吃法不同。

（1）里脊肉：是脊骨下面一条与大排骨相连的瘦肉，是最嫩的肉，可切片、切丝、切丁，作炒、炸、熘、爆之用最佳。

（2）臀尖肉：又叫宝尖肉，位于臀部上面，都是瘦肉，肉质鲜嫩，可代替里脊肉，用以炸、熘、炒。

（3）坐臀肉：位于后腿上方，臀尖肉下方的臀部，全为瘦肉，但肉质较老，纤维较长，一般多作白切肉或回锅肉。

（4）五花肉：为肋条部位肋骨的肉，是一层肥肉一层瘦肉夹起来的，适于红烧、白烧和粉蒸。

（5）夹心肉：位于前腿上部，质老有筋，吸收水的能力较强，适于制肉馅、肉丸子。在这一部位中有一排肋骨，叫小排骨，适宜做糖醋排骨、煮汤。

（6）前排肉：又叫上脑肉，是猪背部靠近脖子的肉，瘦中夹肥，肉质较嫩，适于作米粉肉、炖肉用。

（7）奶脯肉：在肋骨下面的腹部，结缔组织多，泡泡状，肉质差，多作熬油用。

（8）后蹄肉：又叫后肘，从骨介骨处斩下，质量较前蹄膀好，红烧或清炖可。

（9）脖肉：这块肉肥瘦不分，肉老质差，做肉馅用。

（二）腌制肉的营养价值不如鲜肉

新鲜肉通常是指新宰杀的家畜肉。腌制的肉制品有咸肉、火腿、肉松和香肠等。

新鲜肉经食盐与硝（硝酸钾）等较长时间的腌制（一般用6%~12%食盐腌制），营养成分就可变化。如每百克咸肉的水含量从29.3克降到23克；蛋白质由

9.5克升至15克；脂肪从59.8克降到24克；咸肉中磷、铁、维生素 B_1 几乎全破坏；维生素 B_2、维生素 PP 含量大为减少。由此可知腌制肉的营养价值不如鲜肉。

腌制肉时添加适量硝（或块硝），其作用在于使肉呈鲜红色；提高了风味，防止了变味；尤其是抑制了肉毒杆菌生长繁殖。但是残留的亚硝酸根过多时，就可与肉中仲胺类物质进行反应，生成了有致癌作用的亚硝胺类。因此腌制肉不可多吃。

（三）冻肉不比鲜肉差

营养学家曾对冷藏半年后的猪肉进行分析，其蛋白质、脂肪、矿物质等营养素与鲜肉无显著差异。猪肉冷冻后可降低或停止微生物的增殖速度，酶的活力和一切化学反应速度也同时降低，故对其质量影响极小。

一般冷藏肉都在 -10% 以下，这可有效抑制微生物生长，还可杀灭肉中污染的寄生虫。

冷藏时若结合避光、断氧、防止污染等综合措施，便可延缓脂肪酸败。

有人认为冷冻肉味道差些，实际与解冻有关。合理解冻应将冻肉在低温下缓慢进行，这样溶解的组织液可被组织细胞完全吸收，再烹调，其味道与鲜肉是相同的。

目前，肉品市场一般出售鲜肉。买回来鲜肉需要冷冻时，应切成小块放在食品袋或容器内在冰箱冷冻。其表面不干净，可用刀片刮掉，不必用自来水冲洗后再冻。

（四）禽肉比畜肉营养价值高

禽类品种较多，如鸡、鸭、鹅、鸽、鹌鹑、火鸡等。从营养角度看，禽肉比畜肉营养价值高。①禽肉蛋白质含量高。其平均为20%，蛋白质中富含全部必需氨基酸，其含量模式与乳、蛋中氨基酸极类似，故是优质蛋白质来源之一。②脂肪含量低，约为9.1%，家养土鸡、乌鸡等脂肪含量比肉鸡低。去除鸡皮的鸡胸肉仅含5%脂肪。禽肉脂肪中含丰富的不饱和脂肪酸，如人体必需脂肪酸——亚油酸，约占脂肪含量的20%。因而禽类脂肪熔点低，为 $33 \sim 40℃$，易被人体消化吸收。③禽肉还富含维生素 A、维生素 B_6、维生素 B_{12}、维生素 E，并含相当数量的生物素、维生素 PP、泛酸、维生素 B_1、维生素 B_2 等，另外也是磷、铁、铜、锌等的良好来源。如鸡肝含维生素 A 是猪肝含量 $1 \sim 5$ 倍，并且含铁量较高。另外，禽肉的汤味较鲜，这是因为禽肉中非蛋白质含氮浸出物较多，如肌肽、肌酸、肌酐和嘌呤碱等。禽肉中结缔组织少、肉质细嫩、脂肪分布均匀，故比畜肉更鲜嫩、易消化。

（五）适当吃些烹调得当的肥肉有益健康

肥肉因脂肪、胆固醇较多，易引发肥胖症、高血脂、高血压、动脉硬化等病症而被许多人拒之门外。其实不然，肥肉不仅美味，是人体重要营养素来源，而且适当吃些烹调得法的肥肉，对人体健康大有裨益。

（1）肥肉含的脂肪质量高，它是人体生长发育不可缺的。脂肪所供热量，其发热量比糖高1倍，还可构成细胞、庇护蛋白质，促进脂溶性维生素吸收、促进性激素分泌等。长期不吃肥肉，机体可处于低胆固醇状态，这不利机体代谢。故一般成人每天脂肪摄入量可在70克左右，保持脂肪在体内进出平衡。只有摄入过多或人体代谢紊乱时，肥肉才有害。

（2）肥肉含植物性食物中缺乏的一些特殊营养素。如含有0.3%～0.5%花生四烯酸，它可降低人体内血脂水平，并可与亚油酸、γ-亚麻酸等合成具有多种重要功能的前列腺素。一些长链不饱和脂肪酸，如双碳多烯酸与人体神经系统生长息息相关，它不仅是酶的主要成份，而且可强化神经传导功能，同时还可防止胆固醇、血小板的堆积和凝集。

（3）肥肉中含α-脂蛋白，可阻止血管中胆固醇沉积、血小板凝集。研究发现，肥肉中共轭亚油酸是防癌物质。

（4）烹调得法的肥肉，其内部营养构成改变，食之对人体大有裨益。①肥肉与豆类食品一起烹调，如黄豆炖肉、豆腐干烧肉。豆中大量卵磷脂可使胆固醇颗粒变小，悬浮在血浆中，不至于在血管壁沉积，从而保护血管弹性。坚持肉、豆搭配者，死于心血管疾病的危险减少。②文火炖肉可减少饱和脂肪酸，长时间蒸者也可以。日本学者发现，肥肉如用文火长时炖煮（2～2.5小时），饱和脂肪酸、胆固醇可减少50%。

营养学家调查表明，北京百岁老人都偏爱炖烂的红烧肉，都无不良反应。日本冲绳县人均寿命居列岛之首，其80岁以上老人几乎天天吃肉，肥瘦兼半，并未增加动脉硬化、高血压发病率，这也是受惠于常吃文火炖食。当地人用猪肋肉炖2～3小时，加萝卜或海带又文火炖1小时，前后共3～4小时。化验表明脂肪减少一半，但有益的不饱和脂肪酸却明显上升。另外，中国的"东坡肉"肥而不腻、满座生香，其烹调是长时间蒸煮，这也是诸位可以吃的肥肉。

（六）肉汤和肉"渣"都要吃

久病体弱者常由家人熬些浓汤，如鸡汤、肉汤、鱼汤等，这些汤味道鲜，能开胃，也有一定营养价值。不少人以为营养价值高的是汤，喝汤可补身体，故只喝汤不吃其肉，其实这是一个错误的看法，要加以纠正。

无论什么动物肉类，加温后蛋白质就凝固，即使炖得很烂，汤也很稠，汤中也只是可溶性氨基酸、嘌呤碱、肌苷酸等一些小分子有机物，这些物质也是汤中鲜味的来源。动物肉里的脂肪久煮后油脂乳化，水分子包在油分子外使汤呈乳白色。骨头、肉皮、肉筋里的胶原蛋白也可溶于汤里，使汤变稠发黏。但这些都不是精华之所在，那些"肉渣"，即瘦肉才是蛋白质之所在。久病体弱者缺乏的正是这些优质蛋白。因此，正确的吃法应当是喝汤也吃肉。

专家提示：值得注意的是，尿酸偏高、痛风病人不易喝汤，否则诱发痛风；胆囊炎、胆石症患者喝浓汤可诱发胆绞痛。

（七）夏季适当吃些火腿有益身体健康

火腿，又称兰熏，是鲜猪后腿经腌制、洗晒、晾挂三个工序而制成，这是我国特产。按加工地区可分为南腿、北腿、云腿三类。

【营养清单】火腿脂肪含量较猪肉低，而蛋白质含量是猪肉的 2 倍，并含有 18 种氨基酸，其中人体必需的 8 种氨基酸齐全，儿童所需的组氨酸亦比鲜肉为高。它还含有丰富的钙、磷、铁、钾、钠等（部分为猪肉中原有，部分为腌制时加入，还有部分是骨中游离出来的）。

保健功效：中医认为，火腿甘咸而温，可补脾开胃、滋肾生津、益气养血、填精充髓，可治虚劳、怔忡、食欲缺乏、疲乏无力、腰膝酸软诸症，有利于病后康复。但外感、湿热者忌食之。食用火腿四季皆可，但以夏季为佳。这是因为，暑热时人们食欲差，尤其老、弱、病、幼，厌食动物食品，以致营养素不足，形成"疰夏"。炎热致使大量出汗，钠、钾等随汗丢失，补充不及时可疲乏无力。而火腿食之不腻，丰富的营养素，食之对"疰夏"者大有裨益。

（八）猪血有"液态肉"之称

近年来猪血已是国内外风行一时的保健品，其保健作用如下：①素有"液态肉"之称的猪血，是一个良好的动物蛋白资源。每百克猪血含蛋白质约 19 克，不但比肥瘦猪肉含量高 1 倍，而且比鸡蛋的含量还高。猪血中血浆蛋白含氨基酸达 18 种之多，其中包括 8 种必需氨基酸。②猪血中血浆蛋白被人体胃酸分解后，可产生能消毒和滑肠的物质，它可与侵入人体内粉尘和有害金属微粒发生生化反应，从而排出体外。故凡接触尘埃较频繁的矿工、装修工、清洁工、司机、教师等，常吃猪

血大有裨益。③猪血中含凝血酶，它可使血溶纤维蛋白迅速生成不溶性纤维蛋白。故猪血有止血作用。我国目前制造的凝血酶，主要原料就是猪血。④猪血含有钾、钴、钙、磷、铁、铜、锌等，对人体有益。尤其铁含量较高，是一般肉类含铁量的100多倍，故猪血对妇女、儿童等缺铁性贫血者有良效。⑤猪血中钴可防止恶性肿瘤生长。⑥科学家已从猪血中提制出"创伤激素"物质，它可清除坏死和损伤细胞，促进组织愈合，尤其对器官移植、冠心病及癌症病人治疗作用明显。⑦猪血中含一定量卵磷酯，故可补脑益智。

（九）多吃猪皮好

猪皮是富有营养成分的食物。

【营养清单】据分析，猪皮含蛋白质26.4%比猪、牛、羊、兔肉的含量高，糖类含量4%为猪肉的4倍，而脂肪含22.7%，仅为猪肉的一半，每百克猪皮可产326千卡热能，此外，还含有钙、磷、铁元素等。猪皮中蛋白质有85%以上为胶原蛋白，比猪肉高207倍。

【保健功效】猪皮有一定药用价值。中医认为，猪皮甘凉而平，有清虚热、滋肌肤、益气血、充精髓之功效。可用于出血性疾病和贫血的调养；常吃猪皮可延缓衰老、滋润皮肤，这是因为胶原蛋白质可有效增加皮肤组织细胞的储水功能，另外，它又是皮肤细胞生长的主要原料；食猪皮还有维持机体血管壁、骨骼、软骨、皮肤、肌腱的弹性作用，还对创口愈合、骨骼生长都有积极作用。平时经常食用文火烧煮的肉皮对延缓衰老有明显效果。

在我国，食用猪皮已有一千多年历史。民间常见的传统食法很多。如鲜猪皮切成骨块形状与花生同炒，亦可与猪骨头同煲；将肉皮用水煮，加盐、酱油等佐料，降温后凝固，即成别具风味的肉皮冻；炸猪皮，俗称浮皮，美称仿肚（仿鱼肚），以猪背脊和前腿部位厚而无皱的猪皮为佳，可制成"糖醋浮皮"、"豉椒浮皮"、"萝卜炒浮皮"……花样繁多、美味可口。

（十）猪蹄补益健体利美容

猪蹄，又名猪爪、猪四足等。每百克猪蹄含蛋白质15.8克、脂肪26.3克、糖类1.7克、灰分0.8克，还含动物胶质，钙、磷、铁及维生素A、维生素B$_1$、维生素B$_2$、维生素C、维生素D、维生素E、维生素K等。

中医认为，猪蹄甘咸而平，可填肾精而健腰脚，滋胃液以滑皮肤，并可长肌肉、助血脉、充乳汁。它对产妇产后贫血的预防和少乳或无乳者促进泌乳都有一定效果；癌症康复期病人，精血亏少，吃猪蹄补益，另外"去恶肉""清热毒"，对癌肿治疗有辅助作用；对防治脚气病、关节炎有益；此外多食猪蹄可有延缓衰老、滋润皮肤作用，其机制同猪皮中含大量胶原蛋白的道理相同；大手术后以及重病恢复期的患者多食猪蹄，可改善组织纳水功能低下的状况，可加速代谢，有利于组织细胞正常生理活动的恢复；胶原蛋白也常以纤维组织形式沉积于炎症和损伤部位，对创口愈合有好处，同时对骨骼生长发育（尤其儿童）更有益。

然而，胶原蛋白仍属不完全性蛋白质，缺少色氨酸就不能很好被机体利用，故吃猪蹄同时必须注意平衡膳食，这样便有利于胶原蛋白营养功能的发挥。

（十一）多吃骨头汤也可延缓衰老

骨头中蛋白质高于奶粉，铁、钠含量和产生的热量远远高于鲜肉，钙的含量更是其他食物所不能比的。另外，骨头中骨髓有造血功能外，还有抗衰老作用。随年龄增大，骨髓制造红、白细胞功能减退，但只要从饮食中摄取骨髓所含的类黏朊，骨髓产生血细胞能力就可加强，从而达到减缓衰老的作用。因此，老年人常吃骨头汤，除可遏制骨髓衰老外，还可有效防治骨质疏松症。另外，骨头汤中还含较多胶原蛋白，故与猪皮、猪蹄一样，可延缓衰老、滋润皮肤。

食用骨头汤，可将猪骨头砸碎，按1份骨头、5份水的比例，用文火煮1～2小时，这样就可把骨头中类黏朊和骨胶质的髓质溶解。骨头汤煮稀饭或加蔬菜做汤确是美味佳肴。

（十二）羊肉是冬令滋补佳品

家羊中最常见的有山羊和绵羊，绵羊多产于新疆、西藏、内蒙等地，内地各省则养山羊为主。羊肉有膻味，绵羊比山羊膻味小。羊肉以肥而嫩、易熟、不膻者为佳。冬令味尤美。

【营养清单】羊肉中含丰富蛋白质，还有脂肪、糖类、钙、磷、铁、多种维生素等。它所含热量高，每百克肥瘦羊肉平均产热367千卡，比牛肉产热高；其蛋白质含量一般为13.3%，高于猪肉，低于牛肉；脂肪含量约13%，介于猪、牛肉之间；羊肉含钙、铁高于牛肉和猪肉。内脏中含多种维生素，尤其肝含量较高，胆固醇含量是畜肉中最低的。

【保健功效】中医认为，羊肉味甘性热，有补肾壮阳、暖中祛寒、温补气血、开胃健脾等作用。寒冬常吃羊肉可益气补虚、祛寒暖身、加速血循环、增强御寒能力，是人们的冬令滋补佳品。羊肉还可增加消化酶，保护胃壁，助消化，适于体虚胃寒者食用。羊肉含钙、铁多，吃羊肉对肺部疾患，如肺结核、气管炎、哮喘以及贫血、产后气血两虚、久病体弱、体瘦畏寒、腹部冷痛、营养不良、阳痿早泄、腰膝酸软等一切虚寒诸症都有益。

【专家提示】但是，羊肉性热，凡外感、发热、牙痛、心肺火盛者不宜食用。羊肉不可同南瓜同食，否则易使人气滞壅满。羊肉腥味成分主要在脂肪部分，故只要把羊肉肥瘦分开，并剔去肌间隙带脂肪的筋膜，将瘦肉漂洗干净，则可除去一部分膻味；在羊肉下锅时，先放少许食油焙透，待水分焙干后再加米醋焙干，然后加各种调味品，精炖与白萝卜或胡萝卜同煮，都可去掉其膻味。

（十三）牛肉是"肉中骄子"

牛有黄牛、水牛、牦牛等种类。平时食用主要为黄牛肉，其中以蒙古黄牛肉最佳。从牛全身部位和烹饪用途看，以里脊最嫩，用于滑炒；其次为外脊，多用于爆炒；后腿则宜焖煮；肋条适于烧吃和做馅芯；而脖颈肉质粗老，只能煮汤。

【营养清单】牛肉营养价值高，享有"肉中骄子"美称。它富含蛋白质，为20.1%，多于猪肉。其氨基酸组成比猪肉更接近人体需要。脂肪平均含6%，较猪肉少。牛肉中矿物质多，其中铁、磷、铜和锌含量尤为丰富。牛肉又是维生素 A、维生素 B_1、维生素 B_6、维生素 B_{12} 和生物素、维生素 PP 和泛酸等营养成分的良好来源。

【保健功效】中医认为，牛肉甘温无毒，有补中益气、滋养脾胃、强健筋骨、化痰息风之功效。它适用于身体虚弱、病后虚羸、脾虚久泻、四肢怕冷、腰膝酸软、神疲乏力等病症。牛肉以冬季食补最佳。水牛肉安胎补血；黄牛肉补气功能可效同黄芪。牛肉是促进小儿生长发育、增强其抵抗力的佳品，并对病后康复、手术后病人在补充失血、修复组织、愈合伤口上都有良效。另外，也适宜给心血管病患者食用。

【专家提示】但患皮肤病者不宜食之；患肝炎、肾炎者应慎食。

（十四）兔肉雅称为"保健肉"

兔肉被公认为是胖人和心血管病患者的理想肉食，这是因吃兔肉不增肥。兔肉作滋补用，野、家兔均可；作药用，以野兔更佳。

【营养清单】民谚说："飞禽莫如鸪，走兽莫如兔。"兔肉味美香浓，久食不腻。从营养角度看，兔肉有独特的食用价值，它是一种高蛋白、低脂肪、低胆固醇的肉食。每百克兔肉含蛋白质平均为24.25克，比猪、羊肉高1倍，比牛肉多18.

7%，脂肪含量为2%，是猪肉的1/16、羊肉的1/7、牛肉的1/5；至于胆固醇含量，低于所有肉类，每百克仅含胆固醇60~80毫克。兔肉中富含卵磷脂，可保护血管壁、抑制血小板凝聚、防止血栓，故可防止血管硬化、防止心肌梗死形成，这些对冠心病病人有益。兔肉细嫩，食后易于消化吸收，也是慢性胃炎、胃及十二指肠溃疡、结肠炎病人的理想肉类食品。兔肉中有多种维生素、微量元素和人体必需氨基酸，尤其是人体最易缺乏的赖氨酸、色氨酸，在兔肉中含量相当高。因此，常吃兔肉可有全价营养供给而无有害物质沉积，是幼儿、孕妇、老人、高血压、心脏病、糖尿病、肥胖者的理想食品，有人称之为"保健肉"。

【专家提示】兔肉（尤其野兔）带土腥味，故应清水反复浸泡彻底去血水，方可烹调。兔肉与其他肉炖，就有其他肉味，故可据个人爱好，酌情加其他肉烹调。

（十五）狗肉有"香肉"之美称

狗肉，又称地羊、黄耳。补益以黄狗肉最佳。民间有"狗肉滚三滚，神仙站不稳"之说。因狗肉浓香扑鼻，故有"香肉"之美称。

【营养清单】其营养价值颇高，含蛋白质、脂肪、肌酸、钙、磷、铁、钾、钠等成分。冬令是狗肉进补的好时节。

【保健功效】狗肉甘咸而温。《本草纲目》记载，吃狗肉"能安五脏、轻身、益气、宜肾、补胃、暖腰膝、壮力气、补五劳七伤、补血脉、实下焦等。"故对气虚失眠、肾虚、阳痿、遗精、遗尿、腰膝冷痛等症疗效甚佳。

【专家提示】狗肉性温热，暑天不宜进食；患热病、痰火症者忌食。另外，狂犬病狗肉勿食；狗极易感染旋毛虫病，故吃狗肉须烧熟煮透。

（十六）驴肉为"肉之上品"

民间有"天上龙肉，地上驴肉"一说，其意指驴肉味美，故称"肉之上品"。

【营养清单】驴肉也是高蛋白、低脂肪、低胆固醇之肉类。所含蛋白质在畜类中最高，还含多种维生素、矿物质，其中以维生素E及铁、锌、铜等为多。

【保健功效】驴肉性凉味甘，具有补气养血、滋阴壮阳、安神去烦之功效。故对体弱劳损、气血不足、心烦者有良效。驴皮是熬阿胶主料。中医认为，阿胶是滋补强壮剂，有补血、滋阴、养肝、益气、止血、清肺、调经、润燥、定喘等功效。故可用于虚弱、贫血、产后血亏、面色萎黄、咽干津少、便秘者；对平素体质差、畏寒、易感冒者亦有良效。

（十七）动物肝脏是营养保健品

肝是动物体内储存养料的器官，故含丰富营养成分，并具有营养保健功能。

（1）肝是补血食物中最为普及的食物：尤其是猪肝，这是因为猪肝含铁、维生素 B_{12} 丰富（每百克含铁 25 毫克）。

（2）肝含维生素 A 量远超奶、蛋、肉、鱼等：而维生素 A 可维持正常生长及生殖；保护眼睛、维持视力；维护健康肤色等；近来研究证实，其维生素 A 在人体内转为维甲酸，可有抑制癌细胞作用。

（3）肝含维生素 B_2 丰富：而维生素 B_2 参与多种氧化酶、重要辅酶的组成，对人体内代谢影响大；此外，研究表明维生素 B_2 可帮助分解黄曲霉毒素。

（4）肝还有一定量维生素 C：已知维生素 C 可加速淋巴细胞产生，增强免疫力；并可加强吞噬变异的肿瘤细胞，维生素 C 还是很强的抗氧化剂，可抑制癌细胞产生。

（5）肝中含硒量很高：硒可影响癌细胞能量代谢，干扰其核酸、蛋白质合成，故可抑制癌细胞生长；硒还可通过增强免疫力来降低癌的发生。为此，国外学者提出，动物肝（猪、牛、羊、鸡、鸭肝）应列入抗癌食谱。

（十八）乌骨鸡的营养和药用价值高于普通鸡

乌骨鸡，又称泰和鸡、武山鸡、丝毛鸡、乌鸡、黑脚鸡、绒毛鸡、松毛鸡等。它以骨乌而得名，其遍体白毛如雪、反卷、呈丝状。

【营养清单】它的营养价值极高。其含蛋白质、脂肪、糖类、钙、磷、铁、钠、钾、铜、锌、镁及胡萝卜素、维生素 B_1、维生素 B_2、维生素 B_6、维生素 B_{12}、维生素 PP、维生素 C、维生素 E、生物素等营养成分。含有 17 种氨基酸中有 13 种含量高于普通鸡；每百克鸡肉含氨基酸 31.5 克，高于普通鸡的 25%；8 种必需氨基酸含量与种类都接近人体需要，其中缬氨酸、赖氨酸含量均高于普通鸡。其脂肪中多不饱和脂肪酸含量较多，且胆固醇含量较低。其血清总蛋白和 α-球蛋白含量明显高于普通鸡。其鸡血中胡萝卜素、维生素 C、维生素 E、钙含量均高于普通鸡；乌鸡中铁、铜、锌含量均高于普通鸡，其中铁量比普通鸡高出 45%。

【保健功效】乌鸡的食用和药用价值，还存在于其体内的黑色素物质之中，它是滋补、强身、抗衰、防老的物质基础。乌鸡特别适用于年迈体弱、重病久病之后、妇人多病、小儿发育欠佳者。中医认为，乌鸡味甘性平，有滋补肝肾、养血益精、健脾固冲的功效。对气虚、血虚、脾虚等种类虚症都有良效；对性功能障碍及妇科诸症都有良效；还可用于营养不良、肝炎、糖尿病、贫血、消瘦、腹泻等病症。

（十九）鸡肉与鸭肉的养身作用

鸡、鸭肉营养价值同样，它们保健作用各有不同。故可据各人不同体质来挑选食用，这样既可饱口福，又可养身。

鸡肉肉质细嫩、味道鲜美，白斩、清蒸、热炒、红烧、熬汤等均可。中医认为，鸡肉味甘性温，有温中益气、补精添髓的作用，其滋补作用列羽族之首，对畏寒虚弱、神疲乏力的阳虚体质者尤宜进食。因鸡肉偏湿热，食用后易产内热，故对阴虚体质者、火热症候者，或外感发热时就不宜食用。民间常用老母鸡作滋补品。母鸡肉可治风寒湿痹、病后或妇女产后体弱身虚；公鸡有益于肾虚者；鸡心可有补心镇静之功效，故鸡心对心悸、失眠、健忘者有益。

鸭肉脂肪含量高些，皮质较厚，肉质较老，以制作烤鸭、酱鸭、香酥鸭、盐水鸭、老鸭汤等为佳。中医认为，鸭肉味甘性寒，有滋阴补虚、利水消肿作用，亦为滋补佳品。对常有低热、咽干舌燥、舌苔厚腻的阴虚体弱者有清热解毒滋补功能；对水肿、腹水者有扶正利水消肿作用；对动脉硬化、高血压和心脏病、肾炎患者有消肿利湿、减轻症状作用。

【专家提示】鸭肉性偏寒，故对身体虚寒的阳虚体弱者，如虚寒性的脘腹疼痛、大便泄泻、阳虚脾弱，痛经者等不宜食用。

（二十）喝鹅汤、吃鹅肉，一年四季不咳嗽

【营养清单】鹅肉含丰富的蛋白质、脂肪、钙、磷、铁等多种营养成分。

【保健功效】中医认为，鹅肉甘平无毒，有补虚益气、腹胃生津之功效。《本草纲目》记载："鹅肉，利五脏，解五脏热，止消渴。"

民间流传着"喝鹅汤、吃鹅肉，一年四季不咳嗽"的说法。正因为鹅肉可补益五脏，所以常食鹅汤、鹅肉，人就不会咳嗽。或用鹅肉炖萝卜汤食之，则可大利肺气，止咳、化痰、平喘，常吃一点，对防治感冒和急慢性气管炎有良效。常服鹅肉汤，对于老年糖尿病患者可控制病情发展和补充营养作用，尤适宜于气津不足之人，凡时常口渴、气短、乏力、食欲缺乏者可常食鹅肉、喝鹅汤。

鹅肫、鹅掌，性较平和，有健脾益气之功。煨食补虚，宜于病后。

鹅血可和胃降逆，治疗噎膈反胃，近代先用于治食管癌，有较好效果。经研究证实，鹅血中含较多免疫球蛋白，对艾氏腹水癌抑制率达40%，且可增强机体免疫功能，有的报道鹅血中有抗癌因子。目前临床上已用鹅血制剂治食管、胃、肺、乳腺、肝癌和淋巴肉瘤等。

（二十一）吃鹅肝可防心脏病

医学专家认为，心脏病发病原因由多种因素所致。其中人体内长期缺铜是一个重要因素，它可使人体血胆固醇、三酰甘油、尿酸升高，极易导致冠心病。鹅肝含铜量为各类食品之最。按照人体对铜的需求，一般每天摄入 2～5 毫克铜，就可保证体内铜的生理平衡。特别是中老年人，为防止冠心病等发生，除了避免一些危害心血管的因素外，在饮食上可适当吃些富含铜的食品，如鹅肝、鱼、虾、牡蛎等。

鹅肝

肥鹅肝，西方国家的人们爱吃。

目前采用"高压"技术，制成高压肥鹅肝，香气浓厚、味道醇正。生肥鹅肝只能4℃下保存数天，而高压肥鹅肝可冷藏数月之久。此种压力处理不改变食物分子的原子键，因而保留易被高温破坏的维生素、香气和色素，另外，还可破坏微生物的膜，从而达到灭菌消毒之目的。

（二十二）鹌鹑被称为"动物人参"

鹌鹑，简称鹑，是一种候鸟。在我国驯养和食用鹌鹑的历史悠久。《诗经》已有关于鹌鹑的记载，春秋时期，它已为"士大夫之礼品"，并有"桂髓鹌鹑汤"之美肴。鹌鹑肉、蛋作为佳肴端上了宫廷宴席。

鹌鹑肉含蛋白质22.2%，还含维生素 A、维生素 B_1、维生素 B_2、维生素 C、维生素 D、维生素 E、维生素 K 等，均比鸡肉含量高，此外还含钙、磷、铁、钾等矿物质，尤其富含卵磷脂、激素及几种人体必需氨基酸。但其胆固醇含量比鸡肉少。

鹌鹑重不过斤，其蛋重不过两。为何从古至今都视为珍贵食品呢？除了它味美、营养价值高、蛋白质分子小、胆固醇低、脂肪含量少，是一种营养滋补佳品之外，它还含有对高血压、贫血、结核、神经衰弱和糖尿病有辅助治疗作用的芦丁、耒岂丁等。它富含卵磷脂等，是高级神经活动不可缺的营养物质，具有健脑益智的作用。从中医角度看，它味甘、性温平，主治赤白下痢、养肝肺之气、利九窍、补五脏、壮筋骨、消实热、治腹大之功能。因此，有人将鹌鹑称为"动物人参"。

（二十三）乳鸽是禽类食品中的珍品

鸽肉富含蛋白质、脂肪、糖类、钙、磷、铁、钾、镁、锌、维生素 A、维生素 B_1、维生素 B_2、维生素 B_6、维生素 B_{12}、维生素 C、维生素 PP 等营养成分。鸽肉质细嫩，宰杀时，可勒颈至死，不用刀杀，以免血液流失，影响营养价值。

【营养清单】乳鸽与普通禽类相比，在乳鸽蛋白质的氨基酸组成中，支链氨基酸（即缬氨酸、亮氨酸、异亮氨酸）和精氨酸含量较高，其必需氨基酸含量与比例符合人体需要，故具有较高的营养和保健价值。

【保健功效】支链氨基酸可促进蛋白质的合成，精氨酸有促进创伤愈合的功能，另外乳鸽水解蛋白可促进创伤动物的血清氨基酸正常模式的回复，以及促进创伤愈合。因此，手术后吃乳鸽好。另外鸽肉脂肪低，对老年、久病体弱者适宜，对血脂偏高、冠心病、高血压者尤为有益。

（二十四）雀肉的功效

【营养清单】雀肉为麻雀的肉，含蛋白质、脂肪、糖类、维生素 B_1、维生素 B_2、维生素 PP、钙、磷、铁、钾等成分。炒、炸、煮、蒸食均可。

【保健功效】中医认为雀肉性味甘、性温。具有补肾壮阳、暖腰膝、缩小便、益精髓之功效。可作为阳虚羸瘦、腰膝酸冷疼痛、阳痿、小便频数、崩漏、带下等病症的辅助食疗。

【专家提示】雀肉性温助热，凡阳热亢盛或阴虚火旺所致阳强易举、干咳少痰、咽干喉痛、感冒发热、便秘、尿赤、遗尿者忌用。

（二十五）燕窝被誉为"东方珍品"

燕窝被誉为"东方珍品"，是一种名贵滋补佳品。它是雨燕科动物金丝燕属的几种燕类的唾液，或绒羽混合唾液，或纤维海藻、柔软植物纤维混合唾液凝结于崖洞等处形成的巢窝。燕窝一般分为白燕（又名宫燕）、毛燕和血燕三种。它质硬而脆，入水则柔软膨大。故很易被消化吸收。

【营养清单】燕窝营养极为丰富，含蛋白质、糖类、多种氨基酸及磷、硫等，其大部分营养成分为含有酶活性的蛋白。

【保健功效】中医认为，燕窝甘平无毒，有养阴润燥、益气补中、生津益血、美容泽肤等功效。对胃痛、肺病、哮喘、疟疾及身体虚弱的病人均有很好治疗及补益作用。生物学家从燕窝中发现一种可促进免疫系统细胞分裂的特殊物质，它有延缓人体衰老、延年益寿功效。

（二十六）蛇肉的宰杀、烹调及功效

杀取蛇肉，不论毒蛇还是无毒蛇，方法上必须讲究"砍头去尾、剥皮去脏"，洗涤干净、肉色新鲜，方可食用。毒蛇的毒液仅在头部两侧毒腺中，它的肉是无毒的，因此，杀蛇不必费神费时地去抽蛇的脊椎、骨髓，因蛇的骨髓中根本就无引起中毒的物质。

蛇肉富含蛋白质、脂肪、糖类、钙、磷、铁、镁及多种维生素等。吃蛇馔最佳时机是秋季，此时蛇肉最肥美。蛇肉可补气养血、强壮筋骨、滋养肌肤、祛风除疾。蛇肉含丰富钙、镁，并以蛋白质溶合形式存在，便于人体吸收利用，故老年人平时多吃蛇羹为好。

至于烹调，可因地因人而异，煎、炒、烧、蒸、炖都可。调味仅用适量食盐，一般不放酱油、葱、蒜，但要生姜 1~3 片和米酒少许（指一条一般大小的蛇）。蛇肉以清炖为佳，亦可视情配伍其他肉类。如与鸡为伍的"龙凤汤"，与种鸭为伍的"龙雁汤"，与猫为伍的"龙虎斗"，与乌贼为伍的"乌龙汤"，与瘦猪肉为伍的"猪龙汤"等，要注意的是，病蛇切勿食用。配伍其他肉类也必须新鲜。

八、蛋类

（一）"高碘"鸡蛋和"无胆固醇"鸡蛋

"高碘蛋"是利用天然含碘饲料及多种氨基酸，通过鸡的生物转化而获得的，其中碘含量为普通鸡蛋的 20 倍以上，并有丰富的维生素及微量元素。

碘在人体内参与甲状腺素形成，故有维持甲状腺功能，促进机体代谢及生长发育的作用。还可促进胰岛素分泌，提高人体脂蛋白脂肪酶的活性，降低血液中胆固醇和三酰甘油含量，改善脂质代谢，故碘蛋对糖尿病、高血脂、动脉硬化、心脑血管疾患有辅助治疗作用。此外，碘可提高血清和淋巴细胞中的含钙量，故可有效改善"变态反应"。

"无胆固醇"鸡蛋是利用添加维生素 E、脱氧核糖核酸（DNA）和 OMEGA$_3$ 的物质，同时不给母鸡食用含有害脂肪的饲料而获得的鸡蛋。除含维生素 E 外，还含可清除蛋黄中胆固醇的 DNA 和 OMEGA$_3$ 的物质。食用此种鸡蛋不仅预防因高胆固醇血症引起的动脉硬化和缺血性心脏病，而且还可有明目、健脑作用。

每天吃 1~2 个鸡蛋不会使胆固醇增高

一个鸡蛋 50 克，其蛋黄 15 克，内含胆固醇 250~300 毫克。为何每天吃 1~2 个鸡蛋不会使胆固醇增高？①食物中胆固醇在体内不会完全吸收，食用的蔬果等还可抑制其在肠道内吸收；②内生胆固醇主要靠肝制造，正常情况下，内生与外源胆固醇可互相制约。食用多了，体内合成就可减少；③蛋黄中有些物质可对抗胆固醇。如蛋黄中卵磷脂，是强乳化剂，可使胆固醇的颗粒变小，并呈悬浮状态，从而有利于脂类透过血管壁为组织利用，使血胆固醇含量下降。美国营养学家大卫斯还用蛋黄治疗动脉硬化症，并取得良效。另外蛋黄中胆素、可乳化胆固醇，将其转化为性激素。此外，即便是胆固醇，它对人体健康也是利弊皆有之，因胆固醇是人体必需的，人体胆盐、胆酸、维生素 D、类固醇激素都是由其合成的。

美国营养学家弗林对 116 名 50~60 岁男性，进行为期半年的试验，前 3 个月食用没有任何蛋品饮食，后三个月每人每日食两个鸡蛋，都测血胆固醇水平，结果发现血胆固醇水平不受鸡蛋影响。此试验结果受到了世界医学界的关注。目前，多数国家卫生部门都明确指出，即使患高血压、冠心病、动脉硬化病人也不必忌食鸡蛋。何况是无此疾患的老年人每天食用一个鸡蛋是十分必要的；产妇需量可更多（2~3 个/日），一个月子吃 150 个也就足够了；2 岁小儿每天需 40 克蛋白质，除普通饮食外，每天吃 1 个鸡蛋足够；婴儿补充铁质需吃蛋黄，初次只需 1/4~1/3 即可，慢慢增加，决勿超过 1 个蛋黄（蛋黄须煮熟后配制成蛋黄奶食用）。

【专家提示】鸡蛋也不可多吃，过度食用也可导致副作用：①增加消化系统负担，导致消化不良性腹泻；②加重肝、肾负担，致营养过剩性肾炎和脂肪肝；③增加对机体有害的分解产物，造成"蛋白质中毒综合征"；④不利于心脑血管保健；⑤造成孕妇过期妊娠等。

（二）红、白鸡蛋的营养比较

鸡蛋壳的颜色主要决定于鸡的品种。有人认为白壳鸡蛋比红壳鸡蛋营养价值差，其实不然。红、白壳鸡蛋主要营养成分比较如下：①蛋白质：白壳鸡蛋比红壳鸡蛋高 0.75% 左右。②维生素：白壳鸡蛋的维生素 A、维生素 B_1、维生素 B_2 都略高于红壳鸡蛋。③脂肪：红壳鸡蛋比白壳鸡蛋高 1.4% 左右。④胆固醇：红壳鸡蛋比白壳鸡蛋高 0.8% 左右。除此以外，二者的其他营养成分几乎相等。根据以上比较可以看出，红、白壳鸡蛋的主要营养成分虽有所不同，但差距很小。因此，吃鸡蛋没有必要过分强调蛋壳颜色。不过，长途运输还是挑选红色为宜，因红壳要厚些，比白壳鸡蛋经得住碰撞。

（三）吃醋蛋对人体健康有利

近年在长寿地区调查发现，该地区长寿老人每天都吃醋蛋，可见醋蛋对人体健康有利。其实以醋和鸡蛋为主料做成的醋蛋液，在民间早就用来防病治病，我国古代医书上也早有记载。醋和蛋的保健功能多，两者配伍合成的醋蛋液，综合了其营养和保健作用；此外鸡蛋在醋的作用下避免了病原微生物的污染；醋化了的蛋黄，其分子断裂，成为细小分子，蛋黄中所释放的卵磷脂、胆碱和生物素等物质，都很容易被人体吸收而充分发挥其生理功能；蛋清经醋浸后，大的蛋白分子裂解为微小分子，释放出大量溶菌酶和阿维丁等物质，其保健作用必然大于未经醋浸过的蛋清；蛋壳经醋软化溶解后变成了醋酸钙，易溶于水，钙可全部被小肠吸收。由此可见，醋蛋液可以调整和弥补人体的营养状况，并提高了抗病免疫功能，故对高血压、脑血栓后遗症、风湿痛、失眠、便秘、糖尿病、气管炎等都有明显疗效；对结肠炎、动脉硬化、骨质疏松、预防癌症也有一定功效。

醋蛋液的制作方法是选用新鲜鸡蛋 1 个，放入 150 毫升的食用醋中，浸泡 48 小时后，用筷子将鸡蛋搅破搅散，再浸 24 小时即可制成。一般 1 个蛋做成的醋蛋液可饮用 7 天。每日清晨空腹服用 20 毫升左右，每次服用时可兑温开水 2 倍，也可再加少许蜂蜜服用。

（四）鸭蛋、鹅蛋和鸽蛋

鸭、鹅蛋所含营养成分与鸡蛋相似，其功效也基本相同。鸭蛋有补阴清热作用，可用于阴虚肺燥、咳嗽、咽干、口渴、大便干结等。鹅蛋可治中气不足、少气乏力等症。

鸽蛋含优质蛋白质、脂肪、糖类及多种维生素、钙、磷、铁等成分，易被消化吸收，是理想的营养品。它具有养心补肾、润燥、养血安神、解疮毒、痘毒的作用。可用于肾虚或心肾不足所致的腰膝酸软、疲乏无力、心悸失眠、燥咳、咽痛、目赤、胎动不安、产后口渴等症。鸽蛋为高蛋白、低脂肪，故也是妇女美容及高脂血、高血压患者的理想食品。小儿食用，有预防麻疹的效用。

（五）卵中佳品——鹌鹑蛋

鹌鹑蛋在营养成分上有独特之处，故有"卵中佳品"美称。在蛋白质、脂肪、维生素 A 的含量上，与鸡蛋差不多。但有一些维生素及微量元素含量却比鸡蛋高得多：每百克鹌鹑蛋中含维生素 B_1 0. 12 毫克、维生素 B_2 0. 86 毫克，这比鸡蛋含量高 1 倍多；维生素 E 及微量元素锌、铁、硒比一般鸡蛋要高出 50% ~ 100%，另外，鹌鹑蛋不仅胆固醇含量低，而且还含有可降血压的芦丁和岂丁等物质。因此从营养学角度看，鹌鹑蛋确是难得的滋补品。它具有补五脏、益中续气、强壮筋骨之作用，可用于营养不良、贫血、结核病、高血压、血管硬化等症。另外对肝炎、脑膜炎、心脏病、神经衰弱等症，食之尤为适应。但外感未清、痰热、痰湿者不宜进食。

（六）常吃咸蛋可防治骨质疏松

咸蛋中约占全蛋11%的蛋壳含极丰富的钙。其主要成分为碳酸钙，占蛋壳的95%。蛋在盐水浸渍过程中，大量钙便可溶解到蛋黄与蛋清之中。据分析，每百克经过腌制的咸蛋，其钙含量可由鲜蛋时的62毫克增加至120毫克，等于钙量翻一番。故常食咸蛋可增加钙质摄入量，从而对骨质疏松症有一定预防作用。

九、水产类

（一）青鱼的营养与功用

青鱼，又名乌鲭、螺丝青、黑鲩、混子等，是我国特有的淡水养殖鱼，分乌青和草青两类。乌青以食用小虾、螺蛳为主，而草青则食用水草等藻类植物为主，故乌青的营养较草青更好。

【营养清单】青鱼含蛋白质19.5%、脂肪5.2%、糖类、钙、磷、铁、锌、硒、维生素 B_1、维生素 B_2、维生素 PP 以及核酸等，其营养价值高于鲤鱼、鲫鱼、鲢鱼。

【保健功效】中医认为，青鱼性甘、平；具有养肝明目、补气养胃、化湿去风之功效。可用于气虚乏力、脚气湿痹、头晕无力、未老先衰、疟疾、水肿、血淋等症。

研究表明，青鱼有特有功效：①防治癌症。青鱼所含的硒元素有预防化学致癌物诱发肿瘤的功能，其所含的核酸对肿瘤也有抑制作用；青鱼肉中含有一种聚合的非饱和脂肪酸，能阻止乳腺肿瘤的生长，起到预防乳腺癌的效果。②青鱼肠道内寄居大量海洋细菌，能源源不断地合成 EPA。常吃青鱼，可使人体不断得到 EPA 供给，可有溶解血栓、降低血液黏稠度和抗动脉硬化作用，从而有效预防动脉硬化、心脑血管疾患发生，对人体健康十分有利。

（二）鲤鱼为"家鱼之首"

鲤鱼，又名赤鲤鱼、黄鲤、乌鲤、鲤拐子等，因其鳞有十字纹理，故名。它是世界上最早的家鱼，故有"家鱼之首"雅称。

【营养清单】鲤鱼每百克含蛋白质17.3克、脂肪5.1克，所含维生素有维生素A、维生素B_1、维生素B_2、维生素C、维生素PP等，并含钙、磷、铁等矿物质。鲤鱼的游离氨基酸为呈味的主要成分，在10多种中以谷氨酸、甘氨酸、组氨酸为最丰富。还含有挥发性含氮物质和挥发性还原性物质、组胺、组织蛋白、酶及肌酸、磷酸等。

【保健功效】鲤鱼甘平而温，有益气健脾、利尿消肿、清热解毒、滋养开胃、下气涤饮、止咳嗽、通下乳汁等功效。它可主治黄疸、乳少、水肿。据临床资料表明，它对肝硬化腹水或水肿、慢性肾炎水肿都有良效。

【专家提示】鲤鱼多食易热中，热则生风，变生诸病。另外，鲤鱼脊背两侧各有一条腥味特别的白筋，中医认为是"发物"，故吃时应去除。

（三）鲫鱼有显著补益功效

鲫鱼，又名鲋鱼、鲫瓜子。它肉味鲜美，以大而雄者为佳。

【营养清单】鲫鱼营养价值高。每百克含蛋白质13克、脂肪1.1克、糖类0.1克及钙54毫克、磷203毫克、铁2.5毫克、锌等，其维生素有维生素A、维生素B_1、维生素B_2、维生素PP等。鱼肉中富含水溶性蛋白质和蛋白酶等；鱼油中富含维生素A等。

【保健功效】鲫鱼甘平而温，可益气健脾、利尿消肿、开胃调气、通乳汁、清热解毒。它补益功效显著。凡先天不足、后天失调以及产后、手术后、病后虚弱者常吃鲫鱼大有裨益。肝炎、肾炎、高血压、冠心病以及由慢性肾炎、肝硬化、心脏病引起的水肿，另外慢性支气管炎患者、产后乳汁缺少的妇女常食之都有疗效。《本草经疏》有此一说，鲫鱼与病无碍，诸鱼中唯此可常食。

（四）白鲢与花鲢

白鲢，亦称鲢子、鲢鱼。

【营养清单】它含蛋白质、脂肪、钙、磷、铁、锌及维生素B_1、维生素B_2、维生素PP等，其中铁、锌含量较多。白鲢腹肉最腴，以肥大者为佳。

【保健功效】白鲢甘温，有温中益气、泽肤功效。常食可治脾胃虚寒所致胃纳少、呕吐、清涎、倦怠水肿，对产后气血不足的乳少症也有良效。但多食，则可热中、动风。凡痘疹、目疾皆忌之。

花鲢，亦称鳙鱼、胖头鱼、大头鲢、包头鱼、黑鲢等。其营养成分与白鲢差不多，但花鲢之美却在头。据分析，花鲢头富含磷脂和改善记忆力的脑垂体后叶素。

花鲢有暖胃、养筋骨功效。适用于耳鸣、眩晕、痰喘、血管性偏头痛、慢性胃炎、胃溃疡、慢性肠炎、消化不良等病症。

（五）鳗鱼与黑鱼

鳗鱼，又称鳗鲡、青鳝、白鳝、蛇鱼、河鳗、风鳗、白鳗等。因有雄无雌，以影漫于黑鱼，故名。它为高级食用鱼，出口鱼种之一。

【营养清单】鳗鱼含蛋白质、脂肪、矿物质（每百克含钙166毫克、磷211毫克、铁等）及多种维生素。从肌肉可分离出肌肽、鹅肌肽。鱼身黏滑液含多糖，多糖中含葡萄糖胺、半乳糖胺、葡萄醛酸。鳗肝含维生素尤为丰富，每百克含维生素A15 000国际单位、维生素$B_1$300微克、维生素$B_2$500微克。

【保健功效】鳗鱼含大量维生素A，故可治夜盲症。临床也可用于治肺结核、骨蒸痨热者。食鳗鱼可强壮补虚，此外对防治脑血栓、心肌梗死、高血压、冠心病有良效。

黑鱼是俗称，学名为鳢鱼，又称乌鱼、蛇头鱼、蛇皮鱼、七星鱼、生鱼、财鱼、黑鳢、乌鳢等。因它体灰黑，背部深、腹部浅，故名。

【营养清单】黑鱼每百克含蛋白质19.8克、脂肪1.4克、钙57毫克、磷163毫克、铁0.5毫克，另含维生素A、维生素B_1、维生素B_2、维生素PP等。每百克肌肉中可分离出10毫克组氨酸，其中包括3-甲基组氨酸，黑尾的肌肉含瓜氨酸、脯氨酸、丝氨酸等18种氨基酸。其肌肉、血、肝、性腺中钙量冬季上升、磷下降；维生素C量夏季比冬季高。

【保健功效】黑鱼甘平无毒，可补中益气、健脾行水、化湿消肿。脾虚水肿、妊娠水肿、病后体虚、产后体虚、肺结核病、乳汁少缺者食之有效。黄酒炖黑鱼可治关节炎；红糖炖黑鱼可治肾炎；煨汤喝可促进伤口愈合。其鱼子有补肾壮阳之功。

（六）银鱼有"鱼类人参"之美称

银鱼，又名银条鱼、面条鱼。体细长、光滑、晶莹透明、洁白如银。其种类多，有大银鱼、间银鱼、太湖银鱼等，以太湖银鱼为佳。可供鲜食或晒制鱼干，可食率为100%。

【营养清单】银鱼营养价值高，有"鱼类人参"美称。每百克含蛋白质高达72.1克、脂肪13克、糖类0.5克，热量约407千卡，是大黄鱼5～6倍，含钙761毫克，居群鱼之首。另外还含银、磷、维生素A、维生素B_1、维生素B_2等，维生素 E 含量比其他高。

【保健功效】银鱼甘平，有利尿、润肺、止渴作用。日本人将其视为长寿食品，可治营养不良、消化不良、小儿疳积、腹胀水肿等病症。其家常食用可做银鱼汤、银鱼涨蛋、银鱼烧豆腐等。

（七）鲈鱼是上等食用鱼

鲈鱼，又名花鲈、鲈板、鲈子鱼等。

【营养清单】鲈鱼为上等食用鱼。鱼肉含蛋白质、脂肪、糖类、钙、磷、铁、维生素 A、维生素 B_1、维生素 B_2、维生素 PP 等。

【保健功效】鲈鱼具有益脾胃、补肝肾之功效。可用于小儿消化不良、风湿痹痛、腰腿酸软无力、老年体弱、慢性肾炎、习惯性流产、妊娠水肿、产后缺乳、手术后伤口难愈等病症。

（八）鲶鱼之功效

鲶鱼为鲶科动物。又名鲇鱼、生仔鱼等。其身体表面多黏液、无鳞，肉质鲜嫩味美。生长于各水系及池沼之中，分布在黑龙江、黄河、长江、珠江流域。

【保健功效】鲶鱼有滋阴开胃、催乳利尿之功效。用于虚损不足、乳汁不多、水气水肿、小便不利、痔疮出血等症。

（九）桂鱼为鱼中上品

桂鱼，又名季花鱼、鳌花鱼。其肉丰厚细嫩、味道鲜美、骨刺很少，历来深受人们喜爱，为鱼中上品。每到春季桂鱼最为肥美，故称春令时鲜。

【营养清单】桂鱼含蛋白质量高于鲫鱼、鲢鱼、鲤鱼、草鱼、黑鱼等淡水鱼含量；脂肪含量低，其低的程度仅次于河鳗和武昌鱼；含较多维生素 A、维生素 B_1、维生素 B_2、维生素 PP 及维生素 E 等；含钙、磷、铁、锌、铜、锰等矿物质。桂鱼比鲫鱼、鲤鱼、鲢鱼等淡水鱼的营养价值高。

【保健功效】桂鱼性平味甘，具有健脾胃、益气力、补虚劳之功效。

（十）鲥鱼味美营养价值高

鲥鱼，离水即死，其味美在鳞，为名贵鱼。其种类多：前后身小，中间大，形似鲳子的，叫鲳子鱼；嘴角带黄叫黄嘴鲅；颧骨上带红色称胭脂鱼；上下嘴唇呈红色叫樱桃鱼等。

【营养清单】鲥鱼营养价值高。它含蛋白质、脂肪、铁、钙、磷及维生素 A、维生素 B 等。

【保健功效】鲥鱼甘平无毒，有开胃、润脏、补虚劳之功效。鲥鱼味鲜、肉嫩油多、汤美、骨少，其吃法多样，以清蒸、清炖最佳，连鳞一起蒸食最胜，其胭脂鱼颧骨（又称香骨）越嚼越香，有"一根香骨四两酒"之说。

（十一）草鱼之功效

草鱼，又名鲩鱼、白鲩。其营养价值与青鱼相近。

草鱼具有暖胃和中、平肝、祛风、治痹、截疟功效。可用于胃寒冷痛、胃纳差、体虚气弱、疟疾、头痛等病症。草鱼有补气血作用，也是滋补品。

（十二）甲鱼的营养与药用价值

甲鱼，又称元鱼、团鱼、水鱼、脚鱼、鳖等。其休眠期长，具有很强抗病、抑癌能力，民间将其视为长寿象征。

【营养清单】甲鱼每百克含蛋白质 17.3 克，有 22 种氨基酸，还含脂肪、糖类、维生素 A、维生素 B_1、维生素 B_2、维生素 PP 及钙、磷、铁、锌、硒等元素。甲鱼含动物胶、角质蛋白、碘和维生素 D。其营养成分易被消化吸收，并且热量大。

【保健功效】甲鱼性平味甘，具有滋阴、清热、涤血、散结、益肾、健骨、活血及补中益气之功效。可治肝肾阴虚所致诸症，对老年体虚、精力衰退、肝脾肿大、闭经、遗精、尿频等症都有良效。

研究发现，它含一种类似二十碳戊酸物质，常吃可降血胆固醇，对高血压、冠心病人有益。它可增强免疫力、促进性器官发育、提高耐力，故对防治肝癌以及肿瘤化疗所致白细胞减少、贫血等均有一定补益。但甲鱼为滋阴之品，故并非所有癌症者都可食之。此外，甲鱼可抑制肝、脾结缔组织增生，提高血浆蛋白水平，故对血清白蛋白与球蛋白比例倒置者有明显疗效。

（十三）乌龟的营养与药用价值

乌龟，又名泥鱼、水龟、元绪、金龟等。

【营养清单】龟肉含蛋白质、脂肪、糖类、胶质、动物胶、维生素 B_1、维生素 B_2、维生素 PP、钙、磷、铁等营养成分，

【保健功效】龟肉具有滋阴补血、补肾健骨、降火止泻之功效。可用于血虚体弱、阴虚、骨蒸潮热、久咳咯血、久疟、肠风下血、筋骨疼痛、子宫脱垂、糖尿病等病症。其蛋白质可抑制肿瘤细胞，增强人体免疫力。另外，其营养成分易被消化吸收，故对重病初愈者有良好补益作用。

（十四）螃蟹的营养与药用价值

螃蟹为甲壳动物蟹类之总称。其种类甚多，有600多种，其中不少可吃。据栖息地不同，可分海、河蟹两大类。市场上见到的海蟹、河蟹、湖蟹、青蟹等，其中以河蟹与青蟹为佳。

【营养清单】每百克蟹肉含蛋白质14克、脂肪2.6~5.9克、糖类少量、钙135毫克、磷170毫克、铁13毫克，还含胡萝卜素、维生素B_1、维生素B_2等。

【保健功效】螃蟹咸寒，有清热解毒、补骨添髓、养筋活血、利肢节、续绝伤、滋肝阴、充胃液之功效。中医治癌中活血化瘀是大法，故对各种癌症，有血瘀者，蟹是很好的辅助食品；对胃癌、肝癌及各种癌症康复期，吃蟹大有补益。吃蟹可用于治疗跌打损伤、筋伤骨折、过敏性皮炎、经久不愈的湿癣、各种肿块、体质虚弱、食欲缺乏等病症。

【专家提示】蟹肉鲜美而不腻，但多食可造成消化不良，孕妇、脾胃虚寒、便泻者均忌食之。

（十五）健脑益智话鳝鱼

鳝鱼，又叫泥蟠、地精、黄鳝、长鱼等。用烩、炒、炖、蒸等烹调法都可做出席上佳肴。

【营养清单】鳝鱼每百克含蛋白质高达18.8克，含人体必需氨基酸在内的11种氨基酸，脂肪含量仅0.9克、铁1.6毫克、磷150毫克、钙38毫克。另外，还含胡萝卜、B族维生素、维生素PP等。

【保健功效】中医认为，鳝鱼性味甘温，有补五脏虚损、强筋骨、除风湿、益气力、止便血、去狐臭等功效。常用于大病久虚、体瘦衰弱、风湿痹痛、筋骨痿软、产后体虚、神经衰弱、性功能障碍者。近来研究证实，从鳝鱼提取的"黄鳝鱼素"可调节血糖，故糖尿病病人吃洋葱炒鳝鱼丝有效。

人脑组织的20%~30%由卵磷脂构成，而鳝鱼卵磷脂极丰富。常吃鳝鱼的儿童，脑皮质发育的优势。精神病专家认为，精神病人大脑中卵磷脂仅为正常人的一半，故常食鳝鱼，可使病人脑神经纤维都达到正常功能，并可恢复记忆力。

【专家提示】鳝鱼体内常会寄生铁线虫囊蚴，故必须烧熟煮透。

（十六）田螺是餐桌佳品

田螺，又名黄螺。

【营养清单】田螺含多种维生素及钙、磷、铁、锌、锰等矿物质，其含大量蛋白质，为牛肉所不及，含脂肪仅 1.2%～1.5%，比瘦猪肉少得多，但钙含量比禽畜肉高得多，仅次于虾皮。

【保健功效】田螺性寒味甘，具有清热消暑、利水解渴、滋阴养肝、和胃止泻、化痰之功效。可治湿热、黄疸、痔疮、痢疾、婴儿湿疹、肾炎、烦渴症等病症。

【专家提示】田螺性寒，凡脾胃虚寒者不宜多食。

（十七）"水中人参"——泥鳅

泥鳅，又名鳛、鳅、鳅鱼。俗话说："天上斑鸠，地下泥鳅"，泥鳅肉质细嫩、味道鲜美、营养素丰富。

【营养清单】据分析，每百克含蛋白质 18.43 克、脂肪 3.7 克、糖类 2.5 克、灰分 1.2 克、钙 299 毫克（河鱼之冠）、磷 154 毫克，铁、锌含量超其他鱼，还含较多硒元素。另外，还含维生素 B_1、维生素 B_2、维生素 A、维生素 PP 等。它比鲤鱼、鲫鱼、黄鱼、带鱼、鳊鱼、对虾、龙虾等的营养价值要高。

泥鳅

【保健功效】泥鳅还可入药，它含有抗衰老物质（一种类似二十碳戊烯酸的物质），故是极佳保健食物，日本人把泥鳅赞为"水中人参"。泥鳅对肝炎、盗汗、痔疮、皮肤瘙痒、阳痿、乳痈等病症都有良效。

【专家提示】由于世俗偏见，泥鳅未被广泛食用，仅作为禽畜饲料或鱼类的钓饵。这主要因为其泥土味所致。一般若将其放入清水中，不喂食、勤换水，养一段时间，则可减轻其泥土味。

（十八）食用海蜇的好处与吃法

海蜇，别名水母、海蛇、白皮子、水母鲜、石镜等。其伞部称"蜇皮"，口腕称"蜇头"。

【营养清单】海蜇含蛋白质、脂肪、多糖、钙、磷、铁、钠、碘及维生素 A、维生素 B_1、维生素 B_2、维生素 PP、胆碱等。

【保健功效】海蜇有解毒、清热、化痰、消肿、降压等功效。它具有舒张血管、

降低血压作用。它含丰富甘露多糖等胶质，故对防治动脉硬化也有一定效果，此外，还可用来治气管炎等肺部疾患。它适用于肺热痰壅、咳嗽喘急、高血压、痞积、头风、大便秘结、关节痛、溃疡病、甲状腺肿、妇女痨疾、瘀血、带下、小便不利、小儿一切积滞、癫痫等病症。

【专家提示】新鲜海蜇的刺丝囊内含毒液，其毒素由多种多肽组成。捕捞或游泳者不慎碰到其触手，可被触伤而中毒。有经验的渔家都将其撕开，分开蜇头与蜇皮，然后用40%饱和盐水加入明矾混合腌制，并连续3~4次，方可去毒，滤去其水分作用。此外，海蜇易受嗜盐菌污染，故凉拌海蜇头或皮时，须注意加工时的卫生，切丝之后须用凉开水反复冲洗干净，因嗜盐菌怕酸，故吃海蜇调醋，既可杀菌又可脆香。

（十九）癌症病人的辅助治疗食品——黄鱼、带鱼与鲳鱼

中西医均无吃海鱼可使癌症复发的记载，却有一些经典验方中有黄鱼、带鱼等海鱼治疗癌症的记载。

黄鱼，有大小黄鱼之分。大黄鱼又称黄花鱼、黄瓜鱼、石首鱼、大五鱼。黄鱼性味甘平，可明目安心神、开胃、补气填精。不仅有补益作用，而且可补脾胃、补肾。癌症者有脾胃虚弱、肾亏，故食用之可有辅助治疗作用。其头部有一块"鱼脑石"，有软坚、解毒作用，而软坚与解毒是中医治疗癌症的常用方法。其鱼鳔，即鱼肚是美味食品，其性味平，有补益作用，癌症者恢复期可常食之。鱼肚还有止血、散瘀、消肿功效，故癌症者有咯血、便血、阴道出血的，都可常食之。

带鱼，又叫海刀鱼、鞭鱼、牙带鱼、鳞刀鱼。它可补五脏、和中开胃，还可补虚、泽肤，故癌症者恢复期多吃带鱼有好处。带鱼体表那层银白色油脂中含抗癌成分——6-硫代鸟嘌呤，对急性白血病、胃癌、淋巴癌有效。带鱼鳞中还含EPA、DHA。

鲳鱼，又叫车边鱼、银鲳、镜鱼、平鱼、鲳鳊鱼、白鲳。其性味甘平，有益胃气、补血充精、益力气，使人肥健功效。癌症者手术后或放疗、化疗后，身体无力、胃纳不佳、体质虚弱可多食之。

（二十）鲨鱼的营养及药用

鲨鱼，又称鲛鱼、鲛鲨。其性情凶暴、体型庞大，堪称"海中霸王"。

【营养清单】鲨鱼含高蛋白、不饱和脂肪酸和多种矿物质。其肉可炒、可汤、可丸。其鳍、唇部及吻侧软骨，可干制烹为筵席上著名的鱼翅、鱼唇和明骨。其肝

享有"天然维生素 A、维生素 D 宝库"美称，是提炼鱼肝油最佳原料。

【保健功效】鲨鱼药用价值颇高。其性平味甘咸，《食疗本草》说它可补五脏；《医林纂要》讲它可消肿去瘀。鱼翅甘平，有补气、补血、补肾、补肺及医治虚痨等功效。鲨的寿命极长，不生病也不病死，伤口不治自愈，究其原因，这与其血液内含大量特殊而有强效免疫体有关。另外，还与鲨鳍、脊柱等软骨内存有强力抗癌物质有关。其软骨可有效阻止肿瘤血管的生长。

（二十一）海虾的营养及药用

海虾品种繁多，如大对虾、大白虾、羊毛虾、大青虾、红毛虾、大扁虾等。海虾味鲜可口、营养丰富，是海产品中上乘佳品，深受人们喜爱。

【营养清单】海虾含高蛋白、低脂肪。它所含蛋白质高于河中生长的河虾和猪肉、羊肉、鹅肉等的 20% 以上，所含脂肪却低于 30% 左右，其维生素 A 含量却要高出 40% 左右。海虾还富含其他维生素及碘等矿物质。

【保健功效】海虾还有很高药用价值。据《纲目拾遗·随息居饮食谱》记载，它有补肾壮阴功效。对老弱病人调补身体是理想之物。产妇如缺奶水，也有明显催奶效果。鲜虾肉和海蛎（牡蛎）肉捣烂加醋拌匀，外涂皮肤溃疡患处疗效显著，对疥癣患者也有良效。用海虾与韭菜炒食，壮阳补肾，治疗肾阳虚所致的阳痿。

（二十二）乌贼与抢乌贼

乌贼逃遁时放墨汁样物质，故称墨鱼；其头部有触腕似缆，故名缆鱼；还有墨斗鱼、乌鱼、目鱼等名。其干制品称"乌贼干"。其雄性生殖腺称"墨鱼穗"；雌性产卵腺干品称"墨鱼蛋"。

乌贼每百克含蛋白质 17.1 克、脂肪、糖类少量，钙、磷、铁、钾及维生素 A、维生素 B_1、维生素 B_2、维生素 PP 等。在鲜乌贼中尚含 5 - 羟色胺与多肽类，有人食之中毒，与其多肽类物质引起肠运动失调有关。

乌贼甘凉无毒，可养血滋阴、益气强志。它适用于面色无华、唇舌淡白、心悸胆怯、遗精、耳聋、腰酸肢麻、月经失调、经闭、产后乳汁不足、视物不清、皮肤干燥等症，故最宜妇人食用。常吃乌贼可提高免疫力、防止骨质疏松。乌贼背部中央有一块石灰质（海螵蛸），性味咸而温，可治胃酸分泌过多，有收敛止血之效。将其研粉外敷可生肌、收湿和消炎。

抢乌贼，又名鱿鱼、柔鱼，可供鲜食或干制。其每百克干品中含蛋白质 66.7克、脂肪 7.4 克，并含丰富糖类、钙、磷、碘等。抢乌贼甘咸，有滋阴养胃、补虚泽肤之功效。对产妇有较强滋补健身作用，可温经、止带，并可治血枯经闭、赤白带下等症。

（二十三）海中人参是海参

海参，也叫海鼠、海黄瓜。被誉为"海中人参"，其中以梅花参、刺参、灰参、瓜参、光参最为著名。以肥大、肉厚而软、膏多者为佳。一般都经去内脏、煮熟、拌草木灰、晒干制成干制品供食用。它为高蛋（刺参可含蛋白质76.5%）、低脂肪、重铁质食品。另外，有极丰富碘、丰富的钒和硫酸软骨素、黏多糖等成分。

【营养清单】海参中碘是构成人体甲状腺素必不可少的元素，可防治甲状腺肿。它所含钒在人体内参与血中铁的运输，将铁运到肝，从而使铁充分利用，形成血红蛋白，故有造血作用。它含重铁是构成人体血液重要原料，故可防治贫血。海参不含胆固醇，它参与人体脂肪代谢，降血脂、软化血管，故动脉硬化、高血压、冠心病患者食之尤宜。其中硫酸软骨素是人体生长发育不可少物质，故它可防止肌肉早衰。因此，常食海参可延缓肌肉老化、增强免疫功能。海参中的原纤维可起到润肤作用。从海参中提取的海参素与含有的黏多糖，可抑制癌细胞的生长及转移，为人类控制癌症提供了新的药源。

【保健功效】中医认为海参咸温而平，有滋肾、补血、润燥、调经、养胎等功效。海参适用于精血亏损、虚弱劳怯、阳痿梦遗、腰痰膝软、头昏眩晕、小便频数、肠燥便秘等症。

【专家提示】海参有滑润之性，故脾虚痰多、腹泻及外感咳嗽者不宜食用。

（二十四）淡菜有"海中鸡蛋"之美称

淡菜，又名壳菜、海蛏、红蛤、珠菜、贻贝等，为贻贝科动物厚壳贻贝和其他贻贝类的贝肉，后经煮熟后晒干而成的干制品。因其气味甘美而淡，故名淡菜。干品即可嚼食，味美不腥。以肉厚、味重而鲜、大者为佳。

【营养清单】淡菜含蛋白质、脂肪、糖类、灰分、多种维生素及矿物质等。每百克中含碘量为120微克、钙341毫克、磷607毫克、铁245毫克。若将鸡蛋营养指数作为100，则虾为95、牛肉是80、干贝为92，而淡菜达98，故淡菜有"海中鸡蛋"之美称。

【保健功效】中医认为，淡菜甘咸而温，有补肝肾、益精血、祛风湿、消瘿瘤之功效。它可主治虚劳羸瘦、眩晕、盗汗、阳痿、遗精、带下、崩漏、产怯、吐血、久痢、腰痛、膝软、疝瘕、瘿瘤、风湿病等。

现代医学认为，淡菜中不饱和脂肪酸可达总脂量 30%～45%，磷脂达 9%～13%。同时亚麻酸、亚油酸含量也高。故对改善人体血循环功能有重要作用，淡菜可治高血压、动脉硬化。淡菜含大量 B 族维生素，对治疗多发性神经炎、心功能失调、脚气病、口角炎、舌炎、贫血等有一定疗效。淡菜含丰富维生素 D，促进人体吸收钙与磷，对防治佝偻病和成人软骨病有效。淡菜中锰、钴与碘对防止癌病也有良效。

（二十五）"天下第一鲜"的蛤蜊

蛤蜊，又称马珂、花蛤、文蛤、沙蛤、沙蜊、鳌。它肉质鲜美，素有"天下第一鲜"之美誉。民间有"吃了蛤蜊肉，百味都失灵"之说。常见的是四角蛤蜊。

【营养清单】每百克含蛋白质 10.8 克、脂肪 1.6 克、糖类 4.6 克、钙 37 毫克、磷 80 毫克、铁 14.2 毫克、碘 240 微克、含维生素 A400 国际单位以及维生素 B_1、维生素 B_2、维生素 PP 等。

【保健功效】中医认为，蛤蜊甘咸而寒，有开胃增欲、滋润五脏、止渴解烦、化痰、利尿、软坚散肿之功。食之可治肺结核、阴虚盗汗、黄疸、小便不利、妇人血块及老癖等症。用煮蛤蜊肉治疗糖尿病和韭菜炒蛤蜊治疗阴虚干咳有一定效果。

【专家提示】蛤蜊性寒，凡脾胃虚寒腹痛、腹泻者忌食之。蛤蜊必须煮熟吃。

（二十六）章鱼的营养保健作用

章鱼又名八带鱼、蛸鱼、望潮、小八梢鱼、短脚章、章举等。

【营养清单】章鱼含蛋白质、脂肪、糖类、钙、磷、铁、钾等多种矿物质，维生素 B_6、维生素 B_{12}、维生素 PP 等多种维生素。

【保健功效】章鱼有养血益气、收敛、生肌之功效，适用于气血虚弱、纳食不佳、神疲乏力、少气懒言、面色无华、产后乳少等病症。

（二十七）牡蛎为"海鲜牛奶"

牡蛎，又名海蛎子、蚝。它是世界上产量最高的一种贝类，味道鲜美、营养丰富。

【营养清单】牡蛎肉含蛋白质 6.5%～11.25%、脂肪为 1.2%～4.01%、糖类 3.75%，还含多种维生素及矿物质（锌、钙、磷、铁、硒等，其锌含量最为丰富）。国外称其为"海洋牛奶"。其肉名为蛎黄，可做汤、可炒食、可炸食、可加工成蚝干、蚝油。

【保健功效】现代医学研究证明，牡蛎肉中含牛磺酸，100 克湿重牡蛎含 1.13

克。它对保护视力及幼儿大脑发育有重要作用；它降脂、降血压效果好，可防治高血压、利胆、防治胆结石；它可促进机体免疫功能；它具有解热、抗炎、降血糖等作用。另外牡蛎中含大量糖原，可增进肝功能，具有保肝作用。糖原可直接被机体吸收和利用，从而减轻胰腺负担，对糖尿病病人十分有利。黄疸患者常吃牡蛎肉也可有显著疗效。

（二十八）海中龙虾为"虾中之王"

海中龙虾，又名大红虾。主要产于我国东海和南海。四季皆可捕捞。龙虾为虾中之王，其味鲜美，系著名海味食品。

【营养清单】它含蛋白质、脂肪、糖类、多种维生素（维生素 A、维生素 B_1、维生素 B_2、维生素 C、维生素 E、维生素 PP）及碘、精氨酸、赖氨酸、丙氨酸等氨基酸、胆固醇、甾醇、胡萝卜素等。

【保健功效】龙虾具有补肾壮阳、滋阴健胃、化痰的功效，适用于肾虚阳痿、脾虚食少、消化不良、身体虚弱、中风后半身不遂、手足抽搐等病症。

（二十九）含钙量极高的虾皮

【营养清单】虾皮又叫虾米皮，其味鲜美，许多人喜欢作汤的调味品。

虾皮含钙量极高，每百克含钙达 1 克，甚至高达 2 克。钙构成骨骼的主料，参与凝血过程、维持神经肌肉的兴奋性、调节心脏活动。

【保健功效】人的一生都需钙，尤其儿童、孕妇、乳母、老年人更需要。吃虾皮可防治儿童佝偻病、成人骨质疏松症、骨软化症。此外，高血压与缺钙的关系比钠盐过多更为密切。饮食中每日增加 1 克钙，则高血压发病率可减少 40% ~ 54%。

（三十）鲍鱼是海产珍品

鲍鱼属单壳类软体动物。其营养价值很高，肉质脆嫩、味鲜美。质量较好的鲍鱼，身形平展、体大肉肥（直径 3cm 以上）。鲜品呈杏黄色，有白色分泌液，干品色淡红，上面挂有白霜。

【营养清单】鲍鱼含蛋白质 40% 和相当丰富的脂肪、碳酸钙、胆壳素等，还含有精氨酸、天冬氨酸等 20 多种氨基酸。

【保健功效】鲍壳药材名"石决明"，是名贵药材，是治疗高血压、头晕、坐骨神经痛、外伤出血、各种眼病的良药；并具有滋阴、补肾、平肝、明目、调经、息风、清热、润燥、利肠之功效。从鲍鱼肝提取出色素毒素，其抗菌作用较强。从鲍鱼肉提取的黏蛋胶白"鲍灵Ⅰ"、"鲍灵Ⅱ"、"馏分物 C"，可治化脓性链球菌引起的炎症、脊髓灰质炎、流行性感冒、疱疹、角膜炎等。

（三十一）干贝的功效

干贝是海中贝类一种，其种类较多、分布很广。

【营养清单】干贝味道美、营养价值高。每百克干贝中含蛋白质67.3克、糖类15克、磷886毫克、钙46毫克、热量1430千焦耳，还含多种维生素和其他矿物质等。

【保健功效】干贝具有平肝明目、解毒生津的功效，可医治虚劳伤惫、头昏眼花、阳痿早泄、补阴止血、月经过多、吐血久痢、肠鸣腰痛等病症。

十、调料类

（一）大豆油的营养及药用价值

大豆油属半干性油，含油酸、亚油酸等不饱和脂肪酸及维生素 A、维生素 B_1、维生素 B_{12}、胡萝卜素、维生素 E、钙、磷、铁、卵磷脂、胆固醇等成分。

大豆油具有驱虫、润肠、解毒、杀虫的功效。大豆中亚油酸可预防包括乳房癌、结肠癌、直肠癌在内许多癌症。常食大豆油可促进胆固醇分解与排泄，可降低血胆固醇在血管壁沉积。此外，可治肠道梗阻及大便秘结。

（二）花生油的营养及药用价值

花生油又名落花生油，花生油中含有不饱和脂肪酸、亚油酸、多种氨基酸、多种维生素。

花生油中不饱和脂肪酸可降低胆固醇；维生素 E 可维持人体生理功能、延长细胞寿命。花生油具有补中润燥、滑肠下积作用，用于治疗肺热燥咳、胃痛、胃酸过多、胃十二指肠溃疡、蛔虫性肠梗阻等病症。服用花生油治病，若服后呕吐则不宜再服。

（三）常吃麻油好处多

麻油，也叫芝麻油、香油。是由芝麻子（子含油45%～55%）榨的油。主要有油酸和亚油酸的甘油脂。在众多油中唯麻油可生熟皆可食，且与诸病无忌，只是大便滑泻者忌之。久藏可泄气，故随制随吃，常吃麻油可有以下好处：①延缓衰老：含有丰富的抗衰老的维生素 E，具有促进细胞分裂，延缓其衰老过程的功能。②保护心脏血管：含有40%的亚油酸、棕榈酸，易被人体吸收，对软化心脑血管有较好的效果。③润肠通便：对大便干燥者和老年习惯性便秘患者，只要早、晚空腹喝一口麻油，有良效。④减轻咳嗽：患有支气管炎、肺气肿的人，睡前和起床后喝一口麻油，咳嗽可减轻。⑤减轻烟油毒害：因麻油具有遏制尼古丁的吸收，还可保护消化道黏膜的作用。⑥保护嗓子：麻油可增强声带弹性，使声门的张合灵活有力，故对声音嘶哑有良好的康复作用。

（四）适度食用酱油有益于人体健康

酱油大致分配制和酿造两种。它是家庭常用调味品。酿造是以豆饼、麸皮、黄豆等为原料，通过接种发酵、再高温消毒后制成的。

不管是配制或酿造酱油，通常可用于烹调或佐餐、凉拌用。因其生产、储存、运输、销售环节中，可有污染，甚至杂入肠道传染病致病菌，如伤寒杆菌在其中可存活 29 天，痢疾杆菌可生存 2 天，另外，受污染酱油可使嗜盐菌在其中生存。故吃酱油最好加热食用。此外，酱油颜色深浅不作评价其好坏的依据。有的色深酱油，在高温发酵中，氨基酸与糖分损失很大，故色深了，营养价值却低了。当然，烹调中红色着色效果，则该另当别论了。

【营养清单】酱油味美，并含蛋白质、脂肪、糖类、维生素等多种营养素。其作用：一是增加膳食美味，某些膻腥味浓或淡而无味食品，加酱油烹制，则可增强其鲜、香度；二是增加食品美观；三是具有药用效能。酱油性寒，具有清热解毒作用。如虫蜂螫伤、烧伤、手指肿痛，它都有消炎止痛作用。目前研究发现，酱油产生抗氧化成分，有助于减少自由基对人体损害。

【专家提示】酱油力戒多吃，因其中含干酪素等（它由发酵产生，每毫升可含 1～2 毫克），它可与食物中亚硝胺反应产生致癌物。有人认为皮肤有伤口，勿吃酱油，这是错误的看法，因皮肤色泽与紫外线照射有关，而与酱油色泽无关。

（五）食盐的种类

我国盐源丰富，按产地可分为海盐、井盐、矿产盐，以海盐产量为最多。据加工法不同可分为原盐、精制盐和粉洗精制盐及低钠盐、加碘盐、加锌盐和风味型食盐等。现介绍如下：

原盐：沿海地区产，晒制，使海水蒸发成饱和食盐液，氯化钠结晶，析出结构紧密、色泽灰白，纯度为 94% 的颗粒。此盐多用于腌菜和腌鱼肉等食物。

精制盐：以原盐为原料，采用化盐卤水净化，真空蒸发、脱水、干燥、包装等工序制得，外观呈粉末状、色洁白，氯化钠含量在 99.6% 以上，最适合调味。

粉洗精制盐：采用优质海、湖原盐为原料，经粉碎、洗涤、脱水、干燥、筛选、包装等工序制得。氯化钠含量达98.5%以上，优点是少杂质、色白、粒细、便于食用。

低钠盐：普通盐中含钠过高、含钾过低，易引起膳食中钠、钾摄入不平衡，从而致高血压。低钠盐的比例在人体营养上较为合理，低钠盐中镁有助于食物中钾的吸收。

加碘盐：为缺碘地区而制，在食盐中加一定量碘化钾制成。

加锌盐：在普通食盐中添加一定量锌元素，使之成为营养强化型食盐。通常每克加锌盐含锌1毫克。

风味型食盐：可迅速溶解于水，并可因所吸附物质的不同而产生各种风味，常见品种有柠檬味盐、五香盐、辣味盐、芝麻香盐、麻辣味盐、虾味盐等。

食盐要符合卫生标准：其氯化钠大于或等于96%、含钡少于20毫克/公斤、氟少于5毫克/公斤；若加碘盐，则碘加量为10毫克/公斤；感官上为白色、味咸、无苦、涩及异臭，另外无杂物等理化指标都应符合卫生标准。亚硝酸盐是化工产品，误食可引起中毒，甚至死亡。此外千万不要误买私盐，不法商贩可将工业用盐当作食盐出售。有些井盐含可溶性钡盐，可致中毒。有些矿盐有较多硫酸盐，如不除去，则味苦、涩，影响消化吸收。

（六）饮食用盐诀窍

盐在咸味调味品中是用得最多的，有"百味之王"之称，盐在烹调中作用主要有提鲜、保原味、保鲜、杀菌防腐作用。下面谈谈饮食用盐的诀窍：①炖肉类要后放盐：因加盐过早肉不易烂，致使汤味不鲜美；②烹制甜菜略加盐：只有少些盐才可使菜格外甜美可口；③汤羹少放盐：因汤羹都应偏淡，如用盐与炒菜一样多，则喝汤肯定咸；④炒菜用精盐：精盐洁白细腻、易溶化，使炒出来菜肴咸味一致，用粗盐则适得其反；⑤腊货用炒盐：腊货即腊肉、鸭、鹅、肝、肫、香肠等，用炒盐（精盐放锅内溶炒即可）腌制，味香；⑥腌菜勿少盐：腌渍各种菜时多加些盐，可防蔬菜腐烂变质；⑦炒蔬菜要后加盐：尤其是青菜，这样可使其水分和其他营养素减少损失；⑧发料用粗盐：涨发肉皮、鱼白以用粗盐为好；⑨退咸可在水中加盐：咸鱼、咸肉、咸鸡等退咸时，可在浸泡的水中加一些食盐，便可迅速退咸；⑩宴菜少用盐：宴请菜肴，品种及数量多，且食菜当饱，故宜淡，否则食者就觉得菜肴过咸了；⑪熬制料汤时不加盐：否则食物原料中可溶性物质得不到充分溶解，从而影响料汤的质量；⑫蘸食用香盐：菜肴需蘸盐食用时可用香盐，如花椒盐粉、双椒（花椒、辣椒）盐粉、砂姜盐粉、五香盐粉、八角盐粉、茴香盐粉、陈皮盐粉等；⑬烹制豆腐加足盐：否则就味道不佳，俗话说"豆腐无盐，狗不食"；⑭鸡肴宜少盐：因鸡肉中含大量鲜味，而呈鲜物质本身即带咸味；⑮甜汤忌用盐：做甜汤加盐就本末倒置，味不美了；⑯洗涤禽畜的肠子需用盐：用精盐擦之可充分去除其黏液污物；⑰煮猪肚不加盐：否则猪肚不够厚大饱满，并味道欠佳；⑱发面稍加盐：发面加一些精盐，则面团发酵快，制品也更美。

（七）科学食醋有助健身

醋，它不仅是调味品，而且是保健品。

醋是以米、麦、高粱或酒糟等为原料，经醋酸酵母菌发酵制成的。酿造的食醋含醋酸、乳酸、柠檬酸、氨基酸、焦性葡萄糖、钙、磷、铁及维生素 B_1、维生素 B_2、维生素 PP 等多种营养成分。

醋是调味品。烹制菜肴加醋，不仅保护菜中维生素 C 不受或少受破坏，而且可使菜肴脆嫩爽口；加醋可将食物中不溶性钙、磷、铁等转为可溶性盐类，既有利其消化吸收，又可增加菜肴鲜香味；烹制鱼加醋可除腥增鲜味；炖牛、羊肉加醋，可使肉易煮烂，并有滋味；过咸、过油腻食品加醋或蘸醋吃，可降咸味、解油腻；炒菜或凉拌菜加适量醋，不仅调味而且可杀菌，并对维生素 E 有庇护作用；蒸馒头碱重可用醋中和等。

醋也是保健品，日本曾掀起"保健醋"热。醋可参与体内代谢，将体液中过多乳酸转化导入三羧酸循环，进而使血液恢复弱碱性，可使剧烈运动或多食酸性食物造成的疲劳得以解除。醋可杀灭多种病原菌，故吃凉拌菜加醋，可防肠道疾病；冬、春天吃醋可防治呼吸道疾病；口腔中喷醋有助防感冒；用醋漱口可治轻度咽喉炎。食用醋浸黄豆、花生米可防治心脑血管疾病。误食碱性毒物时大量食醋有急救功效。醋可抑制过氧化脂质形成，故可抗衰老。食醋可护肝，因慢性肝病者，胃酸减少不能杀灭细菌，故易感染而加重肝病，另外食醋可调整血酸碱度，中和慢性肝病者代谢产生的氨。醋还可抵消黄曲霉素致癌作用。食醋促使血液中抗体增加，从而提高人体免疫力。醋可促进胃肠蠕动，加快清理肠道内废物，故饮醋可治便秘。

【专家提示】醋不可过度食用，成人每日 20~40 克，最多不超 100 克，老弱病人酌情减量，以免有碍体内钙代谢，使骨质坚韧度受损。将醋当保健饮料喝就不妥了。大量醋入胃，对胃黏膜可损伤，诱发胃炎。故只有科学食醋，食用醋后漱口，食用醋及醋制品才有助健身。

（八）合理食用味精有益

味精主要成分为谷氨酸钠，具有鲜味和一定营养作用，但味精必须合理使用，否则适得其反。一是用量不宜太多。以免菜肴失去原味，并可因其钠盐，与食盐弊端相似，当每天用量超过每公斤体重0.1克，则可致血压升高。高血压、肾病者慎用之。此外味精过量可使视网膜、中枢神经系统受损，妨碍骨骼生长、性功能减退。二是炒菜做汤时起锅时再加。温度过高（高于120℃）味精变成焦谷氨酸，进而失去鲜味，毒性大。故油炸时也不宜加味精。三是烹调中有的不宜放味精：①炒蛋不必放；②碱性强海带、鱿鱼等不宜加，否则可产生有不良气味的氨酸二钠；③味精在70℃以上溶化，故凉拌菜中要用热水溶解后再放为宜；④鸡、牛、虾、鱼、蘑菇等本身含SI－观苷酸，已有鲜味，故不必加；⑤作馅料时放味精不好，因蒸煮高温下味精变性。

医学研究证明，适量食用味精，则可增食欲、助消化，并可提神开胃、补脑镇惊。另外，对肝昏迷、精神分裂、神经衰弱、癫痫有一定疗效。

（九）鸡精好于味精

味精的度数，即鲜度，它是按照每克中含谷氨酸钠含量来确定的，如含量80%则鲜度为80°。目前市场出售的以谷氨酸钠、盐和淀粉为成分的味精最高鲜度为99°。

随着科技的发展，已出现第二代味精，即是呈味核苷酸系列，以乌苷酸为主要增鲜剂的，鲜度已大大超过了100°，如鸡精的鲜度与原味精相比，它的鲜度相当于158°。由于肌苷酸、乌苷酸在高温之下不易分解，多食不口干，所以它的综合性能远超传统99°及99°以下鲜度的味精。最近日本学者研究表明，鸡精可强化机体免疫功能，提升抗氧化功能，能协助消除体内过多的自由基，降低癌细胞病变的速率。另外，还可增强记忆力和有助于恢复体力的作用。

（十）白糖可抑菌防腐

白糖，由甜菜或甘蔗糖汁提炼而成。坚白如冰块状的蔗糖结晶为"冰糖"。白糖、冰糖都以色白者为佳。糖除烧菜及饮食调味外，还有许多用途。

中医认为，白糖甘平无毒。有健脾益气、润肺生津、化痰止咳、和中舒肝、解毒醒酒、降浊怡神之功效。

白糖可抑菌防腐。糖渍果酱、蜜饯经久不坏；误食毒物除相应急救外，饮大量白糖浓汤，则可保肝，解除毒素；创伤出血用棉白糖加压包裹可止血而不感染；甚至涂擦绵白糖都可使脚癣止痒、减少分泌有良效。此外，肝病患者适量吃糖，可增肝糖原储备，提高肝解毒能力。肠炎、痢疾者饮白糖泡茶纠正脱水也有辅助疗效。冰糖的营养价值更高，如桂圆烧蹄膀加冰糖可补虚强身。

【专家提示】糖不宜多食，否则有害。

（十一）红糖可健脾益气、活血化瘀

红糖，又名赤砂糖、紫砂糖，由甘蔗制成的含糖蜜的糖。它色红，具有特殊香味，食之甚益人，以味不带酸者为佳。

因它性味甘温无毒，故比白糖温热，除与白糖一样，有健脾益气功效外，还可有和血化瘀作用。产妇吃一些红糖有利产妇康复。对妇女血虚、月经不调、痛经、腹痛、腰痛、产后恶露不净都可吃红糖。

【营养清单】现代医学认为，红糖中有丰富铁质（比白糖高 $1 \sim 3$ 倍），可防止贫血；红糖中有胡萝卜素、维生素 B_2、维生素 PP 等，这也是产妇所需营养成分；红糖中有较多葡萄糖，易被人体消化吸收，故饮红糖汤血糖升高，促进血液循环，可活血舒筋；此外，红糖中有微量钙、锰、锌等元素，对产妇也有益。故产妇吃红糖有利康复。当然，对正常人群，适当吃一些也有益。

【专家提示】因其性甘温，故偏热的人不宜多吃。

（十二）吃糖（甜食）的时机

适宜吃糖的时机是：①洗澡前吃糖可防虚脱；②疲劳饥饿时吃糖可比吃其他食物更快吸收入血，快速提高血糖；③头晕恶心时吃糖可升高血糖、稳定情绪；④患肠胃道疾病、吐泻时吃些糖或喝些糖盐水就等于口服补药；⑤运动前吃糖可比其他食物更快提供热量；⑥午后吃些甜品可提神醒脑；⑦体质差、血糖过低的人感到头晕乏力，补充甜食可提高血糖，增强体质。

不宜吃糖的时机是：①饭前吃糖影响食欲；②睡前吃糖又不刷牙则可损害牙齿。

（十三）甜味剂——糖与糖精的比较

甜味是易被人们接受的味道，故甜味剂便成为食品加工中不可缺的食品添加剂。它分两类：一类是天然的，如蔗糖、果糖、葡萄糖、麦芽糖等；另一类是人工合成的，如糖精、环己基氨磺酸钠等。

蔗糖乃甜味之王，但现在认为其摄入过多，则对人体健康极不利，故受到

限制。

人工合成甜味剂之代表是糖精钠，其化学名称为邻苯酰磺酰亚胺，即市售糖精。它价格便宜，不参与代谢，甜度高（蔗糖的 500 倍），不提供热量、不使人发胖、不造成龋齿，性质稳定，故应用广泛。其最大缺陷是其水溶液带明显苦涩味和金属味。

多年来糖精一直被认为其安全性高，但 20 世纪 70 年代在实验动物身上发现其有致癌嫌疑，引起 WHO 等重视，将其用量限定为 0～2.5 毫克/公斤体重。1992年，美国科思研究认为，糖精无害。另外，近 60 年来，许多糖尿病病人食用大量糖精，都未发现与癌症及其他任何病有何关联。若上述结论可在世界各国得到证实，则糖精就可放心用了。目前，糖精仍主要用于软饮料等生产中。

（十四）嚼口香糖的利和弊

嚼口香糖，爽心宜人，对消除口中异味有好处。另外，咀嚼动作有助于健牙。嚼口香糖时口腔分泌大量唾液，而唾液可中和口腔细菌产生的酸液，对牙免受腐蚀有益，并可有效防止牙龈萎缩、锻炼咬肌、延缓面部皱纹产生。饭后睡前咀嚼木糖醇无糖口香糖对防治龋齿有益。因木糖醇具有与砂糖相近的甜度，并与蛀牙菌结合，不产生酸性物质，可消耗蛀牙菌的自身能量。专家认为，嚼口香糖是防止司机瞌睡的有效办法，其原因是上下颌运动可直接刺激大脑的活动；常嚼口香糖的人比不嚼口香糖的人记忆力要强，这是因咀嚼使心跳加快、增加脑血流量，还有咀嚼促进唾液分泌，而大脑中司唾液分泌区域与记忆密切相关；学龄前儿童每天嚼含木糖醇的口香糖，可减少耳部受感染的机会。

【专家提示】嚼口香糖益处很多，但补牙后不宜嚼口香糖，常嚼口香糖可损坏口腔中用于补牙的物质，使其中汞合金释出，对人体有害。

（十五）大蒜是天然保健食品

大蒜是人类膳食中常用的菜类及调料，作为药用在已我国已有一千多年历史。在蒜含蛋白质、脂肪、糖、粗纤维、钙、磷、铁、硒、锗及维生素 B_1、维生素 B_2、维生素 C、胡萝卜素、维生素 PP 等营养素。大蒜捣碎后产生的蒜素、新大蒜素等大约五种成分都是药用有效成分。中医认为，大蒜性温、味辛辣，有下气、消谷、除风、破冷、解毒、散痛等功效。医学专家认为，大蒜具有广泛药理和营养作用，故可称之为"天然保健食品"，但为了保持其功效，蒜头生吃为好。因加热会破坏其有效成分，深加工也多多少少破坏其有效成分。一般大蒜用 5% 食盐、40%～

50%糖及少量水腌渍，既有防腐作用，又可保护有效成分，还可改善其臭味。但腌渍时间过长则会破坏有效成分。下面简述大蒜的医疗功效：

（1）大蒜是天然的植物广谱抗菌素：大蒜中蒜素、新大蒜素有强烈杀菌作用。大蒜在嘴里嚼3~5分钟，口腔内细菌全部杀死。蒜素以紫皮或独头蒜含量高，其次是白皮蒜和马牙蒜。故大蒜可用于肠炎、痢疾、伤寒、霍乱、上呼吸道感染、急慢性鼻炎、百日咳、肺结核、流脑、化脓性软组织感染、真菌、霉菌感染及滴虫性阴道炎等疾病的防治。

（2）大蒜是预防心血管疾病的良药：这是因为大蒜有降血脂防血栓形成及温和的降血压作用。

（3）大蒜可防癌：生食大蒜可降低结肠癌、胃癌、肝癌、乳腺癌、喉癌、食管癌、膀胱癌和皮肤癌等癌症的发生率。

（4）大蒜的其他医疗效应：①大蒜可补脑。这是因为大脑营养主要靠葡萄糖，但必须依靠维生素 B_1 帮忙，而人体获维生素 B_1 机会极少。大蒜中蒜胺却可帮助分解葡萄糖，以利大脑吸收利用。②大蒜能抵制放射性损害和铅的毒害，并减轻由此带来的不良作用。③大蒜可美容。许多研究表明，大蒜无臭有效物促进其新陈代谢，从而增加皮肤活力。另外，其氧化还原作用还可使皮肤增白和消退其色素沉着。④保护肝脏。常吃大蒜可保肝、改善肝功能。⑤增强生殖功能。可促进性激素分泌，提高生殖能力。⑥对胃黏膜损伤有保护作用，这与大蒜诱发内源性前列腺素合成与释放有关。⑦降血糖。它可影响肝糖原的合成，降低血糖，提高血浆胰岛素的水平。⑧抗衰老。大蒜乙醇提取液和蒜氨酸在体外的抗氧化活性，或在体内大蒜对肝抑制过氧化物歧化酶的活性，大蒜都优于人参。

（十六）食葱可防病

葱，是人们非常熟悉的蔬菜及调料。葱和蒜、姜、辣椒合称为"四辣"。中国有句俗话："无葱不炒菜"。汤或菜中加些葱就可美味可口、芳香扑鼻。因其可调和众味，故有"和事草"之称。

葱主要含蛋白质、脂肪、糖类、胡萝卜素、维生素 B_1、维生素 B_2、维生素 C和钙、铁、磷等成分，还含有挥发油的大蒜辣素、苹果酸、磷酸酯等，新鲜葱叶富含胡萝卜素及维生素 C，尤以小葱叶为突出。葱白中含挥发油，主要成分是葱蒜辣素。

中医认为，葱辛甘平。具有利肺通阳、发汗解表、散痈肿、通乳汁、止血、定痛、疗伤、解鱼肉诸毒等功用。多食葱确可防病。其防病功能如下：①杀菌：葱蒜辣素有较强杀菌作用，尤其对痢疾杆菌及皮肤真菌的抑制作用更为明显。②补脑：葱蒜是脑力劳动者的绿色保健食品。因人脑活动必须靠葡萄糖提供能量，但无维生素 B_1 就无法进行，而葱蒜与维生素 B_1 可生成蒜胺，从而供给大脑更多能量。另外，葱蒜中前列腺素 A，有助于防治血压升高所致头晕，故可使大脑保持灵活。③增食欲：葱表皮中挥发油可除异味，并刺激唾液与胃液分泌，从而增进食欲。④发汗、祛痰、利尿：葱中葱蒜辣素由呼吸道、汗腺、泌尿道排出时，可轻微刺激这些管壁上的腺体，而起到发汗、祛痰、利尿的作用。⑤防心脑血管疾患：可防止胆固醇增高、并有避免或减弱血栓形成作用，故可防心脑血管疾患。⑥防胃癌：鲜大葱本身亚硝酸盐含量较少，它可显著降低胃液内亚硝酸盐含量，从而减少亚硝胺合成。另外，葱内硒进入人体后可生成谷胱甘肽，因此多食葱可防胃癌。

【专家提示】体虚多汗的人不宜多食，有胃病及视力差的人应节制食用。

（十七）常食生姜有益健康

姜又称生姜、黄姜，可分嫩姜和老姜。嫩姜除调味外，还可炒食、制酱菜、姜糖；老姜主要作调料。药用以老姜为佳。

姜含特殊芳香及辛辣成分，主要含挥发油、姜辣素、树脂、淀粉等。挥发油中的"姜油酮"，其主要为姜油萜、水茴香萜、樟脑萜、姜酚、桉叶油精等。

生姜是日常菜肴烹调中不可缺少的调料。殊不知，食用生姜尚有许多保健作用。民间早有"夏吃大蒜冬吃姜，不劳医生开药方"和"冬有生姜，不怕风霜"之说。中医认为，生姜味辛，性微温，具有发汗解表、温中止呕、解毒祛痰之功效，中医用老生姜治病。

研究表明，适量吃些生姜或姜制品，如腌姜、糖姜、姜茶、姜丝等可有许多保健作用，并可延年益寿。①预防或减少胆结石发生；②增进食欲、促进消化；③解毒杀菌；④驱风散寒；⑤生姜可显著降低血胆固醇水平，多食生姜可减少心肌梗死及脑中风发生率；⑥鲜姜中有多元酸人参萜三酸，它可抑制癌细胞扩散；⑦延缓衰老；⑧鲜生姜可缓解骨关节炎以及风湿病的疼痛。

【专家提示】生姜保健作用令人鼓舞，但烂姜切不可食，因其中含黄樟素，可使肝细胞变性、坏死，从而诱发肝癌、食管癌等。另外生姜性辛温，不可一次摄入过多，痈肿疮疖、目赤内热、便秘或患痔疮者不宜食用。

十一、昆虫类

（一）可供食用的蜗牛

供食用蜗牛有法国蜗牛、庭园蜗牛、玛瑙蜗牛数种。蜗牛肉的肉质丰腴、爽口细腻、味道鲜美。其吃法多种，有炒、氽、涮以外，还可以焖、蒸、炸、烤、烙、煮、烩、煎等。不过在烹饪前都须氽煮，以便除异味（取肉加葱、姜、胡萝卜及其他香料，加水大火焖 3～4 小时，以蜗牛肉软中带脆为宜）。法国是擅烹蜗牛菜肴的国家，名菜肴有：红酒蜗牛、醋腌蜗牛、杏仁奶油蜗牛等。

法国蜗牛

蜗牛含蛋白质 20% 左右，超过猪、牛、羊肉、鸡蛋等，但含脂肪量却低于猪、羊肉，并含 8 种人体必需氨基酸及钙、磷、铁、多种维生素、生物碱等成分。蜗牛的消化液中含 30 多种生物催化剂——酶，可帮助消化各种植物。蜗牛肉中谷氨酸及天冬氨酸可增加人体脑细胞活力和帮助消除疲劳。故常食蜗牛可帮助消化、强身壮体。

中医认为，蜗牛咸寒，有清热解毒、祛风通络、生津止渴、凉血利尿之功效。可主治小便不通、痔疮肿痛、慢性咽痛、鼻血不止等。

（二）蚂蚁被列为新资源食品

蚂蚁含蛋白质 42%～67%，含有 28 种游离氨基酸，包括 8 种人体必需氨基酸，此外还含有钙、磷、铁、锰、硒、锌和维生素 B_1、维生素 B_2、维生素 B_{12}、维生素 E 等。还含许多生物活性物质。其中蚁酸是开胃健脾、增进食欲之良药；草体蚁醛的滋补力超出等量的千年野山参，可滋补肝肾。蚂蚁还含有大量高能化合物二磷酸腺苷（ADP），蚂蚁被誉为"微型动物营养宝库"。用可食用的以"黑多刺"蚂蚁为主料加工成的营养液已被卫生部列入新资源食品。

食用蚂蚁具有抗病、抗衰、抗风湿、增强体质作用。现代药理学证明，蚂蚁抗炎解痉、护肝、镇静、软化血管的作用明显。其具有双向免疫调节功能，即亢进时可降低，低下时可升高。

中医认为，蚂蚁味初酸后咸，微带辛。具有益气力、泽颜色、祛风湿、强筋骨、抗衰老、护肝抗炎、滋阴补阳之功效。

（三）蚂蚱是高蛋白动物食品

蚂蚱，又名稻蝗，是众人皆知的一种危害农作物的害虫。但从食品角度看，蚂蚱又是一种营养丰富的高蛋白动物食品。据分析，蚂蚱含有 19 种氨基酸及多种微量元素等。自古以来，在民间就有油炸蚂蚱的食俗。近年来，在北京食品市场上出现了称为"中华稻蝗"的方便食品。中日合资的"易源食品公司"采用收集自无污染山区稻田中生长的稻蝗，已生产出麻辣、椒盐等各种口味的中华稻蝗。

（四）常食蚯蚓皮肤细嫩

蚯蚓，又名地龙、土龙、曲蟮等。它营养价值很高，含蛋白质 66.5%，有 8 种人体必需氨基酸，其精氨酸含量丰富，为花生的 2 倍，色氨酸含量为牛肉的 7 倍，且含糖类，钙、磷等矿物质和富含多种维生素。

其食用法为：蚯蚓置水盆养 1～2 天，让其排污后即可烹制各种菜肴，其肉质鲜嫩无异味。干蚯蚓可泡酒（其与酒比例为1：10）饮用。

蚯蚓中精氨酸有壮阳补肾作用。蚯蚓体内液体可促进皮肤的代谢，故常食蚯蚓，皮肤细嫩有弹性。蚯蚓中含次黄嘌呤等降血压物质，可治高血压；含氮物质可舒张支气管平滑肌，故可治支气管哮喘；含活血成分，可治跌打损伤及中风后遗症等。

中医认为，地龙性味咸凉，有清热息风、凉血利尿、平喘、通络之功效。

（五）七个蚕蛹一个蛋

在柞蚕一生中的卵、蚕、蛹、蛾四个过程中，蛹期营养物质积累是最丰富的。每百克鲜蚕蛹含蛋白质 50～55 克，几乎是牛肉、鸡肉的 2.5 倍，瘦猪肉、鸡蛋的 3 倍。蚕蛹中含有蜕皮松、蛹油甾醇、蛹醇、多种不饱和脂肪酸（粗脂肪约占 30%）、酚类化合物、叶酸、维生素 B_2 和氨基酸等。因其粗蛋白含量达 50%，故素有"七个蚕蛹一个蛋"之说。

蚕蛹食法颇多，炸、炒、煎、蒸、煮等都可。但食用时必须彻底洗净，因蚕蛹内外沾有不少蚕的代谢物。可先将蚕蛹煮沸 15 分钟，划开蛹皮，从中取出蚕蛹肉洗净后再行烹调，另外要多放葱、姜、蒜、盐、料酒等，以除异味。食之不宜过多，过敏者不吃为宜。

蚕蛹对机体糖、脂肪代谢有调整功能，蚕蛹油提纯品制成丸剂可治高脂血症，对降血胆固醇和改善肝功能有显著疗效。蚕蛹可增加血清白蛋白，可用于治疗肝病、高脂血症、糖尿病等，有抗衰老作用，故对中老年人、多病体弱者来说是理想的保健食品。

中医认为，蚕蛹性平味甘，具有祛风、益气、健脾、止消渴、镇惊、安神、补肾益精、止遗助阳等功效。

【专家提示】市场上出售的蚕蛹经碳酸钠、双氧水等漂洗处理，蛹皮可残留，在运输中蛹皮可污染许多细菌、病毒，或在保存中，因保存不当使蚕蛹发黏、变质。因此，选购蚕蛹必须挑选新鲜、无破损。食用时要用盐水洗净，方可烹制。

（六）天然保健食品——花粉

花粉，又名蜂蜜花粉，呈金黄色、颗粒状。它是有花植物的精细胞，通过蜜蜂的"魔力"变成含有人体健康所需要的各种营养物质和生理活性物质，是迄今为止发现的天然食品中营养最全面的物质。当前我国市场上销售的花粉食品，主要有"中国花粉"、"花粉田七"、"王浆花粉蜜"、"花粉益智精"等。

（1）免疫调节作用：花粉具有免疫促进作用，这可能与花粉中含量很高的泛酸、叶酸、维生素 C、黄酮类、植皮酸等有机酸及种类丰富的微量元素和活性酶的作用有关。世界著名的研究癌症专家欧内斯特·康那纳期认为："在癌症生物治疗中，再没有比花粉更好更完美的天然营养品了。"

（2）降血脂作用：口服花粉胶囊可明显降低受试者的血脂水平。高血压、冠心病治疗良药"心舒Ⅲ号"的主药即是花粉。花粉中不饱和脂肪酸和 B 族维生素较多，它们对降血脂、防治动脉粥样硬化有效，花粉中槲皮素也具有此作用。

（3）记忆增强作用：花粉显著提高大脑记忆能力。记忆与中枢胆碱能系统有密切关系，胆碱脂酶抑制剂对改善记忆有良效。而花粉中芦丁、槲皮素及桑色素等都是很好的胆碱酯酶抑制剂。

（4）性功能增进作用：花粉内含有刺激和滋润男性生殖系统的天然荷尔蒙物质。长期服用，可显著增强中老年人性功能。

（5）治疗前列腺疾病的作用：花粉中含前列腺素，它能抑制前列腺及精囊生长，故临床上用花粉治疗前列腺肥大、前列腺炎、精囊炎及解除排尿障碍取得较好疗效。

十二、饮品类

（一）刍议饮用水

（1）地表水：即江河、湖泊之水。其含盐类较低，故硬度较低。但受工业及生活污水排放等因素影响，其含大量微生物及化学物质。地表水绝不可直接饮用。

（2）地下水：指泉水或人工开采的井水。其受污染机会较少，一般不含微生物及化学物质。但某些地下水含盐类较高，故水硬度较高，必须进行水软化，最简单方法是将水煮沸，使碳酸钙、碳酸镁等盐类可从水中析出，生成白色沉淀物（俗称水碱）。否则不仅口感不好，而且可引发肾结石此类疾病。

（3）自来水：它是以地表水或地下水为水源，经絮凝、澄清、纯化、消毒等处理过程而制得。这是城乡居民主要生活用水。由于水源污染使其水质下降，居民住宅供水设施使之二次污染，故不可直接饮用。饮用前要煮沸。

（4）净水：它是以自来水或井水为水源，经活性碳吸附、微孔膜等过滤而制成的。过滤后除去自来水中有机物、悬浮物后，还保留自来水中无机盐类。凡符合国家建设部已颁布的饮用净水标准的净水，正常人群均可饮用。

（5）纯净水：它是以自来水或井水为水源，主要通过蒸馏法或反渗透技术、离子交换法等加以净化所得。市场上所谓的蒸馏水、超纯净水、纯净水、太空水等都属此列。纯净水既清除了水中的悬浮物、细菌和有机污染物，又清除了人体所不可缺少的微量元素与常量元素。对饮用纯净水值得商榷的是：①纯净水无微量元素。故长期饮用之，可使某些微量元素缺少，从而导致营养失衡。②纯净水可溶解各种微量元素、化合物及多种营养素，体内这类物质被纯净水溶解，并排出体外，故又可导致营养成分流失。③桶装密封纯净水一旦启封，若用不完，24 小时之后即可滋生细菌。对人体有害。④价格不菲，居民承受不了。⑤纯净水市场上许多品牌不合格，令人担忧。

（6）天然矿泉水：它是指来自地下深部循环的天然泉水或经人工开采的地下水，其中含有一定量对人体有益的微量元素及无机盐等，并达到国家规定的饮用水标准的水。作为矿泉水应符合以下条件：风味较佳、口感好、含对人体有益成分；符合卫生要求。

优质的天然矿泉水是人体微量元素的添加剂。如钙、镁、钾、钠是维持人体正常生理功能所必需的；氟、碘、锶、锌、铁、铜等微量元素参与人体内酶、激素、核酸代谢，具有巨大的生物学作用；矿泉水中富含人体所需的碱性元素，有利于保持体内酸碱平衡。另外饮用天然矿泉水还避免了甜饮料中过多热量所带给人们的弊端。总之，天然矿泉水值得饮用。但某些类型矿泉水对某些人也可能是不合适的。如高钠的则对结石病、肾炎、肥胖症、肝病、高血压、心律失常者不适用；含氟量高的，长期饮用可使牙齿变黄等。

（7）白开水：它是指以符合生活饮用水卫生标准的水为原料，经煮沸后水，称为煮沸水或白开水。它是人类最佳的饮用水。

（二）雪水是良药

雪水是大自然赐予人类的甘甜良药。在民间，人们常在冬天用陶罐储藏雪水，到了夏天，用雪水搽痱子有良效。雪水对轻度皮肤烫伤、冻伤也有效。

雪水除外用外，更重要的是喝雪水有益人体健康。研究表明，雪水中所含的重水成分比普通水少1/4，而重水对人体新陈代谢、血液循环都有抑制作用，故老年人常饮雪水，在一定程度上可以恢复机体内某些已萎缩的组织，从而延年益寿。《红楼梦》中就有"扫将新雪及时烹"的诗句。用雪水煮沸沏茶，茶味清醇爽口，还有一定祛病健身作用。雪水中所含酶比普通水多。研究证实每天饮一两杯雪水，血中胆固醇水平可明显下降，故有防治动脉硬化的效果。

【专家提示】值得指出的是，现在不少城市的环境污染很严重，故收集新雪，不可收集含污染物的表层雪。当然能取到高原积雪，基本无污染的雪，就更有价值了。

（三）饮用磁化水的利和弊

将开水倒入磁性保健杯内，通过盖子和杯子底部两块磁体所产生两个不同方向的磁场之间的相互作用，从而造成了水分子切割磁力线效应。如您使用磁性的保健杯，每次倒入开水后须盖好杯子，稍等片刻，并利用启盖时旋转拧盖的动作来增加开水被磁化的效果（磁化杯不可沏茶，饮用时不可加糖）。用磁化杯产生的磁化水，既可有一定的医疗保健作用，也可产生不利于健康的作用，故应选择使用。

一般以静磁场、强磁场处理的磁化水，有软化心脑血管的效应，故动脉硬化、冠心病患者可用之。而以静磁场处理的磁化水易渗透于人体细胞和体内结石中，并有溶石作用，故适合于胆、肾结石病人用之。然而，强磁场磁化水可使钙离子游离，并可使钙结晶发生松动，故患骨质疏松症患者不可用之。另外，因强磁场磁化水对大肠杆菌的酵母菌有抑制作用，故胃肠功能紊乱的病人不可用磁化水。

（四）水要喝足

人体细胞的主要成分是水，水含量约占体重2/3。摄入足够的水，方可保证机体新陈代谢的正常进行，并有效地将人体废物排出体外。另外，水还起到为人体各组织器官运送营养物质和氧气的作用，并可润滑全身关节。水还帮助呼吸，单是呼吸，正常成人日耗量就可达500毫升。

当人体缺水达5％时，就会产生头晕、烦躁、疲劳、肌肉弹性减弱30％，皮肤皱缩度达20％，人体呈病态，并显得苍老。因此，为了健康，就一定喝足水（除必须限水的疾病之外）。

首先，一年四季都要喝足水。炎夏出汗较多，自然喝水就多。但其他季节，勿忘多饮水，此时出汗少，口渴的感觉不常在，往往忽视饮水。另外，冬季空气干燥加上室内惯用暖气，故身体还有额外失水。

其次，不管年龄大小，都要注意喝足水。人到中老年，对体内缺水敏感性降低，为防止体内缺水，就更要注意喝足水。老年人也要喝足水。儿童体内水分占的比例比成人高，一旦缺水便会影响其生长发育，故不妨对孩子以水"溺爱"多一些。

正确的喝水方法是经常主动适量喝水，不要等口渴才喝水，饮水时可先将水含在口中，湿润一下口腔、咽喉，然后再少量、多次把水喝下。

（五）水是廉价尿路清洁剂

水可溶解许多物质，并在人体各组织、细胞间流通。当人体持续缺水时，组织、细胞发生病变，对尿路尤为明显。水是廉价尿路清洁剂，多饮水可防治许多尿路疾患。

①水能防治尿路感染。有些反复尿路感染患者，多为劳累、喝水过少引起。治尿路感染，除服药外，还要配合大量喝水。②水可防治尿路结石。多喝水造成大量尿流，借以冲走较小的尿路结石，并可解除肾绞痛发作。尿路若有足够尿流冲洗，则可使有的结石不可继续增大，也可防止尿路结石所并发的尿路感染。③水可预防尿路癌症。研究表明，尿路致癌物质来源于尿液，而多饮水可稀释尿液中致癌物质，并可在短时间内排出体外。

（六）温开水是最佳饮料

营养学家指出，从营养观点而言，任何含糖或功能性饮料都不如白开水对人体健康有益。①纯净的白开水最容易解渴。研究发现，35℃热开水降暑效果最好。毛孔张开，排汗畅快，且带走了的热量，体表温度降2℃。而喝冷饮，体表温仅降0.5℃，并会回升，更感燥热。另外，冷饮甜品，使口舌黏腻不爽，非但不解渴，反而有越喝越渴之感。②最理想降低血液黏稠度的饮用水是温开水。一些饮料虽然口感较好，有一定营养价值，但含较多糖、糖精、色素，对胃黏膜有刺激，加重肾负担。摄入过多可转成脂肪，甚至有些色素有潜在致癌因素存在。盐水可使细胞脱水，影响消化功能。纯净水不含微量元素。③饮白开水被认为是一种"内冲洗疗法"。以起床后，餐前及睡前饮用为好。清晨饮水能很快吸收利用，有助胃肠清洗，使血液稀释、降低血黏稠度、血循环加快、保持体液平衡、防止心脑血管病发生。餐前1小时饮水，进餐时水分已遍及全身组织细胞，这样既可保证分泌足够消化液，又可防止血液浓缩引起的血栓形成。

温开水（20～25℃）被誉为"复活神水"，其功效不言而喻，可以说温开水是饮料之王，饮料中的最佳品。

（七）清晨起床后饮水大有益

早晨起床后，饮一杯温开水，这对身体康健大有益。这是因为：①人体一夜睡眠，胃、小肠中食物、食糜、食渣等经消化吸收，几乎全进入大肠。喝一杯水，可洗刷排空的胃与小肠，使其清洁，并促进肠蠕动，有助于克服便秘及当天食物消化吸收，并可增强肝的解毒能力、促进机体代谢及其免疫功能。②一夜睡眠中出汗、生成尿液、张口呼吸都可使体内缺水。晨起后喝一杯水可改善血浓缩等，并使动脉管腔变宽、循环血液正常流动。但饮水后勿剧烈运动，做轻微活动即可有利于血管扩张、降低血压。

（八）温开水益寿

在自然界，静止的"死水"与流动的活水，不仅是表面区别，而且在微观上和对生物作用上也有不同。水分子是链状结构，不运动。其链不断延长成"死水"，此种"死水"活性差，会使生物细胞代谢缓慢而影响其生长发育。

一杯烧开水盖上盖子凉却至20～25℃就成了一杯温开水。某些科学家誉之为"复活神水"，它具有特异的生物活性，是许多优质饮料比不上的。温开水之所以神奇是它在被烧开后冷却过程中，氯气比自然水减少1/2。它表面张力、密度、黏滞度、导电率等理化特性都发生了变化。而其生物活性比自然水高4～5倍，它近似生物活细胞中水，它较容易透过生物细胞膜、促进新陈代谢、改善免疫功能。另外，可使体内脱氢酶活性增高，消除肌肉中乳酸的蓄积，使人解除疲劳。日本学者经大量研究证实，老年人清晨起床后喝一杯温开水，确可起到延年益寿之功效。

（九）饭前喝汤有益健康

民间谚语："饭前喝汤，强似良药秘方"是有科学道理的。吃饭前先喝几口汤，不仅可使食糜顺利通过和防止干硬食物刺伤消化道黏膜，而且还可以使消化腺分泌消化液，从而对食糜被充分消化吸收大有益处。另外，食物咀嚼之后，时而喝几口汤，可使食糜得到稀释，并被拌和，从而便于胃肠的消化吸收。实践证明，饭前喝汤和用餐时不离汤的人，其消化道很健康，食管炎、胃炎、胃溃疡及消化系统癌的发病率很低。但值得注意的是，喝汤不宜过多，否则冲淡胃酸，反而不利于食物的消化吸收了。

（十）常喝蜂蜜水有益健康

蜂蜜是妇、幼、老人的滋补品。因蜂蜜是天然营养品，除含有大量易被人体吸收的葡萄糖、果糖（占 65%～85%）和少量蔗糖外，还含有蛋白质、氨基酸、多种酶、多种维生素、人体必需的常量和微量元素、有机酸及多种生物碱等。常饮蜂蜜水有益于健康，有如下好处：①常饮蜂蜜可延年延寿：花粉及蜂蜜有增强机体免疫力、预防疾病、刺激及恢复性腺活性之功效，从而起到延年益寿作用。②有利于儿童生长发育：蜂蜜可补充儿童所需的必需氨基酸，有利于合成体内所需蛋白质，从而可促进儿童生长发育。③有镇静催眠作用：常饮蜂蜜水可滋补神经，有镇静催眠作用。④有降血压作用：蜂蜜中含丰富钾，有利于稳定血压。高血压者每天早晚饮一杯，可起降压作用。⑤具有增强心肌的作用：蜂蜜中含大量易被人体吸收的葡萄糖和果糖，可促进血管扩张，改善冠状动脉血液循环，增强心肌功能的作用，并可避免血栓形成。⑥有润燥滑肠作用：便秘者常饮蜂蜜水可取得较好效果。这一点对老人、婴幼儿来说尤为重要。⑦对保护皮肤及皮肤创伤愈合有一定作用：蜂蜜中含抗生素，有杀菌防腐功能，可制止细菌的滋长和杀死霉菌，并有吸湿、收敛、消炎、止痛、生肌、加速伤口愈合和保护皮肤等功用。⑧有较好的造血功能：常喝蜂蜜水，血色素明显增加，因蜂蜜中含丰富铁、微量镁和铜，这些元素是造血不可缺少的元素。⑨可增进食欲、帮助消化作用：因其含多种酶，故可增食欲、助消化。⑩可增加钙质的保留能力。⑪增强器官再生能力，尤其可活化性腺的功能：这与其富含天冬氨酸有关。

蜂蜜不可用煮沸开水冲，水温最高不超过 60℃，若水温过高则可破坏蜂蜜中营养成分，尤其是维生素 C 和多种酶。不过蜂蜜也不宜多食，否则可出现脘腹胀满、食欲缺乏等症状。老年人食用过多可诱发糖尿病。当然患糖尿病者就不可食用。

（十一）日本人钟情醋饮料

日本自古以来就有"重醋轻盐"之风，并把醋列在长寿十训之二的显赫位置上。

日本医学家近年来研究发现，食醋中醋酸可促进血液中抗体增加，故免疫力增强。中医认为，醋具有开胃养肝、强筋暖骨、醒酒消食等保健功效。还可祛除疲劳、防止多汗。临床上还用食醋治疗高血压、咽喉痛、便秘等病症。另外食醋对癌症患者的康复都有辅助疗效。

由于食醋的保健功效显著，故当今在日本市场上各种各样醋饮料随手可得。目前，中国饮料市场也有醋饮料出现。醋饮料一般用3.5%～5%的食醋稀释溶液，加上适量糖、蜜、果汁、碳酸、维生素、氨基酸等配制而成。醋饮料具有保健功效，故很受人们青睐。

（十二）适量食用巧克力对人体健康有益

巧克力是富含脂肪的食品，被称为"能量食品"，故运动员参赛和孕妇临产吃些巧克力有助提高成绩和助产。美国营养学家认为，它是一种对人体具有多种保护作用的健康食品。巧克力本身不含胆固醇，其脂肪不像动物脂肪那样提高胆固醇含量。它主要成分是可可，而它含有两种物质——类黄酮及多酚，都起着抗氧化剂作用，有助于防止血小板黏附在动脉壁上，故使人体减少患心脏病机会。研究人员分析：1杯热巧克力奶（2汤匙可可粉）中含有146毫克抗氧化物；1块42.5克牛奶巧克力含205毫克抗氧化物。每月吃不超3次巧克力的人比不吃巧克力或过量吃巧克力的人少患心脏病和癌症。巧克力中有类似咖啡因的可可因，有提神作用，并使体内产生两种可使心情愉快的荷尔蒙物质。巧克力可使男性体内免疫系统产生抗体——免疫球蛋白。另外，可可中单宁酸减少牙菌斑，草酸可减少酸生成，故可防龋齿。如巧克力中掺有许多糖浆，则另当别论。

巧克力味道甜，诱人喜食，尤其是儿童更是如此。但巧克力不可多食，否则影响健康。基理由是：①巧克力热量高但营养成分不符合儿童生长发育之需要，如儿童所需蛋白质、无机盐和维生素含量较低。②它富含脂肪，在胃中停留时间长，不易消化吸收，易产生饱胀感，可影响食欲。③巧克力食用多了，易在胃肠内反酸产气致腹痛，尤其对胃酸过多人更为不利。④巧克力中含有可引起便秘的鞣酸类物质，故便秘者不宜多食。⑤吃巧克力易上瘾，是因为其中含有一种类似大麻作用的物质。⑥研究表明，巧克力糖中葡萄糖可在胃中被转变成酒精，从而引起"自身酿酒综合征"，又叫巧克力醉，故不易过食巧克力糖。

（十三）茶水煮饭好

茶是中华民族的传统饮品，而且经现代科技证明，它也是保健佳品。用茶水煮饭，不仅色、香、味俱佳，营养好，而且可防治疾病。

（1）胺和亚硝酸盐是食物中广泛存在的物质，在 37℃ 和适当酸度的情况下，极易生成能致癌的亚硝胺。而茶中的茶多酚则能有效地阻断亚硝胺在人体内合成，从而预防和减少消化道癌的发生机会。

（2）由于茶多酚不仅可以增强微血管韧性，防止微血管层破裂而出血，而且还可降低血胆固醇，抑制动脉粥样硬化。因此，茶水煮饭对保护血管和血液循环有潜移默化的有益功能。

（3）由于茶中的单宁酸有遏制氧化脂质生成，防止其附着在血管壁上，导致血管壁失去弹性的作用。因此，茶水煮饭还能有效地防止中风。

（4）由于茶中所含的氟化物是牙本质中不可缺少的主要物质，用茶水煮饭还能有效地预防牙齿疾病。

茶水煮饭好，但茶水不宜使用隔夜茶，而要用新鲜茶叶 1～3 克，根据米的多少而定。在所需的开水中浸泡 5 分钟左右，然后用滤出残茶的茶水煮饭即可。

（十四）常喝绿茶好处多

红茶为发酵茶，鲜茶叶经萎雕、揉捻、发酵、干燥等工序精制而成，红茶味醇浓香。绿茶为不发酵茶，绿茶色翠香郁。一般热带地区人喜欢红茶，胃酸过多人也喜欢红茶，而绿茶则是受大众普遍喜爱。红茶、绿茶因人而异。但由于红茶经过发酵，其有益人体健康的有效成分丢失较大。如以鲜叶中各种有效成分含量为百分之百，制成干茶后的情况是：水浸出物，红茶减少 15%，绿茶减少 2.4%；茶多酚，红茶减少 46%，绿茶减少 4.4%；维生素类，红茶减少近 90%，绿茶减少 44%；果胶素，红茶减少 54%，绿茶增加 1%。因此，总的来说，常喝绿茶对人体健康的益处要多一些。

（十五）喝茶的选择

饮茶好处多，但从保健角度出发，只有因人而异、因病而异、因时而异，才可收到良效。

儿童饮茶以清淡为宜；青少年饮绿茶最好；经期、更年期妇女饮些花茶则可疏肝解郁、理气调经；老年人饮些平稳温和的红茶可减轻便秘。健康成年人日饮茶10～15克，即3～5杯为宜，若体力劳动量大，尤其高温作业者，日饮茶20克也是可以的。对于身体虚弱，尤其有神经衰弱者，则少饮茶为好，一日至多3～5克即可，空腹夜间绝不可饮。孕妇少饮为宜，以免咖啡碱对胎儿影响。

减肥消脂者宜饮绿茶、乌龙茶；患肝病最好饮花茶；外感风寒者最好饮红茶；患痢疾饮绿茶为好；糖尿病病人饮老茶叶冷开水冲泡为好；高血压病人宜以绿茶冷饮为好；经常接触放射线和毒物污染环境下工作的人可多饮茶10～15克/日，做保健用；夜间工作者，喝稍微浓一些茶可醒脑提神。

按中医主张，可春饮花茶、夏饮绿茶、秋饮青茶、冬饮红茶。他们认为，春饮花茶可散发一冬秋在人体内的寒邪，促进人体阳气发生；夏饮绿茶可清热消暑、解毒、止渴强心；秋饮青茶，此茶不寒不热，可消除体内余热、恢复津液一举两得；冬饮红茶，含有丰富蛋白质，能助消化、补身体，使人强壮。

（十六）喝咖啡的利和弊

咖啡源于阿拉伯饮料，阿拉伯语的咖啡有"强健"、"活跃"之意。但喝咖啡的利和弊，常因饮用者不同、饮量、饮法不同而异，喝咖啡弊端已成为"反咖啡"原因，其益处却使人们对咖啡的热情未减。大多速溶咖啡内含3%～4%的咖啡因，还有脂肪、蛋白质、糖类、矿物质、维生素等。咖啡的效用由咖啡因所致。它对机体影响是双重的。少量有益、过量有害，这点是肯定的。

（1）喝咖啡的益处：①其芳香、苦味可增食欲，在其有机酸作用下，胃酸分泌增加，故有助于消化；②咖啡因引起兴奋，其消耗热量可同于运动消耗热量，还可消耗脂肪，故喝咖啡有助控制体重；③咖啡因缓解支气管痉挛，可改善哮喘；④日饮2杯咖啡，胆结石发生率降40%，此与咖啡因可防止胆固醇结晶有关；⑤咖啡因参与血清素合成，故咖啡爱好者很少患抑郁症；⑥咖啡因兴奋中枢，使人兴奋，如早上喝咖啡可使人清醒，运动后喝咖啡可除疲劳、振奋精神；⑦咖啡因可防辐射，而过量辐射对人体有害。

（2）过度喝咖啡的弊端：①速溶及烹煮咖啡含自由原子团，大量喝咖啡可加大患癌症的危险，尤其烹煮咖啡不宜多喝。②美国学者认为，每天仅喝一杯咖啡女性受孕机会可减一半；日饮量3杯以上的孕妇，其流产可能性比饮茶或不饮咖啡者要大1倍；乳母也不宜多饮咖啡，因可通过乳汁进入婴儿体内，产生危害；③饭后即喝咖啡可有碍维生素、钙、铁、锌等元素吸收。故最好饭后1.5～2小时再喝。此外，咖啡对胃肠有刺激，可增加胃酸分泌，故胃酸过多的胃病患者不宜喝；④过多饮用咖啡者，其患冠心病比不喝咖啡人多1倍。饮原汁咖啡可使血胆固醇升高，高浓度咖啡因可致心悸、心律不齐。⑤咖啡因可促进肝糖元分解，升高血糖，易引起糖代谢紊乱，故嗜好饮咖啡者易患糖尿病。⑥研究表明，每天喝5杯以上者，其理解力下降、急躁易怒，甚可影响工作。⑦长期饮咖啡可渐成瘾，一旦停饮可有戒断症状，表现为血压下降、情绪低落等，即咖啡综合征。

（十七）白酒的香型

我国白酒种类多，但无论何种白酒都有其香型，现列举如下：

（1）酱香型：以贵州茅台酒为代表，故又称茅香型。其风味是：酱香突出、醇香馥郁、香气幽美、回味绵长、满杯不饮、香气扑鼻、饮后空杯、香气犹存。

（2）浓香型：以四川泸州老窖特曲为代表，故称泸香型或窖香型。其风味是：芳香浓郁、绵柔适口、饮后犹香、尾净余长。属此香型的还有五粮液、古井贡酒、洋河大曲、北京特曲等。

（3）清香型：以山西杏花村汾酒为代表，故称汾香型。其风味是：清香纯正、酒味协调、醇甜柔和、余味爽净。此香型酒还有西凤酒、汉汾酒、衡水老白干、龙潭大曲等。

（4）米香型：如桂林三花酒、狮泉玉液等。其风味是：蜜香清雅、入口柔绵、落口干洌、回味怡畅。

（5）混合香型、复合香型、兼香型：其风味是：闻香、口香和回味香各有不同，具有一酒多香的风格。如董酒、白沙酒、口子酒、千山白酒等。

（十八）黄酒被誉为"液体蛋糕"

黄酒是用糯米或大米或黍米为主料，通过酒药、麦曲的糖花发酵，最后经压榨制成。因酒色为黄色，故名。它属低度酒的发酵原酒。其中含酒精15%～20%，尚含糖、糊精、醇类、甘油、有机酸、氨基酸、酯类及各种维生素，被誉为"液体蛋糕"，是一种有些营养价值的饮料。江南酿造，风行全国，其中绍兴产最著名，鉴湖酒为正宗。

它既是饮料酒，又是中药用来配制药丸或做"药引子"用的；烹调鱼、虾、肉等荤类菜肴时，黄酒为重要调料，具有祛腥提味作用。这是因其含很好的有机溶剂，三甲基胺等腥味物质可被溶解，并随温度升高而被挥发掉的缘故。因此，能适量饮些黄酒，不无好处。

（十九）适量饮啤酒有一定功效

啤酒商标上标着"12°"，这指含糖量，并非酒度。其酒精度一般为3°～5°，但千万不可认为酒精度低，就可无节制。长期过量饮啤酒对人体十分有害：除可增加癌症发病率，还可致酒精中毒。造成严重酒精依赖、精神障碍，以及各种脏器损害，如脑损害、肝损害以及称之为"啤酒心"的心肌损害等。啤酒热量高，长期过度饮用，可致体内脂肪堆积，导致肥胖症，即"啤酒肚"以及相关疾病丛生。大量饮啤酒，可使血铅量增高；还可减少或阻止胃黏膜合成前列腺素 E，导致胃酸刺激胃黏膜，造成慢性胃炎。大量饮啤酒者比饮同量葡萄酒的人更易死于肝病。德国崔伯认为，多喝啤酒可使人体尿酸猛增 1 倍，促发尿路结石。

适量饮啤酒有保健功效：①啤酒有营养成分，酒精含量低，其水分占93%，含有糖类、蛋白质、维生素，还有 CO_2、少量矿物质，如钙、磷等，不含脂肪、胆固醇；②"啤酒花"是一种多年生草本植物的果糖，具有健胃、利尿作用；③啤酒是"开胃酒"，可增食欲；④啤酒有舒缓神经功效，少量酒精可活血化瘀。

（二十）葡萄酒及其饮用

葡萄酒是采用含葡萄在内的多种水果汁为原料，加上特制的酿酒酵母，使之与果汁中天然糖分发生作用产生酒精而制成的。因此，葡萄酒并非全由葡萄制成。按其色泽可分白、红、桃红三种；按含糖量可分成四种：干酒（含糖量≤4.0克/升）、半干酒（含糖量4.1～12.0）、半甜酒（含糖量12.1～50.0）、甜酒（含糖量＞50.0）。葡萄酒是"三低三丰富"的酒（低酒精度、低糖、低热量，丰富氨基酸、维生素、矿物质）。葡萄酒所含营养成分大都来自葡萄汁，除水（占80%～90%）和酒精外，含有许多对人体有益物质：①多种糖类；②有机酸，如酒石酸、苹果酸、琥珀酸、柠檬酸，都是维持体内酸碱平衡物质，有助消化；③矿物质：钾、镁、磷、铁、锌、铜、硒等；钙含量不多，但可被人体吸收；④含氮物质：蛋白质，还含18种氨基酸，其中脯氨酸、精氨酸约占70%；⑤维生素。

葡萄酒饮用还有一定规范：一是对酒温、酒杯讲究。红葡萄酒与室温等同或低于室温；白葡萄酒冰镇为宜。饮酒杯用大肚窄口标准的葡萄酒杯，斟入 2/3 容量，用时捏着杯肚。二是保存有讲究。一般高档的都用软木塞封口，买回来斜卧存放保存，使瓶塞浸泡在酒中。如未饮完，塞子塞好存冰箱冷藏。

（二十一）适度饮用葡萄酒有益人体健康

法国人特别青睐葡萄酒，我国古代对葡萄酒有很高评价。《本草纲目》中就有

"暖腰背、耐寒、驻颜色"的记载。确实，常适度饮用葡萄酒对人体健康有益。

（1）抗癌症：白藜露醇可防止细胞发生癌变，并阻止癌扩散。它是一种来自于植物的雌激素，故对雌激素缺乏的有关肿瘤，如前列腺癌、子宫内膜癌等都有明显预防作用。白藜露醇是葡萄酒的重要功效成分，其含量高低是衡量葡萄酒优劣的重要指标。我国生产的"云南红"、"丰收干红"、"王朝干红"中的含量都较高。

（2）防治心血管疾病：①白藜露醇具有明显抗血栓、抗高脂血症、抗脂质过氧化等方面的活性；②人体内低密度脂蛋白氧化是导致动脉硬化的关键，而红葡萄酒中含大量可祛除体内活性氧化物质的多酚；③常饮葡萄酒，可增加保护心脏的高密度脂蛋白，减少有害的低密度脂蛋白。

（3）其他功效：①葡萄酒可像体内雌激素，增加"造骨"细胞的活动，故可预防骨质疏松。②保护皮肤，因饮葡萄酒可使血管扩张，皮肤供血改善所致。③降低肾结石发病率，每天喝200毫升葡萄酒可降低肾结石发病率40%。④每天喝3杯葡萄酒可减少老年性痴呆症，尤其是阿尔茨默氏症的发病率。⑤饮葡萄酒的人不易感冒。⑥饮适量葡萄酒（每月喝1～3次），可使老年性视网膜黄斑退化症的发病率下降。

那么究竟饮多少量葡萄酒才有益健康？德国专家建议：女子0. 2升/日，男子0. 3升/日。估计中国人的饮量应当少一些。

（二十二）提倡"健康饮酒"

饮酒是一种历史久远的世界性文化现象，人们用粮食和浆果酿造了美酒，又在饮酒中品味生活，表达欢乐和喜庆，有时也寄托惆怅和忧伤。然而，饮酒与很多急慢性疾病和精神行为障碍等健康问题有关，慢性酒精中毒已成为全球性的社会问题。因此，如何饮酒才无损于健康，这已是人们所需要了解的常识，提倡"健康饮酒"已是人们的愿望。为此，我们应从肝对酒精的处理能力和流行病学调查来考虑。据估计，每公斤体重每小时肝可处理酒精0. 125毫升（100毫克）。根据肝对酒精的处理能力和流行病学调查的饮酒有害量，综合考虑与健康有关的饮酒量水平是：成年男子日饮酒量中纯酒精量50毫升（40克）为安全水平；100毫升为有害水平；150毫升为危险水平。

饮酒程度的分类通常用标准饮用量来表示（也称一个"DRINK等量"）。它相当于12克酒精，即180毫升（6盎司）葡萄酒，或360毫升（12盎司）啤酒，或45毫升（1. 5盎司）90标准酒精度烈酒。

（二十三）家庭自制保健酒及其饮用

自古以来，药酒是中医用来防治疾病、养生保健和延年益寿用的，《本草纲目》就收载了 69 种药酒方。药酒家庭自制方法可有冷浸法、热浸法、渗漉法、酿制法，但后两种制法难度大。现介绍一种冷浸法，具体操作如下：先将药材切碎，泡制后置瓷坛或大瓶内，加定量白酒密封浸渍，每天搅拌 1～2 次，1 周后每周搅拌 1 次，浸渍 30 天取出上清液，再压碎药渣，将榨出液与上清液合并，加适量糖或蜂蜜搅拌溶解，再密封静置半个月以上滤清，装坛或瓶即可。

泡药酒要讲究科学。①可用 40 度左右白酒即可，因药材中有效成分有的易溶于水，有的易溶于酒精；②不可用塑料瓶，因其毒物可溶解在酒精中，最好用瓷坛或深色玻璃瓶，以免阳光直射致药性改变；③动植物药材须分开，因动物含蛋白质、脂肪，浸泡时间长，待泡好后两者的酒可混合。

饮用药酒须注意如下事项：①饮量适度。药酒中酒精浓度比一般酒高出 1 倍以上。②饮酒时间。药酒不夜饮，主要因夜气收敛，饮酒不得发散，故有伤心伤目之弊。③饮酒温度。温饮、冷饮都可，但不宜热饮。④辨证选酒。药酒是药，故应视个人情况、遵医嘱选用，不要乱饮。⑤坚持饮用。任何养生法都要持之以恒，饮药酒养生亦然。

（二十四）牛奶中主要营养素的特点

除膳食纤维外，奶中含人体所需的全部营养物质，其主要营养素的特点如下：

（1）含优质蛋白质：奶中蛋白质主要由酪蛋白、乳清蛋白等完全蛋白质组成，其所含氨基酸种类齐全、数量充足、比例适当，适于人体构成组织蛋白。因此，它不但能维持成人健康，还能促进儿童生长发育。奶中蛋白质易消化吸收，消化率高达 98%，生物价值高达 84%，高于畜禽和鱼类蛋白质，故奶是人类食物中蛋白质的极好来源。

（2）含极易消化吸收的脂肪：奶中脂肪与众不同，极易消化吸收。乳脂还含有人体必需的脂肪酸和磷脂，其营养价值较高。

（3）含有乳类所特有的糖类——乳糖：乳糖可促进钙、镁、铁、锌的吸收，还能促进肠道中某些嗜酸菌的生长，抑制腐败菌的繁殖。因而有防治肠道功能紊乱的作用。乳糖在胃中不分解，直接入肠道，并在肠中分解慢，故不形成高血糖。

（4）含丰富的矿物质：奶中含钙、磷、铁、锌、铜、钾、钴、碘、锰、钼等矿物质，其中呈碱性元素多于呈酸性元素，因此奶属碱性食物，有助于调节体内酸碱平衡。特别是牛奶含钙多且吸收利用率也高，是人体钙的最佳来源。

（5）含较多的维生素：奶中含已知的各种维生素，尤其是维生素 A、维生素 B_2，是人体这两种维生素的重要来源。此外，牛奶中还含有维生素 B_1、维生素 B_6 及维生素 B_{12} 等。

（6）含有具有保健功能的微量成分：如免疫球蛋白、牛磺酸、SOD 等。

总之，牛奶物美价廉，是人类膳食中蛋白质和钙的最佳来源，是改善营养、增强体质、延缓衰老所不可缺少的理想食物。故牛奶有"白色血液"之称。

（二十五）奶及奶制品的介绍

奶类是营养素含量丰富，易被消化吸收的食品，奶类主要有牛奶、羊奶和马奶等。奶制品主要以奶为原料而制成的。其花色繁多，现以下面几大类介绍如下：

（1）液体奶：保持奶的原有状态不变，仅杀灭其中微生物。其又分为消毒乳与灭菌乳：前者杀菌温度在 100℃ 以下，仅短期有效；后者杀菌温度在 135℃ 左右，保质期可达几个月之久。灭菌乳还有配成草莓、巧克力等不同风味产品。

（2）酸奶：以鲜奶或脱脂奶为原料，经消毒灭菌后，用纯培养的乳酸菌经发酵制成的奶制品，酸奶原只有凝固型的，后又增加了搅拌型。又因所用菌种不同，或是添加草莓酱、黑加仑等浆果，使酸奶的品种多样化。

（3）含乳饮料：这是以奶或奶制品为基础原料的制品，加入砂糖、有机酸、食用香精调配，并罐装、杀菌而成。其蛋白质含量不得低于 1%。市售产品有两种：用酸奶配制的叫乳酸菌饮料；用未经发酵的消毒奶或奶粉加乳酸调制的叫乳酸饮料。

（4）炼奶：采用真空蒸发工艺，将牛奶浓缩到 2.3～2.5 倍，然后装入铁罐杀菌的称为淡炼奶，又名蒸发奶；浓缩加砂糖，以提高其渗透压力，不需杀菌也可长期保存的，称甜炼奶，简称"炼奶"。

（5）奶粉：将原料奶先经杀菌、浓缩，然后喷雾干燥，制成粉末状，这是最普通的全脂奶粉。干燥的奶粉可在常温下保存，而且重量约为原料的 1/7。

（6）奶油：又称黄油，一般先用离心机将消毒奶分离成稀奶油和脱脂奶。然后，通过机械搅拌，使稀奶油中脂肪球互相聚结，形成固态的奶油，同时获得副产品酪奶。脱脂奶与酪奶经喷雾干燥，成为粉状，可用作食品原料。奶油既可佐餐食品，又可是食品工业原料。

（7）干酪：原料奶经消毒后，接种纯粹培养的乳酸菌种，保温繁殖数小时，再

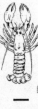

加凝乳酶，然后压成块状，发酵几个月（少数不经发酵）即可。干酪性质相当于豆腐乳。

（8）复合奶：为调节市场鲜奶供应，可将平时多余奶制成脱脂奶粉和无水黄油，以便于储运。当市场需要时，即可在一定工艺条件下先将脱脂奶粉溶解；再配以一定黄油，再与50%鲜奶混合均匀，即成复合奶。

（二十六）常喝牛奶的好处

牛奶是营养极丰富的食品，常喝牛奶对人体健康大有裨益。

（1）平稳血压：牛奶中蛋白质富含蛋氨酸，有抑制交感神经作用，从而防止情绪紧张引起的高血压。牛奶富含钙、钾，其蛋白质又有清除钠作用，故喝牛奶可预防高血压。

（2）防治佝偻病、骨质疏松症：为补充体内一天所需钙，半升以上牛奶就足够，故多喝牛奶，儿童可防佝偻病，中老年人可防治骨质疏松症。

（3）预防胆结石：牛奶可刺激胆囊抽空，胆汁不在胆囊淤积、浓缩，以免凝结成晶体，故可防胆结石形成。

（4）降低血胆固醇，少得心脏病：牛奶含3羟 -3甲基戊二酸，它是降胆固醇因子；牛奶中乳清酸可促进脂肪代谢，使血胆固醇水平降低；牛奶含较多钙，可使人体减少对胆固醇的吸收，故喝牛奶可降低血胆固醇水平，预防心脏病。

（5）防治脑中风：牛奶中含有吡咯并喹啉苯醌这种物质，它可防止过量钙对神经元损害，故有助于防治脑中风。

（6）安神：牛奶中含一种左旋色氨酸，它是制造血清素的原料，故可抵制脑组织深部网状激治系统的兴奋。

（7）防龋齿：牛奶中酪蛋白有抑菌抗龋作用。

（8）防癌：牛奶可防治胃癌，有人认为是牛奶的胶体分散对胃壁的保护作用。流行病学专家证实，钙、维生素 D、维生素 A、维生素 B_2 对胃、结肠癌发病都有抵抗作用。据报道，不喝牛奶者比每天喝2~3杯牛奶的人患结肠癌发病率要高出3倍。

（9）治白斑症：少吃蔬菜易患口腔白斑症，而连续2~3天早晚喝鲜牛奶，可治白斑症。

（10）解毒：误食汞和砷类毒物，可及时用牛奶灌胃，因牛奶中蛋白质可保护胃黏膜，使毒物沉淀，减少吸收，迅速解毒。

总而言之，牛奶及其制品在改善营养、增强体质上起了很大作用。因此，营养学家提倡终生喝奶。婴儿断奶是断人奶，断了人奶就要吃牛奶。

（二十七）酸奶——老少皆宜的营养品

酸牛奶，又叫发酵奶、酸乳酪。是用杀菌后牛奶，经纯乳酸菌发酵制成的一种发酵乳制品。它不仅保留了牛奶所有的优点，而且在某些方面因加工而能扬长避短。

目前，酸奶已成为四季皆有、老少皆宜的高营养食用佳品。其特点如下：①容易被消化吸收。发酵中使奶中乳糖、蛋白质有 20% 左右被分解成小分子因而酸奶更易被消化吸收，并提高了营养素利用率，尤其对乳糖消化不良的人群则可避免腹胀或腹泻。此外，发酵后产生的乳酸可使蛋白质结成微细的凝乳，故易被消化吸收，并可有效提高钙和磷的吸收与利用。②营养价值高。其营养成分比原料奶提高。由于营养素强化、添加物的使用和发酵带来的变化，均提高了蛋白质量。酸奶是钙的良好来源。③益生菌的丰富源泉。益生菌是有益人体健康的肠道生理细菌，如双歧杆菌、嗜酸乳杆菌、干酪乳杆菌等乳酸菌。酸奶中乳酸菌含量在 10% 左右，它是定居肠内的清道夫，可使"肠道菌相"构成产生有益变化，进而促使体内消化酶分泌和肠道蠕动，清除肠道垃圾，抑制腐败菌的繁殖作用。④乳酸含量高。乳酸菌分解奶中乳糖，形成乳酸，故对缺乏乳糖酶，喝了鲜牛奶易腹泻的人吃酸奶合适。某些缺少胃酸的人，吃酸奶可增食欲、助消化。乳酸还可使钙从酪蛋白结合形式中游离出来，并结合成乳酸钙，有助于人体吸收之，此外，酸奶中铁、磷等也可与乳酸结合成盐类，进而提高了这些矿物质在人体中利用率。

由于酸奶有以上特点，故酸奶适用范围广泛：①它是婴幼儿理想食品：一是营养素/能量密度高，和人奶近似，易消化；二是半乳糖为神经系统脑苷脂类成分，可保障脑发育；三是充足的乳酸菌，酸度适宜，故常饮之可有效抑制有害菌，提高免疫力，减少、减轻腹泻；四是酸奶为半固态食品，适合引导婴儿从液态到固态食品的过渡。②病人初愈时的佳肴：因酸奶是营养均衡的佳品，对久病初愈者有利。此外，病人在治疗中可造成肠道菌群失调，而喝酸奶可恢复其平衡。癌症患者手术后喝含双歧杆菌酸奶，可使肠道微生物正常，有利化疗进行。③延年益寿的饮料：①可增强机体免疫功能；②可降低血清胆固醇；③可促进肠道蠕动，缩短食物"口—肛转运"时间，软化酵解结肠的内容物，故有利粪便排泄，预防便秘。④预防腹泻的良药：酸奶中乳酸菌一方面可减少或预防外界环境的污染；另一方面，活菌或死菌体可改善肠道菌群，抑制杀害有害菌，从而达到预防腹泻效果。另外，喝酸奶不易发生乳糖消化不良性腹泻。

（二十八）乳酸菌饮料营养价值高于乳酸饮料

乳酸菌饮料，也称液态酸奶。它是以牛奶（或奶粉）为主料，经乳酸菌发酵，再辅以经杀菌处理的糖、酸、香料等混合而成的饮料。从营养素水平看，乳酸菌饮料中除含糖量较高外，其他如蛋白质、脂肪、维生素 B_1、维生素 B_2、维生素 C 以及钾、钙等含量仅为同量酸奶的几分之一。然而，乳酸菌饮料酸甜适度、爽口性好，故受人们的青睐。另外，由于此饮料在发酵过程中，牛奶中主要成分预分解成氨基酸、脂肪酸和乳酸等，故饮用后可促进人体胃液分泌及钙质的吸收，并对肠道中有害物质也可起到一定的抑制作用。故常饮之，对消化不良、便秘、胃肠炎症等有良效。

乳酸饮料与乳酸菌饮料仅一字之差，但产品有本质不同。乳酸饮料是由各种原料如水、奶粉、糖、乳酸、香精、稳定剂等机械混合而成。因未经乳酸菌发酵，故其综合风味与口感不如乳酸菌饮料，加之其中有限的营养成分未经过预分解过程，不含有益于人体健康的乳酸菌及其代谢产物，故其营养价值等不如乳酸菌饮料。

（二十九）含乳饮料营养价值远不如纯牛奶高

纯牛奶也叫鲜牛奶、纯鲜牛奶。鉴别纯牛奶好坏主要看两个指标：总干物质（也叫全乳固体）与蛋白质。在包装袋有说明，它们含量越高，牛奶营养价值就越高。当然，价格相对较高。酸奶是纯牛奶发酵制成，故酸奶当属纯牛奶。

含乳饮料则允许加水制成，除鲜牛奶外，一般还有水、甜味剂、果味剂等，而水排在第一位的（国家要求配料表中各种成分要按从高到低的顺序依次列出的）。按照国家标准，含乳饮料中牛奶含量不得低于30%，也就是说水的添加量不得高于70%。

由此可见，含乳饮料是纯牛奶加水配制的，故其营养价值远不如纯牛奶高。

（三十）转基因食品及其种类

20 世纪末出现了转基因食品，它是生物技术的产物。利用现代分子生物技术，将某些生物的基因转移到其他物种中去，改造生物的遗传物质，使其在性状、营养品质、消费品质等方面向人们所需的目标转变。这种转基因生物可直接食用，也可作为加工原料生产食品。这两种都被统称为转基因食品。

转基因食品可分以下几类：一是植物性转基因食品。如转基因马铃薯、甜菜、大豆、油菜等。二是动物性转基因食品，如转基因猪、鱼等。三是转基因微生物食品，如转基因酵母和转基因微生物产生的酶。四是特殊转基因食品，即利用生物遗传工程，将普通的蔬菜、水果、谷类等农作物转变成可防病的"疫苗性食品"。如美国培育出携带预防白喉抗原的萝卜，以及可预防疾病的蕃茄、甘蓝、马铃薯等。

我国自主研究开发的转基因食品已有多种，如转基因水稻、小麦、玉米、高粱、土豆、红薯、大豆、油菜、花生、芝麻、甘蔗、蕃茄、甜椒、胡萝卜、花椰菜、苹果、柑、橘等。

（三十一）有机（天然）食品的含义

按照国际有机农业运动联合会（简称 IFOAM）的基本观点和标准，有机（天然）食品应符合以下标准：①其原料必须来自有机农业产品；②必须按照有机农业生产和有机食品加工标准生产加工的食品；③加工出来的产品或食品必须经过授权的"有机食品颁证组织"进行质量检查，符合有机食品生产、加工标准并颁给证书的产品。因此，有机（天然）食品的含义是，根据有机农业和有机食品生产、加工标准而生产加工的，由授权的有机（天然）食品颁证组织颁发证书，可供人们食用的一切食品。其包括谷物、果品、蔬菜、饮料、奶类、畜禽产品、调料、油类、蜂蜜等。

（三十二）绿色食品的含义

绿色食品是遵循可持续发展原则，按照特定生产方式生产，经专门机构认定，使用绿色食品标志商标的无污染的安全、优质、营养类食品。国际上对于与环保有关的事物都冠之以"绿色"，为了突出此类食品是出自于良好的生态环境的，故定名为绿色食品，并非食品一定是绿色的。

我国农业部对"绿色食品"制定的标准：①产品的原料产地具有良好生态环境；②原料作物生长过程必须符合一定的无公害标准；③产品的生产、加工及包装、储运过程应符合国家食品卫生法的要求，最终产品须经国家食品卫生标准检测合格才准予出售。

绿色食品的问世，对保护生态保证人类合理营养和增进人类健康都会起到重要的作用。

（三十三）绿色食品与有机（天然）食品的区别

绿色食品的范围涵盖有机食品，但有机食品不同于绿色食品，它们之间的最主要区别有：

（1）生产、加工和依据的标准不同。前者是根据我国绿色食品生产、加工标准而进行生产加工的；后者是根据 IFOAM 制定的生产、加工标准进行生产加工的，它具有国际性。

（2）我国绿色食品生产过程允许用高效低毒农药，也允许用化学肥料。而有机（天然）食品生产中禁用人工合成的农药、化肥、除草剂等，只可用有机肥、生物农药和物理防治病虫害等。

（3）管理方法上的差异。颁证的组织机构、颁证的有效期、颁证和产量之间的关系上有所不同。

（三十四）黑色食品正悄然走红

在天然食物中，黑色食物（品）本无确切的含义。20 世纪 80 年代初，科学家发现：含天然黑色素的动植物，其营养价值和保健功能均超过浅色的同类。如黑米含 18 种氨基酸以及铁、磷、钙、锰、锌、B 族维生素等都比白米高，它可益肾补阴、暖肝滋胃、活血明目。临床实践证明：常食黑色食物（品），可调节人体生理功能，刺激内分泌系统，增强免疫功能，有益胃肠消化功能，增强造血功能，提高血红蛋白含量，并有滋肤美容、乌发、延缓衰老之功效。于是世界上很多国家掀起了黑色食品热。在中国，健康食品"黑五类"是黑（乌）豆、黑芝麻、黑松子、黑米、黑加仑五种食品的统称。带黑色的动植物性食物，还有黑木耳（云耳）、发菜、香菇、黑枣、海带以及黑肉鸡（乌鸡）、黑狗、甲鱼、乌梅、乌龙茶、黑蘑菇等。

西方发达国家曾因饮食上"高蛋白、高热量、高脂肪"，带来了"动脉硬化、高血压、冠心病、糖尿病"等"文明病"。因此，黑色食品备受青睐。于是，在欧美掀起了"吃黑"的饮食潮流。除天然的黑色食品外，竟出现把米饭、面包、面条、爆米花、糖果、啤酒、饮料等人为染黑。如以墨鱼的墨汁染黑的米饭在意大利和西班牙风行一时。为了迎合人们对营养价值的追求心理，把食品人为染黑是不可行的。如染色原料非天然，食之将会对人体产生危害。营养学家认为：只有通过基因工程把食品培育成黑色，这种食品才能盛行不衰。

（三十五）红色食品的作用

"红色食品"本无含义。人们将带红色的食物（品），如红辣椒、胡萝卜、番茄、红心薯、红菜苔、洋葱、山楂果、紫葡萄、红苋菜、红苹果、杨梅、红枣、老南瓜、柿子和红米等称之为红色食品。红色食品的普遍特点是富含人体需要多种维生素，如维生素 C、维生素 E，尤其是胡萝卜素。胡萝卜素在体内可转成维生素 A。

胡萝卜

维生素 A 对保护视力有很重要的作用，维生素 A 还对人体上皮组织及呼吸道黏膜有很强的保护作用。另外，胡萝卜素与红色食品中其他呈红色素的物质还可增强巨噬细胞的能力。因此，近年来国内外学者普遍认为红色食品不仅味道鲜美，而且有预防感冒的作用。

（三十六）强化食品的含义及其作用

强化食品是添加了某些缺少的营养成分或特需营养成分而制成的食品。

它在营养学上主要有两方面的作用：

（1）提高食品营养价值：天然食品含营养素种类及数量有很大差异。有的含某些营养素相对丰富，但含另一些营养素却相对不足；另外，加工处理天然食品时，还可使其营养素有所损失，从而造成其营养价值下降。而通过强化处理，在食品中添加某些营养素，使原来缺乏或损失的营养素得到补偿，这样便明显提高了其营养价值。谷类食物中赖氨酸较少，故常用赖氨酸强化，如精白面粉用 0.3% 赖氨酸强化，就可有效提高其中蛋白质的利用率；强化食盐用加碘、锌；人造奶油主要增补维生素 A 和维生素 D。

（2）满足特殊人群的营养需要：如强化婴儿食品，包括强化奶粉、婴儿粉、乳儿糕等，都是添加了婴儿所需矿物质、维生素等，使之所含营养素尽可能种类全、数量足，比例得当，以满足婴儿生长发育的特殊需要。此外，高温作业、低温作业、接触有害化学物质、体育运动、航海、航空及航天工作人员等都需要食用其相应的强化食品。

（三十七）方便食品及其分类

方便食品是指那些传统的厨房烹调手续已基本完或，食前不需烹调或稍加处理即可供食用，并且又便于保存及运输的一类食品。据称美国方便食品与快餐食品已占食物总量 1/3 以上。

方便食品基本可分为以下三类：一是干燥或粉状的快餐食品，如方便面、快餐果汁、快餐汤、快餐咖啡等；二是软罐头食品，以塑料薄膜夹铝箔的薄形袋内装食品；三是各种烹调好的食品，如烧卖、饺子、油煎的各种鱼、肉等。这些食品放入食盒，迅速冷冻，一直在—20℃保存到食用。

（三十八）保健食品的含义及其功效

我国《保健食品管理办法》中指出：保健食品系指表明具有特定保健功能的食品，即适宜于特定人群食用，具有调节机体功能，不以治疗疾病为目的的食品。从其定义上看，保健食品有适宜人群与不适宜人群的限制，其作用主要是调节机体功能，营养价值不一定高。因此，保健食品有一定食用对象、食用量、食用时间的限制。但普通食品的食用者广泛，在正常摄取条件下它对人体不产生有害作用，它既可满足食用者的感官享受，又可提供热能和营养素。由此可见，人为了维持生命及从事各项活动就必须每日摄取食品，但保健食品是无法取代普通食品的。另外，保健食品也不同于药品，它仍属食品的范畴，含有的有效成分虽对机体功能具有调节作用，但作用较小，不能用于治疗疾病。故保健食品也是无法取代药品的。

保健食品种类不同，其功效各异。根据我国保健食品的研制、生产的实际情况，国家卫生部先后两次公布的保健功效有以下 24 种：即免疫调节、延缓衰老、改善记忆、促进生长发育、抗疲劳、减肥、耐缺氧、抗辐射、抗突变、调节血脂、改善性功能、预防化学致癌及辅助治疗肿瘤、调节血糖、改善胃肠道功能、改善睡眠、改善营养性贫血、保护化学性肝损害的肝脏，促进泌乳、美容、改善视力、促进排铅、清咽润喉、调节血压、改善骨质疏松作用。

（三十九）选购保健食品的注意事项

我国的保健食品大多是建立在中医食疗基础之上的，现代科学实验的分析和论证不足，有的仅根据产品中某些成分来推测其功能。当然一些传统保健食品如人参蜂王浆、葛藤粉等，都经过长期的中医资料的积累和大量的人群食用检验，其保健作用还是可靠的。但也有些保健食品徒有虚名，甚至还有以假乱真的。市场曾抽检39 种人参蜂王浆，结果仅一种有人参成分，其余全部是糖浆。保健食品的兴起是社会和科学发展及其相互影响在饮食的产物。随着人口老龄化的日益突出，保健食品有着广阔的发展前景。相信，随着政府对保健食品市场的规范，混乱的保健食品市场将越来越净化。下面就选购保健食品谈谈应注意的事项：

（1）许多天然食品由于其营养价值高，保健作用明显，自古以来就被人们当作滋补品。故选购保健食品，首先应该选买自然食品，如甲鱼、桂圆等。

（2）根据自己生理功能异常状况，选购相应保健食品。如高脂血症患者，选购调节血脂的保健品。

（3）建议选购大型生产厂家生产的，国营商店提供的保健食品。

（4）注意商标规范等。一看批准文号，与普通食品、药品批号不一样，应为"卫食健字（××）第××号"；二看标志，有醒目的天蓝色标志，与批号并列或上下排列；三看标签说明，其包装上除标有品名、标志、批号、厂名、厂址外，还有配料名称、功效成分、保健作用、适宜人群、食用方法、食用量和保质期等内容。

（四十）卫生执法部门对常用有保健疗效食品的认定

日常膳食中，有些传统性食物和调料本身就具有药性功效，而且还列入《中华人民共和国药典》。这些品种主要有：赤豆、薏苡仁、麦芽、大蒜、马兰草、马齿苋、山药、刀豆、白扁豆、大枣、山楂、白果、青果、佛手、乌梅、龙眼肉、桑椹、百合、莲子、芡实、核桃仁、冬瓜皮、西瓜皮、罗汉果、香橼、牡蛎、昆布（海带）、海藻、穿山甲、谷氨酸钠、黑芝麻、菊花、玫瑰花、陈皮、花椒、砂仁、桉油、薄荷、八角茴香、小茴香、甘草、姜黄、生姜、茯苓、五加皮、蜂蜜、麻油、玉竹、肉桂、枸杞、山茱萸、黑胡椒、槐花等。

在《中华人民共和国药典》和中科院卫生研究所编著出版的《食物成分表》中列入25个品种：紫苏、木瓜、杏仁、榧子（香榧）及与上述相同的牡蛎、刀豆、山药、百合、薏苡仁、赤豆、生姜、枸杞、海带、海藻、山楂、桑椹、白果、莲子、花椒、蜂蜜、小茴香、白扁豆、龙眼肉、芡实等。

1987年10月22日卫生部、国家中医管理局在颁发的《禁止食品加药卫生管理办法》中公布的第一批既是食品又是药品的名单，共有33种：乌梢蛇、腹蛇、酸枣仁、栀子、甘草、代代花、决明子、莱菔子、肉豆蔻、白芷、菊花、藿香、沙棘、郁杏仁、青果、薤白、薄荷、丁香、高良姜、火麻仁、橘红、香薷、红花、牡蛎、罗汉果、肉桂、陈皮、砂仁、乌梅、白果、香橼、茯苓、紫苏等。

（四十一）特殊营养食品的标签新规定

国家技术监督局颁布了《特殊营养食品的标签标准》的新规定。

（1）包装婴儿食品、营养强化食品、调整营养食品的标签必须标明保存期内所能保证的热量数值和营养素含量。

（2）不得暗示该食品可不经医嘱或专家及有关人员的指导。

（3）不得注上返老还童、白发变黑、齿落更生、抗癌治癌、祖传秘方、滋补食品、宫廷食品等类似用语。

（4）不得在食品名称前冠以药物名称或药物图形暗示疗效、保健或其他类似作用。

（5）必须标明食用对象。

（四十二）辐照食品及其优点

辐照食品是利用核技术对食品进行保鲜处理，经过辐照处理，不仅可灭菌、防腐，还可延缓某些食品的生长成熟过程。如经辐照处理的土豆可保存1年以上都不发芽。又如新鲜猪肉经辐照处理，可在室温下存放2个月，其色、香、味都可保持不变。

科学家已证明，辐照食品不会对食用者造成危害。因辐照处理中，食品和辐射源完全隔绝，不会受到核污染，更不可能成为辐射源。

一般辐照食品采用密封包装，可保存数年都不变质。与传统的冷冻、腌渍、高温处理或制成罐头等食品相比，其优点明显。如节省能源、成本低廉、食品不需脱水、不必加防腐剂等，还可长期保鲜。故辐照食品比冷冻、腌渍、罐头等食品不仅保鲜期长，而且更加安全、卫生。

（四十三）冷冻干燥食品及其优点

冷冻干燥食品是将食品先行冷温冰冻，然后在真空条件下加温干燥，使食物中经冷冻而结成冰的水分由固态直接变成气态得到挥发，故又称升华干燥食品。如蔬菜、水果、鱼、鸭、鸡、肉等都可如此处理。

此食品的优点是：营养素可完好地保存，保存时间很长（保存条件好的话，可储存10年，乃至20年以上），故适合于长期野外作业和旅游食品的需要。另外，因食品内部的组织和脉络系统很少受到破坏，故复水后可恢复到原先的性状和滋味。一般都是小包装，故携带十分方便。

（四十四）"空气食品"的含义

目前，美国已研制出一种"空气食品"。它是按照一定比例调配的，含有多种人体所需要的营养悬浮微粒。此种微粒储存在一种类似喷雾器的器皿中。当需要食用时，只要嘴巴对准其喷口，用手轻按其开关，即可有一股"风"一样东西喷在嘴中。一般吸上一口，即可使饥饿感消除，并有美味佳肴感觉。整个进食过程只需一分钟。因此，人们在食用"空气食品"之后，再喝一杯含有丰富营养成分的饮料，即可保证人体所需要的营养物质得到供给。

第二节　四季饮食养生

一、春季饮食养生

（一）春季什么样的饮食习惯好

春天，大地春回，阳气上升，气候变化无常，故应适时调养好自己的身体，在做到起居有常、适度锻炼的同时，还要讲究饮食科学。

营养构成应以高热量为主，除谷类制品外，还应选用黄豆、芝麻、花生、核桃等食物，以便及时补充能量。因为春季尤其是早春时节天气仍较寒冷，人体为了御寒要消耗一定的能量来维持基础体温。要养成在一天较早的时候摄取大部分热量的习惯，理想的安排是：早餐摄入热量多，中餐次之，晚餐最少。

气候的变化会使人在春季感到疲乏，即所谓的"春困"。蛋白质中的酪氨酸是脑内产生警觉的化学物质的主要成分，可多摄入鱼、鸡、瘦肉、低脂奶制品等富含蛋白质的食物。此外，蛋白质中的蛋氨酸具有增强人体耐寒能力的功能。钾能帮助维持细胞水分，增强机体活力，应适当多摄入水果、豆类及海带、紫菜、干贝、瓜子等富含钾的食物。

春天是气候由寒转暖的季节，气温变化较大，细菌、病毒等微生物开始繁殖，容易侵犯人体而致病，所以，应多摄取小白菜、油菜、柿子椒、西红柿和柑橘等富含维生素 C 并具有抗病毒作用的蔬菜和水果。此外，胡萝卜、苋菜等黄绿色蔬菜富含维生素 A，具有保护和增强上呼吸道黏膜和呼吸器官上皮细胞的功能，可增强机体的抵抗能力；芝麻、青色卷心菜、菜花等富含维生素 E，可提高人体免疫功能，增强人体的抗病能力。

春季饮食调养，饮食宜清淡可口，忌油腻、生冷及刺激性食物。因为油腻的菜肴会使人饭后体温、血糖等发生变化，产生疲软现象。在做菜时可适当加入一些调味品，以刺激味觉神经，增加食欲。

（二）春季为什么要多吃养肝补脾食物

春季饮食以平补为原则，重在养肝补脾。这一时令以肝当令，肝的生理特性就像春天树木那样生发，人体一身阳气升腾。若肝功能受损则导致周身气血运行紊乱，其他脏腑器官受干扰而致病。又因酸味入肝，为肝的本味，若春季已亢奋的肝再摄入过量的酸味，则易造成肝气过旺，而肝克伐脾就势必伤及脾脏。脾又与胃密切相关，故脾弱则妨碍脾胃对食物的消化吸收。甘味入脾，最宜补益脾气，脾健又辅助于肝气。故春季进补应："省酸增甘，以养脾气"。意为少吃酸味多吃甘味的食物以滋养肝脾两脏，对防病保健大有裨益。

性温味甘的食物首选谷类，如糯米、黑米、高粱、黍米、燕麦；次为蔬果类，如刀豆、南瓜、扁豆、红枣、桂圆、核桃、栗子；还可选肉、鱼类，如牛肉、猪肚、鲫鱼、花鲤、鲈鱼、草鱼、黄鳝等。人体从这些食物中吸取丰富营养素，可使养肝与健脾相得益彰。

其次，要顺应春升之气，多吃些温补阳气的食物，尤其早春仍有冬日余寒，可选吃韭菜、大蒜、洋葱、魔芋、大头菜、芥菜、香菜、生姜、葱。这类蔬菜均性温味辛，既可疏散风寒，又能抑杀潮湿环境下滋生的病菌。

再次，春日时暖风或晚春暴热袭人，易引动体内郁热而生肝火，或致体内津液外泄，可适当配吃些清解里热、滋养肝脏的食物，如荞麦、薏苡仁、荠菜、菠菜、蕹菜、芹菜、菊花苗、莴苣、荸荠、黄瓜、蘑菇。这类食物均性凉味甘，可清解里热，润肝明目。

至于新鲜水果，虽有清热生津解渴作用，但大多味酸而不宜在春天多食。若需解里热，以吃甘凉的香蕉、生梨、甘蔗或干果柿饼之类为好。

春季进补要因人因时而异

春天里，万物欣荣，生机蓬勃，是人体生理机能、新陈代谢最活跃的时期。然而春雨绵绵，天气潮湿，乍暖还寒，气候很不稳定。健康的人能够调适自己很快适应环境，一般无需调补。但是素有旧疾的人，在这多变的季节里，就不那么幸运了，旧疾极易复发。此时，对与这类患者和病后体虚的人，可以通过适当进补，提高身体抵抗力，使身体得到康复。

春季食物宜选择一般性调补食品为宜，如鸡肉、鸡蛋、瘦猪肉、红枣等。不仅可改善慵懒的体质，还可充沛体力。然而，对于身体明显虚弱的人，则需要选择适当的滋补中药来调养，如西洋参、桂圆肉、党参、黄芪等。春天百花盛开，空气中弥漫着大量的花粉，是过敏性疾病的好发季节。若有慢性疾病或过敏体质的人，春天一定要忌口，忌服"发物"，如虾、蟹、咸菜等食物，否则旧病极易复发。

早春多风且天气多变，早、晚温差又大，是疾病的多发季节。从"春夏养阳"的角度出发，这个时候应少吃黄瓜、冬瓜、茄子、绿豆芽等寒性食品，应多选择一些滋阴清热的食品，如山野菜、食用菌、山药、白果等。多吃些葱、姜、蒜、韭菜等温性食品以祛阴散寒，而且这些食物中所含的有效成分还具有杀菌防病的功效。但春季又是生发季节，所以还应多吃一些鸡肉、动物肝脏、鱼类、瘦肉、蛋黄、牛奶、豆浆等营养品，以满足人体机能代谢日趋活跃的需要。

春天万物复苏，根据春天人体阳气逐渐生发的特点，适合"升补"，也就是温补。

（三）春季老年人怎样食补

中医认为，春季养生"当需食补"。但必须根据春天人体阳气逐渐生发的特点，选择其平补、清补的饮食，以免适得其反。

以下几种人适宜于在春天进补：中老年人有早衰现象者；患有各种慢性病而体形屡瘦者；腰酸眩晕、脸色萎黄、精神萎靡者；春天气候变化大，受凉后易复反感冒者；过去在春天有哮喘发作史，而现在未发作者；到黄梅天容易疰夏，或到夏天有夏季低热者。凡属上述情况者，均可利用春天这个季节，根据个人体质及病情，选择适当的食补方法，以防病治病。

老年人或有上述情况者，可采用平补饮食。具有这种作用的食物有：荞麦、薏仁等谷类，豆浆、赤豆等豆类，橘子包括金橘、苹果等水果以及芝麻、核桃等。如有阴虚、阳虚、气虚、血虚者，也可选食。

老年人如有阴虚内热者，可选用清补的方法。这类食物有：梨、莲藕、荸荠、百合、甲鱼、螺蛳等。此类食物食性偏凉，食后有清热消火作用，有助于改善不良体质。病中或病后恢复期的老年人的进补，一般应以清凉、素净、味鲜可口、容易消化的食物为主。可选用大米粥、薏米粥、赤豆粥、莲子粥、青菜泥、肉松等。切忌食用太甜、油炸、油腻、生冷及不易消化的食品，以免损伤胃肠功能。

（四）春季小儿如何进补

春季是万物生长的季节，此时小儿生长发育也较快，需要较多的营养物质。但春季进补与冬季有所不同。例如，冬季常用的膏方就不适宜在春季服用，因为春季气温增高，雨水量多，空气中湿度较高，膏滋药容易发霉变质，不能久藏。因此，

春季中药进补以用汤剂或中成药为好。春季，小儿常感疲乏想睡，有时胃纳欠佳，舌苔厚腻，此时用健脾利湿和胃的中药常可见效。常用的有陈皮、藿香、生米仁、炒白术、苍术等。待湿化以后，疲乏可以减轻，胃纳改善，厚腻苔消退，继之可加用太子参、黄芪、党参、茯苓等益气健脾的中药，以增强体质，减少反复感冒。

此外，紫河车可以补肾益精养血，较适合于哮喘儿童服用，减少哮喘发作；桂圆、赤小豆适合面色苍白、贫血的小儿；淮山药适合脾虚易腹泻的小儿；珍珠粉适合夜睡不安、易惊醒的小儿；核桃仁、芡实适合有遗尿的小儿。但是，小儿进补最好请教有关的小儿科医师，否则吃补品不对症会引起不良反应。只要补得恰当，对小儿健康一定会起到良好的作用。

春游野餐时要注意什么

春天来了，天气转暖，春游和户外活动的人会不断增加。

当运动过量时，特别是爬山这样耗氧量很大的运动，会使血液循环的分泌减少。这样朋友如爬山时感到又累、又饿、又渴，可坐下休息，喝点水、吃点东西。然而，一些生、冷、凉食，常常不好消化，易出现消化不良或感染。

因此，建议这些常在户外活动的老年人们在准备食物时要注意：①饮食应以细软、营养丰富、高蛋白、低脂肪食物为主；②像糯米食品、生冷硬等难以消化的食物不宜多吃，以防消化不良；③天热时防止食品污染变质，以免发生胃肠感染；④用保温杯带热水饮用，有助消化和胃肠吸收。

（五）巧用饮食解春困

冬季过去，春天来临，由于气温变化等原因，人体会感到疲乏，即所谓"春困"，但如能在饮食上加以调理，同样也能解除"春困"，使人精力充沛。

早餐要摄取较多的热量。养成每天早餐摄取大部分热量食物的习惯，以便供给人体充足的热量，理想的饮食安排是：早餐的摄入热量最多，中餐次之，晚餐最少。

饮食要清淡。厚味菜肴可使人饭后产生疲惫现象，表现为体温、血糖降低，情绪低落，工作效率下降，所以春季饮食易清淡适口。

摄取足够的蛋白质。蛋白质是由各种氨基酸构成的，其中酪氨酸是大脑产生警觉的化学物质的主要成分，所以从瘦肉、鸡、鱼和低脂奶制品中摄取的蛋白，有助于提高人的精力。

常吃水果和饮果汁。水果中含有丰富的钾，它是帮助维持细胞水分的主要矿物质之一。钾的缺乏会使人感到软弱地无力，也会影响注意力的集中，葡萄干、橘子、香蕉、苹果中都富含这种矿物质。

（六）春蔬对不同体质的人有什么忌宜

蔬菜中含有大量的纤维素，对人体有良好的通便作用，能够降低大肠癌的发病率。中医认为，不同体质类型的人应选择不同的时鲜蔬菜。

（1）荠菜：味甘性温。荠菜是最早报春的时鲜野菜，因其清香可口，民间常用它包馄饨，或炒野鸡肉，或与豆腐共煮羹。但多数人不知道它的药用价值。临床上常被用来治疗多种出血性疾病，如血尿、妇女功能性子宫出血、高血压患者眼底出血、牙龈出血等，其良好的止血作用主要是其所含荠菜酸所致。目前市场上有两种荠菜，菜叶矮小，有奇香，止血效果好；另一种为人工种植的，菜叶宽大，不太香，药效较差。

（2）蕹菜：又名空心菜，味甘性平。可炒，可煮汤，可凉拌。因为味淡，常不被人们重视，忽略了它的药用价值。稽会的《南方草木状》称之为"南方之奇蔬"，因它能解毒，如解毒蕈类、砒霜、野葛、木薯等中毒；治蜈蚣、毒蛇咬伤；治淋浊便血、妇女白带、肺热咳血、鼻出血及无名中毒。用其内服能治热痢，外用能治疮肿毒。紫色蕹菜含有胰岛素样物质，故糖尿病患者食用有利于控制血糖。

（3）生姜：味辛性微温。日常在烧鱼、肉、鸡、鸭、虾、蟹等都要放点生姜作佐料。生姜的药效有祛寒、去腥、止呕、发汗、止咳、止反胃等。生姜皮利水，可以治细菌性痢疾，热痢留姜皮，冷痢刮去姜皮。因生姜性升，不宜晚上吃，因为夜间人气收敛，故不宜反其道而升之。用生姜3片加红枣10枚煎水服，治疗脾胃虚寒的胃、十二指肠溃疡病及大便泄泻，常有良效。必须注意，内热偏重者及舌苔黄而干者忌食生姜。

（4）韭菜：味甘辛性温。是一种良好的振奋性强壮剂，有健胃、壮阳功能。凡肾阳虚所致梦遗、滑泄、腰酸、小便频数、小儿尿床、妇女腰酸白带多者都可以常食韭菜，故又名"起阳草"，如与虾米同炒，其效更好。但内热便秘，口干舌燥者忌韭菜。韭菜昏目，有眼病者，如结膜炎等也当忌食。

（七）春吃野菜助抗癌

春季各种野菜长得蓬蓬勃勃。野菜的吃法很多，可清炒，可煮汤，可做馅，营养丰富。

（1）蒲公英：其主要成分为蒲公英素、蒲公英甾醇、蒲公英苦素、果胶、菊糖、胆碱等。可防治肺癌、胃癌、食管癌及多种肿瘤。

（2）莼菜：其主要成分为氨基酸、天门冬素、岩藻糖、阿拉伯糖、果糖等。如莼菜叶背分泌物对某些转移性肿瘤有抑制作用。可防治胃癌、前列腺癌等多种肿瘤。

蒲公英

（3）鱼腥草：亦称折耳根。其主要成分为鱼腥草素（癸酰乙酸）。通过实验将鱼腥草用于小鼠艾氏腹水癌，有明显抑制作用，对癌细胞有丝分裂最高抑制率为45.7%，可防治胃癌、贲门癌、肺癌等。

（4）魔芋：其主要成分为甘聚糖、蛋白质、果糖、果胶、魔芋淀粉等。如甘聚糖能有效地干扰癌细胞的代谢功能，魔芋凝胶进入人体肠道后就形成孔径大小不等的半透膜附着于肠壁，能阻碍包括致癌物质在内的有害物质的侵袭，从而起到解毒、防治癌肿的作用。如防治甲状腺癌、胃贲门癌、结肠癌、淋巴瘤、腮腺癌、鼻咽癌等。

二、夏季饮食养生

（一）为什么夏季要特别重视科学饮食

夏日一到，胃口不好，又容易吃坏肚子。夏天为何吃不下饭？其原因有以下几个方面：①温度高：气温每增高10℃，身体平均就会减少285焦耳的需要量，夏天身体所需热量降低，使人不觉得饥饿。②脱水现象：夏天，人们在空调房里感受不到水分蒸发，因此水分摄取少，可是肠胃组织已经轻微脱水，从而影响食欲。③喝太多含糖饮料：夏天容易口渴，有些人习惯猛灌含糖饮料，偏偏糖是天然的食欲抑制剂，糖分可以很快被血液吸收，会让人一下子觉得饱了，因此就吃不下，形成恶性循环。

很多人因为吃不下，所以常选择许多清凉或看起来清淡的食物来对付夏天，但这样吃好吗？会不会愈吃愈胖？

因为热，往往饭后就喝杯饮料或吃碗冰，当我们在喝饮料时只觉得自己是在解渴，不觉得是在喝热量。喝白开水或矿泉水，也许一开始会觉得没味道不好喝，但习惯是被养成的，一旦养成清淡的口味，再喝含糖饮料反而不习惯。

很多人因为吃不下饭，就会喝绿豆汤、红豆汤，但这些食物和米饭一样属糖类，如果吃太多一样会发胖。科学的选择是要做到取代，而非多加。如果饭后要喝一碗绿豆汤，记住饭量要减少1/4。如果要把绿豆汤当作饭吃，可以少放一点糖，另外加入低脂牛奶，切一些水果，就达到了和正餐类似的营养。

夏天是水果盛产期，一般人对水果没有戒心，会大吃特吃。事实上，水果中的糖也会让血液中的三酰甘油升高。夏天是蔬菜盛产期，吃吃蔬菜水果沙拉也不错，让水果的份量少一点。

夏天天气热，鲜奶有营养，很多人会把鲜奶当开水喝。但是已有研究指出，高蛋白质会阻碍钙的吸收。科学的选择是牛奶一天只能喝2~3杯。

除了将常见的吃法用科学的选择纠正外，如果再注意某些营养素的摄取，会让胃口更好。在饭前1小时，可以喝1杯水，这样除了可以解除肠胃脱水的现象，也可以促进肠胃蠕动，以及胃的排空，促进食欲。

夏天喝大量的水和冷饮，而且流汗也多，容易把B族维生素冲出体外，导致食欲不振，因为维生素B族中的维生素B_1是将食物中的碳水化合物转换成葡萄糖的媒介，葡萄糖提供脑部与神经系统运作所需的能量。少了它，虽然照常吃饭，体内的能量却不足，表现出无精打采。维生素B_1最丰富的来源是所有谷类，如小麦胚芽、黄豆、糙米等，因为种子发芽时需要这种维生素。肉类以猪肉含量最丰富。

维生素B_2负责转化热能，它可以帮助身体将蛋白质、碳水化合物、脂肪释放出能量。在活动量大的夏天更需维生素B_2，人体对维生素B_2的需求量是随着活动力而增加的，维生素B_2的最佳食物来源是牛奶、乳酪等乳制品，以及绿色蔬菜如花椰菜、菠菜等。

尼克酸和维生素B_1、维生素B_2一起负责碳水化合物新陈代谢，并提供能量，富含尼克酸的食物有青花鱼、旗鱼、鸡肉、牛奶等。

暑热其实也是一种压力来源，可以补充抗压的维生素C，在夏天自制苦瓜汁、芹菜汁、凤梨汁等各种果汁，既可补充水分，也可以多补充丰富的维生素C。

（二）夏季适宜喝什么

由于夏天人体出汗多，可以经常喝点含盐的水，如淡盐水、盐茶水、盐绿豆汤等。世界卫生组织曾给出科学吃盐的建议，即每人每天不宜超过6克，但夏天可以适当增加一些。之所以要喝这些含盐饮料，是因为其中含有大量的钠、钾等矿物质，可以补充人们因大量出汗而造成的矿物质流失。出汗后如果单纯补充水分，会越喝越渴，既达不到补水的目的，还可能导致体温升高、小腿肌肉痉挛、昏迷等"水中毒"症状的发生。此外，喝盐水时最好适量加些糖，以补充机体的能量消耗。

夏天如果不是大量出汗，平时可以喝白开水和茶水。白开水中富含多种矿物质和微量元素，这是普通饮料所无法达到的。喝水的方法也有讲究，大口豪饮虽然一时痛快，却使排尿和出汗量增加，导致更多的电解质流失，还增加了心血管、肾脏的负担，容易使人出现心慌、乏力、尿频等症状。水喝得太快太急，容易与空气一起吞咽，引起打嗝、腹胀。合理的喝水方法应该是少量、多次、慢饮。特别是夏天户外活动结束后，不宜立即饮水，应稍作休息，不要一次喝得太多。

在家喝什么水可以自我调节，可是出门在外怎么办呢？市场上的饮料各种各样，其中乳酸菌饮料和茶饮料比较适合夏天饮用。乳酸菌饮料的含奶量比较低，在总体营养价值上不如酸奶，但喝起来更解渴。其中的活性乳酸菌对人体非常有益，能促进营养的吸收、调节胃肠道功能。有些乳酸菌饮料还添加了人体所需的钙和维生素，可以起到一定的补充营养作用。清新爽口的茶饮料则具有利尿、防暑降温的功效，还有抗氧化、抗疲劳的作用，也适合夏天饮用。同时，茶饮料和茶水一样，其中含有维生素 A 和维生素 E，有助于保护皮肤，减少紫外线辐射的影响。

至于年轻人非常喜爱的碳酸饮料，它虽然解渴，但除了热量外，几乎没有什么营养成分，而且含糖量比较高，多喝容易引起肥胖和糖尿病，尤其不适合孩子饮用。

（三）盛夏吃冷有什么禁忌

由于高温的影响，人体会产生一系列生理反应，导致精神不振、食欲减退。这时，若能在膳食上合理安排，适当吃些冷饮，不仅能消暑解渴，还可帮助消化，使人体的营养保持平衡，有益于健康。然而，有的人在吃冷饮时往往不注意卫生，暴饮暴食，以致诱发了许多疾病，如食物中毒、痢疾、病毒性肝炎等。

冷饮吃得过多，会冲淡胃液，影响消化，并刺激肠道，使蠕动亢进，缩短食物在小肠内停留的时间，影响人体对食物中营养成分的吸收。特别是患有急慢性肠胃道疾病者，更应少吃或不吃。

人在剧烈运动后，会导致体温升高、咽部充血。此时，胃肠和咽部如突然受到大量冷饮的刺激，就会出现腹痛、腹泻或咽部疼痛、发音嘶哑、咳嗽以及其他病症。

由于大肠埃希菌、伤寒杆菌和化脓性葡萄球菌均能在零下170℃的低温下生存。因此，吃了不洁的冷饮，就会危害身体健康。

6个月以下的婴儿应绝对禁食冷饮。幼儿的胃肠道功能尚未发育健全，黏膜血管及有关器官对冷饮的刺激尚不适应，因而不要多食冷饮，否则会引起腹泻、腹痛、咽痛及咳嗽等症状，甚至诱发扁桃体炎。

老年人消化道功能已明显减退，对冷饮的耐受力也大大降低，如吃了过多的冷饮，不仅会引起胃肠道消化功能紊乱，还可能诱发更为严重的疾病。特别是体质虚弱的高龄老年人，最好禁用冷饮。

吃冷饮以"色清、味美、品鲜"的为佳，要认真查看冷饮是否卫生、新鲜。一般的果汁类饮料应没有沉淀，瓶装饮料应该不漏气，开瓶后应有香味。鲜乳为乳白色，乳汁均匀，无沉淀、凝块、杂质，有乳香味。罐头类饮料的铁筒表面不得生锈、漏气或漏液，盖子不应鼓胀，如果敲击罐头时呈鼓音，说明已有细菌繁殖，也不能食用。

夏食冷饮要适量，糖尿病、十二指肠溃疡、慢性胃炎、慢性结肠炎、胆囊炎、消化不良、龋齿、牙本质过敏、高血压病、冠心病、动脉硬化、咽喉炎、支气管炎、支气管哮喘、关节炎、肾病、肥胖症患者等更应注意食用禁忌，以免影响健康。

（四）夏季要多吃哪些蔬菜

夏日酷热潮湿，各种疾病易乘虚而入，多吃下列四类蔬菜，对人体健康大有好处。

（1）多吃含水量多的瓜类蔬菜：夏季气温高，人体丢失的水分比其他季节要多，需要及时补充水分。冬瓜含水量居众菜之冠，高达96%，其次是黄瓜、金瓜、丝瓜、佛手瓜、南瓜、苦瓜等。这就是说，吃了500克的瓜菜，就等于喝了450毫升高质量的水。另外，所有瓜类蔬菜都具有高钾低钠的特点，有降低血压、保护血管的作用。

（2）多吃清热去湿的凉性蔬菜：夏季对人体影响最重要的因素是暑湿之毒。暑湿侵入人体后会导致毛孔张开，过多出汗，造成气虚，还会引起脾胃功能失调，食物消化不良。吃些凉性蔬菜，有利于生津止渴，除烦解暑，清热泻火，排毒通便。夏季上市的凉性蔬菜有苦瓜、丝瓜、黄瓜、菜瓜、番茄、茄子、芹菜、菊花脑、生菜、芦笋等。

（3）多吃解火败毒的苦味蔬菜：科学研究发现，苦味食物中含有氨基酸、维生素、生物碱、甙类、微量元素等，具有抗菌消炎、解热去暑、提神醒脑、消除疲劳等多种医疗、保健功能。现代营养学认为，苦味食品可促进胃酸的分泌，增加胃酸浓度，从而增加食欲。常见的苦味蔬菜有苦瓜、苦菜、蒲公英、荷叶等。

（4）多吃抗炎杀菌的蔬菜：夏季气温高，病原菌滋生蔓延快，是人类疾病尤其是肠道传染病多发季节。这时多吃些"杀菌"蔬菜，可预防疾病。这类蔬菜包括：大蒜、洋葱、韭菜、大葱、香葱、青蒜、蒜苗等。这些葱蒜类蔬菜中，含有丰富的植物广谱杀菌素，对各种球菌、杆菌、真菌、病毒有杀灭和抑制作用。其中，作用最突出的是大蒜。近年研究查明，大蒜的有效成分主要是大蒜素。由于大蒜中的蒜酶遇热会失去活性，为了充分发挥大蒜的杀菌防病功能，最好生食。

（五）夏季吃海鲜要注意什么

海产品味道鲜美，营养丰富，老少皆宜。尽管夏季气候炎热，许多人还是忘不了品尝这些味美的海鲜。但吃海鲜要讲究科学，如果食之过度或不注意饮食卫生，则对身体有害。

大部分海鲜类食品含有丰富的"嘌呤"成分。如果经常过量摄入"嘌呤"，往往会引起体内尿酸过高。其中有 2/3 可经尿液排出体外，余下的 1/3 则会促使血中尿酸浓度增高，使过多的尿酸沉积在关节周围或组织内，可引起急性肠炎反应、关节退行性病变，症状严重时可出现关节僵硬或畸形。研究表明，这些症状多发生在 40 岁以上的男子身上，尤以肥胖者最明显。临床也证明，在大部分病例中，或多或少都伴有不同程度的高血压。突出症状为：90% 的患者拇、趾关节出现突发性的、难以忍受的剧烈疼痛，数小时内发展至高峰。患者关节及其周围组织明显红肿热痛、周身不适，发病突然，去得也迅速。

夏季食用海鲜，如果操作不洁，还会引起急性副溶血性弧菌食物中毒。副溶血性弧菌食物中毒是一种常见的细菌性食物中毒，其最大特点是在无盐的情况下不生长，当盐的浓度在 3%—35%，环境温度在 30℃—37℃时繁殖最快。该菌是海洋性细菌，在海洋生物中广泛存在。它最怕热，在 100℃ 水中会很快死亡。普通食醋对它也有杀灭作用。

食用受副溶血性弧菌感染的海产品，一般在食后 12 小时左右发生中毒现象。典型症状是：上腹部或脐周呈阵发性腹绞痛、腹泻，先出现水样便，继而出现脓血便。同时，还伴有恶心、呕吐，体温在 38℃～39℃，个别患者可达 40℃ 以上，甚至发生休克、昏迷。如抢救不及时，可造成死亡。

预防的方法是：①不要吃生的，或半生不熟的，或外熟内生的海产品。②对海产品定要烧熟煮透，螃蟹要蒸30分钟，大虾要煮沸10分钟，才能保证该菌体被全部杀死。③吃海产品要现吃现做，做熟后盛装在经过消毒的容器内。剩下的或存放时间过长的海产品，下次食用前一定要充分加热。④盛装过海产品的容器、用具、炊具及操作人员的手应经过彻底洗刷消毒后，才能接触熟食品。

（六）夏季应该要吃得"苦"点

中医学认为，夏天心火易亢，苦味能泄暑热、燥暑湿。夏令适当吃些苦味食品能恢复脾胃纳运功能，增进食欲。

苦瓜可做菜佐食，是夏季常见的家常菜肴。还可泡制凉茶饮料，制作蜜饯。苦瓜是一味良药，明代李时珍认为其性寒味苦，有降邪热、解疲乏、清心明目、益气壮阳之功。现代医学研究发现，苦瓜内有一种活性蛋白质，能有效地促使体内免疫细胞去杀灭癌细胞，具有一定的抗癌作用。苦瓜含有类似胰岛素的物质，有显著降低血糖的作用，被营养学家和医学家推荐作为糖尿病患者的理想食品。

苦菜属多年生草木菊科苣族植物，含有丰富的维生素和矿物质，营养价值较高。据分析，苦菜还含有甘露醇、蒲公英甾醇、蜡醇、胆碱、酒石酸等多种成分。中医认为，苦菜性寒味苦，其主要作用在于清热、凉血、解毒。近代医学研究证实它对金黄色葡萄球菌、单胞铜绿假菌及大肠埃希菌有较强的抑菌作用，对白血病细胞也有抑制作用，外用时抑菌作用更强，而且还有强烈的收敛作用。

苦丁茶中含熟果酸、β-香树脂醇、蛇麻脂醇、蒲公英赛醇、β-谷甾醇等五环三萜物质，还有茶多酚、皂甙、儿茶素、咖啡碱、氨基酸、维生素等营养成分。据历代医学应用和现代医学临床实践证实，苦丁茶具有清热解毒、杀菌消炎、止咳化痰、健胃消积、提神醒脑、明目益思、减肥防癌和降血脂、降低胆固醇等功效。

苦杏仁营养十分丰富，含脂肪酸、蛋白质和各种游离氨基酸，矿物质含量也很高。其中钙、镁、磷含量分别为牛奶的3、4、6倍。不过苦杏仁含有约3%的有毒成分——苦杏仁甙，在食用前，须采用水煮等方法加以去除后才能食用，且一次食用不宜过多。

（七）夏季如何注意凉拌菜的卫生

夏天气温高，人出汗多，胃液分泌量减少，往往使人食欲减退。因此，人们喜爱吃些新鲜的凉拌菜，不但清香可口，还有开胃消暑的作用，如芹菜拌粉皮、黄瓜拌粉皮、生拌绿豆芽、辣白菜等。不过在做这些凉拌菜的时候，一定要注意制作卫生。蔬菜在生长、采摘、运输、销售过程中，会受到各种污染，表面不可避免地沾有病菌、寄生虫卵，可能还有农药残留。如果不认真洗干净，不进行必要的消毒，生吃凉拌菜就可能得肠道传染病或寄生虫病。因此，制作凉拌菜时要挑选新鲜的蔬菜，去烂叶，彻底冲洗干净，最好用开水烫一下，使表面的细菌被杀死。切菜用的刀和砧板应洗净，用开水烫一下，不要用未经消毒的刀和砧板来切菜。此外，还要放些食醋，不仅能调味，还有杀菌作用。凉拌菜要吃前制作，当顿吃完，防止隔顿变质，以免引起食物中毒。

（八）夏季需要补什么

酷热难耐，人们消耗的热量和营养成分较多，若不及时补充，就可能发生代谢紊乱。尤其是糖尿病患者，如不重视补给，很可能诱发糖尿病并发症。

（1）多补青菜和瓜果。因出汗使绝大多数的水溶性维生素C、维生素B_1、维生素B_2都随着汗液排出，所以，除三餐多吃些含纤维素、维生素、微量元素多的油菜、生菜、小白菜、莴苣、茴香、芹菜、小红萝卜、西葫芦、冬瓜、苦瓜、绿豆芽、菠菜、圆白菜、菜花、韭黄、不辣的青椒外，还应生吃些黄瓜、西瓜、西红柿、苹果等，以补充丢失的营养。

（2）及时补水。由于血糖过高，必须增加尿量，把糖分从尿中排出体外。同时，体内的水分随汗液排出也会造成口干等现象。为此，糖尿病患者要养成不渴而饮水的习惯。但要注意在高温天气里补水要少量多次，以免冲淡胃液。

（3）适当补盐。缺盐就会无力、恶心、呕吐、嗜睡、神志淡漠甚至昏迷。糖尿病患者应注意适当补盐，每天应摄入5~6克盐。

（4）动物性食品。由于汗液中排出最多的赖氨酸多存在于动物食品中，糖尿病患者必须注意适当吃些瘦肉来补充赖氨酸。

（5）有意识补钙。缺钙对稳定血糖不利，尤其是老年糖尿病者。为锻炼神经传导和肌肉收缩、维持毛细血管渗透压保持血液酸碱平衡，要有意识地注意补钙。除了日常食补如牛奶、虾皮、海带和各种新鲜蔬菜来补钙外，也要适当吃些钙质补品。

（九）绿豆汤夏季宝

绿豆是夏令饮食中的上品，更高的价值是它的药用。盛夏酷暑，人们喝些绿豆粥，甘凉可口，防暑消热。

绿豆具有抗菌抑菌作用。①绿豆中的某些成分直接有抑菌作用。②通过提高免疫功能间接发挥抗菌作用。绿豆所含有的众多生物活性物质如香豆素、生物碱、植物甾醇、皂甙等可以增强机体免疫功能。

绿豆中含有丰富的蛋白质，生绿豆水浸磨成的生绿豆浆蛋白含量颇高，内服可保护胃肠粘膜。绿豆蛋白、鞣质和黄酮类化合物可与有机磷农药、汞、砷、铅化合物结合

绿豆汤

形成沉淀物，使之减少或失去毒性，并不易被胃肠道吸收。高温出汗可使机体因丢失大量的矿物质和维生素而导致内环境紊乱，绿豆含有丰富无机盐、维生素。在高温环境中以绿豆汤为饮料，可以及时补充丢失的营养物质，以达到清热解暑的治疗效果。

绿豆磷脂中的磷脂酰胆碱、磷脂酰乙醇胺、磷脂酰肌醇、磷脂酰甘油、磷脂酰丝氨酸和磷脂酸有增进食欲作用。

绿豆淀粉中含有相当数量的低聚糖。这些低聚糖因人体胃肠道没有相应的水解酶系统而很难被消化吸收，所以绿豆提供的能量值比其他谷物低，对于肥胖者和糖尿病患者有辅助治疗的作用。经常食用绿豆可改善肠道菌群，减少有害物质吸收，预防某些癌症。

（十）炎夏虚者如何进补

盛夏时节，天气炎热，人体出汗多，睡眠少，体力消耗大，消化功能差。许多人一到夏季，体质都有所下降，常常是"无病三分虚"。一些平素阴虚体弱者，更易产生精神疲惫、食欲不振、口苦苔腻、脘腹胀闷、体重减轻等"疰夏"的症象。因此，炎夏时对体虚者尤须重视饮食调补。

中医认为，"脾主长夏"、"暑必挟湿"。脾虚者夏令养生，可采取益气滋阴、健脾养胃、清暑化湿的清补原则，饮食调养宜选用新鲜可口、性质平和、易于消化、补而不腻的各类食品。入夏应市的蔬菜、水果甚多，如茄子、冬瓜、丝瓜、西红柿、黄瓜、芹菜、豆制品、西瓜、葡萄等，可轮换配套食用。老年人食补可选用

羹、莲子汤、荷叶粥、绿豆粥、豆浆粥、玉米糊等消渴生津、清热解暑之品。对患有高血压、高脂血症的老年人，还可用海蜇、荸荠等量，洗净后加冰糖适量煮成"雪羹饮"，每日分 3 次服用。若伴有消化不良、慢性腹泻者，用鲜白扁豆 100 克，粳米 50 克，加水适量煮粥吃，也可收到食疗之效。

清补，当忌辛辣生火助阳和肥甘油腻、生痰助湿类食品，但并非禁忌荤食。阴虚体弱者在安排膳食时，可选择瘦猪肉、鸭肉、兔肉、白斩鸡、咸鸭蛋、清蒸鲜鱼等富含优质蛋白质的食品，以增加蛋白质的摄取量。

为了提高食欲增加营养，还可适当吃些带苦味的食物。现代营养学研究表明，苦味食物中含有许多生物碱类物质，具有消炎退热、促进血液循环、舒张血管、清心除烦、醒脑提神及调整人体阴阳平衡的作用。

夏令清补虽说多以清淡寒凉的食物为主，但生冷及冰冻食品还是不宜过多食用。特别是婴幼儿、年老体虚、久病初愈或脾胃虚寒者，更应少吃或不吃冷饮食品，以免过度刺激胃肠黏膜毛细血管收缩，影响消化道腺体分泌。一旦脾胃受损，便可导致消化不良，食欲减退，重者可出现腹痛、腹泻等症状。这样伤及元气，对安度炎夏有害无益。

（十一）食酸开胃度酷夏

民间认为，最消食开胃的办法莫过于食酸吃醋了。酸味是有机酸产生出来的，如醋酸、乳酸、柠檬酸等。食之可促进食欲，有健脾开胃之功，并可提高钙、磷等元素的吸收，增强肝脏功能，对防治一些疾病也有益。尤其是夏季，天气炎热让人们普遍感觉不适，会引起人体代谢、内分泌、体温调节等一系列功能失调。

吃点酸味食品对健康有利，一般说来，夏季多食酸味食品，有以下 4 个方面的好处。①敛汗祛湿：夏季出汗多而易丢失津液，需适当吃酸味食物，如番茄、柠檬、草莓、乌梅、葡萄、山楂、菠萝、芒果、猕猴桃之类，它们的酸味能敛汗止泻祛湿，可预防流汗过多而耗气伤阴，且能生津解渴，健胃消食。②杀菌防病：夏季喜食生冷，用醋调味既可增进食欲，又能够杀死菜中的细菌，可预防肠道传染病。③增强胃液杀菌能力：持续高温下及时补充水分很重要，饮水可维持人体充足的血容量、降低血黏度、排泄毒物、减轻心脏和肾脏负担。但饮水多了会稀释胃液，降低胃酸杀菌能力。吃些酸味食品可增加胃液酸度，健脾开胃，帮助杀菌和消化。④利于营养素的吸收：夏天最需全面均衡营养，在高温环境里，人体营养物质消耗相当大，除了一日三餐外，还要注意从蔬菜、水果、饮食中额外补充维生素 C、维生

素 B_1、维生素 B_2 和维生素 A、维生素 D，钙丢失多的人还要补充优质钙制剂。多吃点酸味水果和食品可以增加和帮助钙等营养素的吸收。

食品中酸味的主要成分有醋酸、乳酸、柠檬酸、酒石酸、苹果酸等。市场上的食醋一般含醋酸 3% ~ 5%，食用酸精含醋酸 30%，是使用广泛的酸味剂。乳酸是酸奶中的一种物质，故称乳酸。其他酸类大多数存在于柠檬、苹果、葡萄等水果之中。夏季吃些酸味食品，对消暑很有好处。

（十二）夏季可选食哪些凉性蔬菜

夏季对人体影响最重要的因素是暑湿之毒。暑湿侵入人体后会导致毛孔张开，出汗过多，造成气虚。还会引起脾胃功能失调，食物消化不良。加上近年来，肉类等动物性食物消费量增加，体质呈酸性，多内热，吃些凉性蔬菜有利于生津止渴，除烦解暑，清热泻火，排毒通便。在夏季上市的瓜类蔬菜中除南瓜、金瓜属温性外，其余如苦瓜、丝瓜、黄瓜、菜瓜、西瓜、甜瓜等都属于凉性蔬菜。此外，番茄、茄子、芹菜、菊花脑、落葵、生菜、芦笋等都属于凉性蔬菜。这些蔬菜正值旺产期，不妨经常食用。

（十三）夏季要防水中毒

炎炎夏日，人体难免流失大量水分，需要经常补充。可是，喝水也有学问。喝水不当可能会引起"水中毒"。

"水中毒"的原因跟人体的盐分丢失有关。人在酷热天气身体出了很多汗以后，不仅丢失了水分，同时也丢失了不少盐分。如果此时一次喝进大量白开水，水分经胃肠吸收后，又经过出汗排出体外，随着出汗又失去一些盐分。这样，血液中的盐分就越来越少，吸水能力随之降低，一些水分就会很快被吸收到组织细胞内，使细胞水肿，人就会感觉头晕、眼花等，有"水中毒"的症状了。

防止"水中毒"的办法很简单：掌握正确的喝水方法。正确的喝水方法应该是：先用水漱漱口，润湿口腔和咽喉，然后喝少量的水，停一会儿，再喝一些，这样分几次喝，就不会因"水中毒"而损害健康了。当然，大量出汗后，如能及时补充点淡盐水，则更利于身体健康。若不习惯于喝含盐饮料，则应将菜炒咸一点食用。另外，要保持体内有适量的水分，就要"主动饮水"，即在口未感到混时就要喝水。

（十四）夏季喝凉茶的学问

凉茶起源于我国南方。起初，凉茶以茶叶为原料，后来为了增强茶叶清热生津的作用，或增加去湿消滞、解表发散等功效，于是，人们在凉茶中添加了一些中草药。发展到后来，不少凉茶虽有茶之名，实际上全部是由中草药组成。随着凉茶概念的不断延伸，凡是能起到清热解暑、去湿消滞、生津止渴、提神醒脑、养颜护肤等作用的中草药饮料，都已被人们称为凉茶。

在南方，凉茶已经成为人们普遍饮用的消暑饮料。在北方，凉茶也悄悄地占据了饮料市场的半壁江山。有些人认为，无论何种凉茶，都是有病服之能治病，无病服之能防病，甚至天天喝凉茶。其实，这种做法是不科学的。

凉茶不能滥服，更不能作为一般饮料长期饮用。如果随意服用，可能会产生不良反应。过量喝凉茶易伤脾胃，如果服用者本身脾胃较差，或者患有胃溃疡、胃出血、慢性胃炎等病，容易导致病情加重或复发。过量喝凉茶还可能阻碍消化功能，使人的胃口变差，胃部胀满难受，甚至会出现腹痛、腹泻等症状。

凉茶中的大部分药物都偏寒，按照中医的理论，少量服用能起到清理湿毒的作用，但如果服用过量，则"苦寒者必伤阴"，所以，凉茶不可喝得太多，而且要因人而异。对于一些体质强壮、易上火，经常咽喉肿痛、便秘、舌红苔黄的人说来，不妨经常喝点凉茶来祛火，以安度盛夏。对于体质较弱者和婴幼儿说来，长期服用凉茶，易导致疲倦、面色苍白、多汗、易感冒等问题。尤其是婴幼儿，由于身体发育尚不成熟，长期喝凉茶反而影响他们的健康成长。对于大多数健康成年人说来，在湿热的季节里，可以选择喝适量凉茶预防上火。

（十五）中暑者的饮者饮食禁忌有哪些

人在中暑之后常常很虚弱，在恢复的过程中，应吃些较为清淡、容易消化的食物，适量补充水分、盐、热量、维生素、蛋白质等，同时注意以下饮食禁忌。

（1）忌大量饮水：中暑者应采用少量多次的饮水方法，每次以不超过300毫升为宜，切忌狂饮。因为大量喝水不仅会冲淡胃液，影响消化功能，还会引起反射性排汗亢进，使体内水分和盐分进一步大量流失，严重时可导致热痉挛。

（2）忌大量食用生冷瓜果：中暑者大多脾胃虚弱，大量食用生冷食物和寒性食物会进一步损伤脾胃阳气，重者会出现腹泻、腹痛等症状。

（3）忌偏食：中暑者应以清淡饮食为主，但可适当佐以鱼、肉、蛋、奶等，以保证人体所必需的营养成分。

（4）忌吃大量油腻食物：中暑后应少吃油腻食物，以适应夏季胃肠的消化能力。油腻食物会加重胃肠的负担，并使大量血液滞留于胃肠道，导致输送到大脑的血液相对减少，人会感到头晕、疲倦。

（5）忌盲目进补：中暑之后暑气未消，虽有虚症，但过早进补会使暑热不易消退，或使已经逐渐消退的暑热复燃。

三、秋季饮食养生

（一）秋季饮食要少辛增酸

"少辛增酸"是中医营养学的一个原则。所谓少辛，就要少吃一些辛味的食物，这是因为肺属金，通气于秋，肺气盛于秋。少吃辛味，是以防肺气太盛。中医认为，金克木，如肺气太盛可损伤肝的功能，故在秋天要"增酸"，以增加肝脏的功能，抑制肺气的亢盛。

其实"少辛增酸"这一原则，跟现代医学的认识是很一致的。秋季气候干燥，空气湿度低，汗液蒸发快，很容易出现口舌生疮、鼻腔和皮肤干燥、咽喉肿痛、咳嗽、便秘等"秋燥"现象。这些症状都跟体液分泌失调，特别是与胃肠道消化液的不足有关。辛辣的食物会消耗人体的大量体液，相反，一些酸味的水果和蔬菜中所含的鞣酸、有机酸、纤维素等物质，可起到刺激胃肠道消化液分泌、加速胃肠道蠕动的作用。而胃肠系统的正常运作，可促使人体内的各种体液分泌正常，从而使各组织器官功能正常，也就是中医所说的滋阴润燥作用。

（二）秋季应多食四大酸味水果

秋季，是水果丰收的季节，一些酸味水果就特别有滋阴润燥的作用。其中，在水果中含酸性物质种类最多的当数山楂，其性味酸、甘、微温，含有山楂酸、柠檬酸、酒石酸、苹果酸等。这些酸性物质，能刺激胃肠内各种消化酶的分泌，能助于消化，防止脂肪堆积，对延缓衰老大有裨益。葡萄则是性味甘、酸，酸甜适口，除了含有大量葡萄酸外，还含柠檬酸、苹果酸等，功能生津止渴、开胃消食，具有滋养强壮、补血、强心、利尿的功效。柚子性味酸、寒，其所含的有机酸，大部分为枸橼酸，枸橼酸具有消除人体疲劳的作用。而石榴，入口齿根生水，酸中带甜，也含有丰富的苹果酸和枸橼酸，有杀虫、收敛、涩肠、止痢等功用。苹果中所含的苹果酸，具有生津、润肺、除烦、开胃、醒酒等功用，患有消化不良、气壅不通者，可挤汁而服。

（三）秋凉进补要先调脾胃

秋天一到，气温逐渐下降，人们便习惯的想到要补身。因为人们经过炎热的夏天，身体耗损大，而进食较少，当天气转凉时节，调补一下身体，是有必要的。

大家知道，夏天气温高，人们胃口不好，多不思饮食，因此，日常中吃的大多是瓜果、粥类、汤类等清淡和易消化食品，脾胃活动功能亦减弱，秋凉后如马上吃大量猪、牛、羊、鸡等食品，或其他一些难以消化的补品，势必加重脾胃的负担，甚至损害其消化功能。如一下吃进大量难消化的补品，胃肠势必马上加紧工作，才能赶上这突然的需要。结果，胃肠功能势必紊乱，无法消化，营养物质就不能被人体所吸收利用，甚至还会搞出乱子来。

（四）秋季进补佳品——芡实

秋季进补的原则是既要营养滋补，又要容易消化吸收。芡实就具有这些特点，它含有碳水化合物、蛋白质、脂肪、钙、磷、铁、核黄素和抗坏血酸、灰分、树脂等，具有滋养强壮，补中益气，开胃止渴，固肾养精等作用，如将芡实与瘦肉或牛肉共煮，不但味道鲜美，也是适时补品。民间有用芡实60克、大枣10克、花生30克，加入适量红糖合成大补汤，具有易消化、营养高，能调补脾胃，益气养血等功用，对体虚者，脾胃虚弱的产妇，贫血者、气短者具有良好疗效。

由于芡实含碳水化合物极为丰富，约为75.4%，而含脂肪只为0.2%，因而极容易被人体吸收，特别是夏天炎热季节脾胃功能衰退，进入秋凉后功能尚差，及时给予本品，不但能健脾益胃，又能补充营养素，若平时消化不好，或热天出汗多又易腹泻者，经常用芡实煮粥，或煮红糖水吃，有很好效果。若用芡实与瘦肉同炖，对解除神经痛、头痛、关节痛、腰腿痛等虚弱症状，有很大的好处。

《本草纲目》中记载：芡实"能治遗精、白浊、带下"。如用芡实60克、黄芪15克共煮烂吃，有补肾作用，治遗精、白带和多尿等。常吃芡实还可治疗老年人的尿频之症。经服芡实调整脾胃之后，再吃较多的补品或难以消化的补药，人就能适应，对身体就无碍。

（五）秋季养肺要吃哪9种果疏

（1）梨：梨肉香甜可口，具有清热解毒、润肺生津、止咳化痰等功效。生食、榨汁、炖煮或熬膏，对肺热咳嗽、麻疹及老年咳嗽、支气管炎等病症，有较好的治疗效果。若与蜂蜜、甘蔗等榨汁同服，效果更佳，具有补肝肾、益气血、生津液、利小便等功效。生食能滋阴除烦。捣汁，加蜂蜜浓熬收膏，开水冲服，治疗烦热口渴尤佳，经常食用对神经衰弱和过度疲劳均有补益作用。

（2）柿子：柿子具有润肺止咳、清热生津、化痰软坚的功效。鲜生食，对肺痨咳嗽、咳嗽痰多、虚劳咯血等病症有良效。红软熟柿，可治疗热病烦渴、口干舌燥、心口烦热、热痢等病症。

（3）百合：百合质地肥厚，甘美爽口，是营养丰富的滋补上品，可润肺止咳、清心安神，对肺结核、支气管炎、支气管扩张及各种秋燥病症有较好疗效。熟食或煎汤，可治疗肺痨久咳、痰中带血、干咳咽痛等病症。

（4）甘蔗：中医认为，蔗汁性平、味甘，为解热、生津、润燥、滋养之佳品，能助脾和中、消痰镇咳、治噎止呕。中医常把它作为清凉生津剂，用于治疗口干舌燥、津液不足、大便干燥、高烧烦闷等症。

（5）萝卜：萝卜能清热化痰、生津止咳、益胃清食。生食可治疗热病口渴、肺热咳嗽、痰稠等病症，若与甘蔗、梨、莲藕等榨汁同饮，效果更佳。

（6）银耳：银耳能润肺化痰、养阴生津。做菜肴或炖煮食用，可治疗阴虚肺燥、干咳无痰或痰多黏稠、咽干口渴等病症，与百合做羹食疗效尤佳。

（7）大枣：大枣能养胃和脾、益气生津，具有润心肺、滋脾胃、补五脏、疗肠癖、治虚损等功效。中医常用大枣治疗小儿秋痢、妇女脏躁、肺虚咳嗽、烦闷不眠等症，是一味用途广泛的滋补良药。

（8）石榴：中医认为，石榴性温、味甘酸，具有生津液、止烦渴的作用，是津液不足、口燥咽干、烦渴不休者的食疗佳品。石榴捣汁或煎汤饮，能清热解毒、润肺止咳、杀虫止痢，还可治疗小儿疳疾、久泻久痢等病症。

（9）柑橘：中医认为，柑橘性凉、味甘酸，有生津止渴、润肺化痰、醒酒利尿等功效，适用于身体虚弱、热病后津液不足的口渴、伤酒烦渴等病症。榨汁或蜜煎，治疗肺热咳嗽尤佳。

（六）秋令御燥要喝哪5种粥

中医认为，燥为秋之主气，稍不注意，人们便会受燥邪侵袭，出现口干舌燥、干咳无痰等燥热病症。适当食粥，则能和胃健脾，润肺生津，养阴清燥。在煮粥时，适当加入梨、萝卜、芝麻等药食俱佳的食物，更具有益肺润燥之功效。

（1）梨子粥：梨子2只，洗净后连皮带核切碎，加粳米100克，和水煮粥。因梨具有良好的润燥作用，用于煮粥，可作为秋令常食的保健食品。

（2）栗子粥：栗子50克、粳米100克加水同煮成粥。因栗子具有良好的养胃健脾、补肾强筋、活血止血的作用，尤其适用于老年人腰腿酸痛、关节痛等。

（3）芝麻粥：芝麻50克、粳米100克，先将芝麻炒熟，研成细末，待粳米煮熟后，拌入芝麻同食。适于便秘、肺燥咳嗽、头晕目眩者食用。

（4）胡萝卜粥：将胡萝卜用素油煸炒，加粳米 100 克和水煮粥。因胡萝卜中含有胡萝卜素，人体摄入后可转化为维生素 A，适于皮肤干燥、口唇干裂者食用。

（5）菊花粥：菊花 60 克，粳米 100 克，先将菊花煎汤，取汤汁再同煮成粥。因其具有散风热、清肝火、明目等功效，对秋季风热型感冒、心烦咽燥、目赤肿痛等有较好的治疗功效。同时对心血管疾病也有较好的防治作用。

四、冬季饮食养生

（一）为什么冬令适宜进补

我国一般将农历十、十一、十二月称为冬三月，中医认为，此时天寒地冻，阴气盛而阳气衰，故冬天进补正当时。但进补是有讲究的，不是人人都需要进补，也不是单纯进补品、服补药就可以达到健身壮体的目的。

阳虚的人常会流清鼻涕、手足冰凉、小便清长、夜尿频频、大便稀溏、阳事不举。凡有这类现象的人可用熟地、附子、干姜、人参、羊肉或狗肉等共炖食。同时还可内服金匮肾气丸、龟鹿补肾丸、十全大补丸、人参大补丸等。以期阳气生、寒气祛、体质壮。

有些慢性病每逢寒冷冬天易发作，严重影响人身体健康，如慢性支气管炎、尿多症、冻疮等。中医看来这些均属肾气、肾阳亏虚的病症，预防和治疗的最佳方法就是温补，可选用熟附子、肉桂、肉苁蓉、海马、狗肾、人参、炙甘草、枸杞子等，可间常食之。

一些体弱易患春夏发作的疾病者，如哮喘、疮疡等，如果能在冬季将身体调养好，所谓"正气存内，邪不可干"，就可以防患于未然。冬季应以高蛋白、高热量的食物为主，可选用各种鱼类及牛、羊、狗肉，再加上中药人参、黄芪、桂圆肉、当归、红枣等，或做汤或为膳。只要脾胃功能好，进补后定能使患者储备更多的能量，从而增强身体的免疫功能，减少宿病的复发。对于年迈体衰者，除注意起居、调养精神以外，善于进补也是很重要的。冬令进补就是很好的方法。老年体虚者进补，应以鸡、鱼、肉、蛋等为主。

（二）冬令进补如何掌握针对性

按照中医理论，冬令进补通常可分为四类。

补气针对气虚体质者：如行动后直冒虚汗、精神疲乏、说话无力、妇女子宫脱垂等，一般采用红参、红枣、白术、黄芪和五味子、山药等。

补血针对血虚体质者：如有头昏眼花、心悸失眠、面色萎黄、嘴唇苍白、月经量少且色淡等体征，应采用当归、熟地、白芍、阿胶、首乌和十全大补膏等。

补阴针对阴虚体质者：如有夜间盗汗、午后低热、两颊潮红、手足心热、妇女白带增多等体征，采用白参、沙参、天冬、鳖甲、龟板、冬虫夏草、白木耳等。

补阳针对阳虚体质者：如有手足冰凉、怕冷、腰酸、性机能低下等体征，可选用鹿茸、杜仲、韭菜籽、蛤蚧和十全大补酒等调补。

若盲目将黄芪、党参、当归、田七等与鸡、鸭或狗肉同煮食，或是长时期过量服用人参、鹿茸、阿胶、白木耳等药物，反而对身体有害。据药理学研究和临床发现：在无疾病且身体强壮的状态下超量服用补药，会产生"口干舌燥，鼻孔出血"等滋补综合征.。因此，冬令进补应注意"有的放矢"，切莫多多益善。

（三）冬令进补不能忘的"四戒"

一戒胡乱进补。身体强壮的人不需要进补。对于想健身长寿者来说，光靠补药不是好办法。众所周知，古代帝王将相总是补品不离口、补药不离身，到头来又有几个长命百岁了？因此，还应注意适当运动锻炼、饮食调理、多用大脑等等，才能达到真正意义上的养生。对于体虚者，补虚也有气虚、血虚、阳虚、阴虚之别，冬令进补也要兼顾气血阴阳，不可一味偏补，过偏则反而引发疾病。因此，冬令进补最好在医师指导下进行。一般说来，中年人以健脾胃为主，老年人以补肾气为主。

二戒以贵贱论优劣。对于补药，绝不要存在越贵越好、越贵越有效的想法。中医认为，药物只要运用得当，大黄可以当补药。服药失准，人参即为毒草。

三戒滋腻厚味。对于身体虚弱，脾胃消化不良，经常腹泻、腹胀者，首先要恢复脾胃的功能，只有脾胃消化功能良好，才能保障营养成分的吸收，否则再多的补品也是无用。因此，冬令进补不要过于滋腻厚味，应以易于消化为准则。

四戒留邪为寇。患有感冒、发热、咳嗽等外感病症时，不要进补，以免留邪为寇，后患无穷。

（四）冬季怕冷最宜进补

怕冷是由于体内阳气虚弱引起的，所谓阳气是受之于父母的先天之气和后天的呼吸之气及脾胃运化而来的水谷之气结合而成的气，它具有温养全身组织，维护脏腑功能的作用。阳气虚弱就会出现生理活动不足和衰退，导致身体御寒能力下降。

周围环境温度较低时，人体为了保证内脏器官的正常运转，需要更多的热能来维持体温的恒定。膳食中的蛋白质、脂肪、糖类可产生热能供人体应用。育龄妇女因内分泌的改变和月经失去部分血液，耐寒能力较差。

冬季寒冷之时，除了要积极进行体育锻炼和多穿些衣服外，食物进补同样可以提高机体的御寒能力。肉类以狗肉、羊肉和牛肉的御寒效果为好。它们富含蛋白质、糖类及脂肪，产热量高，有益肾壮阳、补气生血之功效。怕冷的人食之可使阳虚之体代谢加快，内分泌功能增强，从而起到抵御严寒的作用。

辣椒性热，味辛，具有温中、散寒、开胃、消食的功效。辣椒之所以有辣味，是因为辣椒中含有辣椒碱的缘故，其刺激性强，可促进食欲助消化。常吃适量辣椒可使心跳加快，末梢毛细血管扩张，流向体表的血液量增加，故冬天吃辣椒后就会感到温暖舒适，能防御寒冷。辣椒虽可温中散寒，但具有较强的刺激性，容易引起口干、咳嗽、嗓子疼痛、大便干燥等，故不宜过多食用。

怕冷与矿物质缺乏也有一定的关系，食用胡萝卜、山芋、青菜、大白菜、藕等蔬菜时，可与肉类混合食用，能增强御寒能力。缺铁性贫血的妇女的体温低于正常妇女，产热量少约13%，增加摄铁量，其耐寒能力明显增强。因为体内缺铁，使得各种营养素不能充分氧化而产生热量，是冬天怕冷的一个重要原因。故怕冷者冬季可有意识地适当增加诸如动物肝脏、瘦肉、蛋黄、黑木耳、芹菜、菠菜等含铁多的食物的摄入。维生素C能帮助机体吸收铁质，因此，富含维生素C的食物可同时搭配食用。

人体的甲状腺可分泌甲状腺素，这种激素具有产热效应。而甲状腺素由碘和酪氨酸组成。酪氨酸可由体内"生产"，碘却须靠外界补充。海带、鱼、虾、牡蛎等食物均富含碘。因此，食用富含有碘的食物对御寒有益。

（五）体虚者冬令进补的4项禁忌

所谓体虚进补，中医称为调理。一般是因为体质比较虚弱，或者病后未完全康复，或者慢性病患者身体十分虚弱，常要进行调理。这类患者在进补时应注意如下四忌：

（1）服用滋补药时，忌食萝卜、绿豆等一类食物。特别是服用人参时，常习惯称萝卜、绿豆等（包括豆制品、粉丝）是"解药"，意思是它们会破坏人参中的有效成分。传统的中医药理论讲这两味药是"解药"，主要是指萝卜的消食导滞作用和绿豆的寒凉解毒功能会使人参的作用不能发挥，人参的甘味补气生津的疗效将大大减弱。因此，二者忌同时服用。

（2）服用滋补药时，忌食用滋腻的食物。由于滋补药多为补益壅滞之品，对于消化不良患者说来，先服用一些理气和开胃之品以开路，让胃气的功能恢复正常，有利于补益药食的消化吸收。所以，日常用膳食，消化功能不佳者忌食用补腻之品，否则容易造成积聚难散，有碍消化、吸收。

（3）服用补益身体的食品时，忌食偏温性食物。体虚有阴虚、阳虚、气虚、血虚四种，而补益食品多分偏寒性和偏温性两类。如对于阴虚、血虚者，特别是有虚热时，忌食用狗肉、羊肉、核桃、桂圆等一类偏温性的食品。在冬天，对于阴虚火旺的患者说来，吃羊肉火锅，则更容易助火生热，火气也就更大，严重者会引发口疮、口干咽燥、夜寐不安。有的患者入冬怕冷，但同时会在傍晚时生火，出现口舌干燥、心烦等症状。此时如急于进补，不但不会产生疗效，反而会产生弊端。

（4）服用补益身体的食品，忌食用甲鱼、海参、蛤蜊、百合、木耳一类偏寒滑肠食物。对于阳虚、气虚者，特别是有虚寒时，忌食用这类偏寒滑肠的食品。

（六）药酒的组成药物有哪些

药酒一般是把植物的根、茎、叶、花、果和动物的全体或内脏以及某些矿物质成分按一定比例浸泡在酒中，使药物的有效成分溶解于酒中，经过一定时间后去除渣滓而制成的，也有一些药酒是通过发酵等方法制得的。因为酒有通血脉、行药势、温肠胃、御风寒等作用，所以酒和药配伍可以增强药力，既能防治疾病，又可用于病后的辅助治疗。从药酒的作用方面来看，可以分为治疗类药酒和滋补养生类药酒，前者有特定的医疗作用，使用得当则可取得显著的疗效。后者具有养生保健的作用，其中的一部分还可以作为日常饮酒使用。

（七）怎样制配药酒

药酒除了有成品酒市售外，在家庭中也可以自配药酒，许多人喜欢自己动手配制药酒，并且保持着每年配制饮用的习惯。自制药酒首先需要选择适合家庭制作的药酒配方，并不是所有药酒方都适宜家庭制作，例如，有些有毒副作用的中药需经炮制后才能使用，如果对药性、剂量不甚清楚，又不懂得药酒配制常识，切忌盲目配制饮用药酒。

制备药酒的中药材一般都要切成薄片，或者捣碎成粗颗粒。按照处方购于中药店的中药材多已加工炮制，使用时只需洗净晾干即可。而自行采集的鲜药、生药往往还需要先行加工炮制。来源于民间验方中的中药首先要弄清其品名、规格，要防止同名异物造成用药错误。现代药酒的制作多选用50°～60°的白酒，因为酒精浓度太低不利于中药材中的有效成分的溶出，而酒精浓度过高有时反而使药材中的少量水分被吸收，使得药材质地坚硬，有效成分难以溶出。对于不善饮酒的人说来，也可以采用低度白酒、黄酒、米酒或果酒等为基质酒，但浸出时间要适当延长或浸出次数适当增加。家庭制作药酒时通常是将中药材浸泡在酒中，经过一段时间后，中药材中的有效成分溶解在酒中，此时即可过滤去渣饮用。

（八）常用药酒有哪些

服用药酒具有一些独到的优点，首先，饮用药酒可以缩小剂量，便于服用，有些药酒方虽然药味庞杂众多，但制成药酒后其有效成分溶于酒中，剂量较之汤剂明显缩小了，服用起来也很方便。其次，服用药酒吸收迅速，人体对酒的吸收较快，药物通过酒进入血液循环，周流全身，较快地发挥治疗作用。第三，药酒的剂量容易掌握，因为药酒是均匀的溶液，单位体积中的有效成分固定不变。第四，服用药酒较为适口，因为大多数药酒中掺有糖和蜜，作为方剂的一个组成部分，糖和蜜具有一定的矫味和矫臭作用，因而服用起来甘甜悦口。第五，药酒较其他剂型的药物容易保存，因为酒本身就具有一定的杀菌防腐作用，药酒只要配制适当，遮光密封保存，便于经久存放，不至于发生腐败变质现象。

在我国历代药酒方中，相当一部分方剂是选用祛除风湿、舒筋活络和抗老防衰、延年益寿的中药材组成，这些药物和酒共用，药借酒势，酒助药力，相辅相成，可以更好地发挥兴奋神经、改善机体代谢、增加血液循环、祛除疾病等作用。古人对药酒的防病作用早有认识和实践。重阳节民间饮用菊花酒就具有抗老防衰的作用。夏季饮用杨梅酒则可预防中暑。常饮山楂酒可以防止高血脂症的形成，减缓动脉硬化的产生。长期少量服用五加皮酒、人参酒等则可健骨强筋，补益气血，扶正防病。

药酒是治疗风寒湿痹、脑卒中后遗症等病症的有效方法。在历代药酒方中，治疗关节疼痛、筋骨挛急、腰膝酸痛、脑卒中偏瘫、跌打损伤的药酒方占有相当大的比例，驰名中外的国公酒、冯了性药酒等均具有舒筋活络、活血化瘀、疏风散寒等作用。坚持少量长期服用某些药酒还可以调治许多慢性疾病，如肝肾虚弱者可服用枸杞子酒，血瘀性痛经者可于月经前饮用红花酒，神经衰弱者可于睡前饮用一点五味子酒。

（九）药酒有哪五大优点

以治病为主的药酒，主要作用有祛风散寒、养血活血、舒筋通络。例如，用于骨骼肌肉损伤的跌打损伤酒。用于风湿性关节炎或风湿所致肌肉酸痛的风湿药酒、追风药酒、风湿性骨痛酒、五加皮药酒等。如果风湿症状较轻则可选用药性温和的木瓜酒、冯了性药酒、养血愈风酒等。风湿多年，肢体麻木，半身不遂者可选用药性较猛的蕲蛇药酒、三蛇酒、五蛇酒等。以补虚强壮为主的养生美容药酒，主要作用有滋补气血、温肾壮阳、养胃生精、强心安神，如气血双补的龙凤酒、山鸡大补酒、益寿补酒、十全大补酒等。健脾补气为主的人参酒、

蕲蛇药酒

当归北芪酒、长寿补酒、参桂养荣酒等。滋阴补血为的有当归酒、蛤蚧酒、杞圆酒等。益肾助阳的有羊羔补酒，龟龄集酒、参茸酒、三鞭酒等。补心安神为主的猴头酒、五味子酒、人参五味子酒等。

（十）按不同年龄性别、体质选饮药酒

选用药酒还要考虑自己的身体状况，对于一般气血虚弱的老年人说来，可选用气血双补的药酒。中医认为，体形消瘦的人偏于阴亏血虚，容易生火，伤津，宜选用滋阴补血的药酒。体形肥胖的人偏于阳衰气虚，容易生痰、怕冷，宜用补心安神的药酒。

平时习惯于饮酒的人服用药酒的量可稍高于一般人，但也要掌握分寸，不能过量。不习惯于饮酒的人服用药酒时则应从小剂量开始，逐步过渡到需要服用的量，也可以用冷开水稀释后服用。对于女性说来，在妊娠期和哺乳期一般不宜饮用药酒，在行经期，如果月经正常也不宜服用活血功效较强的药酒。就年龄而言，年老体衰者因新陈代谢较为缓慢，服用药酒的量宜适当减少，而青壮年的新陈代谢相对旺盛，服用药酒的量可相对多一些。凡遇有感冒、发热、呕吐、腹泻等病症时不宜饮用滋补类药酒。对于肝炎、肝硬变、消化系统溃疡、浸润性肺结核、癫痫、心脏功能不全、慢性肾功能不全、高血压等患者说来，饮用药酒也是不适宜的，会加重病情。此外，对酒过敏的人和皮肤病患者也要禁用和慎用药酒。

（十一）火锅好吃有禁忌

在吃过分鲜嫩的鱼虾火锅时，有可能感染肝吸虫病。肝吸虫病是由华支睾吸虫

引起的一种寄生虫病。感染此寄生虫的人或狗猫等动物，其粪便中便含有虫卵，若用此粪便作饲料喂鱼或其他原因污染了河水，虫卵会被淡水螺蛳吞食。虫卵在螺体内孵化，发育成多个囊蚴而脱离螺体游入水中。尾蚴遇到鱼、虾后，可钻入其肌肉内发育为囊蚴。一旦进食含有这种活囊蚴的鱼虾，囊蚴就会在肠中变成幼虫，进而在肝内胆小管生长发育为成虫。从感染囊蚴至发育成熟，一般需要 4 个星期左右，它在人体内可成活 15～20 年。医务人员曾在一个患者体内检到 21 000 余条成虫。

感染华支睾吸虫后，大多数人可无明显症状，但肝内的虫体阻塞了胆小管，使胆汁淤积，刺激胆管增生变厚，若有继发性感染，可引起胆管炎、胆小管肝炎及肝脓肿。患者的一般症状是上腹部不适或隐痛、食欲不振、消化不良、乏力、腹泻及肝肿大。严重感染者可出现营养不良及肝硬化。患肝吸虫者并发肝癌的也不少见，儿童得此病会影响智力及生长发育。

由于鱼虾感染华支睾吸虫后肉眼是看不见的，所以预防本病的最有效方法是不吃生的或半生不熟的鱼虾。吃火锅时，应绝对做到汤沸时放入薄鱼片，再沸后取食。厚的鱼片及鲜虾则应根据其肌肉的厚度在沸水中多泡几分钟。为了既能保证火锅食品的鲜嫩，又能杀灭可能染有的华支睾吸虫，应选用火候良好的燃器和燃料，火锅中汤水要多，放入锅内的食品宜少量多次，随烫随吃。直接入口的各种食品不应放在盛过生鱼虾的盆子里，也不要放在这类盆子中冷却，以免受到盆子里囊蚴的污染。

（十二）冬季晚餐有 4 禁忌

天气寒冷的冬天，会让人胃口大开，但是"吃多"了不仅会发胖，更不利于健康。尤其是有些人要求晚餐必须吃"好"，如果进食不当，晚餐吃得过饱、过荤、过甜、过晚都有损于身体健康，久之，则会导致疾病的发生。

（1）忌过饱：中医认为，"胃不和，则卧不安"。如果晚餐过饱，必然会造成胃肠负担加重，其紧张工作的信息不断传向大脑，使人失眠、多梦，久而久之，易引起神经衰弱等疾病。中年人如果长期晚餐过饱，反复刺激胰岛素大量分泌，往往会造成胰岛素 B 细胞负担加重，进而衰竭，诱发糖尿病。而且，晚餐过饱，必然有部分蛋白质不能消化吸收，在肠道细菌的作用下，会产生有毒物质，加之睡眠时肠壁蠕动减慢，相对延长了这些物质在肠道的停留时间，有可能引发大肠癌。

（2）忌过荤：研究表明，晚餐经常吃荤食的人比经常吃素食的人血脂高 3～4 倍。患高血脂、高血压的人，如果晚餐经常吃荤，等于火上浇油。晚餐经常摄入过多的热量，易引起胆固醇增高，而过多的胆固醇堆积在血管壁上，久了就会诱发动脉硬化和冠心病。

（3）忌过甜：晚餐和晚餐后都不宜经常过多吃甜食。因为肝脏、脂肪组织与肌肉等的白糖代谢活性，在一天24小时不同的阶段中，会有不同的改变。原则上，物质代谢的活性，随着阳光强弱的变化而改变。身体方面则受休息或活动状态的强烈影响。白糖经消化分解为果糖与葡萄糖，被人体吸收后分别转变成能量与脂肪，由于运动能抑制胰岛素分泌，对白糖转换成脂肪也有抑制作用。所以摄取白糖后立即运动，就可抑制血液中中性脂肪浓度升高。而摄取白糖后立刻休息，结果则相反，久而久之会令人发胖。

（4）忌过晚：晚餐不宜吃得太晚，否则易患尿道结石。不少人因工作关系很晚才吃晚餐，餐后不久就上床睡觉。在睡眠状态下血液流速变慢，小便排泄也随之减少，而饮食中的钙盐除被人体吸收外，余下的须经尿道排出。据测定，人体排尿高峰一般在进食后四至五小时，如果晚餐太晚，比如到晚上八九点钟才进食，排尿高峰便在凌晨零点以后，此时人睡得正香，高浓度的钙盐与尿液在尿道中滞留，与尿酸结合生成草酸钙，当其浓度较高时，在正常体温下可析出结晶并沉淀、积聚，形成结石。因此，除多饮水外，应尽早进晚餐，使进食后的排泄高峰提前，排一次尿后再睡觉最好。

（十三）冬令进补的4项误区

冬令进补的对象主要有两种类型。其一是年老或体弱要求补虚。人的功能随增龄而减退，要适时进补；或因体质素虚、劳力过度或重病后、手术后身体虚弱，也必须进补。其二是以疗疾为主而进补，如肿瘤病人化疗、放疗后，慢性病如胃病、肝病、贫血、哮喘、心血管病、关节痛等。但有些人通过冬令进补，自身体验效果并不理想，甚至事与愿违。分析原因，可能是踏入了冬令进补的"误区"。

（1）以膏方价格评判补膏优劣。因为高价补膏大多是加了一些价格昂贵的中药材，如龟甲、鳖甲、藏红花、虫草等。对于没有针对性的用药，一般不会显出特殊效果。所以说药价高低并不完全代表疗效的优劣。

（2）头脑不够冷静。有的人觉得进补总比不补好，体质素来很好，指望通过进补搞个"超常发挥"。其实补药只能使病态或亚健康状态恢复到正常的健康状态，超常是不可能的。

（3）受广告误导。中医师的用药是十分严谨的，即使是现成的补药或补膏也要观其处方成分然后辨证使用。俗语说"是药三分毒",更有"神农尝百草,日逢七十毒"的记载。因而无病进补是欠妥的。广告宣传的"万灵药"更需加以分析,切莫上当。

(4)进补不对症。专家各有专长,医师都有分科,然而每到冬季,围绕冬令进补的热点充当进补专家的医师会悄然增加。病员选择医师的方法主要又是看地位、头衔、年龄、所在单位、候诊病员卡数、亲朋好友介绍等。这样盲目就医,进补自然难以对症。

第三节　一日三餐中的饮食养生

(一)一日三餐怎么吃最合适

一天要吃三餐饭。人吃饭不只是为了填饱肚子或是解馋,主要是为了保证身体的正常发育和健康所需。每日三餐,食物中的蛋白质消化吸收率为85%;如改为每日两餐,每餐各吃全天食物量的一半,则蛋白质消化吸收率仅为75%。因此,一般来说,每日三餐还是比较合理的。同时还要注意,两餐之间间隔的时间要适宜,间隔太长会引起高度饥饿感,影响人的劳动和工作效率;间隔时间如果太短,上顿食物在胃里还没有排空,就接着吃下顿食物,会使消化器官得不到适当的休息,消化功能就会逐步降低,影响食欲和消化。一般混合食物在胃里停留的时间是4~5小时,两餐的间隔以4~5小时比较合适,如果是5~6小时基本上也合乎要求。

现代研究证明,在早、中、晚这三段时间里,人体内的消化酶特别活跃,这说明人在什么时候吃饭是由生物钟控制的。

人脑每天占人体耗能的比重很大,而且脑的能源供应只能是葡萄糖,每天需要110~145克。而肝脏从每顿饭中最多只能提供50克左右的葡萄糖。一日三餐,肝脏即能为人脑提供足够的葡萄糖。

固体食物从食道到胃需30~60秒,在胃中停留4小时才到达小肠。因此,一日三餐间隔4~5小时,从消化上看也是合理的。

一日三餐究竟选择什么食物,怎么进行调配,采用什么方法来烹调,都是有讲究的,并且因人而异。一般来说,一日三餐的主食和副食应该粗细搭配,动物食品和植物食品要有一定的比例,最好每天吃些豆类、薯类和新鲜蔬菜。一日三餐的科学分配是根据每个人的生理状况和工作需要来决定的。按食量分配，早、中、晚三餐的比例为3：4：3，简单地说，如果某人每天吃500克主食，那么早晚各应该吃150克，中午吃200克比较合适。

（二）早餐如何科学搭配

营养专家认为，早餐是一天中最重要的一顿饭，每天吃一顿好的早餐，可使人长寿。早餐要吃好，是指早餐应吃一些营养价值高、少而精的食物。因为人经过一夜的睡眠，头一天晚上进食的营养已基本耗完，早上只有及时地补充营养，才能满足上午工作、劳动和学习的需要。早餐在设计上选择易消化、吸收，纤维质高的食物为主，最好能在生食的比例上占最高，如此将成为一天精力的主要来源。

一个人早晨起床后不吃早餐，血液黏度就会增高，且流动缓慢，天长日久，会导致心脏病的发作。因此，早餐丰盛不但使人在一天的工作中都精力充沛，而且有益于心脏的健康。坚持吃早餐的青少年要比不吃早餐的青少年长得壮实，抗病能力强，听课时精力集中，理解能力强。对工薪阶层来讲，吃好早餐，也是干好基本工作的保证，这是因为人的脑细胞只能从葡萄糖这种营养素中获取能量，经过一个晚上没有进食而又不吃早餐，血液就不能保证足够的葡萄糖供应，时间长了就会使人变得疲倦乏力，甚至出现恶心、呕吐、头晕等现象，无法精力充沛地投入工作。

理想的早餐要掌握三个要素：就餐时间、营养量和主副食平衡搭配。一般来说，起床后活动30分钟再吃早餐最为适宜，因为这时人的食欲最旺盛。早餐不但要注意数量，而且还要讲究质量。按成人计算，早餐的主食量应在150～200克之间，热量应为2 929千焦。当然从事不同劳动强度及年龄不同的人所需的热量也不尽相同。如小学生需2092千焦的热量，中学生则需2 510千焦的热量。就食量和热量而言，应占不同年龄段的人一日总食量和总热量的30%为宜。主食一般应吃含淀粉的食物，如馒头、豆包、面包等，还要适当增加些含蛋白质丰富的食物，如牛奶、豆浆、鸡蛋等，再配以一些小蔬菜。

（三）午餐如何科学搭配

俗话说"中午饱，一天饱"。说明午餐是一日中主要的一餐。由于上午体内热能消耗较大，午后还要继续工作和学习，因此，不同年龄、不同体力的人午餐热量应占他们每天所需总热量的40%。主食根据三餐食量配比，应在150～200克左右，可在米饭、面制品（馒头、面条、大饼、玉米面发糕等）中间任意选择。副食在250～350克左右，以满足人体对无机盐和维生素的需要。副食种类的选择很广泛，如：肉、蛋、奶、禽类、豆制品类、海产品、蔬菜类等，按照科学配餐的原则挑选几种，相互搭配食用。一般宜选择 50～100 克的肉禽蛋类，50 克豆制品，再配上 200～250 克蔬菜，也就是要吃些耐饥饿又能产生高热量的菜，使体内血糖继续维持在高水平，从而保证下午的工作和学习。但是，中午要吃饱，不等于要暴食，一般吃到八九分饱就可以。若是少体力的白领族在选择午餐时，可选简单一些茎类蔬菜、少许白豆腐、部分海产植物作为午餐的搭配。

（四）晚餐如何科学搭配

晚餐比较接近睡眠时间，不宜吃得太饱，尤其不可吃消夜。晚餐应选择含纤维和碳水化合物多的食物。但是一般家庭，晚餐是全家三餐中唯一的大家相聚共享天伦的一餐，所以对多数家庭来说，这一餐大家都准备得非常丰富。这种做法和健康理念有些违背，最好仍与午餐相同餐前半小时应有蔬菜汁或是水果。正餐时有一道以上的蔬菜。主食与副食的量都可适量减少，以便到睡觉时正好是空腹状态。

一般而言，晚上多数人血液循环较差，所以可以选些天然的热性食物来补足，例如辣椒、咖喱、肉桂等皆可。寒性蔬菜如小黄瓜、菜瓜、冬瓜等晚上用量少些。晚餐尽量在晚上八点以前完成，若是八点以后进食，任何食物对我们来说都是不良的食物。若是重肉食的家庭，晚餐肉类最好只有一种，不可多种肉类，增加体内太多负担。晚餐后请勿再吃任何甜食，这是很容易影响健康的。

（五）如何安排好一日三餐

一日三餐是我国人民的饮食习惯，也是合乎营养卫生的传统习俗。每天进一餐和两餐对人体健康不利，一日进食三餐才能在营养上适合人体的生理活动需要，而进餐次数过多也对身体不利。

有人认为，一日三餐就是吃三次就行了，何必研究呢！其实一日三餐并不是吃三次就行了，而是要合理地安排才行。俗话说："早餐好，午餐饱，晚餐少"，这是很有科学道理的。在一日三餐中，早餐宜摄入高热量食物，午餐要丰富实惠，晚餐要以清淡少食为好。因为人体内的各种生理功能代谢变化，都有着内在的生理节奏。比如人体下午的体温总是略高于清晨，一到傍晚，血液中胰岛素的含量就上升到高峰。胰岛素可以使血脂转化成脂肪贮存在腹壁之下日益发胖。日久脂肪堆积增多，人就会日益发胖。

平常，人们早、午餐比较随便，而晚餐则比较讲究，不少人都习惯晚餐吃得好、吃得饱，甚至逢年过节，宾朋饮宴，婚丧喜庆，丰盛的鱼肉酒席也都是在晚餐。其实饱食肥腻的晚餐，非但不能增进营养，反而有害健康。

晚餐吃得过饱，血脂量猛然升高，加上在入睡后血流速度减慢，因此大量血脂容易沉积在血管壁上，日久容易造成动脉粥状硬化，同时还会使人发胖。人体发胖后又影响新陈代谢，进而加重动脉硬化程度。因此，不少人为了减肥而不吃早餐，少睡觉，多活动，结果收效甚微，甚至反而体重增加。其根源就在于不知道晚餐宜清淡少吃。有专家曾做过这样的饮食试验：把人分为两组，进食同样质量和数量的食物，一组是在早上7点进食，另一组则晚上6点进食，并且每组人每天只食一餐。结果早上进食的人体重逐渐下降，晚上进食的人则体重不断增加，并且男女都一样。

试验表明，人体的能量消耗白天比晚上大，因为人们白天的工作量较大，身体消耗的能量也比较大。而晚餐后，人们的活动量很小，因而消耗能量也就小，这样机体中多余的物质就堆积起来，导致体重增加。可见，早餐要摄取足量和富有蛋白质的食品，吃饱吃好是很必要的，那种不吃早餐或认为早餐可有可无的做法是不对的，不但对身体有害，还会影响工作效率。至于午餐，应以米饭、馒头、粥等糖类食品为主，菜宜多样些、丰盛些，吃得也应饱一些。而晚餐则宜吃清淡、少油腻，多些易消化的饭菜，且要少吃些，以七成饱为宜。

医学科学研究认为，如能在午餐、晚餐中多吃些含维生素C和纤维素多的新鲜蔬菜，既可防止便秘，又能帮助消化，并给人体提供微量元素，防止动脉硬化，改善微循环，以及消除致癌因素。

（六）孩子的一日三餐如何吃

均衡健康的饮食能增强智力，源于食物中的某些营养素可以让大脑中的神经递质更有效地工作。合理搭配饮食，就能有利于大脑发育，有效提高记忆力。

研究显示，与吃早餐的孩子相比，不吃早餐的学生在课堂上的表现会差很多。所以这一餐一定要吃好。谷物类可选择全麦食品、燕麦片或面包；为摄入蛋白质，可选择吃一个煮鸡蛋；配以新鲜水果，而不是果汁，因为前者包含更多的维生素、矿物质和纤维素；乳制品最好选择脱脂或低脂的牛奶、酸奶或奶酪。

午餐要注意多样性，搭配不同种类、颜色和大小的水果。这可以确保孩子摄入多种维生素与矿物质，还不会因为单调而产生厌倦。碳水化合物应选择全麦食物如玉米饼，配上鱼肉或鸡肉。饮料尽量选择水、纯果汁、脱脂或低脂牛奶。

不少学生放学回家后会感到饥肠辘辘，于是迫不及待地找零食。对此，家长可准备一些将蛋白质与高纤维碳水化合物结合到一起的零食，如全麦饼干配花生酱或用全麦面包做半个三明治；另一个可口的零食是将酸奶与水果混合到一起。

科学的晚餐有助于孩子睡眠，确保他们得到足够的休息。晚餐盘中，一半的位置应该留给水果和蔬菜，1/4 是低脂蛋白，剩下的是粗粮食品，如糙米或全麦面食。

（七）中老年人如何科学安排三餐

随着年龄的增长，胃肠消化器官功能也逐渐减退，饮食如果不科学、不合理，不仅可直接损害消化系统，造成病变，而且更重要的是诱发心脏血管疾病、糖尿病等。因而中老年人一日三餐合理饮食对延年益寿有重要意义。中老年人科学安排三餐很有学问，具体要从以下几个方面注意：

（1）掌握合理的饮食原则。多吃含优质蛋白的食物，如豆浆、牛奶、豆腐、鸡蛋等，要限制脂肪；中老年人要少吃动物油，适量吃植物油、每天除吃定量的蛋奶类外，植物油不超过 25 克；碳水化合物也要适量，应避免多吃蔗糖、糖果、巧克力等，要补充丰富的维生素，如维生素 C、维生素 A、维生素 E 等，维生素对于延缓衰老及治疗多种疾病有明显作用，因此平时宜多食新鲜有色的蔬菜和水果；不要忽视摄入无机盐和水，平时宜食含铁质的食物，使用铁质灶具。食盐量每日 5 ~ 6 克。若长期食物过咸，可导致钠潴留，日久易患高血压及脑血管病。

（2）三餐分配要合理。早餐对中老年人非常重要，一定要吃好。长期不吃早餐的人易诱发胆结石、糖尿病等。科学家最近研究表明：胆结石患者往往与长期不进早餐有关。因为空腹过久胆酸含量过少，胆固醇含量则不变，形成高胆固醇胆汁，胆固醇过高就会在胆囊中淤积，形成结石核心物质，诱发胆结石。早餐应以豆浆、牛奶、米粥、粗玉米面、鸡蛋、面包、水果为宜，并保证水量充足，水液吸收后促进因晚间细胞代谢所停留的废物的排泄，改善血液循环，加速新陈代谢。午餐讲究吃饱、吃好，饮食搭配合理，蔬菜、蛋白、水果、饮料均应用。晚餐吃饭要少食。实践证明，晚餐少吃对中老年人健康最有利。由于中国的传统习惯，加之白日工作忙，早餐、午餐无时间顾及吃好，只有晚上充裕些，一家人往往改善一番，容易造成人们饮食过饱，同时现代化人的应酬交际、夜生活也十分丰富，大多也在晚上进行，如果晚餐因此过量，入睡后胃内容物过多使膈肌位置上移，影响心肺的正常收缩和舒张，加之消化食物需要大量血液集中于胃肠道，使心脏冠状动脉、脑动脉供血明显减少，容易诱发心绞痛、心肌梗死。另外，晚餐过饱也是导致急性胰腺炎发生的主要原因之一，甚至诱发中老年人猝死。

（八）中老年人三餐食谱举例

现对三餐做如下的安排，供中老年朋友参考。

早餐：主食如面包、花卷、稀饭、面条、烧饼、馄饨等。副食如牛奶、豆浆、鸡蛋、火腿、豆制品、果浆、腐乳、花生米、小菜等。

无论主副食任选其中 1～2 种，互相搭配，旨在发挥早餐刺激食欲、体积小、热能高、干稀搭配、制备时省时省力的特点，尤其注意富含碳水化合物的谷类早餐，帮助增加血液中葡萄糖含量，从而增强记忆力，精力充沛地为一天而工作做好准备。

午餐：主食如各种米、面制品，以干的为主，如米饭、馒头、烙饼。副食如各种蛋类、豆制品、蔬菜、水果、鱼、肉类少许等。

其目的在补充上午热能的消耗，又要为下午的工作、学习做好充分准备。但吃饱并不要求十分饱，八九分饱最合适。午餐的特点：热能高，蛋白质、脂肪、碳水化合物等各种营养素较为丰富。

晚餐：主食如各种米、面制品，以稀为主，如豆粥、面条等。副食如蛋类、豆制品、蔬菜、水果等。

现代要求晚饭宜选择：低脂肪、易消化、低热能的食物，防止丰盛的晚餐使人发胖诱发疾病等。

（九）什么样的早餐不健康

（1）回味早餐：剩饭菜，或剩饭菜炒饭、剩饭菜煮面条等等。不少家庭主妇都会在做晚饭时多做一些，第二天早上给孩子和家人做炒饭，或者把剩下的饭菜热一下。这样的早餐制作方便，内容丰富，基本与正餐无异，通常被认为营养全面。剩饭菜隔夜后，蔬菜可能产生亚硝酸（一种致癌物质），吃进去会对人体健康产生危害。吃剩的蔬菜尽量别再吃；把剩余的其他食物做早餐，一定要保存好，以免变质；从冰箱里拿出来的食物要加热透。

（2）速食早餐：各种西式快餐。西式快餐如汉堡包、油炸鸡翅等。而且现在不少快餐店也提供早餐，如汉堡包加咖啡或牛奶、红茶，方便快捷而且味道也不错。这种高热量的早餐容易导致肥胖，油炸食品长期食用也会对身体有危害。用西式快餐当早餐，午餐和晚餐必须食用低热量的食物。另外，这种西式早餐存在营养不均衡的问题，热量比较高，却往往缺乏维生素、矿物质、纤维素等营养。选择西式快餐这早餐，应该再加上水果或蔬菜汤等，以维持营养均衡，保证各种营养素的摄入。另外，西式快餐最好不要长期食用。

（3）传统风味早餐：油条、豆浆。很多人都是从小就在爷爷奶奶的带领下，习惯了早上吃油条加豆浆的，不但口味上习惯了这种吃法，而且感情上对其情有独钟。油条是高温油炸食品，跟烧饼、煎饺等一样都有油脂偏高的问题。食物经过高温油炸之后，营养素会被破坏，还会产生致癌物质；而且油条的热量也比较高，油脂也难消化，再加上豆浆也属于中脂性食品，这种早餐组合的油脂量明显超标，不宜长期使用。早餐一定要有蔬菜或者水果，豆浆加油条的吃法最好少吃，一星期不宜超过一次，而且当天的午、晚餐必须尽量清淡，不要再吃炸、煎、炒的食物，并多补充蔬菜。

（4）零食早餐：各种零食，如雪饼、饼干、巧克力等。很多人都在家里放一些零食储备，以备不时之需。而早上起来后，时间不是很充裕，就往往顺手拿起零食做早餐了。平时肚子饿了吃点饼干、巧克力等零食是可以的，但是用零食充当每天三餐中最重要的早餐，那就非常不科学。零食多数属于干食，对于早晨处于半脱水状态的人体来说，是不利于消化吸收的。而且饼干等零食主要原料是谷物，虽然能在短时间内提供能量，但很快会使人体再次感到饥饿，临近中午时血糖水平会明显下降，早餐吃零食容易导致营养不足，导致体质下降，容易引起各种疾病入侵。不宜以零食代替早餐，尤其不要吃太多的干食，早餐食物中应该含有足够的水分。如果当天的早餐太干可以加上一根黄瓜与蔬菜。

（5）运动型早餐：路边购买的早餐，边走边吃，手动，脚动，嘴动，全身运动……上班一族的早晨都是在匆忙中度过的，尤其是住处离单位远的，早餐往往都在路上解决。小区门口、公交车站附近卖的包子、茶蛋、肉夹馍、煎饼果子等食品，是他们的第一选择，买上一份，就边走边吃……边走边吃对肠胃健康不利，不利于消化和吸收；另外，街头食品往往存在卫生隐患，容易病从口入。如果选择街边摊食品做早餐，一是要注意卫生，二是最好买回家或者到单位吃。尽量不要在上班路上吃早餐，以免损害健康。

（6）"营养"早餐：水果、蔬菜、牛奶等营养食物，就是缺了"营养价值不高"的主食。这类早餐一般很受女性欢迎，因为主食是热量的主要来源，而热量则是苗条女性与减肥人士的天敌。所以，各种高营养的食物都要吃，而热量则要减少。很多人都错误地认为主食仅仅提供热量，跟营养挂不上钩，其实碳水化合物也属于营养的范围，而且对人体极为重要，因为没有足够的热量供给，人体就会自动分解释放热量，长期不吃主食，会造成营养不良，并导致身体各种功能的削弱。另外，酸奶和西红柿、香蕉、梨、李子、杏等口味上呈酸性的水果和粗纤维的水果，都不宜空腹食用。应该增加面包、馒头等主食，这类谷类食物可以使人体得到足够的碳水化合物，还有利于牛奶的吸收。

（十）如何速配营养早餐

当我们越来越关注自己和家人的身体健康时，早餐已经不再像从前那样受到冷落。不过，在清晨匆匆忙忙的时间里，既想让早餐营养方便，又要每天都不雷同，确实是个大课题。下面介绍5种速配营养早餐食谱供参考。

（1）一袋小馒头，一瓶豆浆，一袋豆腐干，一个咸鸭蛋，一个鲜橙。取两个小馒头加热，咸鸭蛋切两半，食用其中一半，取豆腐干50克盛在盘里，鲜橙切开，搭配250毫升豆浆一起食用。

（2）一袋全麦面包，一袋香肠，一盒酸奶，一个鸡蛋，一根黄瓜。取全麦面包两至三片；一个鸡蛋煮熟；再取1/2根黄瓜切成小条并加少许盐；配一根香肠；饮用200毫升酸奶。

（3）一袋汉堡面包，一盒奶酪，一瓶果酱，一袋早餐奶，一袋营养麦片，一个猕猴桃。一个汉堡面包横切两半，抹一小匙果酱，中间加两片奶酪；一个猕猴桃切片，加在面包中或直接食用均可。牛奶倒入杯中加适量营养麦片饮用。

（4）一袋三明治面包，一瓶肉松，一瓶花生酱，一袋早餐奶，一个西红柿。取两片三明治面包，在一片上抹一小匙花生酱，在另一片上抹约20克肉松，将一个番茄切片加在中间食用即可。牛奶饮用量为250毫升。

（5）一袋豆沙包，一瓶豆浆，一小坛腐乳，一个鸡蛋，一个苹果。取两个小豆沙包加热，一个鸡蛋煮熟，取腐乳少量，与豆浆、苹果搭配一起食用。豆浆饮用量为250毫升。

（十一）如何选择清爽而营养的早餐

"一日之计在于晨"，早餐在一日三餐中的重要性便可想而知了。你需要在早餐中摄入一天中30%的热量和足够的蛋白质，蛋白质可使你集中注意力并使你精力充沛。

（1）多喝绿茶，少喝咖啡。由于绿茶含有苯酚、栎素、儿茶酸等物质，因此它可以保护心脏、抗肺癌、胃癌、肠癌和食管癌。而咖啡不但会使血压升高，还会增高血液中胆固醇的含量，所以你每天只能喝1~2杯咖啡。

（2）涂过黄油的全麦面包营养丰富，可以促进人体吸收矿物质并且还可预防结

（3）用豆浆冲煮燕麦片粥：豆浆中蛋白质的含量丰富而且其中的乳糖可以防治白内障；而燕麦则可以防治心血管病。

（4）酸奶（天然或杏仁及果仁酸奶）。酸奶可以提高你的免疫力，防治传染病和腹泻，以及增加钙质。杏仁、桃仁等果仁可以增加镁的含量。

（5）水果（杏、李子、芒果、桃、草毒等水果）、蔬菜或其鲜榨汁（橘子、杏、桃、西红柿、胡萝卜等的鲜榨汁）。这些水果及蔬菜中高含量的维生素 B 和维生素 C 可以增强你的记忆力，令你注意力集中并减轻你工作学习中的压力。

（十二）早餐不能长期吃干食

清晨，总会看到一些上班族拿着面包、糕点或饼干等干粮匆匆忙忙边走边吃。医学专家提醒人们，长期这样吃"干食"，会降低体力和脑力，导致身体抵抗力降低，容易患病。

清晨起床后，人的胃肠功能尚未由夜间的抑制状态恢复到兴奋状态，消化功能也较弱。这时吃一些"干食"，不但难以吞咽，而且早晨人体脾脏呆滞、胃津不润、各种消化液分泌不足，此时对食物的消化和吸收都不利。人经过一夜睡眠，从尿、皮肤、呼吸中消耗了大量的水分，清晨已处于半脱水状态。早晨应吃富含水分的食物或餐前适量喝些温开水、豆浆或热牛奶之类的液体。这样既可及时弥补体内缺水状况，有利胃肠消化，使机体的新陈代谢恢复到旺盛状态，又有利于白天的工作和学习，还能有效预防某些心脑血管疾病的发生。

早餐应吃热食，才能保护好胃气。如果吃冷的食物，必定使体内各个系统更加萎缩、血流更加不畅，日子一久，就会伤胃气，使身体的抵抗力降低。早餐，应该是足够的热稀饭、热牛奶、热豆浆，然后再配吃蔬菜、面包、三明治、水果、点心等。

（十三）白领的午餐四不宜

（1）求速度。白领中午休息时间很短，最少的只有半个小时。就这一点时间，许多人还没有充分地利用起来，宁可缩短吃饭时间去打牌、聊天。

（2）减肥少食。不知道从何时起，男人也开始注意减肥，但又没有专门的营养师提供科学节食的方法，长此以往使胃长期得不到运动，造成功能退化，这在男性危害尤为严重，因为一个不可否认的事实就是，男性每天要比女性消耗更多热量。

（3）营养搭配不当。白领饮食最大的问题还是来自营养方面的。目前的快餐食品以煎炸食品为多，品种少，营养不全面。盒饭虽然品种较多，但是烹制方法不科学，而且许多摊主为了节约成本，不会提供最新鲜、时令的荤素菜。

（4）饮食不规律。白领的午餐问题还表现在饮食不规律上。白领工作比较忙，午餐时间不固定，没事的时候早一点吃，有事的时候拖到下午，甚至不吃。这是导致胃病的主要原因。所以，建议把午餐时间固定下来。

（十四）如何选择清淡素食的晚餐

与早餐和中餐相反，晚餐则要有充足的碳水化合物以保证好的睡眠。因此，晚餐宜清淡，因为油腻且难消化的食物会加快新陈代谢，升高体温从而促进人体的衰老。

（1）清水、一杯红葡萄酒、全麦面包、生菜沙拉以及蔬菜汤。

（2）面条、米饭、烤土豆或玉米粥等，这些富含碳水化合物的食物可以起到安眠的作用。

（3）豌豆、蚕豆等豆类，富含钾可以降胆固醇。豆腐，大豆的营养丰富，可以治疗骨质疏松等许多病症。

（4）酸奶（天然或杏仁、果仁）、水果沙拉或干果。

（十五）都市人的晚餐注意事项

繁忙的都市人，早餐、午餐"随便吃"，所有的亏空就等晚餐补了。那么，如何吃晚餐更有利呢？

晚餐早吃是医学专家向人们推荐的保健良策。研究表明，晚餐早吃可大大降低尿道结石病的发病率。人的排钙高峰期常在进餐后4~5小时，若晚餐过晚，当排钙高峰期到来时，人已上床入睡，尿液便潴留在输尿管、膀胱、尿道等尿路中，不能及时排出体外，致使尿中钙不断增加，久而久之，逐渐扩大形成结石。所以，晚上6点左右进晚餐较合适。晚餐吃素可防癌，晚餐一定要偏素，以富含碳水化合物的食物为主，而蛋白质、脂肪类吃得越少越好。

在现实生活中，由于大多数家庭晚餐准备时间充裕，吃得丰盛，这样对健康不利。晚餐时吃大量的肉、蛋、奶等高蛋白食品，会使尿中的钙量增加，一方面降低了体内的钙贮存，诱发如儿童佝偻病、青少年近视和中老年人骨质疏松症；另一方面尿中钙浓度高，罹患尿路结石的可能性就会大大提高。另外，摄入蛋白质过多，人体吸收不了就会滞留于肠道中，会变质，产生氨、吲哚、硫化氢等毒质，刺激肠壁诱发癌症。

如果脂肪吃得太多，可使血脂升高。晚餐经常吃荤食的人比吃素者的血脂要高2～3倍。碳水化合物可在人体内生成更多的血清素，发挥镇静安神的作用，对失眠者尤为有益。晚餐适量睡得香，与早餐、中餐相比，晚餐宜少吃。晚间无其他活动，如进食时间较晚，且吃得过多，就会引起胆固醇升高，刺激肝脏制造更多的低密度与极低密度脂蛋白，诱发动脉硬化。长期晚餐过饱，反复刺激胰岛素大量分泌，往往造成胰岛素细胞提前衰竭，从而埋下糖尿病的祸根。

此外，晚餐过饱可引起胃胀，对周围器官造成压迫，胃、肠、肝、胆、胰等器官在餐后紧张工作会传送信息给大脑，引起大脑活跃，并扩散到大脑皮质其他部位，诱发失眠。

（十六）中老年人的晚餐不能太丰盛

（1）丰盛的晚餐是使人发肥，并发高血压、高血脂、心脏血管疾病的主要因素之一。晚餐丰富，吃得过饱可使人体的血糖、血中的氨基酸及脂肪的浓度增高，使胰岛素大量分泌，而人在夜间一般活动减少，热能消耗低，多余的热能在胰岛素的作用下合成大量的脂肪并附着在器官与组织上，逐渐积蓄而胖起来。因此中老年人的晚餐应以清淡为好，量要适当，可以说少吃晚餐是减肥最有效良方。丰盛的晚餐大多肉类过多，不但增加了胃肠负担，还使血压升高，加上入睡后血流速度大大减慢，大量血脂会沉积在血管壁上，久之导致高脂血症、动脉粥样硬化、血黏度增加，易形成血栓而发生脑血管疾病。与吃素的人相比，其血脂一般要高出2～3倍。对于已患有高血压或肥胖者其血压会更高，甚至发生血管破裂而忽然死亡。

（2）丰盛晚餐是导致冠心病、心肌梗死的罪魁祸首之一。丰盛的晚餐摄入蛋白质、脂肪等高营养食物过多时，可引起血液中胆固醇的明显升高，刺激肝脏制造有害蛋白，把过多的胆固醇运载到动脉壁上，形成粥样硬化和堵塞，成为诱发动脉粥样硬化性心脏病、心肌梗死的主要因素。

（3）丰盛晚餐是形成尿路结石的主要原因。尿路结石的发生，与晚餐吃得太晚有关。因为尿结石的主要成分是钙，而食物中的钙除被肠壁吸收利用一部分外，多余的钙全部从尿中排出，人的排尿高峰一般在饭后4～5小时之间，如晚饭吃得太晚，饭后不及时排出体外，因此尿路中含钙量不断增加，久而久之就会形尿路结石。

（4）丰盛的晚餐是引起大肠癌的因素之一。丰盛的晚餐进副食太多，活动量又小，使一部分蛋白不能消化；同时有一部分已被消化分解的产物也不能吸收，这些剩余物质在肠道内受厌氧菌的作用，会产生胺酶、氨及吲哚等有毒物质，这些毒素不但加重肝肾的负担，而且对大脑有毒性作用，又因睡眠时肠蠕动减少，相对增加了毒素在肠内存留的时间，这也是引发大肠癌的因素之一。

（5）丰盛晚餐引起猝死的主要原因之一。人们经常可以听到这样的消息"某某人，昨晚忽然死了"，晚餐可引起猝死，听了吓人！可真有不少中老年人夜间猝死，又查不出原因，还引出了不少误会。其实，中老年人如晚餐吃得过好、过饱，或酗酒，很容易诱发急性胰腺炎，使人在睡眠中休克死亡。根据医学资料记载，在猝死病例中因胰腺炎而猝死的占 30% 左右。

（十七）吃宵夜的习惯好不好

近日，医学专家对 30 ~ 40 岁年龄组的人进行饮食状况研究发现，在胃癌患者中，晚餐时间无规律者占 38.4%。

胃黏膜是覆盖在胃全部内表面的一层组织，含有不同的分泌腺体，是一个复杂的分泌器官，但胃黏膜上皮细胞的寿命很短，2 ~ 3 天就要更新再生一次，而这一再生修复过程一般是在夜间胃肠道休息时进行的。如果经常在夜间进餐，胃肠道在这段时间内也就不能很好地休息和调整，胃黏膜的再生和修复就不能顺利地进行。此外，吃过夜宵再睡眠时，食物较长时间在胃内停留，可促进胃液大量分泌，对胃黏膜造成长时间的刺激，久而久之，导致胃黏膜糜烂、溃疡，抵抗力减弱。如果食物中含有致癌物质，如油炸、烧烤、煎制等食品，长时间滞留在胃中，更易对胃黏膜造成不良影响，进而导致胃癌的发生。

第四节　不同年龄段的饮食养生

（一）婴儿期的饮食有什么特点

从胎儿出生后到产后 28 天内为新生儿期。新生儿开始独立依靠自身消化系统负担本身的营养。此期全身各系统的功能从不成熟过渡到初建和巩固，此时，新生儿胃容纳量为 30 ~ 60 毫升，消化功能弱，吃到胃内的奶液需要 3 ~ 4 小时才能被消化。

婴儿期为出生后 28 天到 1 周岁。这个时期为小儿出生后生长发育最迅速的时期，各系统器官继续发育和完善，因此需要摄入的热量和营养素，尤其是蛋白质特别高，如不能满足，易引起营养缺乏。但此时消化吸收功能尚不够完善，与需要摄入高的要求产生矛盾，易发生消化与营养的紊乱，提倡母乳喂养和合理的营养指导十分重要。

母乳喂养可提高婴儿的免疫能力，增加婴儿对疾病的抵抗力。

婴儿的健康是一生健康的基础，因此，婴儿的营养必须予以重视。母乳是婴儿摄取营养的主要来源，是哺喂婴儿最好的食品，婴儿增长每千克体重需要进食128～210克母乳：若婴幼儿体重增加达不到标准，可能是因为母乳供给不足。若营养不良，会影响生长发育，出现体形矮小、瘦弱、畸形等，造成终生难以纠正的后遗症。

同时，这一时期由于婴儿活动范围小，食物营养丰富，如果对进食不加控制，婴儿就会因营养过度而肥胖。此为儿童肥胖的第一个高峰期。到两三岁后，可以逐渐恢复正常体形，但也有一直持续到成年的。

母乳具有营养丰富、全面、比例适合、利于消化吸收的优点。母乳所含蛋白质为人体蛋白质，不易引起过敏，母乳所含蛋白质、脂肪、糖类三大营养素的比例适当。初乳是最为宝贵的营养品，含有丰富优质蛋白、乳糖、脂溶性维生素、胡萝卜素、铁、锌、锗、硒等，并含有特殊的生长因子，不仅能为婴儿提供宝贵营养，还能促进婴儿小肠发育，提高消化吸收能力，具有预防过敏的作用。

（二）断奶时的饮食注意事项

断奶是由喂养母乳转变为以食物来供给婴儿的营养。断奶期的孩子胃肠道消化功能较弱，应当科学安排婴儿断奶期的膳食。断奶季节以春季最佳，此时温度适宜，婴幼儿最易适应。断奶期若巧遇炎热夏天，应延至秋天为好。断奶应避开冬季，此时断奶改变孩子的饮食习惯容易生病，对婴儿健康发育不利。

给婴儿断奶应掌握好时机，婴儿在8～12个月大时，为断奶最理想的时期，此期喂养如能满足婴儿营养的需要，小儿就能健康成长；如果营养缺乏或不全面，食物调配不适宜，就会影响其生长发育，出现生长缓慢，体质不佳，智力发育不好，易患各种营养缺乏病，易感染传染病。断奶期的食品应该营养全面、品种多样、合理搭配，而且是易于消化吸收、新鲜细嫩、安全卫生的。断奶食品不仅要有粮食食物、高蛋白食品，还要有辅助食品，如西红柿汁、菜汤、水果汁、青菜、蛋花粥、芝麻花生粥、枣泥粥等，以杂食取得全面营养。

断奶应采取循序渐进的方法。断奶是在逐渐培养婴儿学会和习惯吃各种食物的情况下自然形成的，因此，断奶需要有准备及适应的过程。断奶开始用辅助食物代替，由部分代替到全部替代母乳；由流质（牛奶、稀粥）逐步转变为浓缩的半流质到固体食物，即开始每日保留喂奶1~2次，其他时间可喂牛奶、代乳品等，随着婴儿月龄增加，再加大食品喂养的数量和次数，一般经过2—3个月后，婴儿的胃肠消化功能就可适应新的食物，直到完全断奶。

断奶期的进食应由少到多，一般一日由5~6次逐步过渡到4~5次，即由少量多餐逐步过渡到量多餐次少，逐步加量。在品种上由一种到多种，适应一种，再改换另一种，逐步适应，逐步更换，由单一品种转变到多品种混食，既要防止品种单调形成偏食，又要防止品种过多转变过快而引起消化不良。此期如果喂养不当易形成营养性消瘦。对断奶期的婴儿要按时适量喂养，防止过饥过饱，也切不可见婴儿一哭闹就给食物吃，以免引起消化不良。

（三）给婴儿授乳的技巧

有的新妈妈在抱着软绵绵的初生婴儿时，心情紧张，导致血液无法顺畅地流到乳房，流出来的乳汁自然不够，因此，哺乳时应该保持一个轻松的心情。

在抱婴儿授乳时，为了迁就婴儿吮吸乳汁，长时间低头、缩肩或弯腰，导致颈项、肩膀或腰部酸痛。

其实，授乳的姿势，无论是坐着或躺着，除了要让婴儿轻易吮吸乳汁，母亲也应该感觉舒服才对。如果多次尝试还找不到适合的姿势，市面上有一些可以帮助母亲以舒适姿势来授乳的哺乳垫，不妨一试。

如果乳汁量少的话，更应该多让婴儿吮吸乳房，因为，婴儿的吮吸动作，会刺激乳房出奶，这称为"条件反射"。

如果婴儿长期吮吸、拉扯乳头的话，乳头会皲裂或损伤，造成疼痛，因此，正确的做法是把整个乳头和乳晕都放在婴儿的嘴里。如果乳头破损，再与衣物摩擦，会感到疼痛，也会减缓复原的速度。面对这个问题，母亲可用护乳垫来保护乳房，不过，一般护乳垫是棉制的，容易黏住乳头，取下时，万一用力不当，反而容易弄伤乳头，因此，使用时应特别加以注意。

有的新妈妈认为自己的身体好，在坐月子期间，家务下厨样样事情自己来做，缺乏精力造奶，乳汁自然会少，因此，哺母乳的母亲最好获得家人的协助和配合，尽量争取时间，好好休息，保留精力为婴儿提供充足和优质的母乳。

授乳消耗母体大量热能，因此，母亲应该摄取含较多热量和蛋白质的食物。

（四）幼儿期的饮食有什么特点

幼儿生长发育速度虽较婴儿时期较减慢，但仍相当迅速。此时正在长牙，但牙齿尚未出齐，咀嚼能力差，胃肠道蠕动及调节能力较低，各种消化酶的活性远不及成人。加上处于断母乳转变为主食的膳食过渡阶段，更应注意保证各种营养素及热量的适量供应，否则将导致幼儿生长缓慢、停滞，甚至营养不良。据调查，营养不良的儿童多发生在 2～3 岁之间，所以对低龄幼儿的膳食营养安排应予以足够的重视，而且孩子的膳食习惯和嗜好都在此时养成，这一阶段给孩子培养良好的膳食习惯是非常重要的。

幼儿早餐应干稀搭配，主食可安排小馒头、小花卷、鸡蛋等，稀食可安排牛奶、稀粥、豆浆等。营养量占全天营养量的 25%～30%。午饭要丰富一些，主食可吃米饭、馒头、饺子、面条。副食可加适量的肉、动物肝、青菜。饭后可喝些骨头或青菜汤。营养量占全天营养量的 35%。晚饭以面食为主，要安排一些脂肪较少、易于消化、幼儿喜欢吃的饭菜：少吃油炸食品和甜食。营养量占全天营养量的 30%～35%。在两餐之间加一些水果，但不要过多，午点占全天营养量的 5%～10%。

正常幼儿每日总热量的需求为每千克体重 420 千焦，而且各种供能营养之间应保持平衡，蛋白质、脂肪、糖类三者含量的合理比值十分重要，其中蛋白质供给的热量应占总热量的 12%～15%，脂肪占 25%～35%，糖类占 50%～60%。脂肪是体内重要的供能物质，有利于脂溶性维生素的吸收。幼儿脂肪代谢不稳定，储存的脂肪易于消耗，若长期供给不足，则易发生营养不良、生长迟缓和各种脂溶性维生素缺乏症。

幼儿需要的蛋白质相对较成人多，而且要求有较多的优质蛋白质，因为幼儿不但需要利用蛋白质进行正常代谢，而且还需要用它来构成新的组织，所以蛋白质是幼儿生长发育的重要营养素、幼儿每日每千克体重需要供给蛋白质 3～3.5 克。

（五）幼儿营养保健膳食要注意什么

幼儿期要选择细、烂、软的食品，食物要多样化，各种营养素要合理搭配，应由一种到多种添加食物，从少量过渡到多量添加食品，注意营养调理。

幼儿的膳食形式由固体食物逐渐取代流质、半流质食物，种类也由乳类逐渐扩大到粮食、果蔬、禽、蛋、肉类等混合性食物。牛奶供给由每日 500 克逐渐减少，1 岁半后以一日 250 克为宜，每日瘦肉 25～50 克，鸡蛋 1 个，动物肝脏或血每周 1

~3 次，豆制品一日 25 ~ 50 克，粮食 120 ~ 150 克，蔬菜与粮食大致基本相同或略高一些。2 岁后，动物性食品和豆制品可增加 25 克，粮食可添加 50 克左右，适量植物油的摄入有利于幼儿大脑的发育。

另外，幼儿膳食还要注意烹调方法，要适合幼儿的消化功能，即软、细、烂、嫩，并注意干稀、甜咸。荤素之间的合理搭配，做一些色、香、味、型兼备的诱人食品，提高幼儿食欲。

养成不挑食的好习惯，进餐时，小要分散幼儿的注意力，让幼儿一心一意吃好饭，防止因喂养不当而造成的幼儿肥胖或营养不良。每餐间隔最好 3.5 ~ 4 小时左右，食量要固定。吃饭时精神要集中，不要边吃边玩，避免食物不能很好地消化吸收。

（六）学龄前儿童的饮食有什么特点

学龄前期小儿的膳食可以和成人基本相同。但营养供给量仍相对较高。热量每日每千克体重需 377 千焦，每日需要 5 858 ~ 7 113 千焦。各年龄儿童需要差异较大，因此热能的供给要适量，同时各种营养素的分配也必须平衡。蛋白质供给量较婴儿期稍低，每日每千克体重供给 2.5 ~ 3 克，一般每日供给量 50 ~ 55 克，占总热能的 10% ~ 15%，且应注意蛋白质的质量，及所含氨基酸的组成。脂肪主要供给热能和脂溶性维生素，供给热能应占总热能的 25% —30% 糖类约占总热能的 60% ~70%，应注意品种多样化，粮食摄入量逐渐增多，成为能量的主要来源。

维生素 A 供给量为每日 500 微克，多选肝、鱼肝油、奶类与蛋黄类食物；维生素 B_1 每日 0.8 ~ 1.0 毫克，广泛存在于肝、肉、米糠、豆类和硬壳果中；维生素 B_2 容易缺乏，每日供给 0.8 ~ 1.0 毫克，多存在于动物内脏、乳类、蛋类及蔬菜中：维生素 C 每日需要 40 ~ 45 毫克，主要在山楂、橘子等新鲜水果蔬菜中含量丰富，维生素 D 在鱼肝油、蛋黄、肝中含量较高，矿物质中的钙、磷、铁及碘、锌、铜等微量元素均应摄入足够，以保证骨骼和肌肉的发育。

应根据这一时期儿童生理心理发育的特点、营养素的需要量，安排平衡的膳食保证全面的营养供给，以促进儿童健康成长。

选择富含优质蛋白质、多种维生素、粗纤维和矿物质的食物，多吃时令蔬菜、水果。

配餐时要注意粗细粮搭配、主副食搭配、荤素搭配、干稀搭配、咸甜搭配等，充分发挥各种食物营养价值上的特点及食物中营养素的互补作用，提高其营养价值。

少吃油炸、油煎或多油的食品以及刺激性强的酸辣食品等。

经常变换食物种类，烹调方法多样化、艺术化，饭菜色彩协调，香气扑鼻，味道鲜美，可增进食欲，有利于消化吸收。

享受更多种类美食，每天最好能吃20种以上的食物。

每天要提供3个品种的主食，摄入量在300～500克左右，不要长时期食用过于精细的大米、白面，应时而食用糙米、小麦麸皮和各种杂粮，以增加B族维生素和其他营养素的供给。

每周吃50克动物肝脏，动物蛋白与大豆蛋白的供给量应占蛋白质总供给量的1/3～1/2，动物蛋白要占优质蛋白的1/2以上。我国膳食结构以植物性食物为主，每人每周最好要摄取50克左右的动物内脏，特别是肝脏，以保证维生素A、B族维生素和矿物质的供给。

饮食中做到酸碱平衡，粮谷类和动物性食物在生理上均呈酸性反应，必须摄入足够量的在生理上呈碱性反应的蔬菜、水果，才能保持饮食的酸碱平衡，防止发生饮食性酸中毒。食用足量的蔬菜、水果，还可保证膳食中食物纤维的含量。

蔬菜品种多样，有色蔬菜和叶菜类要占50%左右，才能提供数量较多的维生素C、胡萝卜素和相当量的钙、铁等矿物质，由于蔬菜的维生素C在烹饪中损失比较严重，故每天要食用1～2个品种的水果200克以上，每周应食用50克以上的菌藻类食品和200克以上的硬果类食品，以提供多样的维生素和矿物质。

每天要摄取一定量的优质植物油，才能保证必需脂肪酸的供给。动物脂肪要严格控制，否则会摄入过多的饱和脂肪酸三酰甘油和胆固醇，导致心血管系统的疾病。

新鲜、多样比贵更重要，对食品的选择，重要的是新鲜、多样，而不是名贵、稀罕。食品价格的形成与许多因素有关，如栽培、养殖和生产的成本、流通的成本、供给量和需求量之间的矛盾和平衡等，高价食品主要原因多半是物以稀为贵：其实从营养价值的角度看，有些价格令人咂舌的山珍海味、飞禽走兽，其营养价值还不如鸡蛋、瘦肉，甚至连豆腐丝都比不上。

（七）学龄前儿童营养保健膳食要注意什么

3—6岁的儿童大多正在读幼儿园，这阶段的孩子身体发育相比较3岁以前，发育速度相对减缓，但是比后期发育还是要快得多，在3～6周岁这个阶段，儿童的身高年增长 4~7 厘米，体重年增加 4 千克左右。这个时期由于儿童的各项生理的发育速度很快，因此新陈代谢比较旺盛，但是由于身体的生物机体的机能发育还不成熟，对外界环境的适应能力以及对疾病的抵抗能力都较弱。

幼儿进食应养成不需成人照顾的好习惯，定时、定点、定量进食，注意饮食卫生，并尽量让幼儿有挑选食品的自由，使其对食物充满兴趣、同时避免养成吃零食、挑食、偏食或暴饮暴食、饥饱不均等坏习惯。

这时期的膳食要求与成人基本相同，仅主食中粮食的摄取量较成人为少：各种食物都可选用，但仍不宜多食刺激性食物，应注意膳食平衡，花色品种多样化，荤素菜搭配，粗细粮交替。烹调须讲究色香味，以引起幼儿兴趣，促进食欲。食品的温度适宜，软硬适中才易为幼儿接受。

每日三餐进食主食如米饭、面食等 125~250 克，荤菜应食蛋 1 个，鱼、肉、肝类 100~125 克，豆浆或牛乳 1 瓶（200~250 克），水果 1~2 个，蔬菜、鲜豆 100~200 克，外加豆腐等豆制品 50~100 克，除主餐外，可于下年加点心一次，以补充能量不足。学前儿童如饮食安排不当易患营养缺乏症，如缺铁性贫血、锌缺乏症、维生素 A 缺乏、营养不良等疾病；营养不平衡所致的肥胖症等。此期也要注意预防。

（八）学龄儿童的饮食有什么特点

学龄儿童为 7~12 岁，此年龄的儿童一般都在读小学。童年期儿童体重每年可以增加 2~2.5 千克，身高每年可以增加 4~7.5 厘米，身高在这一阶段的后期增长快些，故往往直觉地认为他们的身体是瘦长形的。此期儿童体格维持稳步增长，智力发育迅速，除生殖系统外的器官，各系统逐渐发育接近成人水平。

这个阶段的后期会出现第二次生长发育高峰，而进入青春期的开始。对营养的特点要充足，供生长发育及参加学习、体育、劳动等各种活动所需，并提高体力、脑力活动效率，增进健康。7 岁开始每日需总热量为 8368 千焦。每日所需总热量中的 12%~14% 来源于蛋白质，10%~20% 来源于脂肪，60%~70% 来自糖类。

这一时期儿童仍处于生长期，对营养素与能量的需求随年龄而渐增，后期随生长加速增加显著：一般情况下，男孩子的食量不低于父亲，女孩子不低于母亲。

童年期儿童较常见的营养问题有缺铁性贫血，以及维生素 A、B 族维生素缺乏、钙、锌缺乏等，以及营养不良与由饮食不平衡导致的超重、肥胖。应该让孩子吃饱和吃好每天的三顿饭，尤应把早餐吃好。应该引导孩子饮用清淡的饮料，控制含糖饮料、碳酸饮料和糖果的摄入，养成少吃零食的习惯，预防龋齿、营养不良等营养问题。

也有部分儿童因偏食而导致蛋白质缺乏，当蛋白质质量和数量不够理想，维生素供应不足、膳食不平衡致热量不足、蛋白质摄入量偏低和质量偏差。长期下去，就会消瘦，体质差，消化系统的功能易紊乱，出现不良循环。

童年期的生长发育逐渐减慢，至小学高年级时又进入人生第二次生长发育加速期。此时智力发育迅速，学习紧张，体力劳动增加，故对营养要求仍较高，尤其是小学进入生长突增期，对营养要求更高。

（九）学龄儿童营养保健膳食要注意什么

膳食的多样化和合理平衡，并保证足够的量。根据季节及供应情况做到主副食粗细粮搭配，荤素、干湿适宜，多供给乳类、豆类制品，保证钙的供应充足。

适当安排餐次，除三餐外应增加 1 次点心。三餐能量分配可为早餐 20% ~ 25%，午餐 35%，点心 10% ~ 15%，晚餐为 30%。早餐必须丰富质优，不仅吃饱还要吃好。如早餐营养供给不足，第二节课后会经常出现饥饿感，影响集中精力学习。一般宜供给一定量的干食，如面包、蛋糕、包子之类，最好能吃到一定量（50 ~ 100 克）的荤食，如一个鸡蛋、一瓶牛奶或豆浆等，此外，还可增加课间点心，以便供给充分的营养素和能量，利于脑力活动。午餐也应受到充分重视，学校或家庭如能为孩子提供质量好的午餐，对提高孩子身体素质、生长发育有极大作用。但从营养学角度考虑，晚餐不宜油腻过重，吃得过饱会影响睡眠、休息，抑制生长激素分泌。

培养良好的饮食习惯，注意饮食卫生。应自幼养成不挑食、不偏食、不多吃零食等习惯，否则对孩子生长发育有很大影响。

改变饮食习惯按照食谱进食。做到早上吃好，中年吃饱，晚上吃少的原则。坚决少吃零食，少喝饮料。

在开始执行食谱配方上面，要多和小孩交流思想，让小孩对食谱提出自己的意见，要让小孩自己乐意吃做出来的饭。

做菜过程中尽量做到营养少流失，先洗后切，急火快炒的原则。做出来的菜色的色香味能引起孩子的食欲。

在给偏食的儿童做菜时，要避开他们不爱吃的食物及不易消化的食物。

（十）青春期孩子的饮食有什么特点

青春期特征以骨骼生长、肌肉增强、大脑组织结构完善及性发育成熟最为突出，也是身高迅速生长，特别是体重增加更为显著的时期。

孩子进入青春期后，生长发育的速度又达一高峰。这一阶段的孩子机体对能量和营养需要比成人高出25%～50%。

食物中含有人体所需的各种营养成分，但每种食物的营养成分及其数量差别很大，一般来说，米、面等主食中含糖类较多，蔬菜、瓜果中含各种维生素、矿物质较多，鱼、肉、蛋、牛奶、大豆含蛋白质和脂肪多一些。三餐热量的合理比例是：早餐约30%、午餐约40%、晚餐约30%。蛋白质、脂肪、糖类的比例应分别占总热量的12%～14%、20%～25%、55%～60%。

糖类的主要功能是供给人热量。一个成年人每天需要的热量中有20%用于大脑，青春期孩子需要的热量比成年人更多，除满足能量消耗外，更重要的是用于脑组织的补充和修复，糖类的主要来源就是米饭和面食。

每日膳食中蛋白质的供给量，青春期男性为80～90克，女性为80克。饮食中蛋白质主要来源于动物性食物、粮食和大豆。蛋白质也不是摄入越多越好，因为食物中多余的蛋白质都会转化为热能散失掉，或转变为脂肪贮存起来，大量氮转化为尿素排出体外，还会加重肾脏的负担。

脂肪产热量要比糖类、蛋白质高出一倍。脂肪能促进脂溶性维生素的吸收，供给人体需要的必需脂肪酸。

维生素有利于青少年身体发育，增强抵抗力，促进新陈代谢，帮助消化与吸收人体所需要的各种营养。人体所需要的维生素绝大部分来自蔬菜和水果。

发育成长中的青少年矿物质需要量特别大。钙和磷是造骨成齿的主要原料。铁构成红细胞，缺少了就会造成贫血。含钙丰富的食物有：豆类、蛋类、牛奶等。含磷丰富的食物有：豆类、马铃薯、谷类等。含铁丰富的食物有：动物性食品、豆类、菠菜等。人体对动物性食物铁的吸收率高于植物性食物。

青春期孩子身体的需水量要比成年人多7%左右。饮用足够的水，有益于消化，可调节体温，滋润皮肤，排出废物，促进身体健康成长。

（十一）青春期少女的营养需求是什么

女孩子进入青春期后，生理上将会发生巨大的变化。特别是12～17岁的少女，正值青春期的初期，此时身体变化极大，体重也会增加，其外观也有很大程度的改变。一般来说，身高要增长10厘米左右，体重增加7～8千克，除淋巴组织外，各个器官都要增大，月经要来潮，整个身体每天消耗的能量为成人的1.25倍。因此，青春期少女必须摄入大量的糖类，还必须摄取足够的钙、铁、维生素 A、硫胺素、核黄素、烟酸、抗坏血酸等。如果这一期间营养不良，少女便会出现身体矮小、推迟发育或发育不良、月经来迟，以至弱不禁风或呈现畸形。

马铃薯

青春期少女好动且成长迅速，因此必然对各种营养素的需求量有所增加，每日除需要充足的糖类以外，还应供应蛋白质 70～90 毫克、钙 1～1.5 毫克、铁 13～17 毫克，以及适量的维生素 A、维生素 E、胡萝卜素、维生素 B_1、维生素 B_2、尼克酸、维生素 C、维生素 D_3 及其他维生素和矿物质等。只有摄入足够的营养素，少女的机体生长才能得到应有的保证，否则会出现营养缺乏、发育不良等症状。但是，如果少女每日摄入的营养过多，那么，过多的营养就会转化为脂肪贮存在体内，从而使少女发胖，影响身体的均衡发育及形体美。

少女的饮食应该合理搭配，这样才能使身体均衡发育。在饮食上应当注意要粗细均衡、干稀搭配、豆米合食、菜肉搭配、豆制品及水产品合食，如此安排才能取长补短，提高营养素的利用率。少女在青春期应多吃些优质蛋白质，如奶酪、鸡蛋，还有小麦、玉米等。在这些蛋白质食物中，含有人体必需的氨基酸，且种类齐全、数量充足、比例合理，能促进少女的正常发育，提高其抗病能力。

青春期的少女骨骼生长迅速，特别需要补充钙和磷。应多食富含钙、磷的蔬菜、豆类、海产品及乳类。每天喝一杯牛奶或豆浆可获得较多的蛋白质和钙，也有利于防止少女晚发性佝偻病和骨质软化症。随着少女体格的增大，血容量也在扩增，因此必须供给大量的铁，用来制造红细胞，防止缺铁性贫血的发生，尤其是月经已来潮的少女，更要增加食物中的铁含量。当少女缺锌时，会影响其生殖器官的生长发育，必须每天从动物肝脏及豆类食物中摄入 7～18 毫克。碘缺乏时，会使少女甲状腺肿大，因此每天应多吃些紫菜、海带等海产品。其他矿物质及微量元素也应摄取足够的量，这样才能满足少女发育的需求。

少女们都希望自己皮肤健美、头发柔软黑顺。要达到这一点，除先天条件外，后天的饮食营养也十分重要。维生素 A 对皮肤大有益处，它多存在于鱼类、动物肝脏、乳制品、蛋类、胡萝卜和菠菜中。维生素 B_1、维生素 B_2 可以消除皮肤斑点、减少皱纹，它多存在于谷类、动物内脏、瘦肉、蛋类中。维生素 C 对骨骼、牙齿、肌肉及血管的发育都十分重要，它主要来源于各种青菜和水果。

(十二) 青春期男孩的营养需求是什么

男孩的青春期一般比女孩晚两年。青春期男孩在第二性征上的表现尤为突出，如：喉结开始凸出，声音变粗等。处于青春期的男孩，身高增长的幅度远大于同期女孩子的增长幅度，到 18 岁时，身高增长 20～25 厘米，到 20 多岁时，身高增长基本停止。在这期间，骨骼中的水分减少，矿物质沉积量增加，因此，青春期的男孩必须加强饮食营养，每日摄取足够的营养素，以确保能维持正常的生理机能和满足身体不断增长的需求。

青春期男孩要想有一个好身体，除了积极地参加体育锻炼外，还必须摄取充足的生长发育所必需的营养素，以满足机体的健康成长并维持正常的生理活动。这就需要多吃一些富含蛋白质的食物，以提供整个机体所需要的能量。据研究，13～15 岁的男孩，每人每天需要 85 克蛋白质，16～20 岁的男孩，每人每天需 100 克蛋白质。

摄取足量的胶原蛋白和弹性蛋白质。因为发音器官主要是由喉头、喉结和甲状软骨构成，这些器官是由胶原蛋白质构成的。声带也是由弹性蛋白质组成的。含有弹性蛋白质的食物有猪蹄、猪皮、蹄筋。

宜摄入富含 B 族维生素丰富的食物。维生素 B_1、维生素 B_2 能促进皮肤的发育，也有利于声音的发育。钙质还可以促进骨骼的发育。

应避免过多食用辛辣刺激性食物，如大蒜、胡椒粉、辣椒等，以防刺激声带黏膜，引起急、慢性喉炎和咽炎。

饮水可减少或清除喉腔的分泌物，从而减少细菌的滋生，有力地防止了咽炎的发生。此外，在变声期切勿大声呼喊、疲劳过度或睡眠不足，更不能情绪波动过大，以防咽喉充血，从而导致声带损伤。

(十三) 青春期学生的营养保健要注意什么

良好的生长和发育需要丰富的蛋白质作为基础，人体需要蛋白质来构成新的细胞和组织，以修补旧组织，合成各种酶和激素。缺乏蛋白质的人生长迟缓、抵抗力差，还容易贫血。常用来补充蛋白质的食品有乳类、蛋类、肉类和植物类蛋白。

由于体内各脏器在不断增大，功能活动在不断增加，新的组织在不断构成，因此人体就需要比童年时更多的热量。供给热量的主要来源是糖类，以及葡萄糖、果糖、蔗糖等，尤以葡萄糖最为重要。常用的食品包括谷类（米、面、高粱、小米等）、淀粉类（藕粉、菱粉等）、豆类、根茎类（马铃薯、红薯、芋头等）。

钙、磷是构成骨、齿的重要材料，人体99%的钙和80%的磷都集中在骨和牙齿中。含钙、磷丰富的食品有虾皮、虾米、黄豆、豆制品、蛋黄、芝麻酱、豇豆、橄榄、西瓜子、南瓜子、核桃仁等，还有各种乳制品、鱼、肉、干豆、硬果和粗粮。碘的供给也很重要，机体的新陈代谢需要足够的甲状腺素，而甲状腺素的分泌离不开碘。含碘丰富的食品有海带、紫菜、发菜、蚶、蛤、干贝、海蜇、龙虾、带鱼等。另外，铁和锌的补充也很重要。含铁丰富的食品有肝类、肉类、豆类、麦类、乌梅、番茄、水果等。含锌丰富的食品有谷类、豆类、麸皮、肝类、胰、鱼、肉类、蛤、蚌、牡蛎等。锌对性功能的健全也十分重要。

维生素A能促进机体生长发育，保持正常的视力，帮助骨骼钙化，促进生殖能力，维持上皮组织的健康。青春期正是学习十分紧张的时期，如果视力减退，就会影响学习。而润泽洁净的皮肤、明亮的目光，也都是青春美的特征。含维生素A或β-胡萝卜素丰富的食物有肝类、蛋黄、牛奶、鱼肝油、胡萝卜、番茄、红薯、橘子、金针菜、油菜、苋菜等。另外，维生素B_1、维生素C等也应补充。

（十四）20～30岁的青年人的饮食有哪些特点

20～30岁是人精力最旺盛、工作效率最高、最能发挥才能的时期：处于这个时期的人，从事社会劳动的量大、工种复杂，且身体状况正处在一个从旺盛到稳定的过程。这一时期青年人如果不注意饮食调理，日积月累，必然会导致体质下降、营养不良、健康恶化等问题。合理的营养与饮食对保证青年人以旺盛的精力投入工作以及维持健康、延缓衰老，都有着重要意义，因此，青年期的饮食营养至关重要。

三大热能营养素要求保持适宜的比例。饮食中糖类、脂肪、蛋白质三种营养素的含量最大，代谢过程中这三种营养素的关系也最为密切。

每日蛋白质需要量一般应为65～80克，在粮食里只含有较少量蛋白质，每天主食仅能供给30～40克。因此，副食应多吃些含优质蛋白质的食物，以动物食品和豆类食品为蛋白质的主要来源，如瘦肉、鱼类、蛋类、牛奶、豆制品等。这些食品能提供人体所需蛋白质、磷脂和胆碱，不仅可以满足青年人生长发育的需要，还可以保证智力发展的需要。但有的青年日常的蛋白质摄入量达不到推荐量，不仅存在蛋白质不足的问题，而且维生素和矿物质的摄入也不足，这些重要营养素的缺乏必将影响青年人的身体健康。

要有足够量的维生素 A、维生素 D 以及维生素 B$_1$、维生素 B$_2$、维生素 B$_{12}$ 及维生素 C 等。应多吃些含维生素丰富的食物，如粗糙谷物、蔬菜、水果等，每天要吃蔬菜 400～500 克，还应多吃绿色或橙黄色蔬菜和水果，因为这些食品富含胡萝卜素、维生素 B$_1$、维生素 B$_2$、维生素 C 等。

（十五）青年人的营养保健要注意什么

食物应多样化、营养全面、饮食平衡。每日应包括五大类基本食物，在各类不同品种的食物中进行科学调配，使其优势互补，并且所含营养素种类齐全、数量充足、比例恰当，所供给的热量和营养物质与青壮年的生理需求和劳动特点相适应，达到收支平衡，保持适宜体重。

食物的烹饪加工要合乎营养原则，适应季节特点。做到粗细搭配、荤素兼备、干稀适度。谷类为主食，多用豆制品、鱼类和新鲜蔬菜（其中深色、绿叶菜蔬占1/2），最理想的是每天饮适量牛奶以补充钙质，每周能吃 1 次动物肝脏以保证维生素 A 的供应。少用盐，不过分油腻。采取科学烹调，去除干扰营养素吸收利用的不利因素，尽量保存食物中的营养素，减少其损毁和流失。

合理的饮食制度、适时适量。餐次的安排应与消化器官的活动规律相协调，并与青壮年的工作劳动作息相适应，以维持其血糖浓度处于适宜水平而保持旺盛的精力，提高工作效率。全天能量和食物量应合理地分配于各餐中，原则是"早餐好、午餐饱、晚餐巧"，尤其要重视早餐和午餐的质量。

（十六）中年人的营养需求有哪些

中年人对蛋白质的需要量比正处于生长发育期的青少年要少，但对处于生理机能逐渐减退的中年人来说，提供丰富、优质的蛋白质是十分必要的。因为随着年龄的增长，人体对食物中的蛋白质的利用率逐渐下降，只相当年轻时的 60%～70%，而对蛋白质分解却比年轻时高。因此，中年人蛋白质的供应量仍应适当高一些。

能量的主要来源是糖类，如米、面、蔬菜等。不同性别及职业的中年人对能量的需要也不同，对于脑力劳动者来说，每日主食中要能满足身体的标准需要量即可。另外，可多吃蔬菜，因为增加食物中的纤维素，既可饱腹又可防治心血管疾病、肿瘤、便秘等。

中年人体内负责脂肪代谢的酶和胆酸逐渐减少，对脂肪消化吸收和分解的能力随年龄的增长而趋降低，因而限制脂肪的摄入是必要的，特别要控制动物脂肪的摄入量。

维生素 A、维生素 C、维生素 D、维生素 E 族是人体新陈代谢所必需的物质，中年人由于消化吸收功能减退，对各种维生素的利用率低，常出现出血、伤口不易愈合、眼花、溃疡、皮皱、衰老等各种维生素缺乏的症状，因而每日必须有充足的供应量，必要时应适当补充维生素制剂。

锌、铜、铁、硒等矿物质，虽然只占人体重量的万分之几，但它们是人体生理活动所必需的重要元素，参与体内酶及其他活性物的代谢。如果饮食合理，一般不会缺乏，但由于中年人消化、吸收能力较差，加之分解代谢大于合成代谢，容易发生某些微量元素的相对不足。如中年人对钙的吸收能力较差，若加上钙的排出量增加的话，便容易发生骨质疏松，出现腰背痛、腿痛、肌肉抽搐等症状，因此，就应多吃点骨头汤、牛奶、海鱼、虾及豆腐等富含钙的食物，预防骨质疏松。

水参与体内的一切代谢活动，没有水就没有生命。中年人应注意多喝水，有利清除体内代谢产物，防止疾病发生。

（十七）中年人的营养保健要注意什么

中年是人生创造财富的高峰期，中年人是社会及家庭的栋梁，是工作岗位上的中坚骨干。然而，中年也是病机四伏的年代。人到中年以后，各种生理机机能开始减退，大体上每增长一岁，减退 1%。中年人的身体从充满活力的青年阶段，开始转向衰退的老年阶段，体质状态、身体机能逐渐衰退，细胞再生能力、免疫功能和内分泌功能逐渐下降，心、肺、肾等内脏器官功能也不知不觉地减弱，不少人开始眼睛老花、头发灰白。

积极参加适宜的体育锻炼，合理安排饮食是最有效的保健方法。

从饮食方面讲，尤其要注意控制总热量，避免肥胖：要严格控制脂肪的摄入量，减少饱和脂肪酸的摄入，每天不超过 50 克。适量补充蛋白质，一般每天摄入 70～100 克，其中至少 1/3 为优质蛋白，如肉、鱼、蛋、奶等。糖类不宜过多，吃糖过多不仅容易肥胖，还会增加胰腺负担。要多吃新鲜蔬菜、水果，保证充足的维生素和纤维素的补充。要多进含钙丰富的牛奶、虾皮、海带等，以防骨质疏松等症的发生，要少盐，每天不得超过 6 克，以免引起高血压和脑血管疾病。

中年人饮食要有节制，应定时定量，以免引起消化功能紊乱而损害健康，要戒烟，它是诱发多种疾病的罪魁祸首。如果饮酒，要适量。中年人的饮食，除科学安排好一日三餐，并注意平衡膳食外，还应适当补充具有抗衰老作用的食物。

中年人由于脂肪组织逐渐增加，肌肉和活动组织相对减少，所以中年人每日摄人的热量应控制在 7 500 ~ 8 370 千焦。这样体重才能控制在标准范围内。中年人超重越多，死亡的概率就越大。据统计，40 ~ 49 岁的人，体重超过 30% 以上的，在中年期男性死亡率达 42%，女性死亡率达 36%。且胖人易患胆石症、糖尿病、痛风、高血压、冠心病和某些癌症。

保持适量蛋白质，蛋白质是人体生命活动的基础物质。是人体组织的重要成分，如在代谢中起催化作用的酶、抵抗疾病的抗体、促进生理活动的激素都是蛋白质的衍生物。蛋白质还有维持人体的体液平衡、酸碱平衡、传递遗传信息的作用。中年人每天需摄入 70 ~ 80 克蛋白质。其中优质蛋白应不得少于 1/3。牛奶、禽蛋、瘦肉、鱼类、家禽、豆类和豆制品都富含优质蛋白质。大豆类及其制品含有较丰富的植物蛋白质，对中年人非常有益。

适当限制糖类，吃糖过多有损健康，不仅容易肥胖，而且由于中年后胰腺功能减退，如食含糖食物过多，就会增加胰腺的负担，易引起糖尿病。

中年人每天摄取的脂肪量以限制在 50 克左右为宜。脂肪以植物油为好，因为植物油含有不饱和脂肪酸，能促进胆固醇的代谢，有防止包括消化器官动脉在内的动脉硬化。动物脂肪、内脏、鱼子、乌贼和贝类含胆固醇多，进食过多易诱发胆石症和动脉硬化。

多吃含钙质丰富的食物，如牛奶、海带、豆制品及新鲜蔬菜和水果，对预防骨质疏松，预防贫血和降低胆固醇等都有作用。

注意饮食防癌，少吃盐相当于补钙，每天进盐量不宜超过 6 克，以防伤脾胃和引起高血压。

（十八）老年人的饮食有什么特点

随着年龄的增加，人体各种器官的生理功能都会有不同程度的减退，尤其是消化和代谢功能，直接影响人体的营养状况，如牙齿脱落、消化液分泌减少、胃肠道蠕动缓慢，使机体营养成分吸收利用下降，所以，老年人必须从膳食中获得足够的各种营养素，尤其是微量营养素。

老年人胃肠功能减退，应选择易消化的食物，以利于吸收利用，但食物不宜过精，应强调粗细搭配。一方面主食中应有粗粮细粮搭配，燕麦、玉米等粗粮所含膳食纤维较大米、小麦为多；另一方面食物加工不宜过精，谷类加工过精会使大量膳食纤维丢失，并将谷粒胚乳中含有的维生素和矿物质丢失。

膳食纤维能增加肠蠕动，起到预防老年性便秘的作用。膳食纤维还能改善肠道菌群，使食物容易被消化吸收。近年的研究还说明膳食纤维尤其是可溶性纤维对血糖、血脂代谢都起着改善作用。随着年龄的增长，非传染性慢性病如心脑血管疾病、糖尿病、癌症等发病率明显增加，膳食纤维还有利于这些疾病的预防。

胚乳中含有的维生素 E 是抗氧化维生素，在人体抗氧化功能中起着重要作用，老年人抗氧化能力下降，使非传染性慢性病的危险增加，故从膳食中摄入足够量抗氧化营养素十分必要。另外，某些微量元素，如锌、铬对维持正常糖代谢有重要作用。

老年人基础代谢下降，从老年前期开始就容易发生超重或肥胖。肥胖将会增加非传染性慢性病的危险，故老年人要积极参加适宜的体力活动或运动，因此老年人应特别重视合理调整进食量和体力活动的平衡关系，把体重维持在适宜范围内。

（十九）老年人有什么营养需求

老年人的热能需要随年龄而减低。在 60~69 岁的范围内，能量供给比成人值减少 20%，而 70 岁以后将减少 30%。但各种营养素的要求并不一定随年龄增加而减少。

老年人的蛋白质需要不低于成年人，由于分解代谢的增加而合成代谢逐渐变慢，负氮平衡比较容易发生。高龄人容易出现低蛋白血症、水肿和营养性贫血，而且在老年人中，所需要的氨基酸模式由合成代谢不同而有不同，因而蛋白质的供应不足时，容易引起氨基酸的不平衡。蛋白质的生物价值应该较高，以便能取得更好的利用。在一般情况下，蛋白质在占全日总热量的比例上也可以适当提高，例如在 12%~14% 左右。

老年人宜用不同种类的糖类，但多糖的比例不宜过小，果糖在体内转变为脂肪的可能性小些，故果酱及蜂蜜可作为糖的一部分食用。在正常情况下，糖类在总热量中占的比例约在 60% 是适宜的。

老年人与成年人一样需要脂类，它有助于对脂溶性维生素的吸收，改善蔬菜类常用食物的风味，也有利于胃纳量小但热量需要不小的特点。脂类应以植物性来源为大部分，但不一定所有动物脂肪都取消。同样，膳食中过量的不饱和脂肪酸并不一定有利。

老年人易发生不同程度的贫血，其中包括胃容量的减少，胃酸及胃的内因子、对铁的吸收能力、造血机能、维生素 C 及微量元素的不足等都可能有关。但在一般情况下，铁的质量是一个首要的问题，动物肌肉和动物血液提供的铁的吸收率高于植物性食物。老年人尤其是女性易有骨质软化，骨质密度减少以致出现骨质疏松症。这不仅与激素、维生素 D 有关，也与钙的供给有关。乳及乳制品所含的钙较植物性食物中的钙有更好的吸收率，钙的供应总量不宜低于成年人的标准。

老年人对各种维生素的需要并不低于成年人。相反，在对 80 岁上下老年人的调查中，往往发现维生素 A 及 B 族维生素低下。维生素 C 对老年人亦很重要，但维生素 A 及维生素 D 不是越多越好。维生素在膳食中的存在对老年人比较重要，特别不应缺少新鲜的蔬菜与水果。维生素有利于消化和肠的蠕动，避免便秘，并有利于防止结肠癌及降低血清胆固醇之效。

（二十）老年人的营养保健要注意什么

老年人的食物要粗细搭配，易于消化。积极参加适度体育活动，保持能量平衡。膳食应该多种化，以便所有营养素都能摄入，偏食和不必要的禁食是不利的。谷类、肉类、蛋类、乳类、蔬果类、水分（包括各种汤类）都应尽可能列入日常食物中，尤以蔬菜类。

老年人的餐次是可能增加的，但不要因为餐次多而使进食量超过正常的热量，烹调的方式应该多变而采用调味品，清淡的饮食利多害少，但应该可能在食物烹调中使老人易于进食和消化，有利于老年人克服咀嚼器官可能存在的缺陷。例如，牙齿不够健全，但又应避免过分烹调致使一些营养素流失。

老年人的进食环境和进食时的情绪状态十分重要，和家人合食往往比独食有更多的优点，包括食物的品种会多于独食，而进食过程中又会增加兴趣。在进食过程中，有时对老人进食的禁忌和不适当的劝告，往往在心理上的负担和害处大于偶尔食入某种食物本身。但过饱应该始终避免。

对老年人的饮食不宜千篇一律，应该在合理量和品种多的前提下，尊重原有的爱好和习惯，没有一成不变的规范。但也必须尊重营养学所提出的问题。目前，还没有一种单一的可以称为长寿的食物。长寿的食物仍然是以平衡食物为基础的，而且是在一日三餐之中，不是在三餐之外。随着个体的情况不同也应容许有一定范围的调整，但也不是漫无边际可以随意改变的。

一些老人常说，吃东西不香没有食欲，其原因除了味蕾数目减少和牙齿缺损影响咀嚼外，锌的缺乏也是重要的原因。缺锌愈多，味觉就愈差。

一般情况下，动物性食物内含锌较高，也易吸收。如牛肉、猪肉、羊肉；鱼类和海产品的含锌量也很丰富，特别是牡蛎。补锌的最好食物也在动物性食品中，可

多食动物的眼睛和睾丸。植物性食品中也有一定的含锌量，水果中一般含锌较少。此外，食物越是精制，烹调过程越是复杂，锌的丢失也越严重。

老年人可适当喝一点茶。总体看来，未经高温炒烤和混有添加物的绿茶，降脂和抗癌作用明显，对老人较为适宜。也可选用红茶或花茶，更可根据病情和体质，配制药茶。如常气短出汗的气虚者，可加入人参片；常口干舌燥的阴虚者，可加麦冬；血脂过高者，可加三七叶；夏日暑盛时，可加苦丁茶等。选茶时还应避免因受潮开始霉变而肉眼难以辨认的久贮茶，一旦饮用这种茶，可能出现头晕、腹泻等不适症状。

（二十一）中老年人必须吃早餐的 4 个理由

现代生活使人们的夜生活丰富了，黑白颠倒，特别是中年人由于工作紧张、应酬交际频繁，连早饭也顾不上吃或养成不吃早饭习惯的现象十分常见。这对健康极为不利，具体表现在以下几个方面：

（1）大脑细胞得不到充足的血糖供应，脑记忆力和反应能力明显下降。大脑工作需要的能量来自血糖，不吃早餐或早饭中的热能不够，血糖的浓度太低，大脑细胞得不到充足的血糖供应，脑记忆和反应能力下降，注意力不集中，直接影响了工作和学习效率，而且长时期下去对中老年人最大的危害是易患"老年性痴呆症"。

（2）经常不吃早餐人反而更容易肥胖，且患糖尿病和心血管病的危险也显著增加。这是因为由于早餐未吃到了中午进餐时反而刺激了中枢摄食系统，产生了强烈的饥饿感，使中餐多吃过饱，长此以往就导致了肥胖。研究表明，每天吃早餐在降低糖尿病和心血管病发病方面发挥重要作用。早餐是一天中最重要的一顿饭。现在的心脑血管病发生率增加，糖尿病、高血压的发病率上升，与不吃早餐有直接的关系，而且主要对象是中老年人，同时发病年龄在下降。

（3）不吃早餐非常容易使人在午餐、晚餐时偏爱吃油煎、油炸食品，增加了患癌症的机会。可能许多中老年人都有早餐不吃后午餐喜欢"油水大"、"肥腻"等，又增加了高血脂、高血压的危险性。

（4）经常不吃早餐的人易患胆结石，这与胆汁分泌不规律有关。

因此，不吃早餐时对中老年的危害很多。

（二十二）中老年人吃早餐有 4 个讲究

（1）讲究营养。对中老年人来说主要是充足的优质蛋白质和糖类。在早餐时调配原则上要做到"干稀搭配"如粥、馒头、豆浆、面包的搭配；"米面混合搭配"，如面条、炒饭、烧饼等混食；再要补足蛋白质及维生素丰富的食品，如牛奶、鸡蛋、水果等。

（2）讲究卫生。中老年人特别是老年人的消化道功能抵抗力下降，在外出购买食品时一定要注意清洁卫生、合格的食品，并且在买回后重新加热一下；对自己家的前晚剩饭也一定要加热煮沸，尤其是夏天更应如此，以防止因食品不卫生而出现腹泻、呕吐等食物中毒。

（3）讲究花色。早餐品种丰富多彩且交替食用，轮流变换花样吃，这样做才能吃好早餐，提高早餐的食欲，改掉不吃早餐的习惯，以多品尝各种不同食品与地方特色的风味为原则，如小笼包子、饺子、八宝粥、豆粥、玉米面等。

（4）讲究便捷。由于现代生活的快节奏，无论如何早餐时间毕竟不是宽裕的，尤其冬季更紧张，因此方便快捷也是吃好早餐的必要条件。可购买半成品或速冻食品放入冰箱，晨起后即可加工食用。

（二十三）中老年人餐后有 5 个不宜

（1）不宜饭后一支烟，赛过活神仙。饭后吸 1 支烟其中毒量大于平时吸 10 支烟，因为吃饭后人的胃肠蠕动加强，血液循环加快，人体吸收烟雾的能力也大大加强。

（2）不宜立即喝茶。有人认为茶能助消化，尤其是吃过油腻食品后人们喜爱喝茶，其实不然，饭后喝茶冲淡了胃酸浓度，影响消化，而且茶中含有大量单宁，这种物质能使胃肠道中的食物蛋白变成不易消化的凝固物质，也影响食物的消化吸收。

（3）不宜立即活动。饭后，消化系统在中枢神经系统的调节下开始紧张地消化食物。此时消化道血管充血，血流量增加，消化液大量分泌，以保证营养物质的消化吸收，如果马上进行工作或运动，中枢神经系统不得不把血液调配到其他器官，使消化系统各器官的供血量减少，消化液分泌也减少，从而影响人体对食物的消化吸收。另外，餐后胃部饱满，工作或运动时容易发生震动，牵拉肠系膜，会引起腹部不适、腹痛、呕吐、胃下垂等。正确的做法是，饭后不宜立即活动，约半小时后散散步，做点轻松家务，千万不要剧烈运动。

（4）不宜餐后立即洗澡。平素常说的"饱洗澡，饿理发"的说法是错误的，饱餐后洗澡，尤其是热水澡，热水会使皮肤血管扩张，使皮肤及四肢的血液加快，这样一来，消化道的血流量就会相对减少，消化液分泌降低，消化功能受到影响。

同样，空腹洗澡因易引起低血糖、休克，也不提倡。

（5）饭后不宜立即睡觉。随着年龄的增长，神经细胞也在逐渐减退，老年人睡眠时间相对减少，容易醒，因而也容易疲劳，老年人白天常打盹，特别是午饭后常常马上入睡这种做法对中老的人健康是不利的。三种人饭后午睡有一定的危险性，年龄在 65 岁以上的老年人，体重超过标准 20% 的肥胖人，血压很低的人或血液循环系统有严重障碍的人。特别是那些由于脑血管狭窄而经常头晕的人，老年人大多动脉血管硬化，尤其是肥胖的人，高血脂症容易引起动脉血管硬化。脑动脉血管硬化常可造成脑供血不足，进餐后消化道的血循环旺盛，脑部血流相对减少，加上睡眠停止不动，就易加重脑局部供血不足。

（二十四）中老年人空腹不宜进食的食物有哪些

（1）空腹不宜饮茶。空腹饮茶稀释胃液、降低消化功能。可引起醉茶，出现心慌、头晕、乏力甚至站立不稳等。

（2）空腹不宜大量吃糖。空腹进食大量食糖可使血糖骤然升高，人体在这段时间内，不能分泌出足够胰岛素，以维持血糖的正常，可导致发生眼病；再是糖属酸性食物，空腹吃后，破坏了体内的酸碱平衡和各种微生物平衡。

（3）空腹不宜吃冷饮。空腹进餐冷饮，会强烈刺激胃肠道，刺激心脏，使这些器官发生突发性的挛缩现象，久而久之可导致内分泌失调、消化道损伤、女性月经紊乱等疾病的发生。

（4）空腹不宜大量吃红薯。红薯内含单宁酸与胶质较多，空腹吃后会刺激胃壁，使胃分泌更多的胃酸，引起烧心等不适的感觉，久之引起胃病。

（5）空腹不宜吃大蒜。大蒜中含大蒜素，有强烈的辣味，空腹吃大蒜对胃壁与肠壁有刺激性，可引起胃肠痉挛，发生胃绞痛。民间有"葱辣鼻子，蒜辣心"的说法就说明对胃有刺激。

（6）空腹不宜进食七种水果。大家都知道，吃水果有益健康，但以下水果不适合在空腹的状态下进食，尤其中老年人必须注意：①西红柿：西红柿含大量的果胶、柿胶酚、可溶性收敛剂等成分。容易与胃酸发生化学作用，凝结成不易溶解的块状物。这些硬块会将胃幽门堵塞，使胃里的压力升高，造成胃扩张而使人感到胃胀痛，同时会刺激胃黏膜引起胃胀气、嗳气、吐酸水等，久之可引起胃炎、"肾气"等。②柿子：柿子除含多种酸性物质对胃有刺激外，其中所含鞣质和果胶与胃酸起化学作用形成"柿子结石症"刺激和损伤胃黏膜，形成溃疡、出血等。③香蕉：香蕉除含钾外，还含较多的镁元素，空腹吃香蕉后可使镁离子骤然增加，破坏了人体内镁与钾的平衡。对心血管产生抑制作用。因此长期空腹吃香蕉不利健康。④橘子：柑橘含有大量糖分和有机酸，空腹吃下后，会使胃肠扩张，使脾胃不适、呕酸、败胃，使胃肠功能紊乱。⑤甘蔗和鲜荔枝：空腹时吃甘蔗或鲜荔枝切勿过量，否则会因体内突然渗入过量高糖分而发生"高渗性昏迷"。⑥山楂：山楂的酸味有行气消食作用，但若空腹食用，不仅耗气，而且会增加饥饿感并加重胃病。

（二十五）中老年人为什么要戒烟

吸烟是全人类最严重、最普遍、最不容易根绝的公害。吸烟者不仅损害自己的身体健康，而且使他人被动吸烟（吸"二手"烟），损害健康。吸烟是导致肺癌、肺气肿、冠心病的重要的独立危险因素。吸烟缩短寿命，危害中年健康的问题表现越来越明显。肺癌是中老年人死因中前三位疾病之一，其主要原因就是与吸烟有关。

烟草中的成分复杂，大约有400多种，烟草燃烧中释放的烟雾含有3 800种已知的化学物质。主要有一氧化碳、尼古丁、氨类、腈类、醇、酚、醛、烷类、羟基化合物、有机物等等，均对人体造成各种危害。尼古丁是引发烟瘾的物质，吸烟几秒后就到大脑，使吸烟者感到一种欣快感，这是使人上瘾的钓饵。40～60毫克尼古丁可毒死一个人，尼古丁可引起胃痛，使心跳加快、血压升高，引发气管炎等，并毒害脑细胞促使癌形成。煤焦油中含多种致癌物质，并附着在吸烟者的气管、支气管和肺泡上，产生物理与化学性刺激，损伤呼吸功能。有许多吸烟者很有"心得"地说：吸烟可祛痰利痰，这正是煤焦油刺激的反应，吸烟后引起连咳不止。苯并芘是极强的致癌物质，其他有害物质还很多。

吸烟使烟草中有毒物质进入体内可破坏动脉内膜，使其调节张力等多种功能受损，产生血管痉挛、动脉硬化形成，导致血压升高、微小血管脆性增加而破裂发生出血，还可使皮下脂肪进入血液后增加血液黏稠度，致使血流减慢，易造成脑梗死。有医学家用吸1支烟做实验发现可产生如下改变：①吸1支烟升高收缩压10～25毫米汞柱，长期大量吸烟引起小动脉持续收缩，久之动脉壁变厚而硬化，血压更高。②吸1支烟使心跳增加5～20次，可致心律失常，甚至引发冠心病、心绞痛发作等。③吸1支烟后使手的皮肤温度降低2℃～5℃，足趾皮肤温度下降3%℃～7%℃，这是导致脉管炎的因素之一。

有长期吸烟的人群，平均收缩压与舒张压均高于不吸烟人群，吸烟是多种心脑血管疾病的危险因素。除引起高血压外、脑卒中率为 37%、心肌损害为 33%，有些人会说吸 1 支烟的危害如此之大，我们每天吸 1 ~ 2 包烟也未出现中毒现象，主要是由于 25% 尼古丁在燃烧中破坏，近 50% 扩散到空气中而真正吸到人体内的尼古丁仅有 20% 左右，所以未出现中毒表现。

（二十六）中老年人为什么要限酒

酒是一把双刃剑，少量是健康之友，多量是罪魁祸首，近年来不少的科学家研究均指出，适量饮酒对身体有好处。少饮酒可延缓动脉硬化，预防部分心脏病，酒的主要成分是乙醇，营养物质极少，但乙醇经肝脏代谢会转化成热量。大量饮酒会使人发胖，增高三酰甘油，并消耗人体 B 族维生素，影响钙的吸收而致骨质疏松症，易骨折等。大量饮酒可诱发心肌梗死和急性坏死性胰腺炎而猝死，临床研究观察证明大量饮酒对肝脏损害最明显，有人研究表明，每日白酒 150 毫升以上高度 5 ~ 10 年可致肝硬化、肝癌。一般损害可表现为酒精性肝炎、脂肪肝，此外可致胃出血、溃疡病、肝肿瘤、食管癌、胰腺癌等。

嗜酒已成为威胁中老年人健康的最严重的因素，为了提高生命质量和延长寿命，中老年人必须尽快限酒，从现在开始做起，使酒中毒的机体逐渐恢复健康。

（二十七）中老年人为什么要养成每日晨起一杯水的习惯

中老年人由于自然衰老的因素本身存在代谢减慢问题，如果缺水则更进一步影响体内的各种生理功能，同时中老年人由于诸多因素影响比如存在肥胖、高血脂、高胆固醇、高血液黏稠综合征等问题，而且患原发性高血压、冠心病、糖尿病、便秘、泌尿道结石等疾病的情况也居多。这些情况的存在均与缺水有关，有人做过调查，大多数中老年人存在慢性缺水。人过中年内分泌功能降低，人对缺水口渴的敏感性降低，同时慢性缺水是在不知不觉中发生的，使中老年人在不知不觉中受到损害，使血液黏稠度在不知不觉中增高，从而导致机体各个功能脏器的血流减慢，缺血缺氧使器官受到损害，最常见的中老年人多发病如脑血栓主要与慢性缺水有关。因此，中老年人有意识地补充水分，不渴时也要喝适量的水，最好养成起床喝一杯白开水的习惯，对健康意义重大。

（1）早晨饮一杯水可清理肠胃，补充肠道水分，防止便秘和治疗便秘。

（2）早晨饮水一杯可稀释血液。水是速效稀释剂，一夜沉睡后的失水、消化食物时都用水，都是血液变稠的相关因素。早晨饮水一杯稀释血液的效果最好，是科学饮水的最佳时机，早晨饮水一杯对防治血液黏稠而引起的高血脂、高血压、泌尿系结石、脑梗死等疾病作用明显。

为什么不主张睡前饮水呢？大多数男性中老年人可能患有不同程度的前列腺增生，睡前饮水由于排尿次数增多影响睡眠，同时由于睡眠时水液流通不充分，易积于颜面部，次日晨起后，可出现眼皮及颜面水肿情况。

早晨饮水应注意以 20℃～25℃白开水为宜，不宜饮用盐水，而且应该注意贵在坚持则定会大有益处。

（二十八）中老年人进餐前后的 10 项注意

（1）心平气和用餐。有些人吃饭时生闷气，有的是一边吃一边发脾气、动肝火，有的是边吃边教训下一代，更甚者摔碗筷、捶桌子。人的精神状态直接影响食物的消化吸收，因消化器官的运动和消化液的分泌活动均受大脑的控制。不管是忧愁还是愤怒，是喜悦还是痛苦，人的精神过于兴奋、情绪过于激动都会影响进食的欲望，影响胃肠的消化吸收功能，最明显的感受是生气后不想吃饭。

（2）饭前饭后不可剧烈运动。饭前、饭后剧烈运动容易引起人兴奋激动，均会影响消化系统的血液循环，影响对食物正常的消化吸收，且易患疾病。

（3）用餐时应专心。有许多人进餐时边看电视或边看书或交谈聊天，用心不专，会使大脑抑制消化腺分泌活动，以致唾液、胃汤液分泌减少和胃肠蠕动功能减弱，从而降低了食欲，影响消化吸收。吃饭时漫不经心，往往导致就餐时间拉长，或食之过快过急，结果食物咀嚼不细、消化不完全，久而久之，会出现营养不良和慢性胃肠病。

（4）用餐时应不语为宜。用餐时应当在轻松愉快的气氛中进行，但切不要高谈阔论、大声说笑。因为谈笑不但影响消化吸收、影响食欲，更容易使食物误入气管或某些带核、带刺类食物嵌入食管而造成意外事故。

（5）进食时易细嚼慢咽，切不可狼吞虎咽。中老年人本来胃肠功能减退，如果不注意细嚼慢咽则唾液消化液不能充分与食物混合，从而加重胃肠负担，容易得胃肠病。有人统计过，狼吞虎咽式吃饭的人各种胃病患病率比一般人高 3～4 倍。

（6）饭后不要立即睡觉。饭后马上睡觉容易使胃内食物反流和影响胃肠的正常活动，容易得消化不良病。中老年人一般要求饭后半小时以上方可上床睡觉。饭后马上睡觉，由于胃肠道消化吸收作用需要血液较多，而脑部相对血流减少，会加重脑局部的供血不足，易诱发脑梗塞等缺血性疾病。

（7）饭后应漱口刷牙。一日三餐进食后应漱口刷牙。由于食物残渣遗留于牙齿间隙中，如不及时除去就会伤害牙齿，坏牙还会作为一个病灶，使致病菌繁殖，造成消化和呼吸道疾病。所以养成饭后立即漱口、刷牙的习惯对于保护消化功能、保障健康十分有益。

（8）饭后千万不可抽烟。有人说："饭后一支烟，赛过活神仙"，但抽烟本身对身体百害而无一利，饭后抽烟害处更甚。因为烟中的尼古丁会影响胃液分泌，损害胰腺，不利健康。有人试验测定，饭后1支烟中的中毒量要比平时吸10支烟的中毒量还要大。

（9）饭后不宜马上喝茶。因为茶中含有大量鞣酸，进入胃肠道后会使食物中的蛋白质变成不易消化的固体物质，从而妨碍人体对蛋白的吸收。

（10）饭后不要立即大便。饭后解便使腹腔压力增加，胃肠血流减少，影响食物的吸收消化，同时饭后排便时腹内压骤然加大，饮食后的胃液、消化酶反流至食道易形成反流性胃炎、食管炎等。

（二十九）中老年人4招防范节日综合征

所谓节日综合征是指在节假日或亲朋、好友聚会之时日，由于暴饮暴食或过食肥厚或烟酒过度或劳累过度或情绪失调而导致或诱发疾病的情况。在临床诊治中因节日综合征而住院诊治的中老年人患者十分常见，有些因诱发心肌梗死、急性胰腺炎而死亡，有些人因导致脑血栓、脑出血而成为半身不遂。

（1）营养平衡，素食为主。节日里的餐桌上，鸡、鱼、肉、蛋丰富，加之人逢喜事精神爽，食量也易比平时增多，大量高蛋白、高脂肪、高糖的、精细肥腻食物进入消化道而使其负担加重，积于肠中化热而致便秘是其一。大量油脂食物摄入易致高脂血症、血液黏稠、流速减慢易形成血栓，引发心脑血管缺血性疾病是其二。大量油腻食物在短时间内摄入势必导致肌体的应激机制失调，如分泌大量胰液而又排泄不畅，诱发急性胰腺炎等疾病是其三。因此，中老年人在节日要多食用新鲜蔬菜、水果及豆制品，以清淡素食为主，同时食物也不宜太咸，食盐过多会引起体内钠和水潴留，引起高血压、加重心脏负担。应少吃甜食，尽量控制脂肪食品，如肥肉、黄油、动物内脏、海鲜等。有人认为节假日素食对中老年人健康有益，因为节假日的素食可起到胃肠道减负、血液内清除垃圾等作用，在节假日有意摄入玉米、大豆及其制品能软化血管、防衰、降压之作用，有益健康。

（2）举杯相庆且莫狂饮。佳节之际，亲朋欢聚，一杯美酒，能加深感情，提神开胃。但美酒不可过量，酒精可刺激中枢神经系统，使人兴奋，使心跳加快、血压波动、心肌供血减少，耗氧量增多，易导致心肌缺血、缺氧，而诱发冠心病、心肌梗死或使病情加重。同时贪杯可损害肝功能和胃肠黏膜，引起酒精性肝炎、脂肪肝、肝硬化和出血性胃炎、急性胰腺炎等疾病。因此，中老年人饮酒不可饮烈性白酒，以葡萄酒为宜，且万万不可过量。

（3）注意饮水。在节日里，进食多、玩乐多往往忘记饮水，中老年人在节日里，饮水也是一个不可忽视的问题。特别是早晨饮一杯清水，有利于人体新陈代谢，促进消化排泄。可预防减少疾病的发生。

（4）少吃零食，讲究卫生。节假日期间，不但三餐丰富，糖果、花生、瓜子、核桃、蛋糕、点心等零食也很多。但一定要注意食用分寸，切忌不知停歇地吃，尤其要注意不能边吃边做其他活动，以免呛入支气管或嵌在食管发生意外。同时，进餐时还要讲究卫生，有病者应注意分餐。

（三十）哪些不良饮食习惯会使人早衰

（1）饮水不足。水是生命之源。饮水并非仅仅为了解渴，也是为了人体器官旺盛的正常生理活动，尤其是大脑。中老年人由于不常感到口渴，便很少喝水，造成体内水分补给的不足。饮水不足，最先受到影响的是大脑，天长日久，可导致脑的老化。因此，中老年人即使自己不感到口渴，也要适时、适量地饮水。

（2）营养失衡。现代人饮食营养不讲求均衡，一味贪求口欲，导致体内营养失衡。各种组织细胞代谢障碍，而产生疾病。我们都知道，高血压、肥胖、糖尿病、冠心病及某些癌症等现代病都是由于营养不平衡导致的。中老年人体内本来就已经存在潜在的变化，如果营养不平衡势必使机体的调节能力降低而诱发产生疾病。

（3）食用酸败食品、油炸食品。酸败食品主要因含油脂多的食物放置太久而致，食之有一种哈喇味，老百姓常称之为"油念味"。食用这些食物可以促使脂褐色素沉积即老年斑的形成。医学试验证实，脂褐色素沉淀到神经和骨髓细胞里，会影响细胞的分裂，也会引起 DNA 突变和使蛋白质、酶等变性，加速细胞衰老。而脂酸的过氧化，主要来源于油脂和含油脂的食品中，如鱼干、猪油、饼干、方便面等食品在空气中极易酸败而产生过氧化物。如果人们长期食用这些酸败和油炸食品就容易在体内积聚过多的过氧化物，促使人体早衰。

（4）不吃早餐。现代人由于生活节奏加快，工作的繁忙，许多人因为要上班，加之起床又晚，以及各种应酬以夜间为多等，往往导致来不及或不喜欢吃早餐的习惯。不吃早餐日久会损伤肠胃，使气血生化不足，人体各组织失去营养，皮肤变得干燥、易皱，于是看起来"显老"。同时主要是脑细胞由于营养不足而"早老。"

（5）经常饱餐和丰盛晚餐。饱餐和丰盛晚餐使胃难以适应，消化道产生紊乱易于肥胖，产生各种疾病，造成不良后果。研究发现，经常饱餐尤其是晚餐吃得过饱，因摄入的总热量远远超过机体的需要，致使体内脂肪过剩、血脂增高，导致动脉硬化。此外，饮食使胃肠道血容量增加，大脑供血相对不足，以致影响脑细胞的新陈代谢。因此，为防早衰，应提倡吃七八分饱，否则"一日暴、十日寒"，给身体造成的危害是难以弥补的。

（6）烟酒过度。吸烟直接损害机体各组织细胞的代谢，促使其老化死亡的同时，其毒物蓄积中毒，致病致癌作用明显，被称为微笑的隐形杀手。大量或经常饮酒，使肝脏发生慢性酒精中毒，造成酒精性肝炎、肝肿大、肝细胞硬化。酒精还可使男性精子畸形、性功能减退、阳痿，女性则出现月经不调、性衰等一系列早衰现象，继而导致人的面容与整体都呈早衰。

（三十一）提倡中老年人吃全粮

全粮食品是指用粮食颗粒的整体加工制成的食品，吃全粮的含义就是除了吃粮食颗粒里面的胚，连外层皮也吃掉，比如吃小麦，除了吃小麦里面的胚，连外层的麦麸也吃掉，也就是将整个小麦颗粒整体加工成食品，比如全麦面包。以往人们只觉得吃全粮就增加了纤维，现在才知道全粮里还有维他命、矿物质和复杂糖类，可帮助身体抵抗种种疾病，所以是中老年人最提倡的健康食品。

吃全粮有以下几点好处：

（1）减少冠心病。经常吃全粮食品能使发生冠心病的危险减少26%。当精加工糖类的摄取量高时，会引起体内肝脏增加对低密度脂蛋白的合成。即使在健康的人群中，吃精加工粮食多，也会使血液中对心脏有保护作用的高密度脂蛋白的浓度降低，而使对心脏有害的三酰甘油浓度增高。这是因为过量的糖类能使脂肪的氧化反应减少，使之转变成三酰甘油。对于身体纤瘦的女性来说，吃精加工粮食虽然不会明显增加发生冠心病的危险，但是对体重正常或偏高的女性来说，发生冠心病的危险就能增加两倍。研究发现，与每星期吃少于1份全粮食品的女性相比，每天吃3份全粮食品的女性发生冠心病的危险要减少25%。

（2）减少糖尿病和肥胖。研究证明，血糖的变化与食品的血糖生成指数有关。由于食物的血糖生成指数不同，同等量的糖类在人体内引起的代谢负担也是不同的。肥胖是发生2型糖尿病的主要原因之一，长期食用血糖生成指数低的全粮制品可以增加饱胀感，使食物的摄入量减少，这对减轻体重是一个有利因素。每天吃3份全粮食品，能使发生2型糖尿病的危险减少37%。

（3）减少癌症。在全粮中含有多种具有抗癌活性的成分，它们有防止DNA受损伤和抑制癌细胞生长的作用。全粮中的食用纤维能增加粪便的体积，减少粪便在体内停留的时间，使粪便中的致癌物与肠道内膜接触的机会减少。谷物中的食用纤维能被肠道中的微生物发酵为短链脂肪酸，增加肠道中的酸性，使胆汁酸的溶解度降低，这有利于减少胆汁酸的致癌作用。而在发酵中生成的丁酸就具有抗肿瘤作用。

全粮不宜深加工。自古以来，食不厌精就是我国传统饮食遵循的原则，也是现代食品加工业追求的目标。但是这种精加工的食品不仅使具有保健作用的营养成分受到损失，还容易提高人体的血糖指数。为了防止上述富贵病的流行，必须大力宣传全粮食品优点，以便使食品的制造与消费能够适应现代人的健康需求。

第五节　饮食宜忌与食品安全

（一）清洁、消毒和灭菌是食品卫生的三个不同概念

清洁，是用清水或清洁剂进行擦洗，能除去食品、餐具等表面的污垢和部分细菌。

消毒，指杀灭物体或环境中大部分微生物，在一定时间内防止其繁殖并传染，达到无害化的要求。但经消毒后，不少抵抗力较强的细菌胞芽依然存在，只是受到抑制，处于休眠状态。一旦环境条件适宜，胞芽就可萌发生长。

灭菌，是要求较高的一种消毒方法，能杀死物体表面和内部的一切微生物，包括病毒和细菌胞芽，使其永久失去生命力。罐装食品采用高温高压灭菌法，货架期可在1年以上；用超高温瞬间灭菌特殊工艺处理的灭菌牛奶，常温下可保存半年。但灭菌后还会残留极少量的细菌胞芽，经过较长时间之后，它还可影响食品质量。

由此可见，清洁、消毒和灭菌是食品卫生三个不同的概念。在食品加工中，可按不同的要求对其进行选择，也只有这样，才可确保食品的安全性。

（二）食品有效期及其表示法

（1）食品有效期有两个方面的意义：①保质日期，即指在正常储存条件下，食

品质量寿命结束的日期。超过此期限，食品营养价值、色泽、风味等发生变化，一般仍可食用，只不过无法保证其食品具有标签上标明或产品标准所规定的特殊作用或质量标准。②保存日期，即在正常储存条件下，食品销售期限结束的日期（即货架寿命）。超过保存日期，则此食品不宜食用。平常所说的食品有效期多指保存日期而言。

（2）食品有效期的表示法大致有三种：保质和保存日期都是从食品生产日期起算的。①标签上的批号是该食品生产的年、月、日及批次。如"批号890102－1"，即89年1月2日第一批生产的。"批号890102－1，储存期6个月"的意思是，该食品在89年7月2日前是安全的。②用年、月、日数码加打标记法表示。如阿拉伯数字1—12以及1—31，或者上、中、下旬字样，前者为月份，后者为日期。厂家在相应月份、日期上剪缺口或打标记以示生产日期。然后在其后面再写上保存期。③直接标明安全食用期，如在890102的后面或下方直接标明"此日期前饮用"字样。这就意味着1989年1月2日前饮用是安全的。

最后值得指出的是，食品在有效期内，但不在正常条件下储存而发生变质，此食品就不可食用。此外，买食品时，其包装标签未标明或者是标注含糊不清的食品千万不要购买，以免上当。

（三）常用食品保质期的规定

我国对日常消费较大的食品保质期规定如下。

（1）酒类：11～12度熟啤酒，省优以上的为4个月；普通啤酒2个月；14度啤酒3个月；10.5度熟啤酒为50天。瓶装葡萄酒和果露酒6个月；汽酒4个月；瓶装黄酒3个月。

（2）油醋类：酱油、食醋均为6个月。

（3）汁水类：易拉罐、玻璃瓶装果汁、蔬菜汁饮料为6个月，玻璃瓶装果味汽水为3个月，罐装果味汽水为6个月。

（4）罐头类：鱼、肉、禽罐装、玻璃瓶装为2年，果蔬罐头铁罐、瓶装为15个月。

（5）干酱类：油炸干果、番茄酱马口铁罐装为15个月。

（6）糖果类：第一、四季度生产的为3个月；第二、三季度生产的为2个月；梅雨季节生产的为1个月。

（7）饼干类：马口铁桶装为3个月；塑料袋装为2个月；散装为1个月。纯巧克力为 6 个月。

（8）奶粉类：马口铁桶装为 1 年；玻璃瓶装为 9 个月；塑料袋装为 3 个月。

（9）塑料袋装方便面为 3 个月。

（四）食品安全新规定

世界卫生组织（WHO）为确保人类健康，对食品安全提出了 10 条新规定：

（1）食物一旦煮好，就应该立即吃掉。食用在常温下已存放 4～5 小时的剩熟食是最危险的。

（2）食物必须彻底煮熟才能吃，特别是畜禽肉类、奶及奶制品。所谓彻底煮熟，是指食物所有部位的加热温度至少要达到 70℃。

（3）应该选择已加工处理过的食品，如选择消毒过的牛奶而不是生牛奶。

（4）吃剩下的食物，如需要存放 4～5 小时，应该在高温（接近或高于 60℃）或低温（接近或低于 10℃）的条件下保存。常见的错误是把大量的尚未冷却的食物放在冰箱里。

（5）存放过的熟食必须重新加热到 70℃ 才能食用。

（6）不要让未煮或生食的食品与煮熟的食品互相接触。

（7）保持厨房清洁，烹调用具及刀叉、碗筷等餐具，都应该用干净的布揩干擦净。这块揩布要在沸水中煮沸消毒，使用不得超过 1 天。

（8）处理食品前先洗手。

（9）不要让昆虫、鼠、蝇等动物接触食品，通常这类动物、昆虫都带有致病的微生物。

（10）饮用水和准备食品时所需要的水都应该洁净。

（五）改食俗，不吃生食

顾名思义，“食源性寄生虫病”是由吃食品不当所致的病。食品中各种肉类，如牛、羊、猪、马、狗、驴、骡、鸡、鸭、兔、蛇、熊、鹿、鱼、虾、蟹、蛙等；还有植物，如菱角、荸荠、藕、茭白等都是美味食品，但吃得不当就可患“食源性寄生虫病”。归纳起来，大致有绦虫、旋毛虫、弓形体、肝吸虫、肺吸虫、姜片虫、裂头蚴、广州管园线虫病等。得病的原因有两个：一是上述动植物等有相应的寄生虫；二是吃了生的或未烧熟的上述食品。由此可见，防病的关键就在于不吃生食。我国有少数地区居民，还保留吃生食习惯，并有蔓延趋势。为此，有必要向全社会呼吁：“要改食俗，不吃生食。”

（六）要学会正确使用"洗涤剂"

厨房用洗涤剂（洗洁精、洗涤灵、蔬果清洗剂等）广泛用于清洗蔬果、餐具等。但洗涤剂中含表面活性剂，有吸附作用，若使用不当，则极易残留在被洗物上，进而随食物进入人体内，久而久之，可在体内积蓄，危害人体健康。因此，必须学会正确使用。现列举如下：

（1）忌将水果、蔬菜久泡在洗涤液中。若久泡，则洗涤剂残留在果蔬的量就可增加。试验表明，白菜泡在洗涤剂中 10 秒钟，检测不出残留；浸泡 1 分钟，残留量达 42.9ppm（1ppm = 10^{-6}）；浸泡 5 分钟，残留量可达 68.8ppm。

（2）水果蔬菜等物忌切开浸泡后再洗。若将切好的菜放在洗涤液中浸泡，然后再洗，则菜上的洗涤剂残留物就难以冲净，因其表面活性剂已渗入其组织内部。对洋白菜切开和不切浸泡在洗涤剂中进行对照，结果发现，切开后的洗涤剂残留量为不切开的近 2 倍。

（3）用洗涤剂忌浓度过高。洗涤剂浓度高，留在被洗物上的洗涤剂残留量就随之增加。有人用 30 倍于洗涤蔬菜的洗涤剂量洗菜，并浸泡 30 分钟，结果再三反复冲洗 10 次，仍可在蔬菜中检出洗涤剂的残留。此外，菜上的洗涤剂必须用清水冲洗干净。

（七）使用钞票中的卫生习惯

研究表明，一张流通的纸币，每平方厘米带菌量可为 0.7 万 ~ 11 万个。其中绝大多数是致病的大肠埃希菌、葡萄球菌、沙门菌、淋球菌、人乳头瘤病毒、多种肝炎病毒等，有的还带有性病病菌。这些细菌与病毒互相传染，成为看不见的隐患。为减少和杜绝疾病的传播，使用人民币应注意如下措施：

（1）买食品用手付款后，必须洗手后再吃东西。

（2）不要沾唾沫点钱，而应当蘸海绵、干净的湿布、带水的棉花点钱。

（3）点钱较多的商店收银员、银行出纳员等，每次上厕所前后，都要把手洗干净。否则，有可能传染疾病。

（4）与钱打交道多的人必须强调饭前洗干净手，就是到厨房烧菜做饭前都须用自来水冲洗干净手。

（5）点钱较多的收银员、出纳员下班前要用消毒液消毒双手（一盆消毒液至多用 20 次），否则就可能成为疾病的传染源。

（八）洗涤炊具、餐具的注意事项

（1）不要用洗衣粉洗涤炊具、餐具。洗衣粉中含磺酸纳、纯碱、元明粉、泡水碱、磷酸盐等，它们具有中等度毒性，有致癌作用。若用洗衣粉洗涤，则可因漂洗不干净，使洗衣粉有机会随食物进入人体内。它可破坏血细胞细胞膜，使肝、脾、胆囊受损，并造成机体抗病能力降低。

（2）要正确掌握洗洁精的洗涤方法。先在盆中放入清水或温热水，其水量视洗涤餐具多少而定。再滴入洗洁精（一小塑料盆水加 10 滴左右），轻轻搅拌，出现泡沫就可以。然后再放入要洗的炊具、餐具，全部浸在水中清洗。最后，要用清水冲洗干净。

（3）巧洗炊具、餐具。除了洗洁精等洗涤剂外，各种炊具、餐具都有各自的巧洗办法。锅底黏焦，可先用温水浸泡一段时间后，再用刷子等刷除，切忌用铁器刮抠；刀叉铲勺如有腥味，可先用食醋擦洗，再用清水冲洗干净；塑料制品可用布蘸少许食醋、碱水或肥皂水轻轻擦洗；铜器火锅可用布浸食醋加些盐擦拭铜锈，再用清水冲洗干净；铝制器皿先用食醋擦净器皿内污垢，器皿外污垢可用刷子、废铜丝、丝瓜筋粘上煤灰或沙粒或去污粉擦洗，再用清水冲洗；沙锅瓦罐切忌狠铲硬抠，可用淘米水泡后再用刷子等刷除污垢；瓷碗碟盅可用食盐、食醋、碱水擦洗，当然最好是用洗洁精洗。

（九）厨房中的卫生习惯

（1）炒菜后应清洗锅垢，因锅垢中可提取出强致癌物苯并芘。

（2）勿用海绵洗餐具、炊具，因海绵是细菌滋生的温床。

（3）洗餐具和食物的盆宜分开，防两者的细菌交叉感染。

（4）橱柜内餐具不要与清洁剂混放，以防污染餐具。

（5）厨房内不宜种花草，因植物可吸引昆虫，而昆虫可传播细菌。装饰可用人工花草。

（6）垃圾桶最好盖好，以免昆虫传播疾病。处理垃圾桶后要洗手。

（7）冰箱中存放食物：生熟食不宜放置同一格，宜分开，生食用袋装好，熟食须加盖；冷冻室中食物最好写明购买日期，以便处置；果蔬类最好放置冰箱底层，吃前须重新洗净；冰箱中取冰块，要用夹子取，以免金黄色葡萄球菌传至冰块上；冰箱内可由汤汁等污染，故要常清洗。

（8）餐具等最好用餐具消毒柜消毒。

（9）菜板是病菌繁殖的温床，故必须常洗涤、消毒。

（10）经常清洁厨房及厨房内用具。

（11）擦布要分类，干净的擦碗布应经常煮沸消毒，晾干。

（十）正确使用餐具消毒柜

餐具消毒柜使用不当，可致使餐具消毒后人为再污染，还可增加电耗和造成无效的家务劳动。

（1）选择有效适用的消毒柜。首先，我们认为选择用热力（红外线加热）消毒的消毒柜比较好。因其消毒效果远比臭氧或紫外线消毒柜好而可靠，另外，其电热元件因故障失效易被用户及时发现，以便维修更换。其次，可根据家庭日常和最多用餐人数之多少来选择容积恰当的消毒柜。这样既可满足餐具消毒周转，又可减少电耗，合理占用室内空间。

（2）备足消毒周转用的餐具。一般以可供 1~3 天消毒周围使用的数量来计算。

（3）将餐具合理摆放在消毒柜内。原则上，餐具在消毒柜中的摆放方式，以消毒后取用方便和不易造成人为再污染为原则。如筷子和匙羹类，其接触食物部分，最好朝下或朝内或平放。另外，洗后入柜消毒的餐具，不要将餐具上水分抹干，因为带有一定水分有助于提高热力消毒之效果，且在 1~3 天消毒周转一次的情况下，尚不会导致餐具长霉。

（4）消毒餐具的取用。消毒后餐具宜在柜内存放，用时需多少就取多少。取时注意点：取前应将手洗净抹干，并按先下后上、先外后内、从左（右）到右（左）的顺序取出所需餐具后随即关好柜门；取用餐具特别要注意避免餐具与食物接触的部分受到人为的碰触污染。比如，不要将拇指伸到碗碟里面，筷子及汤匙类接触食物的部分不要用手抓，取出后不要散放于桌面，而应悬空或放在盘碟里；用过的餐具在再次消毒前不要放入柜里与剩下的消毒的餐具混放。

（5）消毒餐具的种类与间隔时间。所有与食品接触的餐具都应消毒，餐具消毒间隔时间，正常情况下，可每 1~3 天消毒一次，这样既保证餐具卫生又可减少电耗。

（十一）清洗消毒菜板不容忽视

有些食物中毒的原因竟是菜板污染食物所致。小小菜板是病菌滋生的温床。木质菜板，除缝隙外，还有肉眼看不到的"洞穴"，而食物残留易嵌入，便成为细菌生长的营养；木质吸取水分，较湿润，菜板在厨房较暖和，这些条件有利细菌繁殖。据检测，每平方厘米木质菜板上可隐藏细菌 40 万个。为此，清洗、消毒菜板不容忽视。

（1）洗烫法：每天用硬刷和清水刷选一遍，病菌可减少1/3，再用开水烫一遍，残留细菌就少多了。

（2）刮板撒盐法：刮净菜板残渣，每周在菜板上撒1次盐。

（3）紫外线消毒：菜板晒太阳。不用时放在通风干燥处。

（4）化学消毒：1公斤水加新洁而灭50毫升，或1公斤水加漂白粉精片2片，菜板经消毒液10～15分钟消毒后，再用清水冲洗干净。大砧板搬不动，可在刮洗干净后，用漂白粉消毒液浸润的布揩擦，重复多次。

菜板中木质板比塑料板好。研究表明，将接种细菌的两种切菜板放在室温下过夜，第二天发现塑料板上细菌明显增多。因木质板中木纤维有一定杀菌作用物质，一般材质越细密坚硬的木质板，杀菌力越强。如硬木中皂荚、橡树、栎树、枫香树制成的杀菌力较强。

（十二）要注意碗底卫生

据有关部门对某饮食店中已洗过但未经消毒的碗、盆及其他餐具作抽样化验，结果发现碗底的细菌、致病菌、寄生虫卵检出率都比碗内高出10多倍到数十倍。碗底被污染，在层层叠放时，就会彼此污染。专家认为，碗底不卫生也是"病从口入"的一个重要途径。因此，刷碗及其他可叠放一起的餐具时，必须将其底部刷洗干净。然后再消毒，放在干净处。

（十三）使用筷子和汤匙的卫生

油漆是高分子有机化合物，大多含有毒物质，特别是黄色、棕色、绿色油漆中含铅等。长期使用油漆木筷很难避免铅等有毒物进入人体，造成慢性中毒。故用筷最好用竹制或无毒性且符合卫生标准的塑料筷。

有些人上班喜欢将筷子、汤匙放在饭盒中带着，其实这是不卫生习惯。因其手握部分带有大量细菌，清洗不可能将细菌杀死，故可污染饭盒。好的办法是，将筷子和汤匙用餐巾纸包起来另外带着，待就餐时再用开水烫洗。

（十四）做好凉拌菜

凉拌菜是中国菜的一种，酷暑盛夏的餐桌上有几盘色、香、味俱全的凉拌菜，不但添几分凉意，更能令人食欲大振。凉拌菜原料中蔬、果类不经长时高温加热，故天然营养成分损失少。但做凉拌菜不注意饮食卫生，则可导致食物中毒。为此，做好凉拌菜须从以下几方面加以注意。

（1）原料必须新鲜、干净。如蔬菜是经粪便、化肥浇灌长成的，沾染病菌、虫卵、化肥、农药等不足为奇，关键是要清洗干净。又如荤菜更易变质，已变质的原料必须剔除不用。

（2）尽量不吃生食。生鱼、生肉、生禽应煮熟；蔬菜最好在沸水中烫 1~2 分钟，这样既可保持营养和鲜味，又可达到消毒目的；有的蔬菜，如萝卜之类必须生吃，也得充分清洗干净；做凉拌菜用的酱油最好隔水蒸 10 分钟再用；凉拌菜中放些蒜泥、米醋等，有利抗菌消毒。

（3）生熟菜及其用具分开。如切生菜或荤菜后，要将菜刀和砧板彻底洗净，用沸水烫过，以达到消毒目的。如有条件，菜刀和砧板准备两套，以便生、熟和荤、素分开。另外，生、熟菜要分开盛放，以免熟菜被污染。

（4）操作者的卫生。做菜前，操作者必须将手洗净，并不再触摸不干净物品。

（5）所有用具的卫生。对加工凉菜用的刀、砧板、盆、碗、盘、筷、勺等一切用具洗干净，并用沸水冲烫，有条件可用 0.3% 漂白粉溶液消毒。

（6）随吃随做。凉拌菜吃多少就做多少，最好不要剩菜。若有剩菜，也不要吃过夜的。用保鲜膜覆盖严密后，应放冰箱冷藏。

（十五）不要轻信"纯天然"

有些商品外包装上印着"纯天然"或"绝对天然"字样，其目的是为了误导消费者，让消费者误认"纯天然"是无污染的绿色食品。

不可轻信的道理何在呢？①"纯天然"与"绿色食品"是两码事。绿色食品是特指遵循可持续发展原则，按照特殊生产方式生产，经专门机构批准，许可使用绿色食品标志的无污染的安全、优质、营养类食品。它的生产有严格标准，如生产中限量用化肥、农药等，称为 A 级绿色食品，要求更严的还有 AA 级等。因此，不管天然生长，还是人工培育的，其有害成分含量不超严格规定限量者，才可称是绿色食品。而"纯天然"却是自我标榜的。②天然生长植物本身就可具有一定毒性，如不少植物可自行在其体内合成抗虫害的毒物。这对人类来说，其毒物含量过高，则也可招致毒害。③天然植物并非都"纯"，被现代文明污染了的大气和水，失去了"纯净"。④人工培植植物，随着农药化肥越来越广泛的使用，甚至滥用，即便处理，也很难清除其残留的污染。问题的另一方面是，化学物质并非全都有害，只要严格按标准生产和使用的，还是安全的。而那些急功近利、粗制滥造，用贴标签来标榜其安全，则是不可取的。

（十六）"加工食品"少吃为好

讲究"色、香、味"是中华饮食文化的体现，但此传统饮食观念被不法制造商和商贩利用，就成了"陷阱"。

加工食品的"色"是诱人食欲的。山楂糖球又红又亮，其实是在糖稀中加了化工颜料；金黄油豆腐、碧绿的青豆煞是耀眼，却是合成色素柠檬黄、亮蓝染的；豆豆糖、娃娃饼干、果冻之类儿童食品，滥用合成色素就更普遍；红红的卤牛肉其表面涂上食用食料红米色素，但也有涂的却是化工颜料；雪白的馒头是加增白剂等熏蒸出来的。凡此种种，举不胜举。有关部门三令五申不准滥用合成色素、化工颜料，但不法者利欲熏心，难以杜绝。

"香"和"味"作用于嗅觉和味觉上，饮食者很关心。故商贩加上香精等，以求好的口感。有些海制品在发制中用工业碱、双氧水泡发，这样去腥，口味好又好看，但残留的碱酸等对食用者口腔黏膜、食管、胃肠等都可造成损伤。

专家指出：大量食用含有人造色素的食品，儿童可患多动症；"加工食品"中添加人工色素、软化剂等可导致过敏、疲倦、神经紊乱，甚至癌症等。另一方面，加工食品往往丢失营养成分多。因此，建议人们，尤其是儿童应多吃未经加工的食品，最好少吃"加工食品"。

（十七）饮食污染可致单项转氨酶升高

据有关资料，原因不明的单项转氨酶升高的发生率占人群的 0.2%～2%。导致单项转氨酶升高的原因众多：如急性病毒性肝炎早期、肝癌、阻塞性黄疸、急性传染病、急性心肌梗死等；某些药，如四环素、利福平、异烟肼、酮康唑、氯丙嗪或雌激素、甲基睾丸素等的长期使用；铅、砷、有机磷等化学毒物的慢性中毒等。此外，饮酒、感冒、长期情绪不佳及水土关系等。

近期研究表明，饮食污染也是导致单项转氨酶升高的重要因素，饮食污染主要包括：蔬菜瓜果的农药污染；某些食品的添加剂，如面粉增白剂、防腐剂等；水源污染，如企业排放有毒化学物、农药等对饮用水都可污染；其他还有熏烤食品及变质食品等。一般来说，对饮食污染所致的单项转氨酶升高，因其病因复杂，一般难以消除。

（十八）有哈喇味的食品不宜吃

凡含油的点心、花生、核桃、香肠等易产生哈喇味，植物油、猪油等油久存也可有哈喇味，这都是油脂酸败的结果。其酸败的原因：①油脂的原料残渣与微生物所产生的酶作用引起油脂的酶解；②油脂在阳光照射、高温、水分及微量元素等作用下，发生分解，分解后生成一种不饱和脂肪酸——亚油酸，它极易与氧发生化学反应，产生带异味的有毒物，如醛、酮和某些过氧化物。是油脂氧化，即油脂酸败。

吃了有哈喇味食品，可使人发生恶心、呕吐，甚至腹痛、腹泻等。此外，其所含的维生素A、维生素D、维生素E等也可被氧化，使其营养价值也明显降低。为此，有哈喇味食品就不宜再吃。

防止食品产生哈喇味，就应该在食品制作中清除油脂的残渣，以免被微生物污染而酶解，或在食品制作中添加抗氧化剂（如花椒、丁香等）。此外，要尽量设法使食品不与空气接触如包装严密，置放阴凉处，用棕色瓶存放等，这样也可帮助避免氧化。

（十九）正确处理冷冻食品

科学分析表明，冷冻食品的营养价值与生鲜食品基本一样，只要正确掌握冷冻食品的储存、解冻与食用方法，即可保持食品原有风味，营养成分也不损失。

（1）合理解冻。食品切忌泡在温水甚至烫水中快速解冻。如鱼肉类快速解冻，不仅使食物风味及营养成分流失，还可促使加速生成一种称为丙醛的物质（致癌物）。正确的解冻是先放在冷藏室几小时，然后取出自然解冻或冷水（温度15℃左右）解冻，并注意连同包装袋密封状态下解冻。

（2）冷冻食品一旦解冻，就应立即加工烹调。选购冷冻食品应坚硬如石，若柔软带弹性或内硬外软，则说明已部分解冻。解冻后的肉类其变质速度是鲜肉的2倍。蛋黄在18℃条件下存放2小时，细菌数增加2倍；存放4小时，则增加3倍；6小时增加约10倍：8小时增加50倍以上。冷冻蔬菜解冻后，由绿变黄，维生素C、维生素B迅速降解，其分解速度在20℃时比6～8℃时快2倍。故即便一时吃不完，解冻的冷冻食品也要放在冷藏室内，争取1～2天烹调完。

（3）解冻食品不宜解冻后又冰冻。这样可使营养成分损失，并可产生致癌物。为此，建议将购来食品按每次用量，切成小块，写上日期，分类装入食品袋中冷冻。这样既可方便解冻，又可一次吃完避免食品反复冰冻之弊端。

（二十）用微波炉解冻冷冻食品

用微波炉解冻冷冻食品，如处理得当，则快捷质优。因微波可在一定深度穿透冷冻食品，解冻过程可在表里同时进行，故解冻快，这样既可限制微生物生长繁殖，又减少冻品汁液流失，故可最大限度保持冻品的鲜度及营养成分的保留。

采用微波炉解冻食品具体要把握以下几点：

（1）必须用解冻档或中低功率档，使热能有足够时间传递，以免食品一部分解冻，另一部分反被熟化的情况发生。

（2）解冻中，应用保鲜膜覆盖，并适当翻转（对大块食品而言）。

（3）大块、质密冷冻食品（肉类），解冻达一定程度后应取出搁置（以免其内部未完全解冻，而表面已煮熟），然后再行解冻。

（4）从冰箱取出冷冻食品，应立即进行微波炉解冻，不得在室温下存放过久。否则冷冻食品表面先解冻，其冰晶融成水，而水吸收微波能力大于冰，故使冷冻食品的中心解冻慢，进而造成受热、解冻不均匀。

（5）解冻所需时间，可根据冷冻食品种类、大小和微波炉解冻档的功率来定论。如600W微波炉，用解冻档功率解冻肉、禽、鱼类冷冻食品，则每500克需8~12分钟；对体积较大的，微波解冻后，一般还需搁置10分钟左右，以求内外解冻均匀。

（二十一）常见食物中毒的基本知识

食物中毒一般多发于夏秋季节，尤其是集体用餐单位，一旦发生，涉及面广、危害性大。了解一些常见食物中毒的基本知识，对加强预防十分重要。

（1）细菌性食物中毒：因食入被细菌及其毒素所污染的食物而引起。常见的细菌有沙门菌、致病性大肠埃希菌、副溶血弧菌、葡萄球菌、肉毒梭状芽胞杆菌等。多为喝生水、食凉菜、生瓜果、变质食品等所致。特征是突然暴发、潜伏期短、易集体发病以及发病者均与毒性食物有明确联系等。

（2）真菌性食物中毒：因食入被霉菌所污染的食物所引起。常见霉菌毒素有黄曲霉素等，如霉变的米面、豆类中含有霉菌较多，陈旧的鱼干、水果干等亦常会被霉菌污染。普通加热消灭不了真菌毒素。

（3）植物性食物中毒：误食有毒食物或植物内有毒成分所引起的。如桃仁、银杏仁，其皮内含氰，过量食入后5~6小时即出现中毒症状；发芽的马铃薯，未腌透的蔬菜，四季豆、扁豆、生苦瓜等，如处理不当，食后也会中毒。

（4）动物性食物中毒：某些动物脏器含毒，如河豚鱼毒素和河豚酸在其肝、肠组织、血液中含量较高，且毒素稳定，经重复炒煮不易被破坏，食后半小时迅速发病，死亡率极高。

（5）化学性食物中毒：有机磷、砒霜等杀虫剂及毒鼠剂等保管或使用不当或投毒污染食品，可造成化学性食物中毒。误食中毒性畜禽肉亦会引起人们的二重中毒。

（二十二）细菌性食物中毒的原因和特点

细菌性食物中毒发生的主要原因是食物受到细菌的污染。造成细菌在食物中大量繁殖产生毒素的因素大致有以下几个方面原因：

（1）保管不严。食物在运输、储藏、供应中引起变质释放毒素。

（2）保存时间过长。致使细菌污染出现变质。

（3）食品未烧熟，细菌未杀灭，食后也易发生中毒。剩饭菜食前未再充分加热，也是食物中毒的重要原因之一。

（4）生熟食品交叉污染。

（5）炊事人员患有肠道传染病或是带菌者接触食品。

细菌性食物中毒，虽然细菌种类繁多，但其共同特点如下：①季节性，一般以夏秋季发病较多。②潜伏期短，多在食用后 24 小时内发病。③在进食相同食物人群中，于短时间内出现很多病人，并很快达到高峰。④受到同类食物污染而中毒的病人，其主诉、病史及客观检查结果相同。大多以急性胃肠炎为主要表现，如恶心、呕吐、腹痛、腹泻等。⑤病人一般不传染。认识和利用上述特点，对迅速找出中毒原因和组织抢救具有重要意义。

（二十三）食物中毒自救

（1）催吐：发现中毒，必须了解吃了何物。若食后 1～2 小时内或更短时间内，则可用催吐方法。催吐时，患者平卧，头偏向一侧，不垫枕头。一是喝一些较浓的盐开水（100 毫升水中 10 克盐），喝一次不吐可多喝几次。二是取鲜生姜 50 克捣汁温开水冲服，有护胃解毒作用。三是若吃了变质的荤食，可服十滴水催吐。四是用筷子、手指等探喉部催吐。催吐是为了尽快排出毒物。

（2）导泻：病人中毒时间较长，但精神尚可，可服用泻药以利泻毒。一是用大黄 30 克一次煎后服用或番泻叶 10 克泡茶饮服。二是对老年人可用元明粉 20 克开水冲服，以泻排毒。

（3）解毒：一是对吃了变质的鱼虾，可取食醋 100 毫升加开水 200 毫升稀释后一次服下。此外，可用紫苏 30 克、绿豆 15 克、生甘草 10 克一次煎服，还可用金银花 30 克与马齿苋煎服。二是若误食变质饮料或防腐剂，最好的急救方法是用鲜牛奶或其他含蛋白质较多的饮料灌服。

若症状未见好转或中毒较重者，应尽快送医院救治。

（二十四）预防食物中毒的误区

（1）回锅：有人认为，已变坏食物扔了可惜，用回锅煮沸消毒一下再吃，这是有危险的。因有的细菌耐高温，如能破坏人体中枢神经的肉毒杆菌，其菌芽孢在100℃沸水中仍可生存5个多小时。再说，有的细菌虽然被杀死了，但它在食物中繁殖时所产生的毒素，或死菌本身的毒素，并不能完全被沸水破坏。所以，已变坏食物，即使回锅蒸煮也不可吃。

（2）盐腌：有人误认为细菌怕盐，于是对咸肉腌鱼不太注意消毒。其实不然。如沙门菌能在含盐量高达10%～15%的肉类中生存好几个月。只有用沸水煮上半小时以上，才可杀死它。故食用腌制食品，也必须严格消毒。

（3）冷冻：有人误认为冷冻食品没有细菌。其实有的细菌专门在低温下生存繁殖。如可使人腹泻、失水的嗜盐菌可在 -20℃蛋白质内生存11周，故食冰冻食品也不可大意。

（二十五）食物中毒的预防

食物中毒最多的是细菌性食物中毒，它作为预防的主体。①清洁原则：尽量排除细菌污染，更重要是防止二次污染。要注意食品本身、饮用水，从事炊事工作人员作为污染源而带来的污染，尤其是要注意带菌者，注意老鼠、苍蝇、蟑螂等传播媒介，要保持操作室卫生，调理好的食品要防止细菌污染。②温度（冷藏或加热）原则：冷藏使细菌在短时间内不繁殖，而加热煮沸可杀死很多引起食物中毒的细菌。③迅速摄食原则：趁细菌还未繁殖，快速摄取调理好的食品。

（二十六）椰毒假单胞菌酵米面亚种食物中毒

椰毒假单胞菌酵米面亚种食物中毒是我国发现的一种病死率很高的细菌性食物中毒。夏秋季节、阴雨天气，食品因潮湿、储存不当而变质。中毒食品主要为发酵玉米面制品，变质的银耳及其他变质淀粉类（糯米、小米、高粱米和马铃薯粉等）制品。

该菌产生一种毒素为米酵菌酸，是引起中毒的主要因素。本病发病急，潜伏期多为2～24小时。主要症状为上腹不适、恶心、呕吐，呕吐物为胃内容物，重者可呈咖啡样物，有轻微腹泻、头晕、全身无力等。重症患者出现黄疸、肝肿大、皮下出血、呕血、血尿、少尿、意识不清、烦躁不安、惊厥、抽搐、休克，一般无发热。病死率高达40%～100%。个别病例有假愈期，可在发病数日后突然病情加重而死亡。

由于肝、肾、脑是此毒素中毒的主要靶器官，故保肝、护肾、防止脑水肿是本病对症治疗的重点。选用抗生素必须选择对肾无明显损害的抗生素。

米酵菌酸耐热，一般烹调方法不能破坏其毒性，但日晒 2 天后可去除变质银耳中毒素含量的 97% 以上。预防本病的关键是，不用霉变玉米制酵米面；谷类浸泡要勤换水保持卫生，无异味；磨浆后要及时晾晒或烘干成粉；储藏时要通风、防潮湿，不要直接接触土壤，以免污染。不食用变质鲜银耳（变质银耳不成形、发黏、无弹性，菌片显深黄至黄褐色，有异臭味）。发好的银耳要进行充分漂洗，要摘除银耳的基底部。

（二十七）大肠埃希菌 O157 食物中毒

大肠埃希菌 O157，其 O157 是它的血清分型号，它属大肠埃希菌一种。大肠埃希菌大多数成员对人类有益，少数成员是致病的，O157 就是其中之一。大肠埃希菌 O157 引起中毒常见症状为腹痛、腹泻，自然病程 4～10 天，平均 8 天。最严重的是出血性结肠炎，其特点为严重肠痉挛引起的腹痛，先是水样腹泻，然后是血性腹泻，约有 4% 患者有呕吐或低热，并发症为溶血性贫血和尿毒症，常可因肾功能衰竭而死亡。

大肠埃希菌 O157 中毒的治疗为对症处理，临床无特效药。因此关键是要做好预防，而预防的关键在把好"病从口入"关。具体要做好以下几个方面工作：①不食生冷食品，不食生肉、生奶、鲜榨果汁、蔬菜和生水，因大肠埃希菌 O157 不耐热，加热到 90℃ 就可杀死。②饭前便后：配餐时必须洗干净手。③坚持用热水洗刷接触过生肉的餐具等。④水果在吃前必须洗刷干净，并削皮吃。⑤不食用半生不熟肉类食品，包括色拉和蛋黄酱调料等，尤其是汉堡包中的肉不可显现粉红色。⑥集体单位用餐，发生食后有许多人腹泻事件，应警惕此中毒发生。

（二十八）食用劣质罐头等引起的肉毒中毒

肉毒梭状芽胞杆菌最适合在缺氧环境中生长繁殖，在繁殖时产生一种毒性极强的外毒素，即肉毒毒素。但这种毒素怕热，加热蒸煮到 100℃、10～20 分钟，即可被破坏失去毒性。故造成食物中毒的食品往往是不需重新加热而直接食用的食品，如各种罐头食品，家中自制豆瓣酱、豆豉、面酱、臭豆腐等发酵食品。另外，吃了生冷的鱼、肉类加工制品，如腊肉、腊鱼、香肠等也可引起。

肉毒中毒症状一般发生在吃下有毒食品 2～4 小时以后，最早症状是头晕、头痛，渐渐感到视力模糊、复视、上眼皮下垂、睁眼无力等。此时往往误认为患了眼病，但若能考虑到食物中毒，应该带吃剩下食品或罐头去医院，边送样化验边治疗。一般病情发展下去，便可有行走困难，张口、伸舌困难，声音嘶哑，以致吞咽困难，重者出现呼吸肌麻痹，可死亡。

对此预防的综合措施应当是：①买罐头应检查看内装物液体混浊否，瓶盖有否鼓胀。如果是铁罐头，看其盖或底有无鼓面现象。②食用前嗅一下有无异臭味。为保险起见，加热蒸煮 20 分钟即可。③切勿吃生冷的鱼、肉类加工制品。

（二十九）弧菌引起的食物中毒

所谓弧菌，是在显微镜下可见的短小弯曲如逗点状或弧状，运动活泼的一类革兰阴性无芽孢杆菌。它广泛存在于自然界，海产品中更多见。它们大部分在碱性和含盐的环境下生存良好，但对热、酸、含氧消毒剂和氯霉素、强力霉素、氟哌酸等抵抗力差。目前已明确对人有致病作用的弧菌有霍乱弧菌、副溶血弧菌、拟态弧菌、河弧菌、溶藻弧菌等十多种。它们的致病性在于能产生使小肠黏膜细胞分泌亢进的肠毒素和其他一些外毒素。

若生食或食用没有烧熟煮透的海产品，或以其他方式让弧菌以存活状态进入人的消化道，经过一段潜伏期，它就大量繁殖，分泌毒素，即使人致病造成食物中毒。中毒的表现一般为持续腹痛、泻水样大便，并可伴恶心、呕吐、发热、畏寒等症状，严重可大量脱水导致昏迷，重者死亡。

由此可见，为防止弧菌引起的食物中毒，一定不吃生海产品，也不要追求口味而缩短烧煮海产品的时间，隔餐过夜的海产品必须回锅热透。另外，要防止海产品及其加工工具污染其他食品。因弧菌对酸敏感，弧菌在食醋中 1 ~ 3 分钟即可被杀死，故吃海产品应备醋。

（三十）谨防嗜盐菌食物中毒

嗜盐菌即副溶血性弧菌，是一类需有适当盐分才可生长繁殖的细菌。它广泛存在于海水、海底沉积物，鱼、贝类等海产品中。海产品带菌率 80% ~ 100%。此菌在海水中可存活 47 天以上，离开盐水就不能生存。蝇和人通过与海产品接触可带菌，并污染其他含盐食品。故日常腌制的咸肉、咸蛋、咸菜也有该菌，其检出率可达 18.5%。若食用了被该菌污染而又未热透的食品，则极易引起食物中毒。夏天海产品丰富，人们习惯吃些冷的熟食或凉拌食品等，故夏季是嗜盐菌中毒的多发季节。嗜盐菌食物中毒潜伏期，短者 1 ~ 2 小时，长者 1 ~ 2 天，一般为 6 ~ 10 小时，表现为腹痛、腹泻、恶心、呕吐、大便呈水样或浓血黏液样，体温可达 38 ~ 39℃，

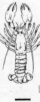

白细胞可增高。治疗以对症处理为主，一般不需抗生素。

该食物中毒关键在预防。该菌在10℃以下低温即停止生长，故海产品等宜在10℃以下冷藏或冷冻。烹调中必须生熟分开，防止交叉污染。该菌不耐高温，在56℃以上5分钟即死亡；食物内部达80℃加热数分钟即可被杀死，故海产品务必烧熟煮透。用海产品做凉拌菜（如海蜇），洗干净切好的食物用食醋浸泡或用醋拌匀10分钟，方可食用（嗜盐菌怕酸）。

（三十一）谨防黄曲霉毒素中毒

黄曲霉毒素是一种剧毒毒素，其毒性高于氰化钾，它以污染食物为途径进入人体。它首先破坏人体肝组织，使肝糖原、维生素A降低，抑制肝合成蛋白质，血浆蛋白降低。最初使肝细胞变性，进而使肝组织纤维化，趋于硬化，最终形成肝癌。它还可使胆管上皮增长和纤维细胞增生，形成再生结节，进而胆囊失去功能。

黄曲霉毒素是由黄曲霉产生的。黄曲霉是在食品温度、湿度适宜时繁殖产毒的。如粮食水分在70%～80%时，是其产毒最佳条件，易被黄曲霉污染的食品有花生、玉米、大米等。它首先从上述食品的胚乳污染繁殖，进而使整个霉变。而食用油脂的霉菌污染来自榨油植物，如被污染的花生、大豆等，用其榨油则成带毒性油脂。

预防黄曲霉毒素危害的措施如下：①防止食品污染，保证食品清洁。如粮食含水量控制在13%以下。天气温度高、湿度大时，则要采取降温降湿措施，使之保持安全水分，预防霉变。②染霉处理。若污染轻，则可人工挑选去坏粒，如黄粒米（即霉变的米），发芽、霉变的花生等。对大米也可用水洗法。③关键是不食霉变的花生、玉米、大米、豆类及其制品。

（三十二）谨防亚硝酸盐和亚硝胺对人体的毒害

亚硝酸盐和亚硝胺对人体的毒害是饮食卫生必须重视的问题。

在加工肉制品如香肠、咸肉等时，常添加色素稳定剂硝酸盐和亚硝酸盐，加工后硝酸盐被还原为亚硝酸盐。硝酸盐、亚硝酸盐平时广泛存在于土壤、水及植物组织中。某些蔬菜如芹菜、大白菜、韭菜、萝卜、菠菜等，都可有大量硝酸盐，其量与土壤使用氮肥量有关。在适宜环境温度下，蔬菜中硝酸盐可被其还原菌还原为亚硝酸盐。另外，肠道功能紊乱、贫血、肠寄生虫病，胃酸浓度低的病人，胃肠道内还原菌可大量繁殖，故亚硝酸盐亦可在人体内形成。尤其在腐烂蔬菜和未腌透的蔬菜中，亚硝酸盐含量显著增高，食后可引起中毒。

亚硝酸盐中毒机制，使红细胞中低铁血红蛋白氧化为高铁血红蛋白，从而失去携氧功能，故出现青紫等缺氧症状。治疗早期应洗胃、催吐和导泻，促使未吸收毒物排出；及时用特效解毒剂美蓝；勿大量使用，否则反加重病情。

为预防亚硝酸盐中毒，主要应控制肉制品中亚硝酸盐添加量，平时不吃腐烂蔬菜，熟蔬菜不可久存，不食不腌透蔬菜，不用井水烧饭、菜，不喝蒸馏水等。

预防亚硝胺的危害包括：①改进食品加工，不吃高温烹调、烟熏食品，腌制肉类少加或不加硝酸盐，慎吃腌肉腌鱼，不吃未腌透的蔬菜，腌制菜要在 20 天至 30 天以后食用。②维生素也可阻断亚硝胺在胃内的合成。新鲜蔬菜和水果中维生素 C 含量高，尤其蔬果中菜花、青椒、鲜枣、山楂、刺梨等含量更多，故要多吃新鲜果类食品。③施用钼肥，可使粮食、蔬菜中硝酸盐下降，维生素 C 含量增加。

（三十三）谨防砷中毒

砷的化合物有毒，常见为三氧化二砷（AS_2O_3），俗称砒霜，有剧毒，成人致死量 60～300 毫克，除急性中毒外，砷进入人体后主要从尿、粪便中排出，也可从乳汁排出，但排泄缓慢，故可积蓄引起慢性中毒。

砷化合物可作杀虫剂，如有的灭鼠药、灭蟑螂药等，故有意无意吞入都可引起中毒。砒霜白色粉状，无嗅无味，易与面粉、碱等混用而误食中毒。食品添加剂中混入超过卫生标准的砷使食品中增加砷的含量，也可导致砷中毒。

砷中毒可出现咽喉部及上腹烧灼感，心口痛，严重恶心、呕吐，甚至吐血、吐胆汁。腹泻先为稀便，后为类似霍乱的半泔水状便及血便。心跳加快、头昏头痛、颜面水肿、四肢麻木、肌肉酸痛、少尿、血压下降，重者可致休克、昏迷、惊厥，最后呼吸循环衰竭死亡。

预防措施如下：药物与食物必须严格分开存放，防止发生误食；凡是使用化学物质处理食品或使用某些食品添加剂时，生产单位必须切实按食品卫生标准要求，保证食品含砷量不超过规定标准；盛过砷剂的用具决不可再盛食物；禁止用加工粮食的碾磨来碾农药等。

（三十四）儿童铅中毒的原因主要与饮食卫生有关

铅对人体有害无益，而对儿童危害更大。主要表现为智商降低、生长受阻、注意力不集中、多动等。究其发生的原因主要是两个途径：①经呼吸道，仅占 15%；②经消化道，约占 85%。故防止儿童铅中毒，与饮食卫生密切相关。

空气中铅微粒来自工业与交通的污染，而作为儿童每天生活主要场所是家庭，空气中铅污染主要来自家庭燃煤、室内吸烟、蜡烛烟尘、灰尘等。儿童吸入空气中铅微粒，小的易被肺泡吸收，而大的黏附在气管壁上，成人可将其随痰咳出，但儿童往往吞入胃中从消化道摄入。

经消化道摄入是造成儿童铅中毒的主要原因。除上述将污染铅微粒的痰吞入胃中这一不卫生习惯之外，许多儿童有将手指在口中吸吮，将玩具、文具等在口中啃咬的不卫生习惯，这也可增加摄入铅的量。另外，有些儿童因缺铁等原因，喜吃墙布、泥土、碳渣、纸片等，这样便可造成大量铅摄入体内。铅还可通过污染的水、食品进入儿童体内。总之儿童经消化道摄入铅是其主要途径。再加上儿童肠道黏膜屏障发育不完善，铅的吸收率比成人要高出5倍；儿童各系统器官均不太成熟，特别是神经系统对铅毒性作用尤为敏感，故儿童容易发生铅中毒。因此，为了防止儿童铅中毒，必须从小教育儿童要养成良好的卫生习惯。

（三十五）烹调不当会增加食物中致癌物

目前致癌的原因尚未完全清楚，但外因性致癌物已得到公认，烹调不当则可增加食物中外因性的致癌物。外因性致癌因素中，80%是化学性的。我们目前所知1000多种化学致癌物中有2/3以上属多环芳烃类，它们在环境中主要来自炉灶烟灰、炼焦、沥青、露天焚烧、汽车尾气等。食物方面主要来自烹调不当，食品加工不当所造成的致癌物质等。现将烹调因素列举如下：

（1）烧烤：用木炭烧烤时，如火上有烟，则产生苯并芘大量增加。世界卫生组织提出苯并芘的容许量为20ppb～30ppb（ppb 表示 10^{-9}）。木炭炉烧烤为 2. 3ppb ～49. 0ppb；柴炉烧烤达 1. 3ppb～109. 0ppb；煤炉烤高达 1. 9ppb～409. 0ppb，但电炉烧烤的苯并芘仅 0. 1ppb～4. 4ppb。如街头羊肉串其中致癌物就不言而喻了。

（2）熏制：欧洲等地熏制鱼，经测定每公斤含苯并芘 2000ppb～3000ppb，以至于常吃此种熏鱼的人，胃癌十分常见。

（3）用油煎炸：经高温油炸的肉、鱼、鸡等，可测出 10 多种致癌物，是肉类本身（蛋白质）加温到200℃以上时的产物，温度越高，其产物越多。要消除预防油炸食品中有毒物，一是控制油温，如工业化生产用的真空减压油炸；家庭烹调中，将食物外包一层淀粉糊再油炸。二是油炸食品的油脂及时更换，对油烟大、泡沫多、烟点低的油不宜作油炸用。

（4）烘焙：烘焙面包不会产生致癌物，但烘焙咖啡可产生致癌物。

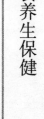

（5）烙：我国北方较喜用此法。干烙问题不大，如加油再烙，火又旺，以致烙出了烟和烟糊斑时，苯并芘含量就可大增。

（6）煮饭、熬粥尽量不造成煳锅底：实验证明，焦状锅巴中含致癌物苯并芘。

（7）煎炒蔬菜不宜过久：否则破坏维生素多，而维生素 C 可与亚硝酸盐结合，阻碍亚硝胺合成，维生素 A 也有阻止亚硝酸致癌作用。

在各种各样烹调方法中，可常用 、炖、清蒸和水煮等方法，现在还可常用微波炉，特别是鱼、家禽，首先将水倒掉，然后再把肉和调料在炉里烤几分钟即可。总之，用不恰当烹调法，经长时间高温（超过200℃）做出来的食品，其中含有致癌物，已被实验证实。美国学者最近发现，按中国传统炸肉方式，将鸡胸肉在含有橄榄油、糖、醋、蒜泥、盐等汁中浸泡20分钟，然后再在烤炉中烧烤，结果产生致癌物比没有浸泡过的鸡肉要少90%，为此，建议要摒弃西方式炸烤方式。

（三十六）小心烹调中的油烟

众所周知，吸烟易引起肺癌。但近年来发现，因烹调的油烟诱发女性肺癌发病率有所上升。烹调中油烟凝聚物有较高致癌作用，可能是女性肺癌发病率高的一个重要原因。造成油烟污染较重的原因：①厨房通风差，或与其他房间，尤其是卧室分隔不好；②烹调油烟多，常使人睁不开眼，室内充满烟雾，此状况保持很长时间；③烹调常用烟点较低的植物油或油炸食品。鉴于上述原因，专家提出要小心烹调油烟的污染，并从以下两方面着手；①必须在厨房装良好的排油烟设备；②保持室内空气流通，不要使油烟长时间停留在室内。

（三十七）不要用煤火直接烤制食品

不要用煤火直接烤制食品，其道理如下：①煤炭燃烧时可产生致癌物质，它污染食品，人吃了增加致癌机会。②用煤火直接烤制食物可使食品受到严重的放射性污染。煤炭中常留存天然铀和其他放射性元素。它们在衰变中不断放射出 α、β、γ 射线。其中 γ 射线主要对人体产生体外照射。当放射线随食品、饮水、呼吸气体等途径进入体内，即可产生内照射，内照射中 α 射线作用是主要的。倘若射线剂量高，则可使人体引起辐射损伤。

（三十八）烹饪用水有讲究

（1）炒菜忌用硬水，硬水中钙、镁离子浓度（以氯化钙计）大于80%。有些蔬菜，如豌豆等富含有机酸，可与硬水中钙、镁生成难溶于水的硬的有机酸盐，故使菜肴不易下咽。

（2）炖肉宜用热水，熬骨头汤宜用冷水。肉味之鲜美是因肉中富含谷氨酸、肌苷等呈鲜物质。用热水炖肉，则可使肉块表面的蛋白质快速凝固，故肉内呈鲜物质就不易流入汤中，使肉味鲜美。而熬骨头汤是为了喝汤故用冷水、文火慢熬，这样可延长蛋白质凝固时间，使骨头中呈鲜物质可充分渗到汤中，进而使骨头汤美味。

（3）用开水煮饭好：自来水都经加氯消毒，如用生的自来水煮饭，其氯就可大量破坏谷米中维生素 B_1 等的营养成分，维生素 B_1 损失程度与烧饭时间、温度成正比，一般可损失 30% 左右。但用开水煮饭，因开水中氯气已大都随水蒸汽挥发掉，故用开水煮饭可大大减少维生素 B_1 等的流失。

（三十九）巧除和减少食物中致癌物的办法

（1）水泡：部分附着在食品表面的致癌物，用水浸泡可随水而去，至于食品内的致癌物，部分具有挥发性的则可用热水冲泡去除一部分。

（2）煮沸：某些食品中致癌物较多，如咸肉、鱼、腌菜等，用热水冲泡可去除小部分，如用开水煮沸一会儿则可去除大部分。

（3）曝晒：食品中部分致癌物，在阳光 6~7 小时可除去大部分。

（4）正确烹调：烧菜时在花生油中加食盐可除部分黄曲霉素；炸过的食用油不宜再存放待用等；尽量采用不易使食物产生致癌物质的烹调法。

（四十）制作菜肴时放常用调味品的最佳时间

（1）在菜熟至八成时放盐，不仅可少用盐而使菜的咸淡适中，而且还可避免过早放盐导致菜中汤水过多，不易快熟的弊端。

（2）酱油的重要成分是氨基酸和糖分。做菜肴时过早放酱油，使氨基酸破坏。糖分也因高温而焦化。另外，酱油中含盐，酱油最好在快做好菜时放。

（3）做糖醋鲤鱼、糖熘菜帮、糖浆藕片等带甜味的菜肴时，应先放糖后放盐。若顺序颠倒，食盐的"脱水"作用，可使菜肴中蛋白质凝固而"吃"不进糖分造成外甜里淡，味不鲜美。

（4）炒锅中温度最高的时候加入料酒，易使酒蒸发，从而更好消除食物中腥气，如鱼腥气、羊牛肉腥气、生猛海鲜腥气等。

（5）味精应在菜炒好起锅前加入，因此时锅内温度 70~80℃，味精易化解生效。高温下放入味精变成焦谷氨酸，不但乏味而且有毒。鸡精加入时间就无此讲究，高温下放入也可以。

（6）烧鱼忌早放生姜，过早放生姜，鱼体浸出液中蛋白质可影响生姜发挥去腥

（四十一）低盐和无盐饮食及其制作方法

所谓低盐饮食是指禁用一切咸食，如咸菜、火腿、香肠、腊肠、肉罐头等，在烹调中只允许少许加盐（每日 2~3 克）或酱油（每日 10~15 毫升）；无盐饮食则要禁用一切咸食外，烹调中不可加盐及酱油；另外低钠饮食比无盐饮食的限制更严格，凡钠含量高的食品，如碱、发酵粉做的食品，以及某些菜，如菠菜、芹菜等都不可食用。以下谈谈低盐或无盐饮食的制作。

（1）菜中不加食盐，仅用菜蘸限制量盐食用。一般每餐用 1 克食盐（约一小牙膏盖的容量），这可用于低盐饮食。

（2）以糖、醋代盐。制作菜肴时多放糖、醋，少放盐。如醋烧鱼、醋炒土豆丝、糖醋排骨、糖醋白菜等。

（3）利用香油，往菜里多放芝麻油。麻油蒜头拌蒸茄子，油炸花生等。

（4）借用菜肴原料本身的鲜味。糖拌西红柿、青椒炒西红柿等，这些菜本身带酸、甜、辣味，可刺激食欲。

（5）用无钠酱油，即钾盐制成酱油制作菜肴。

（四十二）炖肉宜加糖

加糖炖肉的道理：①使肉味鲜美，在肉中酶类作用下，糖可生成酸，使肉 pH 值下降，造成肉中胶蛋白松软，可加快其熟烂。同时其肌肉的间隙扩大，调料易渗入，故使肉味鲜美。②使肉质柔嫩，肉皮光亮烂糊。③提高营养价值，因糖在肉中酶的催化下，可生成葡萄糖与果糖。④生成的葡萄糖可吸收空气中的氧，进而可延长熟肉存放时间，预防肉品变质，避免其变色发黑。

至于加糖的用量，一般 500 克肉可放 10 克糖，可随饮食习惯而异，喜欢吃甜的，还可多加些。

（四十三）铁锅不宜用铝铲

铁锅炒菜，传热快，保温性好，火候易掌握，且铁是人体必需微量元素。铁锅炒菜中会有微量可溶性铁盐形成，随菜进入人体内被吸收，很有益处。但不宜用铝铲在铁锅中炒菜。因铝比铁软，故铝铲易被铁锅磨下铝微粒。若随菜进入人体，日久天长，可致体内铝积蓄，对人体健康有害。

（四十四）不宜用热水瓶、水壶装酒

热水瓶或旅行用的铝合金水壶，由于平时常装开水，内壁上或底部会积水垢。

水垢是水中的重金属、钙盐、灰尘、病菌、虫卵尸体等沉积物。据分析，水垢中除含铅、砷、汞等有色金属外，还有致癌物质。如用此种热水瓶或旅行水壶装酒，酒精可使水垢溶解，水垢中有毒元素就溶解于酒中，饮用此酒，久而久之可引起机体慢性中毒。

也不要用塑料壶装酒。酒精同样可溶解塑料中对人体有害的物质。因此，装酒最好用清洁的玻璃瓶。

（四十五）慎用塑料桌布

塑料桌布大都是聚氯乙烯制品。聚氯乙烯本身并无毒，而它所含有的游离单体聚氯烯却是有毒物。还有酚醛塑料和脲醛塑料，它们由酚类、醛类和氨基化合而成。所含游离酚和醛也是有毒物质。由于塑料布与筷子、汤匙以及食品直接接触，塑料膜的有毒物就可通过人的口腔进入体内，进而可能导致慢性中毒。因此，为了健康，家庭及餐馆不用塑料桌布为妥。

（四十六）压力锅煮食的利和弊

压力锅煮食省时、省燃料，食物也易消化，但食物营养素的保留却没有普通锅好。据测定，用普通锅煮熟的米饭，维生素 B_1 保留为 72%，而压力锅为 56% ~ 64%；用普通锅煮红薯，维生素 B_1、维生素 C 保留率均为 85%，而压力锅维生素 B_1、维生素 C 保留率仅为 54% ~ 71%。故从保留营养素角度看，用普通锅煮食为好。

但用高压锅煮陈米，可帮助去除真菌中黄曲霉素。另外，动物性食品经高压锅烹调后，其中营养成分更容易被人体消化吸收。

（四十七）餐巾纸的潜在危害

餐巾纸使用已十分普遍。许多人习惯于进餐前以餐巾纸擦拭餐具，饮食过程中还不时用来擦手擦嘴。这应当是出于卫生的考虑。但现在要提醒的是，餐巾纸不可靠，故上述做法，事与愿违。

餐巾纸生产中可有污染物留存的可能。农作物难免在种植时接受农药，诸如稻草、麦秆等制纸原料中往往有农药残留。有些厂家在纸浆中还掺入回收纸，虽经脱色处理，但铝、镉等有害物、微生物等并非都洗净，故餐巾纸都有污染残留。此外，餐巾纸包装、运输、储存、销售过程中不够科学严谨，也是造成污染的原因之一，一般情况下，餐巾纸容易受致病性化脓菌、大肠埃希菌、真菌及肝炎病毒等污染。

由此可见，餐巾纸并非绝对干净，令人放心，而是对健康卫生具有潜在危害的。记住，饭前便后还得洗手。

（四十八）别用尼龙草扎粽子

粽子是人们的日常食品，可自制也可购买市场上的。然而值得提醒的是：别用尼龙草扎粽子；若遇用尼龙草扎的商品粽子也别买。因尼龙草的原料聚脂乙烯是一种矿化物，一经高温水煮便可产生二甲烷等毒物，从而污染粽子，人吃了有害健康。

（四十九）莫用锡壶盛酒

锡的质地较软，为使其有一定硬度，故制造锡壶时，通常要掺有一定量的铅，用这种锡壶热酒或长期盛酒，必将使铅溶于酒。人吃了含铅的酒，被吸收入血，日久天长，可致慢性铅中毒；这样便可损害血红蛋白合成代谢，影响造血功能。进入人体的铅还可蓄积在肝、肾、脑内，进而影响其正常功能。

（五十）不是塑料袋都可用来装食品的

用塑料袋装食品以前，一定要搞清楚是不是食品袋，不可把任何塑料袋随便用来装食品。如聚氯乙烯塑料薄膜多用于制雨衣、桌布、手提袋等，用它做的塑料袋不可盛放食品，尤其不能放油性食品。因为此塑料中有不少材料如增塑剂、稳定剂都带有毒性。而油性食品又对增塑剂有抽取和聚集的作用。

用聚乙烯制成的可用来装食品。它无毒，并有一定透气性。聚乙烯与聚氯乙烯塑料可用以下方法鉴别：聚乙烯无色透明，摸起来有润滑感，表面好像附有蜡层；聚氯乙烯多数微带色，摸起来有些发黏。另外，聚乙烯易燃，火焰为黄色，有石蜡气味；聚氯乙烯难燃，火焰为绿色，有呛鼻气味。

对于茶叶来说，挥发性很强，而聚乙烯塑料食品袋易跑气，故茶叶是不可用塑料袋包装的。

（五十一）不宜用废旧字纸和白纸包装食品

废旧字纸，如书、报、杂志、复写纸和其他废字纸，含有病毒、致病菌，还含有许多化学毒物。用废旧字纸包装食品，尤其是包油条、油饼、月饼、油脂饼干、熟肉及其他熟食品时，病菌和毒物可黏附在食品上，人们食用此食品后会将毒物、病菌食入体内。轻者消化系统轻度不适，重者可发痢疾或肝炎或食物中毒。长期食用废旧字纸包装的食品，可致体内某些组织器官的慢性中毒。如油墨、复写纸中可含有一种多氯联苯物质，它具有毒性，甚至能致癌。

用白纸包装食品同样可给人们带来危害。一般造纸厂用氯作漂白剂生产白纸的，在生产过程中一系列化学反应，导致各种有毒残余物产生，其中的二氧基类化合物已证实是仅次于钚的毒物，能导致肝癌和不孕。有些纸厂还用荧光增白剂，这也是一种能污染食品的有害物质，有致癌嫌疑。

（五十二）不可随便用塑料容器装食品

一些饮食单位喜欢用深色小塑料桶、盆盛放各种卤菜，这些深色的盆桶多是回收塑料的再生制品，成分非常复杂。还有些人喜欢用饮料瓶装食油、酱油、食醋等调味品。这些做法对人体健康都十分有害。

卤菜在制作中大多加用食油、醋，这样可使塑料中有害成分，如低分子的聚乙烯、氯乙烯单体，各种增塑剂、稳定剂、铅、工业色素等易溶出而进入食品。氯乙烯单体有致癌作用；铅不仅引起急性中毒，而且长期少量摄入会在骨髓中蓄积，影响骨髓造血功能和儿童大脑正常发育；工业色素长期食用有明显致癌和使胎儿畸形作用。如果是密胺类塑料则会溶解出甲醛，可使机体白蛋白凝固，细胞死亡。

饮料瓶大多用聚丙烯制成，其中也含有乙烯单体，用其装食物油、酱油、食醋等脂溶性有机物便会使瓶内对人体有害的乙烯单体慢慢的溶解出来。此外，饮料瓶瓶壁较薄，透明度高，易老化，易受氧气和紫外线作用，可会产生强烈异味。如果用饮料瓶长期储存食油，不仅使食油易酸败变质，而且会加速瓶体材料结构的化学变化。

因此，为了保护广大人民群众的健康，请不要随便使用塑料容器乱装食品。

（五十三）搪瓷食具不宜用来煎煮食物

搪瓷食具是采用优质钢板冲压成型，外表再涂瓷，并经高温烧制而成。所用瓷是硅酸钠和金属盐，金属盐中铅用得最多。烧煮食物时，经100℃煮沸一段时间之后，即可溶出铅、镉等有毒金属元素。铅对人体中枢神经系有损害，可致行为改变，引起贫血。慢性铅中毒可干扰免疫功能，重者甚至死亡。镉可使体内许多酶活性受抑制，并有致癌危险。此外，溶出的铬、锡、铋、锑等对人体也有毒害。故千万别用搪瓷食具煎煮食物。

（五十四）微波炉内不宜用金属容器盛放食品加热

微波炉具有高效、节能、省时等优点。但炉内不可用金属容器，而应使用玻璃、陶瓷、耐温塑料等非金属材料制作的器皿。因金属对微波炉来说，可被反射而无法透进，这样，不仅食物无法加热，而且微波不断被金属反射回来。故当炉内产生的高频短波达一定程度时，炉可被损坏，并且金属还可因。微波照射而放电，引起火花，破坏炉体，而且还有炸锅的危险。

（五十五）透明包装有损食品营养

塑料袋、塑料瓶、玻璃瓶等都是光线可穿透的透明包装材料。研究证实，光线对食物营养物有一定破坏作用。特别对液体食物破坏尤为强烈，其中对牛奶、果汁作用更大。牛奶经光线照射 24 小时后，维生素 B_2 减少 8% ~ 14%；光照牛奶 8 小时后，维生素 A 损失 60%。为此，对液体食品宜阻光包装。如用透明塑料袋包装，只可阻隔 9% 的有害光线；如用半透明塑料袋包装，则阻隔 30% 有害光线；如采用国际流行的"利乐砖型纸盒"包装，则可阻隔 90% 的有害光线。

（五十六）陶瓷、搪瓷容器不宜长期存放酸性食物

陶瓷容器（如沙锅、瓷器等）是以黏土为原料，加入其他材料制成土坯，再涂上釉，经高温烧结而成；也有将烧成的素坯表面粘上花纸，再经高温烧制成有花饰的陶瓷容器。在釉和花饰中含各种金属盐类。有时为降低烧结温度，在制作中常加铅盐。

搪瓷容器以铁皮为原料，冲压成各种形状后再涂釉，经高温烧结而成，也有铅、锡、锑等物质。

金属容器中有铝制品、不锈钢、镀锌铁皮容器等，这些金属容器自然含有对人体有害的金属。

上述容器若存放酸性食品，如醋、酱油、酒、饮料、泡菜等，则容器中有害金属就极易析出，并溶入食品。人吃了这些食品，轻者中毒，重者危及生命。

因此，上述容器不宜长期存放酸性食品，更不可用这些容器烧煮酸性食品。若放酸性食品，则不宜过夜；盐分高的食品可腐蚀金属容器，也可使有害金属析出，故也不宜长期存放。

（五十七）沙锅煲不宜常食

天冷后，许多人喜食沙锅煲。但为了健康，不宜常食之。①沙锅煲炖制菜肴，其原料中营养成分损失较大。据测算，锌、铁、钙、碘等损失率可高达 89% 以上；叶酸与维生素 C 损失 100%。我国广东地区，小儿叶酸缺乏性贫血和缺铁性贫血发病率高，究其原因，主要与广东人嗜好煲汤有关。汤中蔬菜长时煲煮，叶酸破坏殆尽，另外煲中加草药，其鞣酸又可影响铁吸收等。②普通沙锅都以黏土和石英加其他化学原料制成，其分子化学结构极不稳定，加上在烹制中温度很高，加热时间

长，故沙锅中许多有害物质，如铅、铝、砷等会慢慢析出，溶于汤中，人常食之，必然引起慢性中毒。如沙锅中釉含少量铅，煮酸性食时可溶出。若将新沙锅用4%食醋水浸泡煮沸，则可去除大部分铅。③沙锅煲一般都用动物性原料为主，而动物蛋白质的凝胶液体不断析出，可使其食物韧性增加，故不利人体消化吸收。

（五十八）使用锅还是以黑铁锅为好

世界卫生组织向全世界推荐使用中国传统黑铁锅。

铁锅是良好的炊具，它传热快，保温性能亦好，火候容易掌握。铁锅不怕铲、刮，抗损强度大，经久耐用。

铁锅是廉价的补铁来源，用它炒菜有利防治缺铁性贫血，因炒菜时有不跟食物发生作用的微小铁屑，其颗粒小于10微米者，能进入人体胃内，与胃酸（盐酸）发生化学变化，生成可溶性低价铁盐；铁锅溶出的铁经过维生素C的作用，还可变成人体需要的二价铁被吸收。当然人体所需铁可由饮食供给，但食物中含铁一般为有机铁，较难被人体吸收。

科学研究发现，铝可使人早衰；不锈钢中镍、铬、钛等元素对人体有害。长期使用铝合金或不锈钢锅，断绝了人体吸收铁的一条重要途径。这就是黑铁锅受青睐的主要原因。

不过，黑铁锅的主要缺点是生锈。用生锈的锅盛菜和汤，吃了可引起呕吐、腹泻、食欲减退等症状。因此，必须保持干燥，以免铁锅生锈。另外，不要用铁锅熬煮酸性水果，否则果酸溶解铁，生成低铁化合物，长期食用可使舌头、齿龈发黑，并出现恶心、呕吐等症状。

（五十九）忌用铝制品装盛饭菜和长时间烧煮食物

铝制品表面有一层致密的氧化铝薄膜，它不溶于水，但能溶解在酸性、碱性和盐溶液中。故长期用铝盒盛放饭菜，可使其薄膜破坏，使铝溶解在饭菜中，从而增加体内铝摄入量。长时间用铝锅烧煮食物，也可使铝溶解在食物中，如用铝锅长时烧煮红烧肉，肉中含铝量就很高。

体内铝积累过多可造成细胞组织和智力损害，同时破坏某些酶活性，引起消化功能紊乱等。长期摄入一定量铝对健康不利，另外鸡蛋也不宜在铝器皿中搅拌，因其蛋白遇铝变灰色，蛋黄碰铝变绿色，故鸡蛋宜在瓷器皿中搅拌。

（六十）使用不锈钢炊具、餐具有讲究

不锈钢是由铁铬合金，掺入镍、铝、钛、镉、锰等微量元素制成的。其金属性能良好，比其他金属耐锈蚀，并美观耐用，故市场上有许多由不锈钢制成的厨具。我国对此已制定卫生标准。医学研究已证实，钛、镉、铝等金属元素及其化合物，对人体健康有危害。如使用不锈钢炊、餐具不当，就可造成上述危害等，故使用时必须讲究科学。

（1）切勿用强碱、强酸、强氧化性化学药剂，如苏打、漂白粉、次氯酸钠等洗涤。因这些物质都是强电解质，不锈钢与这些物质起电化学反应后，其微量元素就被溶解出来。

（2）切忌用不锈钢炊具熬中药。因中药中含多种生物碱、有机酸等成分，在加热条件下容易与不锈钢发生化学反应，而使药物失效，甚至产生某些毒性更大的结合物。

（3）不要用不锈钢器皿长时久盛食盐、酱油、食醋、菜汤等，因这些物质也是电解质，同样会与不锈钢起电化反应。

（4）不锈钢锅传热慢，很容易造成食品局部烤焦，而焦食中有致癌物，故不锈钢锅最好不用。

（六十一）净水器使用不当易致癌

有的家庭净水器长期使用而不清洗，甚至滤芯长了毛仍在使用。实际上，净水器长期积水，很易产生藻类毒素物质，它是一种促癌物质。同样道理，农村中受污染的池塘水，不消毒或消毒不彻底的楼房蓄水池的水也可产生"藻类毒素"。若与黄曲霉素同时存在，则致癌的危险性更大。据统计表明，若长期饮用受藻类毒素污染的水，则患肝癌可能性比不喝的要高 2 ~ 3 倍。因此，净水器必须按规定定期清洗。

（六十二）饮水机内有"杀手"

据调查资料显示，使用 3 个月的饮水机，其内胆中水垢含重金属镉 0. 034 毫克、铅 0. 12 毫克、铁 24 毫克、砷 0. 21 毫克。当人们长期少量摄入重金属，使之在体内积蓄，则可引起人体消化、神经、呼吸和造血系统疾病及其功能障碍。因此，饮水机必须按规定定期清洗。

（六十三）电冰箱不是杀灭细菌的"保险箱"

电冰箱低温只可在一定程度上抑制细菌繁殖，并不能杀灭细菌。冰箱冷藏室温度为 0 ~ 10℃，细菌在此温度下繁殖能力受限，但未完全停止，故食品在冷藏室只可短期储藏。在冷冻室，温度在 －18℃（三星级）或 －12℃（二星级）以下，食品呈坚硬冷冻状态，但仍有一部分细菌可顽强生存，一旦温度回升到常温，它们仍可恢复活力，生长繁殖。

认为剩饭剩菜是经过烧煮的，不会带细菌，这是错的。健康人的体表、消化道、呼吸道都有微生物，何况病人体内还可排出许多病原体。人的唾沫、空气中的病原菌、盛饭菜容器上的病原菌都可污染剩饭剩菜。

值得一提的是，美国医学家发现的一种称为耶尔森菌的致病菌，它可耐受低温，在4℃左右环境下仍可生长繁殖。尽管其生长繁殖速度有所减慢，但由于其他细菌生长受抑，故有利于此种小肠菌的生长。该菌引起疾病的症状，与其他病菌，尤其是沙门菌极相似，患者可恶心、呕吐、腹泻、发热。婴儿可出现血性水样便。此种小肠菌在生蔬菜中含量很高，尤其是胡萝卜、甜菜、生菜、芹菜、鲜菇，尤其是切成片的胡萝卜内含菌量更高。故喜食生菜的人，易患耶尔森菌肠炎。

由此可见，电冰箱不是杀灭细菌的保险箱，从冰箱取出的熟食物都必须加热处理。食品在冰箱冷藏或冷冻也是有一定期限的，过期照样变质。一般认为，鱼冷藏1~2天，冷冻3~6个月；鸡肉冷藏2~3天，冷冻1年；香肠冷藏2~3天，冷冻2个月；牛肉冷藏1~2天，冷冻3个月；胡萝卜、芹菜冷藏1~2周；菠菜冷藏3~5天；面包冷藏2~3天；未开启罐头冷藏1年；苹果冷藏1~3周；柑橘冷藏1周。

（六十四）食品宜"多冻少藏"

一些专家对家用冷藏设备与人体健康的关系进行了研究，提出"多冻少藏"观点，以解决家庭食品保质问题。

家用冰箱一般分上、下两个室，下部冷藏室温度较高（一般在±5℃），湿度大，再加上许多人误把冰箱当"保险箱"，将超期、不洁食品保存在此，故在这种情况下，很易致使食品腐败变质。冰箱上部为冷冻室，其温度一般在±18℃，此种低温状态下，不仅细菌繁殖微乎其微，而且食品自身氧化、酸败过程也可基本停止，食品可保存几个月。显然，食品在这里的保险系数就大大增加了。食品专家认为，食物经冷冻后食用有利于杀灭一部分致病菌、抑制致病物质生长，符合卫生要求。另外，冷冻对食品质量影响不大。冷冻半年的猪肉，其肉中含蛋白质22.43%、脂肪1.73%、无机盐1.16%，与新鲜肉几乎不变，故家庭食品"多冻少藏"是行之有效的。有的家庭使用小低温箱，使冷冻温度和冷冻容积都可有确切的保证。

（六十五）不宜在冰箱冷藏或冰冻的食品与药材

许多人不分青红皂白，把暂时吃不完的食品往冰箱一放，就以为是安全保存了，其实不然，现列举如下：

（1）吃剩的马口铁罐头不宜冷藏。低温保存可减少细菌污染，但却不能阻止铅的溶入。罐头开罐后存放在冰箱内，发现除低酸性食品（如肉）含铅量变化不大，其余均明显增加。除了铅焊封罐时可混入微量铅外，打开罐头，其封罐处可被食物汁液腐蚀，焊铅又可混入食品中。为此，吃罐头最好当时将食品倒入搪瓷、陶瓷等容器内，吃不完，则可盖上盖在冰箱中冷藏。

（2）腌制食品不宜冷冻。冷冻时，腌制食品中大量氯化钠极易冻结，凝成小冰晶，脂肪易氧化，其氧化过程具有催化效应。可使脂肪氧化速度加快，故其质量下降，肉质呈哈喇味，营养素受损。为此，一般将腌制品存放通风、干燥处。

（3）香蕉不宜在 12℃ 以下储存，冷藏时，其含氧的酚衍生物——二羟基苯乙胺可加速自身氧化，使之易发黑腐烂。

（4）黄瓜不宜在 0℃ 以下储存，否则 3 天内表皮呈冰浸状，从而失去其脆嫩、滑香的风味。

（5）鲜荔枝不宜在 0℃ 以下储存，否则，1 天内表皮变黑，果肉失去美味。

（6）西红柿不宜冷冻，否则，其局部或全部果实呈水浸状，使其软烂或蒂部开裂，表面有褐色圆斑，易腐烂、煮不熟、无鲜味。

（7）巧克力不宜冷藏，否则冷藏 1 天取出，在室温条件下，其表面结上一层白霜，极易发霉变质，失去原味。

（8）鲜奶不宜冰冻，牛奶冻结时，游离水先冰冻，并且由外向里冻，里面包着干性物质（蛋白质、脂肪、钙等）。此种状态可造成解冻后奶中蛋白质易沉淀凝固，故牛奶一般保存在 10℃ 以内，最好是在 2~6℃ 下保存。

（9）剩饭不宜冷藏，糊化后淀粉冷藏过久，则其氢键重新组成，凝结成沉淀状，称为老化（2~4℃ 最易老化）。老化后冷饭变得干硬、粗糙、不易被消化、吸收，食之也乏味。故剩饭一般放在饭篮中置通风、干燥处为宜。

（10）名贵药材不宜存放冰箱保存。若将天麻、鹿茸、人参等较长时间冷藏，可使药材潮解变质，破坏其药性，甚至可增加不良反应，有害健康。塑料袋有一定渗透性，故用此装也不行。一般将其放在装有生石灰块或炒黄米粒的罐瓶内，再将其口密封，放在干燥处保存，最好每隔 1~2 个月取出晒晾一次，再如此保存。

（六十六）烫食有害健康

口腔、食管、胃黏膜可保护器官、组织免受细菌侵袭。过烫食物使黏膜造成不同程度损伤。轻者使黏膜充血、水肿、变性、渗出，形成炎症。重者组织坏死、脱落，形成糜烂和表浅溃疡，使黏膜防御功能下降或遭破坏，细菌乘机侵入生长繁殖，使病灶进一步恶化，造成继发性感染。

烫食还是口癌、食管癌、胃癌的主要诱因之一。食管有三个生理性狭窄部，烫食在狭窄部和胃里停留时长相对长些，故局部组织损伤明显，经常吃烫食，可使已发生炎症、糜烂、溃疡病灶处于损伤—增生—修复—再损伤—再增生—再修复的失代偿状态。久而久之，上皮细胞增长就可能发生异常改变，进而有癌变可能。

因此，饮食过烫，甚至久食烫食是有害健康的，尤其吃火锅食物再同时饮酒危害更大。临床上曾发现因吃热丸子而烫伤口腔及食管，并造成食管狭窄后遗症的病例。

（六十七）晨练后勿吃过烫食物

冬日参加晨练，由于天气寒冷，加上机体尚未从睡眠所带来的低体温、低基础代谢状态中完全恢复过来，晨练前的准备活动又不充分，这时冷空气就会对鼻腔、气管及其毗邻的咽、食管有降温作用，使机体出现"冷适应"。晨练结束后，若不稍事休息，而马上吞食过烫食物，则很易发生吐血、便血等症状。这是因为处于"冷适应"状态下的食管黏膜层及其附近组织的毛细血管和稍大些血管不能突然承受过烫食物的热刺激，致使部分血液穿透血管壁和毛细血管壁，进入食管腔和胃腔的结果。这种情况大多发生在血管脆性增加者，尤其是体弱和老年人身上。

因此，冬日严寒时，参加晨练归来后，不宜即刻吞食过烫食物。而应先喝几口温开水，如食物过烫过硬，可先细嚼几口，慢慢咽下，以便让食管有个适应过程。切忌用吞食过烫食物的办法来驱寒取暖。

（六十八）经常吃夜宵是一种不良饮食习惯

吃夜宵一般是工作学习急需加班加点而不得已为之的事情。如把吃夜宵养成了习惯，破坏了正常的膳食制度，那么对人体健康是十分有害的

研究发现，常吃夜宵的人易患胃癌。因为胃黏膜上皮细胞寿命短，仅 2~3 天就要更新再生一次。而这一再生修复过程一般是在夜间胃肠道"休息"时进行的。若常在夜间进餐，胃肠道得不到必要的休息，黏膜上皮的修复也就很难进行。另外夜间睡眠时，吃夜宵的食物长时间滞留在胃中，可促使胃液大量分泌，从而对胃黏膜造成刺激，久而久之，易导致胃黏膜糜烂、溃疡、抵抗力减弱。如果食物中存在一些致癌物质，如吃油炸、烧烤、煎制、腊制食品，则更易对胃黏膜造成不良影

响，进而导致胃癌。

常吃夜宵不仅易诱发胃癌，还容易造成肥胖、糖尿病等多种疾病。因此常吃夜宵是一种不良饮食习惯，应尽早加以克服纠正，同时晚餐的食量一定加以适当控制。

（六十九）空腹饮食"十四忌"

空腹时不能吃喝的食品，其他章节已有述及，现归纳如下：

忌饮酒：空腹饮酒可刺激胃黏膜，久而久之引起胃炎、胃溃疡等。另外，空腹本身血糖低，空腹饮酒可致低血糖，这样脑缺乏葡萄糖供给，可致头晕、心悸、出冷汗等，严重者甚至发生低血糖昏迷。

忌吸烟：空腹吸烟可促使胃酸分泌增加，增加饥饿感；还容易引起"烟醉"，出现头晕、乏力、心悸、头痛等不适症状。

忌饮茶：空腹饮茶会稀释胃液，降低消化功能，且容易引起"茶醉"，导致头晕、乏力、四肢无力，心神恍惚等。

忌吃糖：常空腹吃糖易引起蛋白质聚糖作用，有损各种蛋白质的吸收，易致动脉硬化症，影响血液循环和肾的正常功能。

忌喝牛奶、豆浆和酸奶：因为牛奶和豆浆富含蛋白质，只有在摄入一定量淀粉食品后饮用，才可起到滋补作用。空腹时胃液 pH 仅在 2 以下，乳酸菌适宜在 pH5.4 以上，故其难存活，这样便可使酸奶保健作用减弱。

忌吃柿子：空腹食柿子，易与胃酸结合成难于溶解的硬块，引起心口痛、呕吐、胃扩张、胃溃疡。如有胃溃疡的病人，可致胃穿孔、胃出血等。

山楂

忌吃香蕉：香蕉中富含镁，空腹吃香蕉使血镁骤然升高，血镁钙比例失调可对心血管抑制。

忌吃西红柿：西红柿中有大量果胶、柿胶酚、可溶性收敛剂等成分，易与胃酸发生反应，凝成不易溶解块状物。块状物可阻塞胃幽门口，使胃内压力升高，引起急性胃扩张而感到胃胀、胃痛。

忌吃橘子：橘子汁含大量糖分和有机酸，空腹吃橘子，刺激胃黏膜，使脾胃满闷、嗝酸。

忌吃甘蔗和荔枝：空腹不宜过多食，否则高糖分摄入可发生"高渗性昏迷"。

忌吃山楂：山楂味酸，能行气消食。空腹食用会耗气，增加饥饿感，从而加重胃痛感觉。

忌吃白薯：因白薯中含单宁和胶质，刺激胃壁分泌更多胃酸，造成胃酸过多而致"烧心"感。

忌吃大蒜：空腹吃大蒜易引起胃炎。

忌食冷冻品：否则强烈冷刺激胃肠道，刺激心脏，致使这些器官挛缩。久而久之，还可导致内分泌失调，月经紊乱等。

（七十）晨练莫空腹

空腹晨练可出现以下几种情况：

（1）老年人运动不剧烈，但空腹晨练可有潜在危险。早晨起床，腹中空空，热量不足，却要坚持 1 ~ 2 小时晨练，总要消耗体力、消耗热量，出现供不应求情况。因此，大脑可出现短暂供血不足。最常见症状感到心慌、腿软、站立不稳，甚至摔倒，重者也可猝死。

（2）有些中年人空腹跑步，这时能量来源，机体可动员脂肪异生，故血中游离脂肪酸可明显升高。若其量过多，则可成为心肌的毒物，可引起心律失常，重者也可引起猝死。对老年人来说，危险性就更大。

（3）有些人身体健康，但在空腹情况下较快跑步（属剧烈活动）。此时交感神经系统亢进、兴奋，故可抑制肠胃蠕动，减少消化液分泌、食欲减低。此外，因剧烈运动，机体血流分配到肌肉、消化器官血流急剧减少，消化液分泌更少，故食欲更差。故早晨空腹快速跑步结束之后可倒胃口。

为避免上述种种情况的出现，建议晨练前要进食。应以软松、可口、温热食物为宜，如热豆浆、热牛奶、点心、藕粉、鸡蛋、燕麦片、馒头、稀饭等。再加上烹调得当的蔬菜，如豆腐干炒肉丝、土豆丝炒辣淑、炒胡萝卜丝等就更好。餐后必须休息半到 1 小时，方可进行晨练。

（七十一）节日需防"美味综合征"

节日期间或欢庆之日，有些人在饭后 0.5 ~ 1 小时，可突然出现头晕、眼球突出、上肢麻木、下颌发抖、心慌气喘、心动过速等一系列症状。

鸡、鸭、鱼、肉等鲜味食品中含丰富的麸酸钠，它是味精主要成分。人体摄入过量的麸酸钠后，可在体内分解成谷酸或酪氨酸等，后者在肠道细菌作用下转成酪铵被吸收，随血液到脑，可干扰大脑正常代谢，出现上述症状。专家们称之为"美味综合征"。研究表明，一次摄入麸酸钠5克时，人可有轻度症状。一次摄入量超过30克时，则可出现重度症状。

因此，预防"美味综合征"的关键是不要暴饮暴食。对美味佳馔一次不宜吃得过多。另外，在烹调菜肴时，不加或少加味精，并要多吃富含纤维素、维生素的蔬果类，以促进胃肠蠕动，加快体内有害物质的排泄。

（七十二）就餐时以何姿势为好

医学家曾对世界各地人们吃饭时的不同姿势作过调查与研究，发现用餐时采取站立姿势最为科学，其次是坐着，而蹲着与躺着进餐最不科学、最不卫生。

站立时用餐，人们进餐时咀嚼可细，但进入消化道速度快，血液循环畅通，食物可顺利进入胃中，有利于消化和吸收。坐着或蹲着进餐时，下腹弯曲、腹股沟动脉受压迫、血液循环受阻，妨碍了向胃部的血液供应，不但会引起消化功能失调，还有可能造成消化道溃疡。我国胃病患者较多，可能与吃饭姿势也有一定关系。躺着用餐，主要是卧床病人采用，这时最好以流质饮食为宜，否则不利于消化与吸收。

（七十三）吃饭要保持良好习惯

（1）保持愉快的心情：食物消化过程中，心理作用比生理作用更重要。愉快时，食欲大振，津津有味。此时中枢神经和副交感神经适度兴奋，胃肠蠕动、胆囊收缩、消化道各种括约肌舒张，消化液分泌增加，食物消化吸收快。反之亦然。

（2）细嚼慢咽：①可增加营养吸收。②可锻炼牙齿咀嚼力，增强牙齿的抗病能力。③可防胃病。唾液充分搅拌、食物成粥团，胃液随之分泌，接受食管送来的食团，减少胃负担和胃黏膜刺激，对防止胃炎、胃溃疡发生极有利。④能调节糖在体内的代谢，防糖尿病。⑤能防衰老。细嚼对大脑皮层有良好刺激，促进具有延缓衰老功效的腮腺激素的分泌，从而增强血管壁弹性和增进大脑的活力。⑥可抗致癌物。唾液是人体第一道抗癌防线，即使是致癌很强的黄曲霉素，3，4-苯并芘和亚硝胺也不怕。他们还发现唾液只要与食物接触30秒钟，就可充分发挥此作用。因为唾液中含有15种活性酶和维生素、激素、无机盐和蛋白质。因此，每口饭最好咀嚼30次。

（3）食不言语：进食时说笑、喧哗、打趣，使胃肠交感神经兴奋，胃肠蠕动减弱，消化液分泌减少，同时可吞入许多空气，可致恶心、呕吐、腹胀，甚至引发胃病。有时误吞鱼刺、碎骨等，造成嵌顿或刺伤咽喉、食管等不良后果。

（4）不可边吃边唱：边吃边唱弊端：①易患厌食症。某种刺激重复，可形成条件反射。即吃饭就想唱，久而久之引起厌食。②易患胃病。吃饭心不在焉，使消化液分泌不正常，久之，可患胃病。③用话筒唱。话筒可为传染源，不慎可得传染病。

（5）饭前饭后要洗手，要适当休息：洗手为了防止病从口入。休息的道理，在于大脑中产生吃饭的意识，分泌消化液才正常。饭后休息半小时，是为了保证胃肠道有充分血供，有利于消化吸收。

（6）不要"吃饭就水"：因水的参与，可冲淡胃液、唾液和肠液，降低其消化作用，并可直接影响小肠绒毛对营养物质的吸收功能。

（7）不可边吃边看电视或书等：这道理与"不可边吃边唱"类似。

（8）吃饭忌一边偏嚼：常用一边牙齿咀嚼可使该侧牙列、颌骨、面部咀嚼肌发育好，而对侧差，进而形成"歪脸"。另外，因下颌牙列向咀嚼方向移位，故可引起牙齿错位。

（9）不要饭后即刻剔牙：这样易剔伤牙床，引起牙龈出血、肿胀、疼痛等炎症反应。久而久之，牙缝增大、牙龈萎缩、牙根裸露、牙过早脱落。饭后应当漱口清洁口腔。

（10）不宜吃菜不吃饭：光吃菜，使摄入优质蛋白质首先成为热能来源，此久，过量蛋白质摄入，分解后经肾随尿排出其分解产物，这不仅加重肾负荷，又可带走钙。

（11）不要在剧烈运动后马上吃饭：剧烈运动使血液集中分配在运动器官，故马上进食，轻则不利消化，重则可胃肠病。剧烈运动后应休息0.5~1小时再吃饭为好。

饭后不宜马上做的事：

（1）饭后不宜即刻劳动与锻炼：①进餐后，胃肠血管扩张，血流量增加，以利消化、吸收。若餐后即刻干活，则血流分配到运动器官，使胃肠供血不足，消化液分泌减少。久而久之，可致胃病。②饭后胃中充满食物，干活易震动，牵拉肠系膜，引起腹部不适、腹痛、胃下垂等。饭后要劳动与锻炼，最好休息1小时再干。

（2）饭后不宜马上游泳：除上述道理外，还因为人浸没在水中，水的压力可影响胃肠蠕动，妨碍食物与胃液充分混合；同时腹部受冷水刺激，血管收缩，使胃肠供血不足，易引起胃肠痉挛，出现腹痛或呕吐。

（3）饭后洗澡不利健康：温热水刺激可使皮肤血管扩张，血流量增加，进而可减少胃肠血流量；同时洗澡是全身运动，故运动器官血流量增加，胃内血流量更形减少。

（4）饭后忌马上吃水果：因水果中含不少单糖物质，极易被小肠吸收。但饭后吃水果可使水果堵在胃中，胃易胀气，以致便秘，故宜在两餐间吃水果为好。

（5）饭后不宜立即喝茶：大量茶水入胃，冲淡胃液影响消化；同时可加重胃负担，使腹压增高，对心脏不利。饭后若喝浓茶，则更为不利。因茶中咖啡因及鞣酸多，前者兴奋中枢致失眠，后者与食物中蛋白质结合，影响蛋白质的消化与吸收。

（七十四）长期全素食的弊端

（1）可使摄入蛋白质、脂肪不足，人体生长发育，需大量优质蛋白质和脂肪酸。蛋白质由氨基酸组成，有些氨基酸只能从摄取食物中来，并要按正确比例摄入方可利用。谷物、豆、坚果类的植物蛋白，其氨基酸比例对人不适当。素食中除豆类外，其他植物蛋白含量低、价值低，并不易被消化吸收。故植物蛋白永远替不了动物蛋白。当人体蛋白质不足，则可使记忆力下降、精神萎靡、反应迟钝，并是发生消化道肿瘤的重要原因。此外，素食除植物油外，脂肪含量极少，成人每天需60~70克脂肪。

（2）全素食者仍易引发心脑血管疾病。全素食者可避免高胆固醇引发的冠心病等。但研究发现，在全素食、蛋奶素食、荤食、高肉量饮食四组人中，全素食人群的脂肪酸总量最低，但血栓素、血小板凝集素、半胱氨酸代谢产物却最高，从而造成血小板凝聚，血栓形成，也可使心脑血管疾病发生。

（3）使摄入维生素 B_{12}、维生素 B_2、维生素 D 不足，维生素 D 在血、肝、蛋、乳制品中含量丰富。全素食者应多晒太阳，使皮肤内维生素 D 原转化成维生素 D。全素食者吃蔬菜不到一定量，其维生素 B_2 可缺乏，致使皮炎、舌炎、口角炎、阴囊炎等炎症发生，补充蛋、奶等或多吃豆类、香菇等方可纠正。维生素 B_{12} 基本来源于动物性食物，除非吃大量豆制品及某些发酵食品，否则，维生素 B_{12} 不足可致恶性贫血、神经功能障碍，甚至危及生命。

（4）大脑形成、发育、发达所必需的大部分营养从动物食品中来，若缺乏则可使人脑退化，罹患痴呆症。

（5）全素食可使机体内掌管食物消化的酶系统的功能逐渐破坏，最终物质交换失调，可使疾病丛生。

（6）全素食因无法从动物性食品中摄入铁和钙，故易罹患贫血和骨质疏松。另外尚可致使钴、锰、铜缺乏。如人体衰老、头发变白、牙齿脱落、骨质疏松及心血管病发生，都与锰元素有关。缺锰不但影响骨发育，而且引起全身骨痛、乏力、驼背、骨折等。而植物性食物含的锰元素人体难吸收，只有肉类中锰元素才容易被吸收，故素食者只可加速衰老。

（七十五）长期饱食对人体的危害

长期过量进食，摄入能量大于维持能量平衡的需要量，可转为脂肪储存体内，形成肥胖。过多脂肪大部分分布在肝、腹腔内大网膜、肠系膜及腹壁等处，致腹部脂肪堆积，从而腹压增高，膈肌抬高，影响心、肺功能。另外，还可使血脂过高，发生动脉粥样硬化，形成高血压、冠心病等。

经常饱食后，血液过多集中胃肠部，致使心、脑等重要脏器供血相对不足。这不仅使人感到疲乏，而且可诱发心绞痛、胆石症等。另外，长期饱食致血糖增高，可加重胰腺负担，当血中胆固醇、胰岛素升高，则抑制淋巴细胞和巨噬细胞功能，从而使免疫功能下降，抗病能力下降，疾病丛生，并可诱发癌症。当胰腺负担过重，一旦胰岛分泌功能下降，就可发生糖尿病。

研究表明，有35%心血管疾病、约22%癌症、2%糖尿病都由长期饱食所致。

长期饱食还可使胃肠负担过重，消化液分泌供不应求，易致消化不良、胃痛、腹胀、嗳气，甚至发生肠胃炎、胰腺炎。

吃得过多，大脑早衰。脑中有一种物质，称为纤维芽细胞生长因子，它在饱胀后，大脑中含量比吃饭前增加数万倍，这样便可使脑动脉硬化，日久积累，易诱发老年性痴呆、脑早衰。

吃得过饱，若大量食用油腻食物，则可致胆囊功能障碍，导致胆囊炎急性发作；吃得过饱，上顿食未消化下顿食接踵而来，食物在胃肠中滞留，可腐败发酵，从而产生腹胀、腹痛、腹泻、闷、呃逆、嗳腐酸臭、恶心呕吐等症状；有些未被消化的大分子蛋白质还会产生毒素，刺激胃肠黏膜。若毒素吸收则损害肝、肾等器官，还有可能诱发肝昏迷。

长期饱食致甲状旁腺激素增加，骨骼过分脱钙，从而致骨质疏松。

（七十六）适度限食益长寿

大量研究和实践证明，饱食→肥胖→成人病→早衰→减寿，反之亦然。

大量调查表明，长寿者有节食、低热量摄食的特点，如我国广东、广西长寿老人日平均摄入能量 1400~1386 千卡（5880~5821 千焦耳），其中脂肪占总热量的比例也较低。

研究表明：适度限食可使全身内环境平衡的调控得到保证，从而延缓了大部分生理系统衰老的进程。适度限食可有效调整与衰老有关的细胞膜的退化，保护了细胞膜的结构。同时还能很好地保持住许多可消除自由基的细胞酶及还原剂，这种抗氧化作用存在，就可稳定内环境，使细胞不死，因而可防止许多因年龄增长而发生的相关疾病。

限制饮食主要是限制热量，而与产生热量的食物种类关系不大，故如控制脂肪摄入量，则带来益处更大。另外，适度限食不是过度限食，否则营养不良也可折寿。一般认为，减少所必需热量的 40% 为宜。

俗话说："肚子八分饱，不用医生找""多吃多灾、少食长寿""多寿只缘餐饭少"。为了健康长寿，请不要忘记孔子的告诫："饮食有节"和"食不求饱"。

（七十七）食物的酸味

电离学说中将可解离产生氢离子的物质称酸，且氢离子越多，则该物质酸性越强；氢离子多少用 pH 值衡量。pH 为 7，表示中性；pH < 7 为酸性；pH > 7 则为碱性。

食物产生氢离子是其中一些有机酸、酸式盐，如苹果酸、柠檬酸、醋酸、草酸、乳酸、植酸等。它们在食物中含量不同，故食物有不同的 pH 值。可以说大多数食物 pH 值都 <7，如米饭 pH 为 6.7，牛奶为 6.5，面粉为 6.3，蔬菜为 5~6，啤酒为 4.5，水果在 3 左右，食醋仅为 2.9。

尽管绝大多食物 pH 值 <7，但人们并不感到许多食物有酸味。道理何在呢？这是因为，食物酸味与食物 pH 值不同。酸味是人体感觉器官所感到的食物特性。人类进食 pH 值 5~7 的食物是感觉不到酸味的；而品尝 pH 值 4~5 的食物略感酸味；pH 值 3~4 的食物，可感到强烈酸味；若 pH <3，则酸味太强难以入口。因此，用仪器、试剂测定食物酸性与我们品尝到食物的酸味是存在一个感觉差的。人们真正感到有酸味的食物是 pH 值 <5 的食物。

（七十八）不要偏食酸性食品

前面提及食物酸味，并涉及食物 pH 值，这里谈及酸性与碱性食品，这是两个概念，千万不要混为一谈。所谓酸、碱性食品是由食物进入人体，经消化、吸收、代谢后的最终产物是酸性还是碱性来定论的。一般食物酸碱性与其所含无机元素密切相关。瓜果、蔬菜、豆类、海藻类等食物中含较丰富钾、钠、钙、镁等金属元素，在人体内可氧化产生带阴离子的碱性氧化物，故为碱性食品；而肉、蛋类等食物中含硫、磷、氯等非金属元素，在人体内最终代谢产物可生成带阴离子的酸根，故为酸性食品。此外，淀粉与脂肪在人体氧化分解最终产物是 CO_2 和 H_2O，而 CO_2 与 H_2O 生成酸，故含脂肪的肉类与含淀粉的米、面都是酸性食品。

在搞清楚何谓酸、碱性食品之后，我们再来看看为何吃些碱性食品对人体健康有益呢？

正常人血液 pH 值为 7. 35～7. 45，呈弱碱性。人们通过自动调节机制来维持血液 pH 值的稳定。若偏食鱼肉荤腥、糖饼甜食、香醇美酒等酸性食品，则体内酸性产物多，有可能导致"病态酸性体质"（血 pH 值可降至 7～7.3），出现疲乏、头晕等一系列症状，久而久之，可影响神经功能，出现记忆力、思维能力下降，甚至神经衰弱等。此外，人体为中和过多酸根，则可消耗钙、镁等碱性金属元素，长此以往，可导致缺钙、骨软化、骨质疏松、心脑血管疾病等。为此为了维持血液酸碱度稳定，维护健康，切不可偏食酸性食品，而要适当吃些碱性食品。

海藻类、茶、蔬菜、豆类及其制品为碱性食品；如梅子、柑橘、柠檬、葡萄等水果吃时有酸味，但经消化吸收，代谢产物为碱性，故也是碱性食物；牛奶等近于中性，但也列为碱性食品。而米面、肉蛋等大多动物性食品为酸性食品；啤酒为酸性饮料；蔬菜中茭白、竹笋含较多草酸，可影响人体对钙、镁等元素吸收，故不宜多吃，芦笋和紫菜则属弱酸性食品。从上述食品的酸碱性看，正确的吃法是：不要偏食鱼肉荤腥、糖饼甜食、香醇美酒；主食不可吃得过多；平时要多食些蔬果、海藻、豆及豆制品；并要保持喝茶的好习惯。

（七十九）不吃早餐可折寿

不吃早餐的不良习惯违背了人体新陈代谢之规律，可引发许多疾病。

（1）低血糖：清晨起床血糖水平低，若不进食补充，尤其儿童肝储存糖原不多，则可使血糖再下降，一旦低于 2. 78 毫摩尔/升，则可出现一系列低血糖症状。

（2）胃肠疾病：不吃早餐，胃内少量胃酸无食品中和；早餐不吃感饿，中、晚餐多吃，致胃酸大量分泌，时间一久，对胃黏膜刺激大，使胃黏膜屏障作用消失，可引起胃病；加上因饥饿而快速进餐这对胃肠均不利。

（3）胆道疾病：食物是胆汁分泌与排出的刺激物。不吃早餐，胆汁储存过久，其成分改变，如胆酸减少，但胆固醇不变，易形成高胆固醇胆汁积聚在胆囊。而胆囊黏膜受浓胆汁刺激，胆盐吸收加快，使胆固醇与胆盐比例失调，胆固醇易析出，进而可形成胆结石。

（4）肥胖症：一日三餐成二餐，并不等于每日只消化吸收本应摄入的 2/3 食物。而是因饥饿，中、晚餐吃得过饱，热量增加过多，当时消耗不掉，须可转成脂肪囤积，形成肥胖症。

（5）衰老：不吃早餐，上午饿，人体只得动员体内的糖原和蛋白质。久而久之，可造成皮肤干燥、起皱和贫血等，故可加快人体衰老。

（6）营养缺乏症：不吃早餐是引起营养素摄入不足的主要原因，很难用中、晚餐来弥补，故长期不吃早餐者可致营养缺乏症。

（7）其他：不吃早餐，则难以补充夜间消耗的水分及营养素，使血黏稠度增加，可增加卒中及心肌梗死的可能等。

由此可见，不吃早餐对人体健康十分有害。研究表明，习惯正常吃早餐的老人比早餐凑合、不吃早餐的老人，其长寿可能性要大 20%。长寿老人的共同原因是从青少年开始就天天坚持吃好早餐。因此，不吃早餐可患病，可折寿。

（八十）慎吃"碟边菜"

餐馆烹制的菜肴中，盘碟周边组成图案的蔬菜、水果，即为"碟边菜"。有人曾对 65 份菜肴的"碟边菜"检验，发现其大肠埃希菌阳性率高达 70．77%，据考察，一些宾馆、大餐厅中大部分"碟边菜"是在切配生菜的场地制作的，而在中小型餐馆中，所用砧板几乎半数以上都与切配肉、禽等动物食品混用。由此可见"碟边菜"是极易受到动物食品所带的沙门菌、副溶血性弧菌等致病菌污染的。因此，"碟边菜"最好不吃！

（八十一）畸形食物不吃为佳

有的鸡蛋外壳不光滑，有突起小疙瘩，里面有凝聚的蛋白硬块，这是由于受到铬镍等有害物的侵害所致。鱼受污染后，有的下唇很长；有的头大、身瘦、尾尖；有的鱼切开后，发现肝肾肿大和局部畸形，这说明鱼往往含较多的铅、铬等有害物。蔬果、水果受污染，也可出现畸形。如西红柿、黄瓜等，由于在生长中受某些毒素侵害，其植物细胞出现非正常裂变，故导致形状和色泽异常。另外，菜农对蔬菜喷洒了催大、催肥、催熟的激素之类化合物，食物也可变形。如西红柿表皮光滑、药液可流淌至下端，故出现"尖屁股"的西红柿。

总之，凡畸形食物，很可能内含有毒物，故不吃为妥。

（八十二）吃火锅要严格把关

（1）火锅须干净：如铜锅中铜锈溶于食物进入人体，可致恶心、呕吐等中毒症状。故要用布浸食醋，加些盐擦拭，再用水冲刷干净。

（2）原料要卫生：吃前必须检查原料新鲜、干净否。有时凭感官也能鉴别出食品有否变质的。总之，绝不吃受污染已变质的食品。

（3）不可吃生食：不可图鲜嫩，不等肉、菜熟就吃。生鱼、肉片、生海鲜更要煮熟，要杀死其病菌及寄生虫方可食用。

（4）不能吃烫食：取出鲜烫之食，稍凉后再吃，以免伤口腔和食管。

（5）要慎食烫汁：经反复沸腾的汤，营养素破坏严重，另外，火锅汤汁中硝酸盐、亚硝酸盐含量比开水中含量分别高840倍和23倍；汤中还可能含卟啉样物质，易致痛风病。

（6）勿调料过多：过于辛辣刺激对人体有害。

（7）煮菜时间短：蔬菜在水中煮长了维生素破坏严重。

（8）把好安全关：酒精炉火锅在点燃或加酒精时注意勿烧伤；电火锅开关不可漏电；木炭式火锅注意通风，以防一氧化碳中毒；液化气火锅还要注意防爆问题。吃火锅时室内空气要流通，防止缺氧、一氧化碳中毒。

（八十三）扯出黏丝的馒头不宜再吃

馒头放的时间长了，掰开可见白色的缕缕黏丝，这是馒头中寄生了腐败杆菌所致。扯出黏丝馒头已变质，故不宜再吃。

腐败杆菌（普通马铃薯杆菌、黑色马铃薯杆菌）普遍寄生在面粉、面胚及其容器中，又可通过接触再寄生于生面胚中。蒸馒头时，此杆菌可大部分被杀死，但居中心部位的杆菌，有部分幸存，或以芽孢形成继续生存。此种馒头在适宜温度与湿度下，其残存杆菌可再繁殖，进而使馒头发黏、发软、发黑，继而转变为有黏稠的胶结产物。这就变成了可以扯出黏丝的馒头。

（八十四）要预防"饭醉"

有些人因主食吃得过饱，即便不喝酒，有时也可出现酒醉状态，这就叫"饭醉"。据研究，人吃主食过多后，其中葡萄糖可在胃中转为酒精，被人吸收后，就可引起酒醉状态。此过程也被称为"自动酿酒综合征"。广义地说，引起"饭醉"的饭不单指主食能分解为葡萄糖的糖类，还可有其他食物。这与喝酒一样，进食越多，醉得越重。因此，要预防"饭醉"关键在避免暴饮暴食，特别是巧克力之类的糖果也不宜多吃。

（八十五）盛夏慎吃剩米饭

盛夏，剩米饭不冷藏，在常温下易被蜡样芽孢杆菌污染。该菌带芽孢，耐热，在100℃以上才能被杀死。被污染的剩米饭，其感官性状大多无改变，如隔天泡开水后便吃，或直接吃冷饭，这样便可招致食物中毒，其潜伏期大多为2~6小时，可出现胃部不适、恶心、呕吐、腹痛、腹泻、头晕乏力等症。一般不一定发热，其病程可为1~2天。

因此，剩米饭最好当天食用。否则就必须放置干净容器，盖紧盖子，放在冰箱内冷藏，第二天吃时要加热一下。

（八十六）不可食用霉变粮食

梅雨季节，尤其洪涝之后，粮食晒不干，余粮受捂等均可使粮食霉变。镰刀菌毒素中毒还有别名，如赤霉病麦中毒、霉玉米中毒、醉谷病，食物中毒性白细胞减少症等。另外，霉变粮食也有被黄曲霉及其毒素污染。

镰刀菌毒素耐高温，故做饭、蒸馒头、煮玉米糊时的100℃高温是无法破坏的，为此，霉变粮食千万不可食用。

（八十七）黄粒米不宜食用

在国际稻米流通中，黄粒米含量不得超过2%。黄色主要是水稻胚乳的呈现色。黄粒米产生原因是受潮过重所致。如水稻成熟后在水中浸时过长，或稻把堆垛过久，或稻谷未干而堆积过久，此种稻子出的米不像新鲜米那样清香、洁白、带有一定透明度，并吃在口中黏度差，营养价值也下降。严重的是，内含能致癌的黄曲霉素。因此，新米中夹有黄粒米，有的甚至很多，超过白米数目，这样的米不宜食用。

（八十八）不能食用霉烂的红薯

研究发现，红薯的霉变多由红薯黑斑菌和茄病镰刀菌引起。此两种霉菌均可产生毒素，进而导致食用者中毒。霉变的红薯还能产生以下四种毒性代谢产物：薯萜酮、薯萜酮醇、4－薯醇和薯素。前两种可损害人体肝脏，后两种可诱发人体发生肺水肿。人食用霉烂红薯后大多在24小时内发病，可出现恶心、呕吐、腹痛腹泻等，重者为肝功能损害、高热、肺水肿和肺出血，甚至危及生命。因此，霉烂的红薯不论生熟决不要食用。

（八十九）多吃粉丝或凉粉对人体健康不利

粉丝选用绿豆等干豆类、薯类制成。制作中其粉浆中加入0.5%明矾（硫酸铝钾）。同理，凉粉制作也如此。故两者都是含铝食品。

世界卫生组织要求控制含铝食品食量，摄铝量每天每公斤体重0.2~0.3毫克以内。在日常生活中，从铝制餐具可摄入4毫克，又从天然食品中摄入12毫克等，故粉丝、凉粉不宜食用过多。食铝过量，对人脑、心、肝、肾及免疫功能有损，小孩子智力发育差，中青年早衰，老年痴呆，故经常过食粉丝与凉粉对人体危害不浅。另一方面，凉粉、粉丝下酒也不利健康，因其中明矾可减慢肠胃蠕动，酒精停留胃肠时间延长，这样可增加人体对酒精吸入，且对胃肠有刺激。同时，明矾还减缓血流速度，故延长血中所溶进酒精的滞留时间，致使酒精易积蓄中毒。

（九十）过食爆米花对人体有害

爆米花含铅量远超国家允许标准量。因爆米花机的铁罐内有一层铅或铅锡合金，当铁罐受热，一部分铅以铅蒸气、铅烟形式直接污染之，尤其在迅速减压爆米时，铅就更易被疏松的米花所吸附。铅进入人体，可损害神经、消化和造血系统。儿童对其吸收比成人高3~4倍，加之儿童解毒功能弱，故常过多食爆米花极易产生慢性铅中毒。

（九十一）方便面只供临时食用

方便面中有面粉、极少脱水蔬菜、肉类、调味品、防腐剂等添加剂。它食用方便、快捷，但只供临时充饥。究其原因：①营养素太局限。每百克仅含蛋白质9.5克，成人每日需80~100克，另外，煎炸中其维生素被破坏殆尽，精面粉中矿物质不足。调查表明，长期一日三餐食方便面者中，有60%营养不良，54%缺铁性贫血，20%缺乏维生素B_2，23%缺乏维生素A，20%人缺锌。②大部分方便面都油炸，其氧化"酸败"的油脂，加上油炸所用棕榈油所含的饱和脂肪酸，过多摄入对人体有害。③久食可致口味单调，食欲减退。④防腐剂或抗氧化剂等添加剂多了，对人体有害。⑤极易受微生物污染。另外，霉菌、酵母菌污染也严重。

因此，从营养学、卫生学角度看，方便面不可久食。这对正处生长发育阶段的儿童来说，久食方便面就更不可取了。

（九十二）洋快餐不宜作主食

洋快餐大部分属高热量、高盐、高胆固醇食品，不宜当主食供每天食用。只供临时食用，尤其是为了改口味而食用之。洋快餐味道佳，诱人喜食，尤其儿童更爱吃，但一旦口味定型，形成习惯，再改就难。若将此作主食，对人体健康不利，尤其对儿童的危害就更大。

其理由：①烹调大多采用烤、炸、熏，其脂类受到高温烧烤，可程度不同地产生致癌物苯并芘。同时食品中营养成分均不同程度损失，还可使胆固醇形成增高。据分析，一只重154克鸡腿，竟含胆固醇103毫克。②所含热量高，一顿饱餐摄取热量就可满足一天需求量。故常吃可使多余热量转化为脂肪沉积体内，易致肥胖及其相关疾病。③洋快餐营养不均衡，维生素、纤维素、矿物质、微量元素不足。在此点上目前洋快餐在配制上已有所改进，但尚嫌不足。

（九十三）吃冷后重热的饭难消化

吃冷后重热的饭难以消化。其原因是：米饭中主要成分是淀粉。在人体首先由唾液淀粉酶将其水解成糊精及麦芽糖，然后在小肠内由胰淀粉酶、双糖酶再分解为单糖，供肠黏膜吸收。淀粉加热到60℃以上即逐渐膨胀，最后成糊状，此称"糊化"。人体消化酶较易将糊化的淀粉分子水解。然而，糊化淀粉冷却后，其分子重排，并挤出水分，产生"离浆"现象，此叫淀粉"老化"。而老化的淀粉分子，任凭加热都不可能恢复成糊化淀粉的分子结构。因此，淀粉老化状态可降低人体对它的消化能力。

由此可见，凡长期食用此种冷后重热的饭，容易使人发生消化不良和胃病。故消化功能弱的老者、幼儿或病人，尤其肠胃病患者最好不吃或少吃冷后重热的米饭。

（九十四）常食糙米也有害

常食糙米也有害：①糙米外皮含可妨碍小肠吸收钙、铁的特殊物质。常食糙米，不摄取比平常多5倍以上的钙、铁质，久之，即出现缺钙与缺铁。这对骨骼正发育的青年、骨质日趋退变的老者、孕妇、贫血者都十分不利。②因环境污染，广施农药，残留在糙米表皮中的有毒物可随糙米进入人体。若长期食糙米，则可致慢性中毒。

糙米比精米营养价值高，但它含的营养成分可通过进食其他食品来满足，故不必刻意地天天吃糙米。正确的做法是：糙米与精白米搭配吃，粗细粮搭配，这才是选择主食的最佳办法。

（九十五）不食雪白的面粉

面粉中含类胡萝卜素等物质，故正常色泽呈乳白色并略带香味。蒸出馒头呈淡黄色，嚼后有淡淡甜味，但在面粉中超剂量加入增白剂石膏粉、滑石粉后，色泽好看，呈雪白色，味道淡而无味或有药品味，蒸出馒头呈惨白色，吃在嘴里发苦发涩。

增白剂，学名为过氧化苯甲酰，是一种面粉改良剂。它可抑制面粉中某些酶，破坏类胡萝卜素、叶黄素等，而增加面粉的白度，同时也破坏了面粉的营养成分。食用过量使用增白剂的面粉，对人体健康十分有害。增白剂水解后生成苯甲酸，并通过肝解毒，无疑过量摄入对肝有害。肝功能不全者，可有牙龈出血、皮肤紫斑等出现。另外，维生素被破坏，故久食可致口角炎、神经炎、角膜炎的发生。增白剂还可使中枢神经系统造成积累性损害。因此，面粉、馒头并非越白越好，不可轻易吃雪白的面粉。

（九十六）不要长期食用精米、精面粉

稻谷分谷皮、胚乳、胚芽。其中谷皮占13%，内含纤维素为主，还有一定量蛋白质、脂肪，而B族维生素、矿物质丰富，为全谷粒的40%～80%，而胚芽位于一端，占谷粒2%～3%，是谷粒之"胎儿"，其中蛋白质、脂肪、矿物质、维生素含量丰富，其中维生素 B_1 占全粒64%。

稻谷碾磨加工中，胚芽易与胚乳分离，转入米糠中。经多次碾磨，大部分谷皮、胚芽被弃除，故精米中B族维生素、纤维素与矿物质丢失多。不同精度米，其维生素 B_1 损失率分别为：标准米41.6%，九二米47.9%，中白米57.6%，上白米62.8%，有的高达90%以上。小麦加工成精面粉是一样的道理。如精面粉中维生素 B_1 仅为小麦原有的10%～30%。因此，长期以精米和精面粉为主食，又不能搭配合理食物，则可患维生素 B_1 缺乏症（脚气病）。

（九十七）常吃油条害处多

香脆可口的油条、麻花等都是我国居民爱吃食品，殊不知常吃油条等害处多。①加碱和高温油炸均可使维生素 B_2、维生素 PP 破坏50%，而维生素 B_1 几乎全破坏。②加明矾作膨松剂，使人体摄铝量大大增加。每百克油条中约含铝50～100毫克，而世界卫生组织提出的标准是成人日摄量为0.2～0.3毫克/公斤体重。这样铝摄入增加了10倍左右。人体虽可排出铝，但常吃油条等可造成人体内铝蓄积，如出现中毒，则可有骨痛、肌痛、微骨折、肌无力、引发老年痴呆等。③反复高温油炸的油，其脂肪酸大多裂变成致癌的烃类物质。

（九十八）烹调主食加碱必须讲究科学

为了营养不丢失，烹调主食一般不宜加碱。如直接用碱类发面剂（如苏打等）

制作馒头、饼类；往炸油条、麻花的面团中加碱；做粽子的米用碱水浸拌等，这样，虽可使食物的色、形和口感较好，但从营养角度看，则得不偿失。有些维生素特别怕碱，如维生素 B_1、维生素 B_2、维生素 C 在酸性环境下较稳定，在中性溶液中加热就可严重损失，倘若再放碱其损失就更大。据测试，制作油条面团中加碱，再高温油炸，则原有维生素 B_1 全破坏，维生素 B_2 损失 50% 以上。熬煮加碱的粥或未经发酵面加碱的馒头或烙饼，可使米、豆、面中维生素 B_1 损失 70% 以上；而不加碱的粥或用鲜酵母发酵的馒头，维生素 B_1 仅损失 13% ～30%。

煮玉米掺粥、玉米面糊，做窝头时，适量放碱有益。因玉米中维生素 PP，有 63% ～74% 为结合型，它不被人体吸收利用，而加适量碱（碱量约 0.6%）烹调，结合型烟酸释放率为 37% ～43%，并可同时保存维生素 B_1、维生素 B_2。但碱加过量，可吃出碱味时，结合型烟酸释放率可达 82% ～92%，尽管维生素 PP 含量增加，但维生素 B_1、维生素 B_2 却被破坏。

因此，烹调主食，要科学用碱，具体情况具体对待。

（九十九）蔬菜中维生素丢失的原因

蔬菜中含大量多种维生素，尤以维生素 C、维生素 B_1、维生素 B_2 为最多。由于人们烹调不当和其他不良习惯可造成其丢失。

（1）蔬菜久存：图省事买菜过多，致蔬菜久存，造成维生素损失，尤其维生素 C。如菠菜在 20℃，维生素 C 损失 84%，故蔬菜不宜久存。实在吃不完，要避光保存，天热时洒水，防止其枯萎，要通风，保持在干燥环境，这样可使维生素尽量少减少。

（2）无意丢弃：因不懂，食用时往往丢弃含维生素丰富的部分。如吃豆芽只吃芽不吃豆瓣，豆瓣含维生素 C 比其牙多 2 ～3 倍。又如，做饺子馅挤蔬菜汁、渣丢弃，这样使维生素损失 70% 以上。

（3）先切后洗：切青菜之后再洗，青菜中维生素 C、维生素 B_1、维生素 B_2 都可溶解于水。切碎的蔬菜表面积增大，细胞膜破坏，维生素随菜汁流到水中，溶于水中，随洗菜水倒掉。因此，菜要先洗后切，切碎后及时下锅。

（4）铜锅炒菜：铜锅可促进菜中维生素 C、维生素 B_1 分解，比用铁锅、钢精锅多损失维生素 2 ～6 倍。

（5）不加锅盖：据测定，炒菜中加锅盖，其维生素损失 15% ～20%，不加锅盖多损失 2 ～3 倍。不加锅盖煮 7 分钟，维生素 C 损失与加锅盖煮 20 分钟一样多。

（6）煮得过久：大火快炒，维生素C损失仅17%，若炒后再焖，维生素C损失可达59%。因此，旺火急炒好，加醋少许有利于维生素保存。

（7）爱吃剩菜：蔬菜中维生素B_1炒好不吃的温热过程中可损失25%。如炒好的白菜，温热15分钟，维生素C损失25%，延长到60分钟损失60%。假如青菜中维生素C烹调中损失20%，溶解在汤中损失25%，炒好温热中保持15分钟再损失20%，共计65%，这样我们能从蔬菜中得到的维生素就很少。

（8）不喝菜汤：爱吃青菜却不爱喝菜汤，这也是不良习惯。殊不知炒菜时大部分维生素会溶解在汤中。以维生素C为例，青菜炒好后，70%溶解在汤中。鲜豌豆在水中煮沸3分钟，有50%溶解在汤中。由此可见，吃蔬菜不喝汤，尤如捡了芝麻丢了西瓜。

（9）热水烫菜：蔬菜中维生素易溶于水，若烹制前在开水锅中烫一下再捞出，并使劲挤出菜汁，则其维生素可损失一大半。

（一〇〇）有几种蔬菜可以有毒

有几种蔬菜（含菌藻类食物）有毒，须针对处理。现介绍如下：

（1）新鲜黄花菜（金针菜）：因含秋水仙碱，被人体肠道吸收后，氧化成有毒的二氧秋水仙碱，吃了可能恶心、呕吐、腹痛等，重者血尿、便血。而干黄花菜在加工时经清水充分浸泡，大部分秋水仙碱被溶出，故无毒。

（2）四季豆和菜豆：因含皂苷和胰蛋白酶抑制物，故未煮熟就食用，可在食后1~5小时发生恶心、呕吐、腹痛等，重者上吐下泻，全身痉挛、呼吸困难，甚至休克。因此，煮熟捞出再炒吃可解毒。

（3）已发芽、表皮变绿的土豆：因含龙葵碱，它有腐蚀性和溶血性，过多食用后口腔苦涩、胃肠不适等，重者发热、昏迷、抽搐、呼吸困难等。为此，削去芽胚、发绿表皮，水浸泡30~40分钟，煮透，再加醋可解毒。

（4）蚕豆：因为人体内红细胞缺乏6—磷酸葡萄糖脱氢酶，故吃后会发生溶血性黄疸，俗称"蚕豆病"。此病有遗传性，故家族病史者勿食蚕豆，甚至避免接触蚕豆花粉。

（5）瓜子带苦味的苦瓜：含许多苦瓜苷，食后可致头晕、腹痛等症。

（6）秋扁豆：因含红细胞凝集素、皂素，食后头痛、头晕、恶心、呕吐、腹泻等。在100℃高温下加热几分钟可去毒。

（7）无根豆芽：①化肥生发的，因化肥含氨类化合物，在细菌作用下可转为亚硝胺；除草剂生发的，因除草剂有致癌、致畸作用。

（8）瓠子：含苦葫芦素 D 和维生素 I 等，食后口干、头昏、乏力、嗜睡，重者腹泻、脓血便等。由于高温不易破坏，故食瓠子先尝其柄再尝其皮，如苦味浓则不要食。

（9）老南瓜：因含糖高，久存南瓜瓤易发酵，有酒精味，吃后头晕、嗜睡、乏力，重者上吐下泻。故吃老南瓜，其瓜瓤弃之不食。表皮烂的老南瓜，内含硝酸盐多，故不宜食之。

（10）野蘑菇：白帽蕈、马鞍蕈、瓢蕈等，内含多种毒素，误食可致中枢神经中毒，有的呕吐、腹泻、肝功能衰竭、急性溶血性贫血，重者死亡。

（11）经水发后呈蓝紫色的紫菜：此种紫菜在海中受有毒物质（环状多肽）污染，故不可食。

（12）新鲜木耳：内含卟啉类光感物质，故对光线敏感，食用之再经日光照射可致日光性皮炎，个别严重者可致咽喉水肿，而发生呼吸困难。

（一〇一）不生吃菱角、荸荠、藕等水生植物

姜片虫病主要感染人和猪，偶见于犬。姜片虫寄生在人体小肠，使人出现慢性腹泻、肠功能紊乱、营养不良等。用槟榔、硫双二氯酚等治疗。而预防本病关键在饮食卫生，不吃生菱角、荸荠、藕、茭白等水生植物。

（一〇二）生食蔬菜不好

有人模仿国外，对生食蔬菜情有独钟，殊不知，生食蔬菜也可引起食物中毒，已屡见不鲜。大肠埃希菌 O157、沙门菌、肉毒杆菌、葡萄球菌、蜡样芽孢杆菌等不仅污染动物食品，还可污染蔬菜。

有些蔬菜是不可生吃的。如土豆、芋头、慈菇等，其淀粉含量高，其结晶的外层由纤维素包裹着，生吃难吸收营养素，而加热处理即可消除此情况；又如四季豆、扁豆、豇豆、蚕豆等本身就含某些抗营养因子，甚至含有毒物，故必须煮熟才可吃；胡萝卜中胡萝卜素是脂溶性的，生食时仅吸收极少，只有熟吃才可充分吸收等。

因而，不提倡生食蔬菜，但做凉拌菜，如生拌萝卜丝时，还避免不了要生食，此时反复清洗干净是前提，有的凉拌菜中的蔬菜可在沸水中烫一下再捞出食用。

（一〇三）注重清除蔬果的残留农药

农药主要有氧化乐果，对硫磷、甲拌磷、甲胺磷、水胺硫磷、呋喃等。禁止在

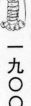

蔬果、茶叶、中草药上使用剧毒、高毒农药早有规定，但因管理疏漏，药源控制不严和菜农自身素质问题，滥用农药还普遍存在。菜农都在收获期前半个月以内用药，甚至还有收获前1天用药的，故蔬果上残留农药不足为奇。关键是烹调前必须设法清除，其方法如下。①浸泡：菠菜、小白菜、油菜等用水浸泡除毒，也可在水中加少许洗洁精或碱粉浸泡5分钟，再用清水冲洗干净（对瓜果适用）。淘米水呈碱性，用此水浸泡需20～30分钟。②烫：如青椒、菜花、芹菜、豆角等在下锅前先烫一下，可清除90%。③削皮：胡萝卜、土豆、果类等有皮的，最好削皮后再用水漂洗。④洗泡：对那些食用花的蔬菜，如金针菜、韭菜花等，则可在水槽中漂洗，一边排水，一边冲洗，然后在盐水中泡洗，以彻底清除残留农药。

（一〇四）食用叶类蔬菜不当也可致病

叶类蔬菜对人体健康功不可没，但食用不当可致病。

（1）肠原性青紫症：叶类蔬菜存时过长或烹调火力不足都可使其含的多量硝酸盐（比根类、茄果类要多）还原成亚硝酸盐，并有80%以上都存于汤中，若长期食用或一次性过食或食隔夜菜汤，则可使体质差的老人或小孩的血中亚硝酸盐含量偏高，进而产生"肠源性青紫症"。预防办法：①不宜久存，冷藏至多3天；②发黄、萎蔫、水渍化、腐烂菜不可吃；③强火爆炒；④慎吃或不吃菜汤，尤其是储存的菜汤。

（2）蔬菜过敏症：致敏蔬菜有韭菜、葱、蒜、油菜、芹菜、菠菜等20余种。致敏原因大致为广泛用化肥、除草杀虫剂。生长环境及水源污染都使致敏物质增多。故选用叶类蔬菜应以少污染为佳。若每次吃某种蔬菜有轻重不等的身体不适或有胃肠道症状时，就应从过敏考虑，可不再食用此菜。

（3）蔬菜日光性皮炎：常发生在20～40岁女性，儿童亦有罹患者。吃了某种油菜、青菜、苋菜、紫云英、灰菜后再由日光照则可发生体表光感性皮炎。一般不需治，1周内自行消除。因此，有该病病史者，不宜一次摄入多种叶类蔬菜。在天气久阴而突然放晴时，进食后也应避免日光直晒。

（一〇五）吃野菜的学问

野菜遍及各地、资源丰富、种类繁多，其营养价值不比种植菜差。但野菜毕竟有野性，故吃法要注意，现列举如下：

（1）不经辨识的野菜不吃，即便认识也要注意生态污染，否则，食后对人体有害。

（2）用于驱虱灭虫的野菜不可吃；极苦涩、辛辣或有恶臭味的不可吃；灰菜有毒性，多吃可过敏；蕨菜可含致癌物不宜吃；小蓟（刺儿菜）多吃可致胃肠虚寒、气滞血瘀；野芦蒿对胃肠虚寒、消化不良、肠功能紊乱者不宜多吃。

（3）如山莲荬芽子、婆婆丁、苣荬菜最好洗净蘸豆酱生吃，否则味不佳。

（4）如山药菜、山蒜有微毒，必须在清水中浸泡2~3小时以上解毒后吃。

（5）树上野菜不宜炒吃，如刺嫩芽、榆树钱等宜蒸吃或炸酱吃。

（6）须现采现吃。久放野菜不仅清香味散发殆尽，而且营养素丢失，甚至可串味，反而难吃。

（7）食用野菜要适量，大部分可食性野菜，如马齿苋、蒲公英等含较多亚硝酸盐和硝酸盐；灰菜、野苋菜、榆叶、洋槐花等野菜含较多光敏物质，易致日光性皮炎，因此，野菜不宜多食。

（一〇六）小心毒菇害人

野蘑菇有3000多种，因多数像小伞，故又称伞菌。凡可长植物处都有生长，草原树林中比较集中。除早春、冬季外，其他季节都有，但以8、9月份为多见。

世界上都有采野蘑菇习惯。民间也总结一些简易鉴别法，但终因毒蘑菇与可食用者形态相近，实难鉴别，故发生吃野蘑菇中毒的例子举不胜举。我国报道的有毒蘑菇已有80多种。常见的有：褐鳞环柄菇、白毒伞、鳞柄白毒伞、毒伞、包脚黑褶伞、角鳞灰伞、毒红菇、豹斑毒伞、肉褐鳞小伞、裂丝盖伞、星孢丝盖伞、焦脚蕈等。

近来世界上许多已被人类认可的食用野蘑菇，又变成毒的蘑菇，其报道不少。有关学者认为其原因如下：①生态污染所致；②生物界杂交的后果，即可食用的与有毒的孢子杂交所致。

由此可见，为了健康，请诸位记住：不吃未知是否有毒的蘑菇；野蘑菇实难鉴别，不宜采食。

（一〇七）没有腌透的菜不宜食用

腌菜味道清香、脆嫩可口，一般用白菜、萝卜、雪菜自行腌制食用。但因这些菜中含一定量硝酸盐。腌制时如放盐量不足、腌时不足10天，那么其还原性细菌可大量繁殖，使硝酸盐还原成亚硝酸盐。人吃了没腌透的菜之后，亚硝酸盐在体内，使携氧的低铁血红蛋白变成不携氧的高铁血红蛋白，故使人缺氧中毒。此外，腌制时若菜未洗干净，则人吃了以后还可导致肠道传染病等。因此腌菜时菜务必洗净并晾干，适当多加盐（100公斤干菜加10斤盐）必须腌20天以上，这样腌透的菜方可食用。

（一〇八）吃西红柿有讲究

（1）西红柿熟吃比生吃酸。因其子周围黄色胶状物含酸多，在加热下可使胶状体分解出苹果酸、柠檬酸来。

（2）生吃忌吃未成熟的。不熟的含大量有毒的番茄碱，吃后头晕、恶心、呕吐和全身疲乏等。

（3）不宜空腹吃。因含大量果胶、柿酚胶及可溶性收敛剂成分，这些物质与胃酸化合成不溶性块状物，致胃胀、胃痛。饭后吃，胃酸已与食物混合，就不会有此现象发生。

（4）肠胃虚寒者最好不吃，因西红柿性寒。

（5）西红柿煮时要愈短愈好，否则维生素等损失太大。

西红柿

（一〇九）不宜多吃干炒黄豆

干炒、爆黄豆未能破坏黄豆中胰蛋白酶抑制剂、尿酶、血球凝集素等因子，故吃后易腹胀，难以消化吸收。黄豆中含皂素（配糖体），对胃黏膜刺激大，可引起局部充血、水肿、出血等，故有恶心、呕吐、腹泻等症。而皂素必须加热到100℃，维持数分钟，方可破坏，故干炒黄豆炒得外焦内生，是无法破坏皂素的。若将炒黄豆改成煮黄豆吃，即可避免上述不适情况发生。

（一一〇）油炸臭豆腐不宜吃

臭豆腐富含维生素 B_{12}，人体缺乏维生素 B_{12} 可加速大脑老化，故曾有学者提出老人吃臭豆腐好。但问题是：①臭豆腐制作中，自然发酵，易被微生物污染，甚至有肉毒梭菌繁衍其中；此外还可含挥发性盐基氮和硫化氮，它们是蛋白质分解后的腐败物质，对人体有害；臭豆腐发酵前期是毛霉菌种，后期则是细菌，其中还有致病菌。②沿街小摊贩炸臭豆腐的油，反复高温油炸，油中脂肪酸大多裂变成致癌的烃类物质。因此，正确的做法是：臭豆腐可以吃，但不宜多吃。油炸臭豆腐最好不吃。

（———）喝豆浆的学问

（1）饮未煮熟豆浆易中毒。生豆浆中含可使人中毒难以消化的皂毒素和抗胰蛋白酶。皂毒素遇热膨胀产生泡沫，故"开花"豆浆不是熟豆浆，其仅 80℃ 左右，再煮一下，待泡沫消失、沸腾，有毒物才分解。

（2）豆浆冲鸡蛋起不到"双补"，反可降低营养价值。因蛋中黏液性蛋白与豆浆中胰蛋白酶结成不易吸收的蛋白。。

（3）豆浆中不宜加红糖。因红糖中有机酸可与豆浆中蛋白质、钙质结合成醋酸钙和变性物质等，人不易吸收。

（4）空腹忌喝豆浆。可使豆浆中蛋白质大都在人体内转化成热量，不能充分起到补益作用。

（5）豆浆不宜喝多。否则致腹胀，重者有腹泻等消化不良。

（6）忌用保温瓶装豆浆。因豆浆中皂毒素可溶解保温瓶内水垢，并可使豆浆容易变质。

（7）豆浆不可与某些药物同饮。有些药可破坏豆浆中营养成分，如四环素、红霉素等。

（8）豆浆不宜用来全部代替牛奶喂婴儿。豆浆与牛奶中蛋白质质量相近，铁质是牛奶的 5 倍，但脂肪量不及牛奶30%，钙质仅为牛奶20%，磷质为牛奶的25%。

（9）豆浆性平偏寒而滑利，故胃寒、脾虚、易腹泻、腹胀者不宜多喝豆浆。

（——二）食用豆制品并非多多益善

过食动物食品可致动脉硬化，但长期过食豆制品也可带来危害。

（1）豆制品含皂角苷，它可降低血胆固醇，但它可将碘带走，故长期过食豆制品，又不注意补碘，便可致缺碘，进而使甲状腺素分泌不足，引起单纯性甲状腺肿，特别是儿童缺碘影响更大。

（2）豆制品富含钙，长期过量食豆制品可使血钙高，进而阻碍人体对锌的吸收、利用。人体缺锌可致食欲减退、发育迟缓。儿童缺锌除饮食无味、厌食、异食外，还可累及记忆力，并易患感冒、肺炎、口腔溃疡、地图舌等病症。

（3）过食豆制品，其黄豆蛋白可抑制正常铁吸收量的90%，久而久之，有可能导致缺铁性血。

（4）豆制品中蛋氨酸很少，肾炎患者不宜单独大量食用豆制品。为调节病人口味，可食少量豆制品，辅以肉食，以满足其蛋白需求。

（一一三）变质银耳食不得

银耳是一种木材腐生好氧性真菌。在生产中条件差可致腐烂变质，被黄杆菌污染产生米酵菌酸毒素。该毒素耐热性与致病力极强，故烹调无法破坏之。

正常银耳为半透明、白色的，而变质外观呈浅黄色，略带黏性，一般较易鉴别。若误食变质银耳，则可中毒。其主要表现为上腹不适、呕吐、腹泻、发热、黄疸、皮肤点状出血、肝大触痛，重者抽搐、昏迷、血尿，可因脑水肿、肝肾功能衰竭而死亡。

治疗尚无特效药，除按食物中毒一般原则处置外，迅速送医院救治。

（一一四）霉变水果毒性大

水果含水多，真菌宜生长，故易霉变。近年发现，其含有强烈毒性霉毒素——展青毒素。它是多种真菌都可产生的代谢物。动物实验表明，中毒表现为中枢神经系水肿、出血、肺水肿、肾淤血、变性等，可有上行性神经麻痹、呼吸困难、少尿、无尿，甚至死亡。此外，该毒素可降低人体免疫功能，并有致畸、致癌作用。

水果霉变，其果皮软化，形成病斑、下陷、果肉腐软。霉菌在果肉生长繁殖，并产毒素。据测定，离腐烂部分1厘米处正常果肉中都可检出霉菌菌丝及其毒素。为此，吃水果时，若发现有小斑点或少量虫蛀，则可用刀挖去腐烂虫蛀处，并加上周围超出1厘米的好果部分。若发现腐烂虫蛀已超出1/3以上，或发现水果味不正，苦味大，则忌食之。

（一一五）霉变甘蔗不可吃

在不良条件下收割、运输、储藏，受到霉菌污染的甘蔗，气温一回升，就极易霉变。吃霉变甘蔗引起中毒，一般在食后2~3小时发病。潜伏期短的仅10分钟，长的可达20小时。轻度表现为头晕、头痛、恶心、呕吐、腹痛、腹泻等症，1天后缓解。重症中毒者则在消化系症状后出现阵发性抽搐、眼球凝视、头后仰、牙关紧闭、关节屈曲或强直、出汗、流涎、神志不清，甚至呼吸衰竭，危及生命。霉变甘蔗的霉菌毒素可损害消化系和中枢神经系统。重症中毒者死亡率高，有的有严重后遗症——全身性痉挛性瘫痪。有关专家研究证实，节菱孢霉菌是甘蔗的病原菌，毒素经分析为3-硝基丙酸，它是嗜神经毒物。至于在发病地区，同样是变质甘蔗大量上市，但中毒者仍少数，据推断可能是大量变质甘蔗中仅少数含此毒素。

对霉变甘蔗中毒无特效治疗法，关键在预防。购甘蔗时凭感官是可以鉴别有无霉变的：①看色泽等：外观欠光泽；尖端及断面有白色絮状或绒毛状菌丝体；剖面浅黄色或深棕色，甚至灰黑色，也可有霉点。②闻味道：有酸霉味，酒糟味或微辣味。③摸蔗体：一般硬度差，按压无弹性，既松又软。

（一一六）含氰苷果仁中毒

杏仁、桃仁、李子仁、梅子仁、苹果仁等苦杏仁类的果核仁都含苦杏仁苷及其酶，当酶水解后便产生氰化氢，使人中毒（成人食苦杏仁 50～120 粒，儿童食 10～20 粒，可中毒死亡）。这些果仁中，尤以苹果仁最易疏忽，一般常无意中吞食，一般量少即可排出体外，如积存过多，将可产生毒性。此外苦桃仁、苦杏仁毒性比带甜味桃仁、杏仁要高几十倍，故更易中毒。

其中毒多在 30 分钟～5 小时内发病，以组织缺氧为主。先头晕、头痛、恶心、呕吐、心悸、脉动过速、四肢无力，重者胸闷气急、烦躁、瞳孔散大，阵发性抽搐、昏迷、呼吸困难甚至停止，呼气中有氢氰酸味，呕吐物有苦杏仁果仁残渣。

因此，应教育儿童，苦杏仁、桃、李、梅、苹果的果仁有毒，不可吞食。

（一一七）当心"毒西瓜"

超标准使用催熟剂、膨大剂以及剧毒农药的西瓜即为"毒西瓜"。误食后可出现呕吐、腹泻等中毒症状。常食此种西瓜，因其中雌激素的慢性作用，可使女性"性早熟"，男性雄性特征退化。

识别"毒西瓜"方法：预防办法就是在识别之后丢弃不吃。

①一般西瓜重 4 公斤左右，使用膨大剂西瓜可重达 6～12 公斤；②施用激素的西瓜，因喷洒和吸收不均，故西瓜易成"歪瓜畸果"，如两头不对称、中间凹陷、头尾膨大等；③含激素及农药西瓜表皮上条纹黄绿不均，其瓜瓤尤为鲜艳。其瓜子呈白色，吃起来无甜味；④有时食用此瓜可麻嘴等。

（一一八）吃水果"七忌"

水果的营养价值无须赘言，但若食用不当，也可对身体有害。故吃水果也有需注意的禁忌。

（1）忌不卫生：食用开而腐烂的水果，以及无防尘、防蝇，又没洗净消毒的果品，如杨梅、草莓、桑椹、剖开的西瓜、菠萝、椰子等，则易发生消化道传染病。

（2）忌用酒精消毒：酒精虽能杀死水果表层细菌，但可引起水果色、香、味改变，酒精和水果中的酸发生作用可降低水果营养价值。

（3）忌不削皮：有人认为，果皮中维生素含量比果肉高，故吃水果不削皮。殊不知，水果皮往往受农药喷杀、农药浸透并残留在果皮蜡质中，因此果皮中农药残

留量比果肉高得多。

（4）忌用菜刀削水果：因菜刀常接触肉、鱼、蔬菜等，会把寄生虫或虫卵带到水果上，使人感染寄生虫病。尤其菜刀上锈与苹果的鞣酸可起化学反应，使苹果的色泽及香味大不如前。

（5）忌饭后立即吃水果：不但不会助消化，反而造成胀气和便秘。

（6）忌吃水果不漱口：有些水果含多种发酵糖类物质，对牙齿有较强的腐蚀性，食后不漱口可引起龋齿。

（7）忌食水果过多。

（一一九）吃水果有讲究

（1）鱼虾与水果要分开吃。因为鱼虾（包括海鲜品）含大量钙质，柿子、葡萄、山楂、石榴、青果、黑枣等水果中含鞣酸较多，钙质与鞣酸容易发生反应，生成一种坚硬的物质——鞣酸钙，这不仅降低鱼虾的营养价值，而且影响胃肠的消化，引起腹胀、腹泻、腹痛、恶心、呕吐等不适症状，所以，鱼虾与水果要分开吃。

（2）两餐之间进食水果对防病健身有利。首先，在两餐之间进食水果，可消除餐前饥饿感，不至于进餐时吃得过多，造成体内热量过剩而引起肥胖。其次，两餐之间进食水果，不仅有益于水果中营养素的吸收利用，而且可使降血胆固醇化合物被充分吸收利用，增强其生物效应。此外，有些水果中可溶性纤维素与果胶，可在肠道中吸收水分，形成酷似海绵状物质，吸附和包裹脂类物质，并随大便排出，这样也可使肠道减少对脂质吸收而降低血脂。另外，饭后即刻吃水果，则被食物阻滞在胃，引起腹胀等，久而久之，将致消化功能紊乱；饭前吃水果，因有些水果有大量有机酸，可刺激胃黏膜对胃不利。

（3）服药前后别吃水果。水果中含一些生物酶可以和药物发生化学反应。譬如人们常用的降血脂药、抗生素、安眠药、抗过敏药等，可使药效降低。因此，服药前后30分钟之内最好不吃水果（蔬菜等也不例外）。

（4）瓜果最好不作下酒菜，否则可抵消瓜果的抗癌功效。研究发现，每天饮30克以上酒，可使人体对瓜果中叶酸盐的吸收发生障碍，或者使叶酸盐在吸收前变遭到破坏，从而抵消了它的抗癌作用。

（5）吃萝卜后不宜马上吃含植物色素及黄酮物质多的水果，因萝卜进入人体，很快代谢出硫氰酸。若同时摄入含大量植物色素的橘子、梨、苹果、葡萄等水果可代谢出羟苯甲酸和阿魏酸，它们可加强硫氰酸对甲状腺的抑制作用，诱发其肿大，并致其功能紊乱。

（一二〇）水果不宜多吃

水果芳香味美，营养丰富，人们一般都喜欢吃。但凡事皆有度，吃水果不是多多益善，否则有害人体健康。

柿子含胶酚、单宁、鞣酸、果胶，遇胃酸，尤其在空腹下即可产生沉淀形成结石，称"胃柿石症"。小孩吃得过多，腹痛、腹泻、恶心呕吐。胃结石不取出，可致胃溃疡、糜烂。另外，其单宁可阻止铁的正常吸收，久而久之可发生贫血，故空腹、食蟹后禁食之；有胃病者慎食。柿子不可多吃！

鲜荔枝果内含糖多，难以消化，较燥热。食之过多，可得"荔枝病"，感口渴、出汗、头晕、腹泻、食源性低血糖症，甚至昏迷、循环衰竭。

"桃养人，杏伤人，李子树下埋死人"，这是民间流传。实际上，桃子吃多感肚胀，可发生痈疖。杏子味酸甘温、上火生疮、流鼻血，不宜多吃。李子生痰助温，脾虚者更不敢多吃。

核桃过食易产生恶心、吐酸水、溏便者少食为妙。

柑、橘、橙吃多，会口干舌燥，嘴唇生疮、咽喉疼痛、便秘。橘子吃多了，有的人患"叶红素皮肤病"，即其叶红素可使皮肤泛黄，如同肝炎黄疸的皮肤一样。有时恶心呕吐、胃纳差，被称为"胡萝卜血症"。

核桃

梨子汁丰性寒，吃多了伤脾胃，助阴湿，可呕水、溏便、糖尿病者慎吃。

苹果性平和，含糖多，糖尿病者慎食之。含钾多、钠少，过多食用反而不利心肾。

香蕉性寒、软滑可口，过食可使胃肠功能受损，可致消化不良性腹泻。其富含钾盐，加重肾炎。糖和钠多，故肾炎、糖尿病、水肿者更应慎食。

菠萝中含菠萝朊酸，是五羟色胺。过敏体质者食用后可发生过敏反应。食后15

~60分钟发生腹痛、呕吐、荨麻疹、多汗、四肢和口舌发麻、血压升高，重者血压可下降，甚至昏迷。菠萝不可多吃，其含多种、量多的有机酸，可使牙齿酸疼、舌麻以及口唇开裂等。

山楂含多量山楂酸、柠檬酸、苹果酸及鞣质等，可增加食欲。孕妇慎吃，否则刺激子宫收缩可致流产；对胃酸过多、病后体虚、溃疡病人来说，必须少吃；正服人参者，因山楂破气，故应慎吃。

栗子生食难消化，熟食易滞气，不宜多吃。

枣多食易致消化不良、厌食，损齿伤脾。

柚子在服药间不宜吃，因它有一种物质对人体肠道内某种酶有抑制作用，而60%处方药都与这种酶的代谢有关，故使药物正常代谢受干扰，令血药浓度明显升高，这不仅影响肝解毒，使肝损害，还可发生中毒。这些药物有钙离子橘抗剂、降血脂药、含咖啡因的解热镇痛药、抗过敏的特非那定、消化系统药西沙必利等。

（一二一）不要用水果代替蔬菜

蔬菜与水果是人们日常生活中主要食品。二者有许多类似之处，如黄瓜、西红柿等都很难划分为蔬菜类还是水果类。水果的色、香、味、形佳，又可生吃，故受人们青睐，尤其儿童更爱吃，但不可把水果代替蔬菜，否则是个错误，尤其在儿童饮食中更是如此。

从营养学角度看，果蔬类都含大量水分，酶类、蛋白质、脂肪含量都低，而维生素、矿物质、有机酸、膳食纤维含量较多。这都是从总体上说的。但水果的营养价值在某种意义上说，还不如蔬菜：①水果糖分含量高些。如长期吃水果不吃蔬菜，水果中果糖、蔗糖、葡萄糖进入人体内，可经肝转成脂肪而使人发胖。②维生素 C 含量水果比蔬菜低，另外，胡萝卜素（维生素 A 原）水果也偏低。③水果中钙、铁及其他微量元素比蔬菜要低。人们饮食中，尤其是儿童饮食，各种矿物质都需要，尤其是钙，另外，除维生素 C 外，其他维生素也容易缺乏，尤其是维生素 A，而这都是因为吃蔬菜不足所造成的。有的学者认为，假使以蔬菜为常数"1"，那么要从水果获取近似含量的营养成分，一般需进 3 倍左右的数量才可达到目的。

一般来说，蔬菜往往要经烹调作为正餐的主菜来吃。当蔬菜与其他肉类、蛋类、禽类、鱼类等一起进食，胃肠内消化液分泌要比单吃一种食物要多，这样也就提高了吸收率。蔬菜可促进蛋白质、脂肪、糖类的吸收如仅吃动物蛋白，其吸收率为 70% ，加吃蔬菜可达 90% 。此外蔬菜含大量粗纤维，有助于通便排毒等。

因此，多吃些适合季节的鲜蔬菜，受益不在水果之下，有的要超过水果益处。蔬菜是人们正餐的主菜，而水果可作为加强营养素摄入的辅佐食品。

（一二二）盖合格章的肉才可吃

市场上常见到猪肉身上盖不同检疫章，这是有关部门对肉类的检疫标记。其中只有圆形的，是合格章。章内正中横排"兽医验讫"字样，并标年、月、日及畜别名称。盖此章肉可买、可吃。此外还有其他一些盖章的肉，居民们就不宜买了：①X形"销毁"章，其对角线内有"销毁"字样，此肉禁出售和食用；②椭圆形"工业油"章，章内有"工业油"字样，仅供炼油作工业用；③三角形"高温"章，章内有"高温"字样，此肉必须在规定时间内高温处理后方可出售；④长方形"食用油"章，不可直接出售及食用，必须熬炼成油后才可出售油，章内有"食用油"字样。

（一二三）煎烤过度的肉不宜食用

美国学者用单克隆抗体在高温烹调肉食中测出10种致癌物质，并发现可诱发人体患食道、肝、胃及直肠癌等。某些肉类经200℃以上高温处置，不管烧焦与否，都可产生强致癌物苯并芘等，并随加热温度增高，时间延长而增加其含量。腌鱼、肉煎炸后约有90%样品中都可测出致癌性的亚硝基吡咯烷。而烧烤、油煎肉类食品其加热温度都超200℃，故不宜食用。同理，炼猪油后猪油渣忌食之。因此，专家们建议，肉食加工最好先加温到100℃，然后再短时间高温煮，而后文火炖。烹调温度不超过200℃的肉食可放心吃。

（一二四）米猪肉不可吃

米猪肉是带绦虫幼虫的肉，肉上有半透明状，小如米粒，大如绿豆，似鱼眼一样泡状物。人误食之，其幼虫固定肠内壁生长，它不断分节，长的可达1～2米，可致肠壁溃疡等。若幼虫钻进肠壁，循血液流达皮下、肌肉、脑、眼等处，发育成囊尾蚴，就可产生皮下和肌肉结节，出现局部酸痛及麻木，可使视力减退，诱发癫痫。目前，只可用吡喹酮杀虫，但治疗中脑内囊虫在临死前可释出毒素引起脑炎，甚至可阻塞脑血管，危及人体生命。

米猪肉不可吃。预防可从几方面入手：①买盖合格章猪肉；②外观有无如上述米猪肉表现，如有症象就不买；③烧熟煮透；④烹调时严格生熟分开。

（一二五）忌吃有出血点的肉

有出血点的肉多为患传染病的畜肉。以猪为例：猪丹毒为丹毒杆菌感染，而丹毒可通过皮肤传染给人体；猪瘟为病毒感染，猪出血性败血症为败血杆菌感染，猪患这两种病，抵抗力降低，其肌肉和内脏往往继发沙门菌属感染。故人吃了之后，有可能造成沙门菌属食物中毒。故应忌吃有出血点的肉。

（一二六）忌吃黄、红膘肉

黄膘肉的产生，一是饲料缘故，此黄染在鲜肉冷却 12 小时之后褪去，食之无妨；二是动物患肝胆病，或由寄生虫病、磷、砷中毒引起的溶血性黄疸，或患有肝郁血病症，这些都可造成黄膘肉，故不吃为妥。

红膘肉，即鲜肉脂肪呈红色的肉。其产生原因：一是肌肉淤血，这由肉尸放血不当或因凝血缓慢，使液态血淤积在肌肉所致，表现为全身性淤血，此种肉不可食之。二是病原体感染，如急性败血型猪丹毒所致。此种肉不可食。另外，稍不慎还可引起接触传染。

（一二七）猪肉不宜用水浸泡

猪肉不宜用水浸泡。因为猪肉的肌肉、脂肪组织中含大量肌溶蛋白、肌凝蛋白，是其主要营养成分，也是鲜美物质。猪肉浸泡在水中，其肌溶蛋白易溶于水中而从肉体排出（15℃以上热水中，更易溶解）。肌溶蛋白中含肌酸、谷氨酸、谷氨酸钠等鲜香味物质同样从肉体排出。这样便可造成猪肉营养价值降低，味道变差。一般猪肉不用水浸泡，可用布擦拭后用清水漂洗干净即可。若是冷冻肉，则可让其自动解冻，待表层解冻后再擦洗。

（一二八）吃生肉可患旋毛虫病

旋毛虫病是一种人畜共患病。人生吃或烹调未熟的、已受感染动物的肉即可得病，这与居民嗜食生肉习俗有关。其感染方式大致有以下几种：①吃生肉，如云南傣族叫"剥生""杀片"，白族叫"生皮"等，但吃法相近，即生肉剁碎或切成肉丝、肉片，拌生菜或酸菜、辣椒及其他作料调味后生吃；②吃加热不够的腌肉、酸肉、腊肉等肉制品；③喝生的动物血；④生熟不分开，由被旋毛虫污染的刀具或砧板等传播。

该病发病早期，以发热、胃肠道症状为主，而后可出现眼睑和面部水肿，以及全身肌肉痛，并可有荨麻疹、丘疹、瘙痒等皮肤过敏现象，化验时嗜酸性粒细胞增高。预防措施很简单，即摒弃吃生肉习惯以及不吃未经检验或检验不合格肉类及其制品。

（一二九）畜禽类动物身上不可食用部位

（1）畜类的肾上腺：它在肾前上方，俗称"小腰子"。吃后血压剧升、恶心欲吐、头晕头痛、心悸乏力、四肢、口舌麻木、肌肉震颤、面色苍白。高血压、冠心病、动脉硬化者可能会诱发心肌梗死、中风等。一般出售前都应摘除。

（2）畜类甲状腺：它位于气管喉头，俗称"栗子肉"。吃后心悸气急、心律失常、头痛耳鸣、烦躁不安、多汗、厌食等。出售前应摘除。

（3）畜类淋巴结：似枣子或豆子大小疙瘩，分布全身，俗称"花子肉"，吃后可中毒或患传染病。出售前都应剔除。

（4）鸡鸭等的肺和尾脂腺：它们有吞噬功能，可吞噬尘埃、微生物等，故烹调前应剔除。

（5）老鸡头：放养老鸡啄食，有毒物随食而入体内，绝大部分排出体外，但仍有部分随血循环滞留在脑组织。故老鸡头不吃为好。

（6）羊悬筋：系羊蹄肉发生病变的一种病毒组织，一般为串形或圆粒形，必须摘除。

（7）兔臭腺：兔体有三对腺极臭，必须剔除，否则烹制中异味极重（白色鼠鼷腺：雄兔位于阴茎背两侧，雌兔位于阴蒂背两侧；褐色鼠鼷腺，紧挨前者旁边；直肠腺位于直肠末端两侧）。

（一三〇）吃火腿的学问

火腿，又称风蹄、熏蹄、火肘等，其味道极鲜美，但食用火腿有讲究：①吃火腿同时应多食含维生素C丰富的蔬果。因腌制火腿必须加硝酸盐、亚硝酸盐，它与胺可生成致癌物亚硝胺，而维生素C可阻断亚硝胺生成；②火腿味厚馨香、鲜美醇正，故烹制不要加刺激性强的调味品，以免遮盖其本味；③干炒火腿不利于发挥出其鲜香味，并使火腿干硬、口味变差；④烹调不用酱油和酱，否则改变其风味，使其色泽难看；⑤妥善保管之。其储存最佳温度为3～8℃，不宜冰冻，只宜冷藏，否则易氧化变质。零块火腿的刀口处要涂植物油，再贴上保鲜膜，这可防止脂肪氧化和虫害侵入。

（一三一）慎吃腌制或加工的鱼肉及其制品

腌制咸鱼、肉等以及香肠、香肚、午餐肉、火腿加工中，为保鲜，常添加硝酸盐和亚硝酸盐，一般来说，这些物质少量进入人体，可被蔬果等含的维生素C破坏或中和。但若常吃上述食品，则进入人体的亚硝酸也随之增加，当进入量超过机体处理能力，则可蓄积，并在胃内形成强致癌物亚硝胺。因此，为了健康，要慎食腌制或加工的鱼肉及其制品。

（一三二）猪肝食前须去“毒”

猪肝是猪体内最大消化腺，也是解毒器官。猪体内消化滤解中有多种有毒代谢物、饲料中残留毒物等均聚集在肝，若肝脏对其未能解毒排净，毒物就存留在肝脏血液中。肝还是重要的免疫器官和“化学加工厂”，可产生多种激素、抗体和免疫细胞等，而这些物质往往对异体有害。为此，猪肝食前须去毒。一般要将肝切开，在自来水龙头冲洗一会儿（5～10分钟），而后在水中浸泡10分钟方可烹调。烹调前可切成数小块，在水盆中抓洗数遍，再用水冲洗片刻，为确保食用安全，则烹饪时间可放长些。

（一三三）动物内脏不宜生炒

据专家研究发现，猪、马、驴、骡、兔、鸡等动物内脏都可感染和携带乙型肝炎病毒，并可传播。而该病毒存活力强，要煮沸10分钟后才被杀灭，一般浓度的消毒剂都难杀灭它。一般来说，动物内脏出售前都未经乙肝病毒检疫。因此，为保险起见，专家们建议，要改变一下烹调习惯，对动物内脏不宜生炒，而是先煮后炒。

（一三四）吃肉食也可过敏

吃肉食过敏少见。一般引起肉食过敏的最常见为猪肉、马肉、牛肉、牛奶、鸡蛋、淡水鱼和虾贝类、海产品（如海虾、海蟹、鲳鱼、带鱼、黄鱼、鱿鱼、贝类等）等。其原因可能与某些人特异性过敏体质有关，也可能与某种肉食中含较多组织胺与胆碱有关。

吃肉食过敏的临床类型有多种：①胃肠型，即肉食后出现胃肠道症状；②荨麻疹型，即食后皮肤有典型荨麻疹，奇痒，短时内消失；③湿疹型，与上类似；④偏头痛型，即肉食后，精神不爽、烦闷、疲倦、全身不适，随后眩晕、耳鸣、眼前发花、尿频，伴偏头痛，且以左侧多见。

处置办法首要的是停食之，洗胃，并用抗过敏药、抗组胺类药治疗。一旦明确对何种肉食过敏，下次就应忌食之，不要抱侥幸之心。因过敏表现不会一种类型，这次荨麻疹，下次有可能出现喉头水肿、呼吸困难，甚至出现过敏性休克，危及生命。

（一三五）食用狗肝当心中毒

食用狗肝可能会导致中毒，究其原因，与狗肝富含维生素 A 有关。维生素 A 是人体必需的维生素，但一次摄入过量，则可引起中毒。其中毒剂量为 5 万～10 万国际单位，而每百克狗肝就含维生素 A30 万国际单位。由此可见，狗肝吃多了，很易导致维生素 A 中毒。维生素 A 中毒表现为恶心呕吐、腹泻、剧烈头痛、眼结膜充血，皮肤潮红。2～3 天后，患者口唇周围可出现鳞状脱皮。

专家指出，除狗肝外，可引起中毒的还有鲨鱼、熊、狼、狍子等动物肝。

（一三六）孕妇慎食猪肝等动物肝

平素人们吃的动物肝，其维生素 A 含量丰富。每 500 克猪肝含维生素 A13050 微克，牛肝为 27450 微克，羊肝为 44700 微克，鸡肝高达 121050 微克（1 微克视黄醇当量相当于 3．33 国际单位）。世界组织提出孕妇最大摄入量为 3300 微克/日。若孕妇摄入维生素 A 过多，则可导致胎儿发生唇裂、腭裂，耳、眼缺陷，泌尿道畸形，生长迟缓，甚至引起胎儿中枢神经系统或胸腺发育不全等。此外，动物实验表明，大量维生素 A 可使胎儿致畸。因此，孕妇须慎食动物肝（如猪肝等）。其实孕妇可食富含胡萝卜素的蔬果，然后在体内再转化成维生素 A。

（一三七）吃瘦肉必须适量

有人误认为吃肥肉可致动脉硬化等，瘦肉可放心吃。其实不然，多吃瘦肉有害人体健康。

（1）过多吃瘦肉，照样发生动脉硬化。这是因为过多吃瘦肉，蛋氨酸摄入增多。而蛋氨酸在酶催化下可产生同型半胱氨酸。它可损害动脉壁内皮细胞，使脂质沉积并渗入动脉壁，形成动脉粥样硬化斑块。

（2）过度吃瘦肉易致结肠癌。研究证实，每天吃瘦肉者患结肠癌比每月只吃 1 次的人要多 2．5 倍。

（3）瘦肉脂肪少，而脂肪却是人体的重要成分。如类脂是细胞、原生质以及神经重要成份。磷脂可促进体内胆固醇转运，是一种降血胆固醇物质。故过度吃瘦肉，可影响其摄入，对人体健康不利。

因此，营养学家建议，吃瘦肉要适量，副食最好以蔬菜、豆制品、鱼类等为主。另外，在吃瘦肉时应同时吃些碱性食物。

（一三八）吃烤羊肉串对人体健康极有害

烤羊肉串风味独特，故受消费者青睐。但消费者殊不知它对人体健康十分有害。

（1）大多在煤火、木炭上熏烤。煤炭中含氮氧化物、硫化物、氟化物、砷、多环芳烃、苯并芘等有害物质，可附在肉串表面，也可深入其内部。尤其烧焦时，焦化蛋白质也可致癌。此外，即使油炸，仍不免产生致癌物，何况反复煎炸的油对人体有害。

（2）烤羊肉串常半生不熟。羊肉中寄生虫易使人感染。

（3）原料不卫生，有资料证实，不少甲肝患者是爱吃羊肉串者。另外，有的还造成沙门菌甚至肉毒素食物中毒。

（4）不法商贩有的以"死猪肉""米猪肉"等冒充。

（一三九）购烹狗肉须防狂犬病

狗肉味香，但误食狂犬肉，感染狂犬病毒，则可危及生命，故购烹狗肉要注意。

（1）购狗肉，要确认无狂犬病的才可买。

（2）健康狗也可能携带狂犬病毒，故操作要注意，切洗狗肉不用手直接接触，尤其手上有伤口者更应戴橡皮手套防护。若手接触了生狗肉，则即刻用醋或肥皂水浸泡，然后再彻底清洗。

（3）狗肉必须在100℃的开水中起码煮沸30分钟以上。吃狗肉火锅，烫得半生半熟的，其吃法不妥。

（4）一旦误食狂犬肉，则立即注射狂犬疫苗，求医救治。

（一四〇）养狗、吃狗肉当心染上布鲁菌病

布鲁菌病是由布鲁氏菌侵入动物或人的机体后，引起的一种传染——变态性传染病，对人畜健康危害极大。

1966年美国学者从猎犬中首次分离出犬种布鲁菌。我国学者原先仅认为国内有牛、羊、猪种布病流行。1983年对1.5万余只狗，近2000人进行调查，结果发现犬感染率在有的地区最高达20%以上，人感染率最高达10%以上；南方地区感染率明显高于北方。为此，专家们呼吁，要采取措施搞好犬种布鲁病的检疫；对狗肉必须采取卫生监督管理；淘汰病菌阳性犬等。为了健康，食用狗肉者最好弄清狗是否染上此病。

（一四一）忌吃死后合眼的兔肉和不伸足的鸡肉

凡宰杀或猎取兔，因受惊、疼痛，兔目都圆睁。但病死或疫死兔子，衰竭而死，其目都合上。故不要食用死后合眼的兔肉。

凡宰杀之鸡，放血后，因缺血、缺氧，鸡都猛烈挣扎，其腿多伸，体温散尽后变强直。但鸡疫死者不伸腿；由病毒感染、高烧或中枢神经中毒的鸡，其肌肉挛缩、不伸腿。故不要食用死后不伸足的鸡。

（一四二）不要吃生鸡蛋

吃生鸡蛋对人体健康不利，究其原因如下：

（1）生鸡蛋中抗胰蛋白酶阻碍蛋白质与人体肠胃中蛋白酶接触，可影响其蛋白质消化、吸收；其抗生物蛋白可与食物中生物素结合成不溶性复合物。故常食生鸡蛋，可患生物素缺乏症，出现疲乏、食欲差、恶心、呕吐、面色苍白、肌肉酸痛等症。

（2）生鸡蛋的蛋白质结构致密，不易被消化、吸收。

（3）鸡内脏有沙门菌、蛋壳未形成前，此菌已渗入蛋黄。蛋在存放中，蛋壳气孔随温度升高而扩大，使细菌易侵入。而此时鸡蛋蛋白中可有黏液素，它在蛋白酶作用下脱水，使蛋中溶菌酶失活。因此，生鸡蛋、半生不熟的蛋都含对人体有害的细菌。

（4）经常食用生鸡蛋，大量未经消化蛋白质，在大肠细菌作用下可腐败，产生有毒物。一部分随大便排出，另一部分吸收入血液，由肝解毒，故可增加肝负担。若肝功差则可中毒。

（5）生鸡蛋中某种蛋白质可与铁结合，阻止人体对铁吸收。

（6）生鸡蛋有特殊腥味，刺激神经末梢，反射性引起呕吐，并抑制消化液分泌，进而致食欲缺乏、消化不良。

（一四三）旺蛋、臭蛋、染色蛋不吃为妥

旺蛋即孵不出小鸡的死胚蛋。旺蛋营养价值不高，因孵化时营养成分基本被胚胎消耗掉；孵化中易受沙门菌、真菌污染；死胚蛋中还含激素、类固醇样物质。小孩吃了性早熟；孕妇吃了胎儿可能畸形；老人吃了血压升高等。因此，不吃旺蛋为妥。

臭蛋经烹调，仅去除一部分挥发性腐败物，杀死些微生物，但其胺类、亚硝酸盐、毒素依然存在。故食后可致恶心、呕吐等中毒症状。另外，胺类与亚硝酸盐在胃酸作用下形成致癌物亚硝酸胺。

染色蛋即用红汞染的鸡蛋。红汞是汞溴红的2%水溶液，染蛋可将汞经壳表面气孔带入蛋白、蛋黄中。过量食用当可汞中毒。

（一四四）吃鸡蛋有讲究

吃鸡蛋方法得当，其蛋白质的人体利用率可达94%以上。否则，丢失营养素还可招致疾病。

（1）生鸡蛋、半生不熟蛋、旺蛋、臭蛋、染色蛋不宜吃。

（2）冲吃不妥。热开水、豆浆、牛奶冲生鸡蛋，无法杀死其沙门菌，蛋清中抗胰蛋白酶、抗生物素未完全破坏，影响蛋白质消化、吸收。

（3）油炸蛋不宜多吃，油炸蛋又叫虎皮蛋，因油炸使蛋白焦糊，影响其消化吸收。另外水溶性维生素遭破坏。油煎蛋（荷包蛋）与其同理。

（4）老鸡蛋不宜多吃，鸡蛋煮老了，使蛋白质结构紧密，不便嚼细，与胃液接触不好，较难消化。（一般水沸煮5分钟足够了）。

（5）茶叶蛋不宜多吃。茶中有生物碱、酸性物，可结合蛋中铁元素（蛋黄表面一层灰绿色，即为硫酸亚铁），对胃有刺激，不利消化吸收。另外，茶叶蛋又是老鸡蛋。

（6）煮水波蛋不宜与糖共煮。因糖水解生成果糖、葡萄糖，在一定温度下与鸡蛋蛋白质中氨基酸生成果糖基氨基酸，不被人体吸收利用。

综上所述，鸡蛋较佳食法是炒蛋、煮嫩蛋、蒸蛋羹、蛋花汤。这样既灭菌，又可破坏抗生物素及抗胰蛋白酶，且蛋白适当受热后变性，结构松软，易于胃液混合，故有助于被消化吸收；其维生素损失少（维生素 B_1、维生素 B_2、维生素 PP 仅损失5%左右）。

不过煮蛋不宜用冷水浸，否则壳内形成负压，可将冷水吸入蛋内造成污染。若煮蛋放少许食盐，则煮蛋不要冷水冷却都易剥壳。另外，炒、蒸蛋不必加味精，因鸡蛋本身有谷氨酸和少许钠盐，加热后即成谷氨酸钠，本身就有鲜味。

（一四五）鲜蛋特性及其储存要点

（1）鲜蛋经雨淋、水洗、受潮，可使壳上胶质膜消失，露出气孔，细菌经孔入侵，使蛋变质。故鲜蛋不可洗后再存放。

（2）蛋壳沾禽类、血迹、污物等，便可滋生细菌、分泌酵素，加速蛋腐败。故鲜蛋上污物，用布擦干净再存放。

（3）蛋怕高温，夏季宜"热伤蛋"，春季多见孵化蛋，并易散黄；另外怕冻结，在 $-2℃$ 即开始冻结， $-4℃$ 蛋壳冻裂，易被真菌污染。故储存鲜蛋宜冷藏，起码在 15℃以下，最好在 0℃左右存放。

（4）鲜蛋有生命，有呼吸，如与煤油、姜、葱、鱼、农药、化肥等存放一起，就可通过蛋孔的呼吸，吸收异味影响食用。故存放鲜蛋不可与异味浓烈物品存放一起。

（5）鸡蛋久存易变质，形成散黄蛋、黏壳蛋。故鲜蛋一般存放 1～2 个月为宜。

（6）蛋怕撞压，蛋壳性脆易破。故储放鲜蛋怕碰压、挤压。

（7）蛋怕闷气。故蛋放在通风处，不宜放在不透气的容器内。

（8）蛋大头朝上，则大头内气室的气体可使蛋黄无法贴近蛋壳，不易发生散黄和黏壳，故存放时，鲜蛋大头朝上，直立存放。

（一四六）吃皮蛋的学问

皮蛋，又叫松花蛋、变蛋、碱蛋等，其味独特，但吃皮蛋，有几点须注意：

（1）制皮蛋原料含一定量铅，故不宜经常过量食之，否则铅中毒。

（2）含钠量高，故高血压、肾病、水肿等病人慎吃，老人少吃。

（3）含碱性物质多，故暑天少吃皮蛋。因碱性物可中和胃酸，夏季本来胃酸分泌减少，进而可降低胃酸的屏障作用。若吃皮蛋，建议放适量食醋，以此中和碱。

（4）皮蛋不宜久存，在密封塑袋中仅存 3 个月；它不宜被冷藏冷冻，否则色泽变黄，其胶状体内容物可变为蜂窝状，口感变硬，皮蛋就会失去原来风味。

（一四七）吞服鱼胆危险

引起中毒的鱼胆一般属鲤科鱼类，种类涉及草鱼、青鱼、鲢、鳙、鳊、鲮、鲫鱼。一条 1.75 公斤重青鱼的鱼胆，成人一次吞服，即中毒。其胆汁毒素实为胆汁醇，称鲤醇，它具耐高温、耐酸、耐酒精特性，故服蒸煨的或用酒冲服的，仍致中毒。另有报道，娃娃鱼的胆汁也含鲤醇，误食也可中毒。

中毒者常在吞服鱼胆后 0.5～12 小时内发病，始有恶心、呕吐、腹痛、腹泻，其呕吐物带血，也可排柏油样大便，接着肝区痛，黄疸、转氨酶达 200 单位以上，受害最重的是肾，出现少尿或无尿、全身水肿等，重者肝肾功能衰竭、中毒性休克，抢救不力死亡。若生吞鱼胆，无论是否出现症状，都应按食物中毒一般处理原则处置。

（一四八）多吃污染的鱼翅可导致男性不育

研究发现，多吃污染的鱼翅可导致男性不育。污染鱼翅中水银及其他重金属含量高于其他海鱼。进食过多，则可导致有害物质积聚在人体内，进而伤害人体各种机能，男性不育是其中之一。海产品之所以含水银及其他重金属系污染所致。而鱼翅含量过高的原因是：它属晒干食品，缺乏水，加之鲨鱼生长期很长，故有更长时间吸毒和聚毒。

（一四九）鱼腹黑膜吃不得

淡水鱼或海鱼腹内壁有一层黑膜，它是鱼腹中保护层。另可起到隔离作用，防止内脏分泌的有毒物经肠壁渗到肌肉，故黑膜也就成了各种有害物质的会合处。它之所以发黑，是因为被细菌、农药、水质中污染物等长期污染的结果。人们吃了鱼腹黑膜，易致反胃、恶心、呕吐、腹泻等中毒症状。

（一五〇）污染的贝类毒煞人

常见贝类有贻贝、牡蛎、毛蚶、蛤、螺、扇贝、砂海螺等。某些贝类本身无毒素，但摄取含多种毒素的双鞭毛藻类后，会产生贝类麻痹毒。赤潮期间大量腰鞭毛虫可被蛤、蚶、牡蛎、贻贝、扇贝等摄食，一部分虫截留在贝类鳃上。学者指出"每百克贝肉可含该虫 40 微克以上，人误食后可发生神经性中毒。"偶有可能被河豚毒素污染，也可使贝类有毒。

贝类麻痹毒中毒在食贝后 3 小时内，始发舌、唇、指端等神经末梢处麻木感，继而发展到颈、四肢、使随意肌失控，患者可有头痛、口渴、流涎、语言模糊、共济失调、嗳气、呕吐等。重者呼吸困难、窒息而死。一般无解毒药，采用排毒方法对症处理。如抢救不及时，死亡率很高。

预防办法是：食贝前须将其洗净、清水漂养 1 ~ 2 天，除去内脏。用水煮透，捞肉弃汤食之，这样可使摄入毒素降到最低限度。此外，教育群众勿到浅海滩拾贝食之，尤其小孩喜吸香螺肉者，更要改正。

（一五一）污染的鱼虾不可吃

据某次调查，全国各大江河有 12.7% 干流，55% 支流受到污染。鱼虾污染分两种状况：一是酚污染。主要来源于冶金、煤气、炼焦、石油化工等企业排放含酚废水；另外，粪便、含氮有机物也可分解产生少量酚类化合物。当水中含酚量达 0.1 ~ 0.2 毫克/升，鱼虾即可有煤油味。二是农药污染。鱼类有惊人的富集农药能力。如鱼体中汞浓度可为水的 800 倍；又如 1605 号农药，人口服最低致死量 240 微克/公斤，而鱼类可为 1240 微克/公斤。被农药污染的，多数畸形，如鱼头过大、眼浑、脊柱弯、鳃发红、脱鳞、肉淤血。另外，鱼头血管丰富，鱼子在鱼腹中，周围也布满血管，故污染鱼的鱼头、鱼子中，农药残留量高于鱼肉的 5 ~ 10 倍。

污染鱼虾，通过闻味，看其外观可识别，故购买时千万注意。尤其污染鱼的鱼头、鱼子更不可食。另外，稻田、稻田周围水塘含农药量及其农药污染机会多，故稻田养的鱼不要吃。

（一五二）死后不可再宰食的鱼类

吃鳝鱼、甲鱼，要吃鲜活的，即时宰杀及时下锅。死鳝鱼、甲鱼不可食。因鳝鱼体内含较多组胺酸、氧化三甲胺。死后其组胺酸可在脱羧酶及细菌作用下分解成有毒的组胺。成人一次摄入 100 毫克即可中毒。其氧化三甲胺可还原成三甲胺，加重其泥腥味。死甲鱼中多组胺酸可分解成剧毒的组氨和类组胺。

有人用"扫灭灵"喷于田中，使鳝鱼中毒后捉住，这就给鳝鱼增加了新的外来毒源。

冷冻鲜鱼的大部分细菌未被杀死，处于休眠状态，它们产生的毒素不可能消灭，故食用冷冻鳝鱼要注意。−6 ～ −12℃冷冻的不超过 10 天；在 −12℃以下冷冻的不超过 20 天。

含组胺高的鱼类还有鲐鱼、金枪鱼等。一般皮青肉红的鱼往往含组胺高，故死的不食为妥。

（一五三）吃海里小白虾当心中毒

海里小白虾易带致病性嗜盐菌，此菌在 37℃、含盐量 2% ～4% 条件下可迅速繁殖。小白虾离海水即死，其肠内细菌很快侵入肉体，感染整个虾体，故小白虾极易腐败变质。

吃小白虾中毒，食后 5 ～ 6 小时发病，可腹痛、腹泻、水样便，重者水样便，后转成浓血便，还可发热、恶心、呕吐、腹胀等，重者可有脱水、休克、昏迷，甚至危及生命。

因此，吃海里小白虾，必须十分重视饮食卫生：①煮熟透，切不可生吃；②吃时放醋，因嗜盐菌怕酸；③讲究炊、餐具清洁，生熟须分开；④制作适量，尽量不剩。若须隔餐吃，则餐前必须热透。

（一五四）烹制淡水龙虾不卫生可有害人体健康

淡水龙虾又名喇蛄，近年来，已成为餐桌珍品。但烹制必须十分卫生，否则有害人体健康。

（1）清洗干净：喜生活在脏水中，洗时剪其爪子，腮要剥净，从其尾部抽出肠子，用硬毛刷将其刷清，除去污垢，用清水冲洗干净。

（2）不吃死的：死后，其蛋白质极易变质，并有肠菌毒素产生，食之易致过敏、中毒。

（3）不吃污染的：死塘污水中淡水龙虾，有味，易被污染，若发现味不正，则坚决不吃。

（4）必须煮透：淡水龙虾是肺吸虫的中间宿主，若吃醉虾或未煮透吃，很可能感染肺吸虫病。

（一五五）不要多吃煎炸、熏烤鱼

学者发现，炸、烤鱼含杂环胺类致癌物，温度小于200℃，形成很少；温度超过200℃、煎炸时间2分钟以内，形成也不多；但温度超过200℃、时间超过2分钟，则杂环胺形成很多。此外，煎炸鱼外涂上淀粉糊，也可阻止杂环胺形成。平时，我们煎炸、熏烤的鱼，往往高温（200℃以上），炸烤时间超过2分钟，故应慎食之。另外，烧焦的鱼也不可吃。因为鱼肉烧焦，其高分子蛋白质裂变为低分子氨基酸，这些氨基酸重组，可形成易引起致癌突变的化学物质。

（一五六）吃烤鱼片不利人体健康

美味奇香烤鱼片成人爱吃，小孩更贪嘴。殊不知，食之过多不利健康。

（1）引起消化不良：吃烤鱼片带来异常增多的咀嚼，这不仅浪费对人体有益的唾液，而且咽下唾液可稀释胃液，减弱了消化功能，产生呃逆、胃胀、恶心等消化不良症状。

（2）造成肠功能紊乱：饭后食烤鱼片使胃蠕动加剧，加快胃内食物排出，食物在胃中消化不完全，必然加重肠道负担，易致肠功能紊乱。

（3）牙齿珐琅质受损：这与异常咀嚼致使大量唾液内酸碱度变化的刺激有关。

（4）有致癌物存在：烤鱼片制作中，有硝酸盐。进入人体胃肠还原成亚硝酸盐，再与人体内次级胺结合形成致癌物亚硝胺。

（5）干制中，鱼油中不饱和脂肪酸可氧化成过氧化脂质，这是一种自由基，促进衰老。

因此，为了健康，须少食或不食烤鱼片，以防后患。

（一五七）小心河豚鱼中毒

河豚属鲀科，其品种90多种，多分布在我国沿海及长江下游一带。河豚鱼肉质鲜嫩肥美，但其皮、内脏、眼、血液等含大量毒素，尤其在产卵期毒性就更大，其毒素不能被盐腌、日晒、烧煮等所破坏，食后多数可致中毒。

中毒症状为皮肤潮红、眼皮下垂、四肢麻木、不能行走、血压下降、瞳孔散大，以致昏迷，重者死亡。中毒处理同食物中毒处理原则，用碱性物可破坏毒素，故可喝5%碳酸氢钠或吃小苏打解毒。

为了健康最好不要烹食新鲜河豚鱼，不管您会不会加工，都无必要冒险。若经专业部门加工成"玉板鲞"，还是可食的，但它是腌制品，故须慎食之。

（一五八）生吃鱼虾对人体健康不利

民间有"生吃鱼，活吃虾"之说，如"鱼生粥""生鱼片""鱼球""晒鱼片""醉虾"等名目繁多。

众所周知，肝吸虫寄生在人肝、胆管及胆囊，其虫卵随粪便排出，入水后被钉螺吞食，在螺体发育成尾蚴，再侵入鱼虾肌肉和鳞下变成囊蚴。故人生食鱼虾，可使其囊蚴在体内发育为成虫。人得了肝吸虫病后，上腹不适、饱胀感、腹痛、腹泻、胃纳差、消瘦、肝肿大、轻度黄疸。久之，可形成肝硬化、胆结石，甚至发生毛细胆管癌。为了防止该病，首先不可生食鱼虾；其次必须生熟分开，以免鱼虾中囊蚴污染熟食；再则发现本病者，要及时彻底治疗，以免传播。

然而，海水中深水鱼生鱼片，蘸绿芥末（杀菌）吃，还是相当可口的。但须讲究操作卫生：①要有专门制作场所（专门操作案台和两个水池，一个洗水产品，另一个池作工具、容器消毒）；②要仔细刷其体表，鳃部以后，在案台去鳃、开膛、去皮，切忌不要破损其肠，以防污染；③要用流动水冲净其肌肉，由消毒过双手人员用消毒过的刀和菜板，切片成型；④要将切片用人造冰冰镇在保鲜膜上，以便控制细菌繁殖和防腐。

（一五九）喇蛄、河蟹不可生吃

喇蛄、河蟹是鲜美水产品。民间有人将蟹捣成酱状加作料食之；还有吃醉蟹的；有人将大量喇蛄磨碎，取汁，使之凝成喇蛄豆腐食之。可见还是有人喜生吃或半生不熟的吃喇蛄、河蟹的。殊不知，人吃了含肺吸虫、囊蚴的生喇蛄和蟹，就可能感染上肺吸虫病。肺吸虫主要寄生在人体肺部，引起呼吸系统一系列症状；也可寄生在人脑，出现脑型肺吸虫病，类似脑肿瘤症状；肺吸虫喜在人皮肤下移行，故可形成游走性皮下结节或包块。

治疗该病首选药是吡喹酮。预防此病比较简单，就是不吃生的或半生不熟的河蟹与喇蛄。

（一六〇）不可生吃青蛙肉

有人生吞小青蛙，以为可治腰背酸痛，借以壮筋活络，强健机体。但事与愿违，反惹致孟氏裂头蚴感染。孟氏裂头蚴在人体内可移行至全身软组织，出现肉芽肿，可有虫爬瘙痒感，红、肿、热、痛，尤其在阴唇、乳房、眼睑、胸腹等处为易发部位，并可见到有如雀蛋、鸽蛋大小的移动肿块，故凡生吞小青蛙后，出现上述症状者应及时求医。

青蛙

由于农田用农药，故昆虫体内聚集农药残毒，青蛙吃昆虫，故体内有残毒；再说青蛙是该保护的动物。因此不可吃青蛙，更不宜生吃青蛙。

（一六一）新鲜鱼虾等不宜直接冰冻

冷冻不会中止鱼虾的变质过程，鱼虾仍可产生胺。胺是随着水产品变质而产生的一种有机化合物，有一种难闻气味。胺一般对人体影响不大，可随尿排出体外。但摄入过多，则可与胃中含氮物质结合形成亚硝胺，尤其老年人胃酸缺乏，形成亚硝胺更多。因此，食用冷藏水产品必须注意鲜度和质量，如发黄、体表有黏液，或有难闻气味，则应慎食。要食用冷藏水产品必须煮熟煮透，否则对人体有害。瑞典食品学家还建议，新鲜鱼虾买回来，要煮熟后再冰冻。因为加热到80℃，鱼虾就不会再产生此种危险物质。

（一六二）鱼和肉反复冰冻可产生致癌物

从冰箱取出冷冻鱼和肉，吃不完又放回冷冻室，以为这样便不会变质。殊不知，鱼和肉从冰冻状态到冰点以上的解冻状态，其细胞膜遭严重破坏，此时再冰冻，也就起不到保鲜作用了。更值得注意的是，美国营养学家曾对百件箱装冻肉进行多次分析，发现这些肉中产生一种致癌物——B二硝酸胺，并且冷冻次数越多，致癌物的浓度就越高。

因此，鱼和肉不宜反复冰冻，建议切成小块冰冻，取出后一次食完就可避免发生反复冰冻现象。

（一六三）烹鱼有诀窍

（1）煎鱼时，锅烧热，用姜在锅内擦一下，再放油煎，可防粘锅。

（2）海产鱼大多经冷冻保鲜，常规烹之，味道不鲜。若清蒸鱼（带鱼、黄鱼、鲳鱼等）加些牛奶，则鲜味很浓。

（3）淡水鱼泥土味重，可将活鱼在10％盐水中养1小时，即可去味。

（4）洗鱼时将鱼胆弄破，应即刻用苏打水或稀碱水或白酒擦，再用清水冲洗，这样可使苦味消失。

（5）吃鱼要吃活鱼，此说法不全对。无论从味道或从营养价值看，活鱼不是理想食用阶段。待鱼死后，其僵硬阶段结束，鱼体变软而进入自溶阶段前期，鱼的蛋白质逐步分解成氨基酸。此时食鱼不仅味美，且易被消化吸收。

（6）煮鱼时，先待油烫后煎一下，再加水煮，须等鱼加热到其蛋白质凝固后再放生姜，便可充分去腥。切忌将鱼和生姜一起油煎，这样煮出来鱼带腥味。煮鱼时要沸水下锅，可使其蛋白质变性收缩凝固，从而使鲜鱼内可溶性营养成分和呈味物质不易大量外溢。

（7）制清蒸鱼，要先经沸水焯制，这样可除去鱼腥味和血污，同时鱼体表面蛋白质迅速变性凝固而收缩，防止可溶性营养成分、呈鲜物质和水分外溢。这样清蒸鱼，鲜嫩味美，营养丰富。

（一六四）螃蟹的四种器官不可食

（1）蟹腮：俗称蟹棉絮，形如眉毛，在蟹体两侧条状排列，其染有病菌，不可食。

（2）蟹胃：它紧挨蟹嘴与蟹黄混在一起，形如三角小包，其胃脏，内有污泥、细菌，须除去。

（3）蟹心：它位于蟹黄或蟹油中间，紧连蟹胃，呈六角形，周围细菌多，须细心剔除。

（4）蟹肠：它位于蟹脐中间，呈条状，内有污泥、微生物，是最脏之处，必须剔除不食。

（一六五）螃蟹吃法有讲究

（1）吃蟹要"鲜"。濒死蟹，广东人称为"慢爪蟹"，其肉不鲜，不宜多吃。

（2）不可食死蟹。蟹喜吃动物尸体，肠内污染，其肠壁很薄，故蟹死后肉质很快腐败，另外，其体内组氨酸可产生组胺。

（3）生蟹、醉蟹不要吃，并且蟹必须煮熟煮透，因蟹体内寄生肺吸虫、囊蚴。

（4）蟹性寒，食时拌以姜醋，杀菌除腥、调味，解寒助消化。吃蟹后饮紫苏液，祛寒去腥并可和胃安中，与吃蟹相得益彰。

（5）吃蟹要现吃现做，吃刚烹制好的蟹，否则味不鲜。

（6）吃海蟹宜蒸不宜煮，否则腮中污泥随水进入到肠腔，影响鲜味，并且蛋白质等也会随水散失。

（7）食蟹忌过量。蟹性寒，过食易致腹泻等不适。

（8）蟹与柿子不可同食。因柿子中鞣酸与蟹中蛋白质可结合成硬块，会引起恶心呕吐、腹痛腹泻。

（一六六）服用大剂量维生素 C 时忌食虾类

服用维生素 C 并非百无禁忌。学者发现，河、海虾等软甲壳类食物中含浓度很高的"五价砷化合物"，它对人体无害。但服用维生素 C，尤其是大剂量时，则可使"五价砷"转为有毒的"三价砷"，剧毒的砒霜即"三价砷"，故可危及人体健康及生命。因此，须服用维生素 C，尤其是大剂量维生素 C 时，忌食虾类等。

（一六七）鱼腥味是 DHA 变质的信号

廿二碳六烯酸（DHA）存在于人体大脑皮层、视网膜等组织，是大脑功能（包括智力）及视觉发育的重要结构物质。为此，在美国，消费者对添加 DHA 的婴儿食品热情很高。由于 DHA 大多存在于深海鱼类，故消费者会误认为添加 DHA 的婴儿奶粉就该有鱼腥味。其实不然，DHA 无味，但 DHA 活泼，特别易被氧化。DHA 氧化物与氨基化合物结合，便可生成有鱼腥味的胺类，故鱼腥味不是添加 DHA 标志，却是 DHA 变质的信号。

（一六八）不可妄食胎盘

胎盘中有免疫球蛋白，故有人将其视为良药。殊不知，进食胎盘后，在胃酸作用下其免疫球蛋白即变性、分解，转为氨基酸，免疫效果即消失。此外，若母体患传染病，则可带有病原微生物，尤其是乙型肝炎病毒，故食用反可招病。俄罗斯医学专家对 66 例患肝炎孕妇胎盘检测，发现有 35 个胎盘因肝炎病毒引起胎盘炎。医学专家提醒说，艾滋病、梅毒及其他一些恶性病毒也可潜入胎盘。至于母乳中免疫球蛋白免遭破坏，是因为婴儿，特别是新生儿的胃酸分泌很少的缘故。

因此，对胎盘不可迷信，不可妄食。即便需要也应选择。

（一六九）食用蚕蛹谨防中毒

蚕蛹营养价值高，味美，但不慎也可中毒。其原因：①存放过久，蚕蛹体内有杂菌污染，繁殖、发酵、霉变并产生毒素。②蚕蛹有"微粒子"病。此乃蚕卵、蚕粪传播的变形虫体病。③蚕蛹中已有霉菌、细菌、寄生虫等生长繁殖，蛹体蛋白变性，分解产生毒素，故蚕蛹可有恶臭。若空腹吃或边喝酒边吃则更易发生中毒。

中毒者一般在进食 1 小时后，恶心、呕吐、眩晕、渐转昏迷，有人可狂躁、幻觉、斜视。眼阵挛是最突出症状（眼球快速、大幅度往复运动，也可旋转），并可伴面、颈、躯干、四肢肌肉阵发性抽搐。有的可有皮肤荨麻疹，甚至过敏性休克。若发生中毒，除按食物中毒一般原则处置外，应速求医。

其预防措施：①不吃未经加工处理的，尤其直接凉拌、盐渍者不可食用；②不新鲜、变质发黑或呈粉红色，有麻味不可食；③有异味、恶臭不可食；④存放过久（冷天超 1 周，热天超 1 天）不可食；⑤对鱼虾等有过敏史者不可食之。

（二○○）祸伏"野味"

尽管有《中华人民共和国野生动物保护法》，但餐桌上仍有鸵鸟、蛇、鹿、穿山甲、娃娃鱼，甚至天鹅等野生动物成了菜肴。以为此乃佳肴，殊不知，祸伏"野味"。其原因如下：①因环境污染，加上用毒捕杀等，都可使野生动物体内有寄生虫、细菌、病毒、激素和其他有毒物质存在；②未经食品卫生检疫，故食客易罹患恶疾；③据专家分析，所谓有滋补奇效的国家保护的野生动物，其各项营养指标也不如家畜、家禽高。

祸伏"野味"中，最常见的是易使食客罹患寄生虫病。目前，有些野生动物，如蛙、蛇、穿山甲等都有寄生虫感染，如弓形虫、肺吸虫、绦虫、旋毛虫等。近年来，因食野生动物，不少地区有人体旋毛虫病流行。该病可致肠胃症状，呼吸、言语、吞咽困难、神经错乱，以致心肌炎、肺炎、肝炎等并发，若每克肌肉中含五条幼虫，即可致使死亡。旋毛虫囊可抵抗 -15℃ 低温，并且熏烤、腌制、曝晒、炒烧、火锅等加工都无法杀死它，再加上类似寄生虫病目前尚无特异性强、灵敏度高的检测方法以及有效而无副作用的治疗手段。因此，只有不吃野生动物，才可预防此类疾病。果子狸属于国家二级保护动物，主要分布在我国热带地区，越往南数量越多。目前，果子狸已成为一种半家养化动物，但果子狸为 SARS 冠状病毒的主要载体。香港大学学者研究表明，人类的 SARS 冠状病毒可能来源于果子狸，故果子狸已成为"非典"的主要嫌疑。

（二○一）生食蛇胆和蛇血有害人体健康

生食蛇胆、生饮蛇血被认为有助清热解毒，滋阴补体。但临床检验表明，生食蛇胆、蛇血可招致患鞭节舌虫病。鞭节舌虫是蛇体内寄生虫，它进入人体消化道后，可寄生在肠黏膜下，它不仅吸取营养成分，而且损害肠黏膜，以致发生腹痛、腹泻和持续发热等症状，进而危害人体健康。

（二〇二）有几种水不能喝

（1）生水：生水中有对人体有害的细菌、病毒和人畜共患的寄生虫。喝生水，易致急性胃肠炎、痢疾、病毒性肝炎、伤寒和寄生虫感染等。井水、山泉水、河水是如此，自来水也不保险。

（2）老化水：俗称"死水"，即长时间存水。据测定，原来不含亚硝酸盐的水，在室温下放 3 天后，亚硝酸盐为 0.011 毫克/升。放 20 天，则为 0.73 毫克/升。饮用高浓度的亚硝酸盐的水后，血中红细胞失去携氧能力，发生"肠源性发绀"，尤其是婴幼儿。另外，亚硝酸盐有致癌作用。

（3）太阳能热水：自来水在热水器管道、水箱中停留时间长，其"余氯"基本分解消失。而水温在 30～50℃，每次放水都无法将水更新，故水被沙门菌、大肠杆菌污染。此外，该水中亚硝酸盐较多，在细菌作用下还原成亚硝胺，它是强烈致癌物。故太阳能热水即使煮沸也不可喝。

（4）水龙头滴水：有人将龙头开小，饮用其滴水，想省钱，但对健康不利。因在滴水中余氯分解，挥发丢失，此水极易污染。开始滴水中大肠杆菌≤3 个/升，12 小时后则可猛增至 50 个/升以上。

（5）很久不用的水龙头开始放出的水：此水泛黄、略带混浊，这是因为受到水管中金属物质的污染。喝含金属元素较多的水，对身体有害。此外，还可能有军团菌。军团病是急性呼吸道病，由嗜肺军团菌引起，不及时诊治死亡率高达 25%～30%。因此，应先放掉 1～2 升（1～2 公斤）水，作其他生活用水用，然后再可作为饮用水。

（6）千滚水：在炉上沸腾很长时间的水，此种水含钙、镁、氯和重金属元素增加，对肾不利。久饮此种水，还干扰人胃肠功能，出现腹胀、腹泻。其中还有亚硝酸盐增加。故对人体不利。

（7）蒸锅水：常饮此种水或用此水作稀饭，会引起亚硝酸盐中毒，其水垢随水进入人体，会引起消化、神经、泌尿和造血系统病变，甚至早衰。

（8）气压水瓶的水：久饮此水不利健康。因为瓶底沉淀物往往含镉、铅、砷、汞等，常随水一起吸出。这些有害物在体内积蓄，对人极为不利。

（9）不开的水：研究表明，饮未煮沸水患直肠癌、膀胱癌的可能性增加 21%～38%。

（10）重新煮开的水：将热水瓶中剩余温开水重新烧开再喝。此种节约不可取。此种水亚硝酸盐浓度随着烧了又烧，会增高，便导致中毒。

（11）漂白净化水：有人将自然水漂白净化，长期饮用。这将会使癌症发生率增加。科学家认为与此水中含一种超级诱变剂——MX 的致癌物有关。

最后应当指出的是，开水要装在保温性能较好的热水瓶内，并注意每天更换才可。

（二〇三）对"瓶装水"也要注意卫生质量

瓶装水系指装在密封容器中供人饮用的水。其种类多，国内以矿泉水、蒸馏水为多见。

瓶装水卫生质量不容忽视。国外已有饮后引起伤寒及"旅行者病"的报道，有的还检出寄生虫。国内检查结果也不尽如人意。1992 年检查 52 个品种，普遍有微生物污染，细菌总数超标占 78%，合格率不到 8%，其余大部检查出真菌。

其卫生质量不合格原因：一是水源水受污染。如矿泉水水源生产区外围 30 米内有各种污染源。二是生产环节不卫生。三是出厂前未检验。

因此，饮用者平时选购要看产品标签（制造者及其地址、生产日期、保质期等），看是否混浊，有无异物或棉絮状沉淀等；饮用前看瓶盖严密否；饮用时发现有异味，则弃之；饮用后出现不适症状，则停止饮用，并可及时向卫生防疫站反映情况，以便查明原因。

（二〇四）打嗝时不宜喝开水

有人设法用喝开水来止住打嗝，这是不科学的。因这种做法易致水呛入气管，引起不良后果。打嗝时，因空气需不停地出入，故需要气管上口总是开放的。空气出入气管，会厌软骨会上升；但要喝开水咽下去，会厌软骨又该下降，企图盖上气管口。同一时刻，会厌软骨不可能上升同时又下降。故喝开水止打嗝，反可造成口腔中开水进入气管，引起反射性呛咳。结果既止不住打嗝，还不安全。

（二〇五）不宜饮汽水的各种情况

汽水用小苏打、柠檬酸、糖、香料、色素及卫生清洁水等配制，它可产生 CO_2，有独特风味，很受人们青睐。但有几种情况下是不宜饮汽水的，否则，对人体有害。

（1）慢性胃病者忌饮：因 CO_2 使胃内压力增加，甚至可致溃疡穿孔。

（2）缺钙者忌饮：因柠檬酸与体内钙结合可加重缺钙。

（3）吃饭忌饮：因过多水分冲淡胃液，CO_2 还可影响胃蛋白酶产生，易致消化不良。

（4）饱餐后忌饮：饱餐后胃通道可能受阻，CO_2 无法排出，可使胃膨胀，重者引起胃破裂。

（5）酒后忌饮：汽水可加快酒精吸收。同理，啤酒、果酒兑汽水喝也不可。

（6）不宜狂饮：狂饮可增加心脏负担，也可影响胃和肾的功能。

（7）不宜过量饮：饮汽水过量可刺激胃肠道黏膜，易引起胃痉挛、消化不良、腹泻等。

（8）不宜在长时间用嗓后饮汽水：长时间用嗓可致咽喉部充血，大量饮汽水可使咽喉血管突然收缩，血流减少，故易致咽喉部急性发炎，出现咽喉痛、声音嘶哑等症。

（9）出汗后不宜大量饮汽水：出汗时毛孔因骤然遇冷可关闭，使出汗中止，从而妨碍体温散发，易引起感冒等病症。

（二○六）吃冷饮要注意的事项

冷饮是消暑佳品，但饮用不当，对人体健康有害，以下谈谈吃冷饮要注意的几种情况。

（1）忌饮用过多：不仅仅是儿童，有时成人也会一吃吃十几支冰棍。此举不雅，并对人体有害。大量冷饮短时间入胃，胃内温度骤降，胃黏膜受强烈刺激，致使消化不良，甚至导致胃病。

（2）忌不讲卫生：不要贪便宜或省事，购买不符卫生要求的冷饮（有的用生水，有的滥加色素、调料），否则就可导致消化道传染病的发生。另外，汽水瓶盖打开很久已有污染，再食用也不卫生。

（3）忌随意饮用：周岁以内婴幼儿胃肠黏膜十分娇嫩，抵抗力弱，不宜吃冷饮。老年人、体弱者宜少吃。

（4）忌大汗淋漓时大量饮用：大量出汗时，汗毛孔打开，大量饮冷饮，体温下降，出汗可中止，妨碍体温散发，易引发感冒及其他疾病。

（5）忌在暴日下饮用：在暴日下边走边吃冷饮，体内散失的热量抵消不了体外的热辐射。另外，易将灰尘中病原体一起吃进腹内，对人体有害。

（6）忌冷热饮料交替用：一冷一热，牙齿受不了，易得牙病。此外，对胃肠也有害，易致胃肠功能紊乱，冷饮与热茶至少应间隔半小时饮用。

（二〇七）烧开水以煮沸三分钟为宜

有人从用氯消毒过的自来水中竟分离出 13 种对人体有害物质，它们有使人体致癌、致畸等毒害。其中卤化烃、氯仿等物质在水中的含量与水温密切相关。水温90℃，其含量可超出国家规定标准的 2 倍；加热水温至 100℃，则含量下降；煮沸 3 分钟后，卤化烃降至 9.2 微克/升、氯仿为 8.3 微克/升。此含量均在国家标准之内。若开水继续煮沸下去，它们含量会更少，但水中其他非挥发性有害物质却增加，同样对人体有害。因此，烧开水以煮沸 3 分钟为宜。

（二〇八）服药时要用温开水送服

众所周知，口服药要用水送服。但有人嫌麻烦，用饮料顺便送服，用烫的热开水送服，甚至干吞药片等，这样可影响药效，甚至产生不良反应。正确的做法是，用温开水 200 毫升左右（儿童酌情减量）送服药片（有的药片如磺胺药则需更多饮水量）。其道理何在呢？

（1）有些药服用时不宜喝烫的热开水。①消化系统药：如胃蛋白酶合剂、胰蛋白酶、多酶片等，其中酶是活性蛋白质，遇热后可凝固变性而失去催化作用。②维生素类：如维生素 C 是水溶性的，不稳定，遇热后易还原破坏而失效。③止咳糖浆类：此类为复方制剂，热开水冲服可稀释糖浆，降低其黏稠度，不能形成保护性薄膜，影响药效。

（2）服药时必须多饮水：①多饮水可使干涩药片加速通过咽喉、食管，进入胃内，同时可润滑保护食管。②多饮水可加速药片在胃内溶解速度，尤其是难溶性药随饮水量增加，其溶解度、吸收量、血药浓度均可增加。尤其是水溶性药物，则应以饮 250 毫升左右水为佳。③多饮水可减轻药物对胃肠刺激和减少胃酸对药的破坏，有利于吸收、排泄，减少不良反应。如磺胺药代谢物溶解度低，易在泌尿道析出结晶，故送服水量应增加 4～6 倍。

（二〇九）夏季外出旅途中喝水有学问

盛暑，人在旅途中活动后，易大量出汗，而汗液不仅有水，而且带走不少无机盐，如钠、钾、镁等。为此，如何喝水要讲科学。

喝一些淡盐水（500 毫升水加 1 克盐）十分必要，不仅补水而且可防止电解质紊乱；因出汗不仅丢钠，还丢钾等。故旅途中还应自带茶水喝一些，可补一些钾；适当补糖水也很重要，在活动情况下喝些糖水可及时补充体内能量消耗。值得提醒的是，外出旅途中切不可喝包括泉水在内的生水。

旅途中喝水宜多次少量，切不可因口渴而猛喝。应分多次喝水，每次 100～150 毫升为宜。要解渴以喝温开水效果最佳。

（二一〇）不宜用饮料服药

用饮料送服药，有的可产生化学反应，降低药效，甚至有副作用。

如一般果汁含维生素 C 等维生素及柠檬酸、苹果酸、酒石酸等有机酸。若用果汁饮服阿司匹林、保泰松、土霉素、红霉素等，就可使药性因水解而受破坏。

四环素与奶品饮料也不宜同时服，因奶品中钙与四环素生成不溶性络合物，影响药物吸收。含钙多的食品烹制的汤，如海带汤、甲鱼汤、虾米汤亦不宜与四环素同服。

带有苦味的药，中医认为具有清热、泄热作用，同时可健胃，刺激胃液分泌，帮助更好消化食物。如用糖开水冲服，则就失去服苦味药的意义。

此外，饮酒、茶水、牛奶服药不合适。服药一般主张用温开水送服。

（二一一）可乐型饮料不宜过度饮用

据美国学者分析，一瓶 340 克可乐型饮料含咖啡因 50～80 毫克。咖啡因可兴奋中枢神经系统等，成人对其排泄能力较强，一般适量饮用，不至于中毒。然而，一次过度饮用，吸收咖啡因量达 1 克以上，饮服者可躁动不安、呼吸加快、肌肉震颤、心动过速、失眠等。即便其吸收量不到 1 克，也可因咖啡因对胃黏膜刺激而出现恶心、呕吐、眩晕、心悸、心前区疼痛等症，同时还可增加尿钙排泄。故可乐型饮料切不可过度饮用。尤其孕妇、乳母更应慎饮之，因咖啡因可经母体间接影响婴幼儿及胎儿的健康。而婴幼儿对咖啡因更敏感，故更不宜直接饮用。研究表明，可乐型饮料对动物的记忆力等有干扰作用，其最低剂量为 2.5 毫克/公斤体重。故儿童时期不宜多饮之。

（二一二）短时间内饮水过量有害健康

喝水须有度，口渴了，切忌狂饮。短时间饮水过量可致不良后果：①血液、组织间液稀释，其渗透压降低，水渗入细胞内，致细胞肿胀、中毒；②血容量增加，可增加心负荷。尤其剧烈运动后，心脏未恢复到正常状态，过度饮水就可使心机能受损；③排尿、排汗增加，盐分随之排泄，只大量喝水、不补盐，可致水、电解质失衡，出现头痛、呕吐、嗜睡、昏迷等症；④冲淡胃液，降低胃杀菌、消化功能，并使胃急剧扩张。

口渴表示体内水失衡、细胞脱水到一定程度。不要到口渴时再喝水，而应养成主动、提前喝水好习惯。生活中最佳饮水时间为晨起，饭前半小时至 1 小时，饭后 1~2 小时，睡前（有时床头放温开水，夜间醒来口渴可喝些水）。总之，饮水间歇时间要均匀，勿时短时长，以免扰乱体内内环境的稳定。

（二一三）不宜用滚开水冲营养性饮料

麦乳精、人参蜜、乳晶、多维葡萄糖等，一般都用蜂蜜、葡萄糖、人参、炼乳、奶粉、蛋粉等精制而成。其富含营养物质，有人用滚开水，甚至放水后在火炉上煮沸，此做法是不科学的。因其所含糖化酵素及不少营养素在高温下都易分解变质。实验证明，某些营养成分加热到 60~80℃ 即变质。因此，正确的方法是用 40~50℃ 温开水冲调。

（二一四）谨防"冰激凌头痛"

吃一大口冰激凌，几秒钟后出现脸部、下颌关节处向一侧头部呈放射样锥钻样痛，不敢再咀嚼，一般数分钟之久才可缓和（极少数持续达 25 分钟），这便是"冰激凌头痛"。有学者认为"冰激凌头痛"与周期性偏头痛有关联。

其预防办法涉及饮食习惯。即越是暑天越不要大口喝冰激凌，甚至冰水或其他冷食，勿将冷饮物直接大口吞到口腔后部，一般都可预防。而患偏头痛者就更要注意了。

（二一五）过食冷饮可致冷饮病

暑天，喝冷饮会感凉爽舒适。可饮用无度，则会导致冷饮病。

（1）冷饮性头痛：一次食冷饮过多，可刺激口腔和食管黏膜反射性引进头部血管痉挛，表现为舌头、上腭、头顶发麻，随后随着血管扩张，可有搏动性头痛。

（2）胃肠炎：盛夏人体胃酸分泌相对减少，过度吃冷饮可冲淡胃酸，使消化功能下降，并减弱胃酸的杀菌能力，故易患胃肠炎。

（3）喉痉挛：喉头遇冷刺激，其血管急剧收缩，可出现咳嗽、咽痛、声音嘶哑。如果长时间收缩就可反射性引起喉痉挛发生。

（4）营养缺乏：冷饮中含糖多，过多食用甜腻的冷饮，可消耗体内维生素，并使唾液、胃肠消化液等分泌减少，使食欲减退。另外，胃肠道温度骤然下降，则可影响人体对食物的消化。若常过度食用冷饮，久而久之，会造成消化道功能紊乱，并造成营养缺乏。

（5）腹痛：过度吃冷饮可致腹痛。尤其儿童的消化系统发育不健全，神经系统对胃肠功能调节较差。过多冷饮使胃肠突然受凉，引起胃肠不规则收缩，从而导致腹痛。

（6）心绞痛：中老年人过多食用冷饮，可反射性引起冠状动脉发生痉挛、管腔变窄、血流减少，导致心肌缺血、缺氧而引发心绞痛。

（7）牙痛：牙齿适宜在 $35 \sim 39℃$ 的口温下进行活动，骤冷的刺激使牙髓的血管收缩、痉挛；长期冷刺激易致牙本质过敏及牙髓发炎，进而引起牙痛，并影响了牙齿的寿命。

（二一六）饮用浓茶之弊端

茶叶虽有益健康，但其化学成分复杂，既含有益成分，又含有害成分，即使同一成分，往往对人体也是利弊兼备。现将常饮浓茶带来的弊端叙述如下：

（1）茶中咖啡因既提神醒脑，又可破坏体内 B 族维生素。另在浓茶中过多鞣质可与维生素 B_1 结合，致维生素 B_1 缺乏。因此，饮浓茶要多吃糙米、麸皮面包、瘦肉、禽蛋、动物肝等，以补足 B 族维生素的消耗。

（2）铁是造血重要原料，其来源靠人进餐，由小肠吸收摄取。如饭后即刻喝茶，尤其浓茶，则茶叶中茶多酚（单宁）可使铁离子变价，从而小肠就不能吸收利用；另外，茶中鞣酸与食物中铁结合成鞣酸铁盐类，妨碍了人体对铁的吸收。久而久之，导致贫血。

（3）茶是一种有效胃酸分泌剂，茶水对胃黏膜起局部化学作用，饮茶越浓，作用越大，胃酸分泌大大增加，可使溃疡加重。因此，建议有溃疡或溃疡倾向者慎饮茶，至少不饮浓茶。

（4）尿道结石成分中约八成是草酸钙结晶，而自饮食中吸收的草酸与钙作用是形成结石重要因素。茶叶中富含草酸。因此，有尿道结石病史及家庭史者慎饮茶，至少不饮浓茶和空腹饮茶，尿道结石病人应多喝白开水才是上策。

（5）浓茶解酒，火上加油。究其原因：①酒精与浓茶中咖啡碱对心脏刺激作用可协同。②对肾不利。因酒精很大部分均在肝中转化为乙醛后再变成乙酸，乙酸分解成二氧化碳和水，经肾排出，而浓茶中茶碱，对肾发挥利尿作用，促使尚未分解乙醛过早进入肾脏，由于乙醛对肾有害，从而对肾功能有损。

（6）常饮浓茶易伤骨。其原因是茶中咖啡因可明显遏制钙在消化道吸收和加速尿中钙排泄，从而使体内缺钙而诱发骨中钙质流失，日久就可出现骨质疏松症。

（7）认为吃过肉食、海鲜等高蛋白饮食后，喝浓茶可解油腻，其实不然。因茶叶中含大量鞣酸，可使胃黏膜收缩，与蛋白质结合生成具有收敛性的鞣酸蛋白质，这样使蠕动减缓，延长粪便在肠道滞留时间。不但易致便秘，而且还增加了有害物质和致癌物质被人体吸收的可能性。

（8）茶中咖啡碱兴奋中枢神经，使大脑兴奋，另外可刺激心血管，血压升高、脉搏加快或心律不齐、心肌氧耗增加，故高血压、心脏病人不要饮浓茶。另外，喝浓茶可使本来就高于正常体温进一步升高。其鞣酸有收敛作用，不利于肌表邪气外散。因此，发热时还是饮白开水好，切忌饮浓茶。

（9）其他：妊娠期妇女若每天饮5杯红茶或绿茶，则内含咖啡因足以使胎儿发育不良，使新生儿体重减轻，由此可见，为了优生，孕妇慎饮茶，忌喝浓茶，最好饮白开水或其他饮料。产妇哺乳期饮浓茶会导致奶汁分泌减少。睡前饮浓茶，引起中枢兴奋，会影响睡眠。茶中咖啡碱大部分经肝代谢，多喝浓茶可增加肝负担，损害肝组织，故肝病患者不宜喝浓茶。

（二一七）饮茶当心氟中毒

氟是人体必需微量元素之一。人体生理需要量1～1.5毫克/日（成人）。一般人体摄入量2.5毫克/日（65%来自饮水，35%来自食物）。人体摄入氟的安全阈值为3～4.5毫克/日。若摄入过量，氟在人体内蓄积便致氟中毒。急性氟中毒很少，慢性氟中毒主要表现为氟斑牙和氟骨质。儿童主要表现为氟斑牙，严重时出现氟骨质。成人主要表现为氟骨质。

饮茶引起氟中毒多为以下原因：

（1）成年人日饮茶量超过5克（5克茶叶中一般含0.5～0.8毫克氟加上人体日摄量2.5毫克氟，则为3～3.3毫克/日，达到了摄入氟安全阈值的下限）。因此，过量饮茶（尤其喝浓茶者更易过量）是一个原因。

（2）茶叶中含氟与茶叶质量成反比，劣质茶富含氟。牧民熬制奶茶用的"砖茶"，其大多由老叶残梗加工而成，故富含氟（1000毫克/公斤砖茶），制成奶茶（含氟2～15毫克/斤），故牧民易氟中毒。

（3）患骨质疏松症病人耐受性差，就更易中毒。

（4）在饮水含氟量高的地方或地方性氟病流行和环境氟污染地区，引起氟中毒的可能性更大。

（二一八）饮茶还须防铝害

近来科学家研究发现，茶叶中含微量铝元素，加上家庭用铝质茶壶烧水沏茶，就可使一些习惯饮茶的人摄入过量的铝，而铝进入脑组织中，久之，则会引起老年性痴呆。

茶叶中之所以含铝元素，是因为茶科植物对金属具有较高亲合力，尤其铝元素，加上施肥料含铝。世界各地茶叶都含铝，只不过是含铝多少而已。

研究发现，铝质茶壶烧水沏茶，会使泡出茶水含铝量大增，这是因为饮用水含氟，而氟在加热中会促使容器上铝向水中离析。

正常情况人体脑组织内无铝积蓄。但即使无铝积蓄，一旦铝穿过血脑屏障，进入脑中就会影响脑活动，如思维能力、记忆能力、语言能力、视觉功能等。因此，习惯饮茶者，最好不用铝质水壶烧水沏茶。

（二一九）茶叶不宜煮着喝

中国饮茶历史悠久。明代以前是有将茶叶放在釜中烹煮，茶味很浓，目前，仍有的地方有煮茶习惯。其实，此种习惯要改，改为冲茶为好。因为茶叶中有一种有涩味的鞣酸，在高温作用下，鞣酸会较多地溶解出来，增加了茶水的苦涩味，而且在煮茶过程中，许多维生素被破坏，因此，茶叶不宜煮着喝。

（二二○）新茶不宜过饮

新茶泡的茶水，叶色鲜、水色清、味清香，喝到口中大有爽口润喉之感，对人体身心健康似有益处，但是新茶不宜过饮，饮用时以少量淡饮为宜。究其原因有二：

（1）新茶存放短（鲜叶经过烘炒制成干茶，人们习惯将存期不足1个月的干茶称之为"时新茶"），茶叶中酚类、醛类、醇类含量较高，这些物质对人体胃肠道黏膜有较强刺激作用，尤其是胃炎、胃溃疡患者，饮后可引起胃痛、腹胀等症状。

（2）"时新茶"还含有活性较强的鞣酸、咖啡因、生物碱等。过多饮用，易致人体神经系统极度兴奋，发生"茶醉"。

（二二一）茶叶不宜嚼吃

嚼吃茶叶或茶水中茶叶对人体有害。这是因为空气和土壤受化肥、农药的污染日益严重。同时茶叶在加工中，碳化物的热解作用会使茶叶受到污染，并含多环芳香烃物质——苯并芘，这是难溶于水的致癌物。若嚼吃茶叶，则毒物和致癌物就会在人体留下隐患，故茶叶不宜嚼吃。

（二二二）隔夜茶不能喝

隔夜茶不能喝，应该说早晨泡茶到傍晚喝与晚上泡茶放到第二天早上喝，并无区别，都不宜饮用。因为泡好的茶，放置时间太久，其品质由于自身成分所发生的化学变化和微生物污染会发生改变。氧气能使茶水中有效成分如维生素 C、维生素 P、儿茶素和类脂氧化物等，自动氧化而导致品质劣变，此外，还生成了许多挥发性醛酮等，既对人体有害又使香气劣变。茶叶中单宁可氧化成红色而产生异味。气温较高时，茶中可溶性蛋白质，会分解出有毒物质。久泡茶水中咖啡因积聚过多，鞣酸大大增加。易伤胃肠引起炎症。另外，微生物生长，易滋生霉菌，致茶水馊变。

因此，茶水通常的随饮随泡为好。目前，市场上出售的茶饮料，它是经过处理的。一般由热力、辐射或红外杀菌及排气后，不仅杀灭了绝大多数微生物，而且茶水几乎不含空气。这样处理的茶水，不仅色、香、味和营养物质基本不变，而且符合卫生安全，故茶饮料没有隔夜问题，它是好喝的佳品。

（二二三）饮茶的卫生

（1）讲究喝茶时间：①空腹不宜喝茶，否则肠道吸收咖啡碱过多，导致一过性肾上腺皮质功能亢进，出现心慌或头晕，四肢无力。空腹饮茶还可稀释胃液，降低消化功能。②饭前半小时勿大量饮茶。否则冲淡唾液、胃酸，使其消化酶作用减弱，扰乱消化功能，使饮食无味，食欲减退。③饭后不可即刻喝茶。否则茶中鞣酸、茶多酚与食物中蛋白质、铁发生作用，从而使蛋白质、铁吸收减少。一般饭后 1. 5～2 小时，食物中铁质基本被吸收，此时饮茶是可以的。④睡前不饮浓茶，尤其红茶。否则其咖啡碱使中枢神经兴奋，影响入眠。

（2）不用保温杯泡茶：茶叶中含鞣酸、茶碱、芳香油及多种维生素，用开水泡茶时，这些成分就溶解在茶水中，芳香而略带涩味。如用保温杯泡茶，就相当于茶叶在沸水中熬煮，结果一部分芳香跑掉，茶香味减少。同时浸出的鞣酸、茶碱过多，茶汁太浓，味涩苦，还有闷沤的败味。同时维生素 C 等在 70℃以上受到破坏损失也多。

（3）勤洗杯壶，别留茶垢：在潮湿环境中茶水会迅速氧化生出褐色茶锈，其中含有镉、铅、汞、砷等多种有害金属。而没有喝完茶水暴露在空气中，其茶多酚与茶锈中金属物质发生氧化，便会生成茶垢，并越积越厚。它们与食物中蛋白质、脂肪、维生素化合生成难溶的沉淀，不仅阻碍营养吸收，而且会引起神经、消化、泌尿、造血系统病变和功能紊乱。其中砷、镉可致癌，并会引起胎儿畸形。因此，为了健康，应勤洗杯、壶，别留茶垢，具体清洗方法如下：①在茶杯中倒入米醋 50 克，加温水灌满，浸一夜后，茶垢很易去除。②在杯壶中放些碱，加上沸水，放置

2 小时，再擦茶垢。③用酒精棉球擦拭。④用旧牙刷蘸牙膏擦。⑤在浓盐水中浸泡30 分钟，再用旧牙刷擦或用新鲜桔子皮蘸细盐用力擦拭也可。

（4）浓茶、隔夜茶和滚茶、头遍茶不喝为妙。浓茶和隔夜茶不喝的理由，前面已经谈过了。滚茶别喝理由很简单，因为高温茶对食管黏膜刺激大，并使维生素遭破坏，同时泡出鞣酸，苦涩难饮，再加上沸水还可使茶中有害物质碱大量析出，饮后对身体有害。故一般泡茶都用温开水，除非老茶有时可用高温水冲泡。用70℃温开水泡茶，维生素 C 可保留60％～70℃，茶水色、香、味也好。喝茶讲究的人不喝或少喝头遍茶，一是出于色、香、味的考虑，二是减少喝些真菌。

（5）茶叶不宜反复冲泡或长时间冲泡饮用：茶即冲即饮。若浸泡时间越长，有害物质浸出率就越高，对人体有害。茶叶中营养成分第一次冲泡就有80％浸出，第二次达95％，其香味也是如此。故一般以冲泡三次为宜。

（二二四）喝咖啡要讲究科学

（1）喝咖啡忌浓度过高：高浓度咖啡对人体健康有害，故喝咖啡必须适度、适量。正常成人大约 1 小时可代谢40 毫克咖啡因。一杯240 毫升咖啡（含咖啡因85～90 毫克），男子需 2 小时，将摄入体内的咖啡因代谢出体外；女人代谢速度快些，故只需0. 5～1 小时，但孕妇则缓慢。中国人喝咖啡以一天两杯为宜。

（2）喝咖啡不宜放糖过多：若放糖过多或同时吃高糖食品，则可反射性地刺激胰中胰岛细胞，分泌大量胰岛素，从而降低血糖水平。一旦血糖过低，就可出现心悸、头晕、肢体软弱无力、嗜睡等低血糖症状。

（3）常喝咖啡者应注意补钙：咖啡因有明显遏制钙在消化道中的吸收，并可增加尿中钙的排出，从而造成体内缺钙而诱发骨中钙流失，导致骨质疏松并易发生骨折。故常喝咖啡者应注意补钙，如多吃豆制品、虾米、紫菜、芝麻酱、牛奶等。

（4）煮咖啡忌时间过久：长时间煮咖啡可使香味失去。因蒸汽泡会携带部分芳香物质，并聚集在咖啡表面，形成泡沫。而咖啡的香味就取决于其泡沫的密度。若反复煮咖啡，则可导致泡沫被破坏，使芳香物质随蒸汽蒸发而挥发掉。因此，最好咖啡煮好后马上饮用，否则咖啡香味减弱。

（5）喝咖啡时忌吸烟：因两者均有兴奋大脑作用，故有协同作用，继而造成夜间失眠，使大脑得不到很好休息。

（6）喝咖啡的时间要合理：喝咖啡的最佳时间应该是：夏秋季为下午 4～6 点；冬春季为下午 3～5 点。此时喝咖啡，既可振奋精神，又可增加营养，有利于工作。

晚间不宜喝，因大脑皮质过度兴奋而导致失眠。清晨起床喝一杯咖啡，可刺激肾脏，加快排出夜间残留于体内的废物，同时可感到精神振奋。研究发现，吃完主餐后马上喝咖啡，则可妨碍机体吸收钙、铁、锌等，同时也影响对食物中维生素的吸收。故最好在饭后 1. 5~2 小时再喝咖啡。

（二二五）服用某些药时不宜同时喝茶

茶叶含咖啡碱、茶碱、鞣酸、可可碱、黄嘌呤、维生素 B、维生素 C、维生素 P 等成分，故服用某些药时用茶水送服，可影响其药效，列举如下：

服苯巴比妥、安定、利眠宁等中枢神经抑制药时，茶叶中咖啡碱、茶碱使中枢兴奋，故可影响药的镇静安眠效果；心血管病人或肾炎患者服用泮生丁时，茶叶中咖啡因有对抗腺苷作用，从而可使泮生丁的药效减弱；服用氯丙嗪、氨基比林、阿片全碱、洋地黄、黄连素、乳酶生、多酶片、胃蛋白酶合剂、硫酸亚铁、次碳酸、四环素族抗生素及红霉素等时，茶叶中鞣酸可与药结合成不溶性沉淀物，进而影响这些药的吸收；服用苏打片时，因茶叶中鞣酸可与苏打发生反应，使其分解，影响药效；贫血病人服用铁剂时，也可因茶中鞣酸可与铁结合，从而形成沉淀，影响铁剂的吸收等。

（二二六）莫给婴幼儿饮茶

对于婴幼儿来说，饮茶是没有好处的，其咖啡碱可使大脑兴奋性增高，婴幼儿不易入睡，烦躁不安，并心跳加快，血循环加快，使心脏负担增加。茶水具有利尿作用，但婴幼儿肾功能尚不完善，故婴幼儿饮茶后尿量增加，势必加重肾负担，影响其肾功能。茶叶中还有鞣酸、茶碱等成分，可刺激婴幼儿的胃肠道黏膜，阻碍营养物质的吸收。久之，可导致营养障碍。故家长莫给婴幼儿饮茶。

（二二七）煮牛奶的学问

（1）牛奶在高温下加热煮沸即离火，不宜久煮，这与煮豆浆不同。因牛奶加热时，呈胶体状蛋白质微粒在 60~62℃ 时出现脱水，变成凝胶状，随之即出现沉淀；达 100℃ 时奶中乳糖焦化，使牛奶带褐色，并逐步分解成乳酸，同时产生少量甲酸，使牛奶带酸味；加热长，可使奶中维生素损失；高温久煮可使赖氨酸损失增加。

（2）煮牛奶忌用文火，文火煮牛奶加热时间过长，牛奶中维生素等营养物质丢失更多。

（3）不宜用铜器煮牛奶，铜能加速对维生素 C 的破坏；并与牛奶发生化学反应，具有催化效应，从而加速营养素损失。

（4）有人喜吃甜奶，就在烧煮时加糖，这是不可取的。因奶中赖氨酸在高温下易与果糖形成果糖基赖氨酸，对人体有害。故应在奶沸稍凉后加糖即可。但不宜加红糖，因它含草酸、苹果酸，可使牛奶中蛋白质沉淀。

（5）煮好牛奶稍冷即用，不可久存，否则易变质。

（6）牛奶不宜与豆浆同煮。因豆浆含胰蛋白酶抑制因子，只有在高温久煮下才可破坏之，但牛奶不宜高温久煮。

（二二八）不可与牛奶同服的药和滋补品

牛奶在服用下列药、滋补品时不可同饮，至少也得隔1.5~2小时为宜。

（1）四环素类：四环素、土霉素、强力霉素等与牛奶中钙、镁在肠道易形成不易吸收的络合物，会大大减少药吸收，降低疗效。

（2）含铁药：缺铁性贫血是妇女、儿童常见病。近年来，一些发达国家报道，喝牛奶多的婴儿易患缺铁性贫血，这是牛奶妨碍铁吸收所致。牛奶中钙与铁剂在十二指肠吸收部位发生竞争，使铁剂吸收减少，从而降低其疗效。

（3）左旋多巴：牛奶在肠道分解产生大量氨基酸，其可阻碍左旋多巴在肠道吸收，使其疗效降低。

（4）雄性激素：服雄性激素时喝牛奶，因牛奶使雄激素代谢酶活性增强，故可使其破坏，导致其疗效下降。

（5）钙粉：牛奶中蛋白质以酪蛋白含量最多，约占83%。吃牛奶加钙粉，可使牛奶出现凝固，尤其是加热时更明显。

（6）滋补品：牛奶中钙、磷、铁易和补品中有机物发生化学反应，形成难溶、稳定化合物，使牛奶和补品的有效成分受破坏。如补品当归，含2份铁离子，它与牛奶同服，铁离子失去活性，其补品作用随之减弱。补品中生物碱可因与牛奶中氨基酸反应而失去效果。有的甚至产生刺激或过敏反应。

（二二九）要避免温度和光对牛奶的不良影响

牛奶中营养素及其味道易受冷、热、光影响，为保持牛奶优质则应注意严格保存。

光可影响牛奶风味，还可破坏其维生素。新鲜牛奶经强阳光照1分钟以上，其B族维生素很快消失，维生素C所剩无几，微弱阳光照6小时，B族维生素仅剩一半左右。故运送牛奶宜深夜或凌晨。牛奶购回后放光线暗淡处，外边用有色的不透光的物品罩住。

牛奶冰点比水略低，一般在 - 0. 55℃左右。牛奶冰冻后可呈明显分层。上层为含脂肪较多的松软物；中层含多量蛋白质，盐类和乳糖的白色核心；下层系乳固体和蛋白质大部分；周围为紧密而透明的冰晶。牛奶解冻后，凝固物沉淀，上浮脂肪团营养价值下降并出现异味。因此保存牛奶须防冻，而以冷藏温度 3 ~ 4℃为宜。另外，牛奶不宜高温或文火久煮，否则营养价值降低，香味减少。

（二三〇）喝牛奶的学问

（1）忌空腹喝牛奶：空腹喝牛奶可使牛奶在胃停留时间短，胃液中消化酶未充分作用，就很快经胃、小肠排入大肠，这样使营养成分未来得及充分吸收。另外，进入大肠的牛奶中氨基酸，可经细菌分解而产生有毒物质，损害健康。

（2）忌喝冰冻牛奶：牛奶低于0℃储存，出现凝固沉淀物，上浮脂肪有异常味道，液汁呈水样、营养价值低。另外，冰冻牛奶刺激胃黏膜、胃血管收缩，胃酸和消化酶大减，从而削弱胃的杀菌与消化功能。另外，使胃肠蠕动增加，可致上腹痛、腹泻，甚至胃痉挛。

（3）忌大口喝牛奶：这样可减少牛奶在口腔混合唾液机会。然后一经接触胃中酸性物，可使牛奶中蛋白质、脂肪结成块，不易消化。某些肠功能差的人，还可腹胀、腹泻。

（4）忌腹泻时不暂停喝牛奶：病毒感染所致腹泻，病毒的代谢物可抑制肠道中乳糖酶功能。而牛奶中乳糖较多，乳糖消化吸收不了，可影响肠道渗透压，并促使细菌、病毒生长繁殖，故反可加重腹泻。

（5）忌过量喝牛奶：成人一次喝牛奶一瓶（200 ~ 250 克）为宜。过量喝牛奶，不易吸收，还可致腹胀、腹泻。对乳糖酶活性低的人更不宜多喝。

（6）忌与酸性水果（橘橙等）和酸性饮料同饮同食：否则使奶中蛋白质与其果酸、维生素 C 凝结成块，既影响消化又引起不适。

（7）忌与茶水同饮：奶中富含钙，而茶叶中鞣酸可阻碍钙吸收。

（8）忌用热牛奶冲鸡蛋喝：生鸡蛋中沙门菌，热牛奶是杀不死的，生鸡蛋中抗生物素蛋白妨碍生物素在肠的吸收，其中抗胰蛋白酶因子，还可抑制胰蛋白酶活性，影响蛋白质消化吸收。

（9）忌将变酸了的牛奶当酸奶喝：牛奶污染的细菌大量生长繁殖使牛奶变质，可有酸臭味、凝块破碎、乳水分离、有气泡。千万别当酸奶喝，否则可中毒。

（10）忌与巧克力同食：牛奶中含钙，巧克力含草酸。同食可形成不溶性草酸钙，这样不仅影响钙吸收，而且易致腹泻等。

（二三一）喝酸奶的注意事项

（1）酸奶要冷藏的：不管你在买时或买回来后存放都要注意这点。空气中微生物可能会进入酸奶瓶内，在常温下就会迅速生长繁殖，若在6℃以下储藏就可避免之。同时还能减缓其腐败进程，保持其营养价值。

（2）酸奶不宜空腹饮：因为酸奶含有活动乳酸菌，它在微酸性环境中，可很快生长繁殖，对人体有益。而在强酸性环境中很难存活，人空腹时胃酸浓度高，故使之难存活，酸奶保健作用减弱。一般可在饭后1.5~2小时再饮。

（3）变质酸奶不可饮：辨别酸奶是否变质，一要从外形看，变质酸奶凝块不整齐或成流线状，有气泡（主要是大肠菌污染所致）。二是在口味上，其酸味很重，伴酒精发酵味和霉味。三是从颜色上看，其色泽变为深黄或黑绿色，饮了变质酸奶可致胃肠疾病，甚至中毒。

（4）酸奶不宜加热：加热酸奶可杀死其中乳酸杆菌，并且使其物理性状改变，特有的风味消失，许多营养素被破坏。

（5）酸奶不宜与抗生素等药物同服：氯霉素、红霉素、磺胺类药或头孢等抗生素可杀灭其乳酸杆菌。另外，服用治腹泻的次碳酸铋。鞣酸蛋白等收敛剂，以及用活性碳、矽炭银等吸附剂来止泻时，也不宜同时饮用酸奶，否则，也可使其乳酸杆菌被破坏。

（6）饮用酸奶后宜饮些凉开水或漱口：酸奶饮用后，其残留物中乳酸杆菌与口腔内其他细菌一起，使口腔内残留糖类发酵产生酸类。这可使牙组织中无机盐类逐步溶解产生脱钙；同时溶解蛋白质的细菌，可使牙组织中蛋白质毁坏，逐渐产生龋洞。为避免之，故饮酸奶后要用凉开水或漱口液漱口。

（二三二）散装鲜牛奶质量不可靠

若直接购买奶农的散装牛奶，未经卫生检疫和加工处理，则可有质量和卫生不合格的隐患存在。

如刚生牛犊的奶牛，初乳含特殊生物因子，对人体有害；身患疾病的奶牛所产鲜奶含有致病菌；奶牛易患乳头炎等病，养牛人给奶牛喂药，该奶牛在3天内奶液都可残留抗生素等药物，因可能存在此类问题，未经卫生检疫就让牛奶上市，这样有害人体健康。

市场出售袋装、瓶装、盒装牛奶都是经过消毒及杀菌处理，并在无菌条件下包装的，其卫生合格。但奶农在挤牛奶时不注重卫生，消毒等又不严格，故卫生质量是不可靠的。

因此，奶农零售的无商标、厂址、生产日期、保质期等的散装牛奶，切忌贪便宜购买，否则对人体有害。

（二三三）饮酒也要讲究科学

（1）喝酒前调整精神状态，并做些其他准备。喝酒前半小时，最少吃些面包、喝杯牛奶、吃鸡蛋、吃脂肪类食物，以减慢酒精吸收。空腹喝酒有害人体健康。

（2）少饮或不饮烈性酒。高度酒可加水或冰块降低酒度。

（3）严格控制酒量。喜庆不开怀痛饮，愁闷不闷头滥喝。

（4）慢饮。使人体有充分时间把酒精分解。

（5）饮酒忌吸烟。

（6）工作需要常喝酒，也必须把握好隔日再喝原则，这样有利于肝脏"休息"。

（7）勿喝冷酒。

（8）下酒菜要选择。如豆制品富含维生素 B_1、半胱氨酸等，有利于解酒，而胡萝卜下酒不利健康。

（9）"干杯"最好站直身子，以便疏通体内滞气之后再喝。

（10）酒菜同吃较单纯饮酒好。酒菜同吃，血中酒精水平升高较慢、而持续时间长；单纯饮酒，则升高快、且持续时间短。故即使同量喝酒，单独饮酒易醉。

（11）饮白酒不要同饮含 CO_2 的其他饮料（啤酒、汽水、香槟等），否则加速其酒精吸收。

（12）接触有毒物质人员在工作前后不要饮酒。饮酒后血管扩张、血流加快、皮肤表面血管通透性增高，毒物易通过皮肤血管进入血液引起中毒。如喷农药前不饮酒等。

（13）服药前后不饮酒。

（14）不要用饮酒来御寒。饮酒后暖烘烘，是血管扩张、血流加快的结果。但此时体内热量正在丢失，体内温度可下降，故企图以饮酒取暖不科学。

（15）睡前不宜饮酒。饮酒可暂抑制大脑中枢，但大脑并非真正休息，其有的部位仍活跃，故醒来之后常感头晕、头痛；若靠酒精中毒使中枢抑制，则中枢受损害；喝酒后睡眠易打鼾、易窒息；睡前饮酒还有害于肝，这是因为酒中有害物都需肝解毒，但睡眠时代谢慢，故解毒功能减弱，造成有害物质易积蓄。

（16）服用退热药的感冒患者不要饮酒。如服用退热药，则任何含酒精饮料都在禁饮之列。这是因为感冒患者服扑热息痛药片后接着饮酒，两者的代谢产物都对肝有损害。有些患者对此类代谢物质极敏感，从而导致急性肝坏死。

（二三四）不适宜饮啤酒的几种情况

（1）剧烈运动后不宜饮啤酒，否则易致血中尿酸升高。尿酸是人体中高分子化合物，当尿酸排出障碍，则可沉积在关节处，引起痛风性关节炎。

（2）吃熏烤食品不宜同时饮多量啤酒。研究表明，熏肉、烤鸭之类食品在熏烤过程中可产生多种致癌物。过度饮啤酒，血中铅水平增加，而致癌物与铅结合，即可诱发癌症。

（3）吃火锅时切莫大量喝啤酒。肉类、海鲜、蔬菜等同锅在火锅汤汁混煮下，形成的浓汁，内含嘌呤类物质。其在体内消化分解经肝代谢变成尿酸，尿酸过多，排出受阻，滞留体内。而啤酒可促使它分布在人体关节软组织，引起炎症，导致痛风，严重时引起尿路结石等并发症。故吃火锅时，以饮牛奶、茶等碱性饮料为好。

（4）啤酒与白酒勿同饮。啤酒含 CO_2 和许多水分，与白酒同饮，可加速酒精在人体内渗透，从而对肝、肾、胃肠有害。

（二三五）喝啤酒也可能过敏

喝啤酒也可引起过敏反应，值得引起注意。

西班牙学者报道过 3 例啤酒过敏，其症状为喉头水肿、气喘、麻木、口腔与嘴唇刺痛等。其中一名 20 岁男子，喝啤酒半小时后，舌头肿大、荨麻疹，然后出现昏厥。研究者分析，啤酒的最主要原料成分大麦也可能是导致过敏反应的原因。他们给 3 名患者做皮试，发现对啤酒提取物或大麦提取物产生反应，其中 20 岁男子因反应太重而退出试验，另两名妇女在服用大麦芽和冰干啤药片之后都出现了过敏反应症状。

（二三六）白酒宜烫热喝

白酒除含乙醇外，还含一些有害物质，如甲醇、乙醛、铅、杂醇油等。甲醇对视神经的损害很大，10 毫升甲醇可致失明。甲醇沸点为 64℃，用沸水烫热后，甲醇可变成气体蒸发掉。乙醛毒性是甲醇的 10 倍，它可增加酒的辛辣气味，摄入多可引发头晕、头痛等。乙醛沸点仅为 21℃，故热水烫酒便可将它剔除。当然，烫酒中酒精也可挥发一部分，这样可减少对人体的危害。另外，饮用热酒后，又易于通过汗腺排泄，故喝热酒不易醉人。

除白酒外，黄酒、啤酒等都宜在温热后饮用。

（二三七）甲醇兑酒，何以中毒

甲醇，俗称木精或工业酒精，无色易燃有毒液体，常人口服 10 克即死亡。甲醇用作清洁剂、冷冻剂、油漆、塑料等溶剂。因其价格低又带酒精味，故常成为不法分子造假酒首选原料。

食用白酒酿造中也会产生一定量甲醇。尤其是在薯干白酒内含量较高。农村用土法酿造谷类白酒，其酒头、酒尾中有大量甲醇。

人饮用含甲醇酒后，进入人体内的甲醇和甲醛（甲醇氧化物，毒性较甲醇大 30 倍）及甲酸（毒性较甲醇大 6 倍）直接损害人体组织，尤以对视神经损害最明显。中毒者先视觉模糊等，随后，视神经萎缩，致失明。若重度中毒，则可呼吸衰竭，甚至死亡。

预防措施：①坚决"打假"；②甲醇含量不超 0. 12%；③农村中自制白酒，其酒头、酒尾酒坚决倒掉，切忌食用。

（二三八）空腹不饮酒

空腹不饮酒，其道理很简单。如胃内没有食物，酒精直接刺激胃、食管黏膜，尤其是高度烈性酒，可致疼痛或伴呕吐，重者致急性胃炎。另外，酒精吸收速度快，对人体有害。若先吃些食物再喝酒则可减轻或避免之。有人建议，干杯前先吃个鸡蛋或牛油，就等于在胃里先造一层"防壁"。

倘若不仅仅是空腹，而是饥饿时饮酒，则可能发生脸色苍白、头昏、心慌、出汗、脉细，甚至不省人事，经口服含糖食物或注射葡萄糖可缓解，这就是酒精性低血糖症。这是因为饥饿时血糖偏低，此时饮酒，其酒精迅速分解成乙酸、乙醛等有害物，使合成葡萄糖过程受阻，故血糖可降到正常量的 1/2～1/3。因此，饥饿时不可饮酒。

（二三九）醉酒者解酒方

（1）生萝卜捣烂取汁，加适量米醋和白糖服下。醋与酒精混合生成乙酸乙脂和水，可减轻酒精对人体影响。萝卜解毒，使酒气大消。

（2）柑橘、生梨、苹果、香蕉、荸荠等水果可解酒，适当食用，效果可以。

（3）喝适量食醋，或用食醋 60 克、红糖 20 克、生姜 5 克，用水煎服喝下后解酒。因醋中乙酸与酒精可生成乙酸乙脂，从而减少酒精对神经系统的刺激。

（4）用芹菜汁饮服或用大白菜切长条用醋腌渍数分钟，加适量白糖炒食后服用。

（5）喝米汤解酒。酒精遇到米汤会凝聚沉淀。

（6）食甘薯。把生甘薯切碎拌适当白糖吃下，解酒效果好。

（7）吃豆制品，豆浆。大豆蛋白中含丰富半胱氨酸和维生素 B_1、维生素 B_2，促进酒精代谢，起到解酒作用。

（8）喝蜂蜜水，蜂蜜含果糖，可促进酒精的分解。服用适量白糖水，可稀释胃中酒精浓度，减少其吸收。糖吸收后，血糖浓度增加，酒精在血中浓度降低，使酒精在体内代谢、排出加快，达到解酒目的。

以上方法适用于一般急性酒精中毒者的解酒。另外，还须做好一般性家庭医疗处置。①催吐。使胃内未吸收酒精吐出。方法是压迫其舌根或刺激咽喉壁。②饮水。用温开水切不用浓茶，如醉酒者呕吐，水中加少量食盐，对空腹醉酒者，饮白糖或红糖水。③保暖。④对有呕吐、神志不清者，须平卧，偏向一侧，以防呕吐物误吸。最后，值得指出的是，遇到醉酒病情严重者，应将其送医院救治。

（二四〇）变质的葡萄酒不可饮用

葡萄酒酿成后，必须储存一段时间，在此过程中，它要经过一系列的理化变化，使酒的色、香、味随着时间推移而逐步提高，稳定性也逐渐加强。传统的是用橡木桶储存，使酒从木桶中吸取香味和醇味，提高酒的品质。优质葡萄酒应是澄清、透明、有光泽，具有悦人的果香及优美的酒香，口味醇厚、酸甜爽口、回味绵长。这种葡萄酒可以长期储存。

但葡萄酒装瓶出厂后，却不可长期存放。它有保质期，一般为 6 ~ 18 个月。超过保质期可发生变质。此时酒色无光、混浊、有悬浮物，甚至颜色改变，有沉淀、口味变酸，甚至粘口。变质的葡萄酒是不可饮用的。

（二四一）不可饮用变质啤酒

市售普通啤酒保存期为 2 个月，优质的可保存 4 个月，散装的为 3 ~ 7 天。引起啤酒变质的原因很多。如超期久存的啤酒，其中有些物质极易与蛋白质化合，易发生氧化聚合，而发生混浊；或因制造用水的水质差和灌装污染微生物以致发酵。另外，散装啤酒很易被飘浮于空气中的细菌污染，在夏季无冷藏设备条件下，其细菌会很快生长繁殖，使啤酒变质。变质啤酒不可饮，否则可致腹痛、腹泻等食物中毒症状。

（二四二）过度饮酒后不适宜干的私事

（1）研究证实，酒精能阻碍视网膜产生可适应光线的感光视色素，使黑暗中辨别物体能力下降，而且酒中甲醇可使视神经萎缩。电视屏幕产生射线对视网膜刺激更大，因此，过度饮酒后勿急于看电视和操作电脑。

（2）酗酒后禁房事。这是因为：①酗酒后，血流加速，阳气妄动，难以控制，此时，交合动作失灵，损伤元气，易致阳痿等。②醉后行房事，损害女方身体。男子醉酒后，动作粗野，照顾不到女方心理和承受力等，给女方带来痛苦、厌恶，乃致性冷淡。③醉后行房事，女方怀孕，其后代很可能弱智或残疾。

（3）酗酒后洗澡，体内储存的葡萄糖可因体力活动和血循环加快而大量消耗，致使血糖大幅度下降，并致体温卜降。但酒精抑制肝，阻碍体内葡萄糖储存的恢复，故可引起低血糖休克。